Gemeinsame Netznutzung bei der Trinkwasserversorgung

T0200064

Europäische Hochschulschriften
Publications Universitaires Européennes
European University Studies

Reihe II
Rechtswissenschaft

Série II Series II
Droit
Law

Bd./Vol. 4425

PETER LANG
Frankfurt am Main · Berlin · Bern · Bruxelles · New York · Oxford · Wien

Sebastian Herbeck

Gemeinsame Netznutzung bei der Trinkwasserversorgung

Aktuelle Rechtslage und gesetzlicher Rahmen für eine mögliche Liberalisierung

PETER LANG
Europäischer Verlag der Wissenschaften

Bibliografische Information Der Deutschen Bibliothek
Die Deutsche Bibliothek verzeichnet diese Publikation in der
Deutschen Nationalbibliografie; detaillierte bibliografische
Daten sind im Internet über <http://dnb.ddb.de> abrufbar.

Zugl.: Hannover, Univ., Diss., 2006

Gedruckt auf alterungsbeständigem,
säurefreiem Papier.

D 89
ISSN 0531-7312
ISBN 3-631-55600-4

© Peter Lang GmbH
Europäischer Verlag der Wissenschaften
Frankfurt am Main 2006
Alle Rechte vorbehalten.

Printed in Germany 1 2 3 4 5   7

www.peterlang.de

meinen Eltern

Vorwort

Die vorliegende Arbeit wurde im Sommersemester 2006 von der Juristischen Fakultät der Universität Hannover als Dissertation angenommen. Die Disputation fand am 27.4.2006 statt.

Mein besonderer Dank gilt meinem Doktorvater, Herrn Prof. Dr. Dr. Salje für die Betreuung meiner Arbeit, aber auch für die langjährige Förderung während meines Studiums als studentische Hilfskraft in seinem Lehrgebiet. Er hat mir jederzeit für Fragen und Erörterungen zur Verfügung gestanden. Ebenso danke ich dem Zweitgutachter, Herrn Prof. Dr. Faber, der mit mir die öffentlich-rechtlichen Probleme meiner Arbeit erörtert hat. Erwähnen möchte ich noch Herrn Renke Droste, den Geschäftsführer der Harzwasserwerke GmbH, der mir ein Praktikum in seinem Betrieb ermöglichte. Ohne dieses Hintergrundwissen wäre ich nicht in der Lage gewesen, die Materie auch in technischer Hinsicht zu erfassen. Ein Dankeschön sage ich auch meiner Frau, meinen Eltern und meinem Bruder, die mir immer den Rücken gestärkt und mich unterstützt haben, sowie meinem Doktorandenkollegen René Kremer für die ein oder andere wichtige Anregung. Schließlich danke ich dem Cusanuswerk für die Aufnahme in die Promotionsförderung und allen Personen, die mir für intensive Gespräche zur Verfügung gestanden haben.

Hildesheim, im Mai 2006   Sebastian Herbeck

Inhaltsverzeichnis

13

21

23

Teil A: Grundlagen

I. Einleitung

1. Wasser im Spannungsfeld zwischen Lebensmittel und Wirtschaftsgut

„Trinkwasser sollte appetitlich sein und zum Genuss anregen. Es muss farblos, klar, kühl sowie geruchlich und geschmacklich einwandfrei sein."

„Trinkwasser muss mikrobiologisch so beschaffen sein, dass durch seinen Genuss oder Gebrauch eine Erkrankung des Menschen nicht zu besorgen ist."

„Im Trinkwasser dürfen Stoffe nur in solchen Konzentrationen enthalten sein, dass selbst bei lebenslangem Genuss und Gebrauch eine Schädigung der menschlichen Gesundheit nicht zu besorgen ist."

Diese Leitsätze aus der DIN 2000 sind die Kernanforderungen, die der Verbraucher an sein „Lebensmittel Nr.1" stellt. Qualitativ hochwertiges Trinkwasser ist gesamtgesellschaftlich gesehen die wichtigste Voraussetzung zur Gesunderhaltung der Bevölkerung und zur Vermeidung der Verbreitung von Krankheiten. Das gegenwärtige System der Wasserversorgung in Deutschland stellt dies generell sicher. Jede Veränderung der Rahmenbedingungen muss deshalb vorher darauf überprüft werden, ob sie sich nachteilig auf die Qualität des Trinkwassers auswirken könnte.

Gleichzeitig erfordern die Gewinnung, der Transport sowie die Verteilung des Wassers einen hohen Aufwand. Allein in Deutschland gibt es knapp 18.000 Wasserwerke sowie ca. 17 Mio. Hausanschlüsse mit Wasserzähler[1]. Der Jahresumsatz aller Wasserversorgungsunternehmen liegt bei ca. 6,6 Mrd. €[2]. Diese Zahlen unterstreichen die Bedeutung der Trinkwasserversorgung als wichtiger Wirtschaftsfaktor. Angesichts dessen finden Reformbestrebungen mit dem Ziel, die Versorgung von Industrie und Privatpersonen effizienter und somit für den Kunden preisgünstiger zu gewährleisten, ihre Berechtigung. Ebenso darf man nicht vergessen, dass sich mit dem Know-how der deutschen Unternehmen auch bei internationalen Projekten Geld verdienen lässt.

---

[1] BMWi (Hrsg.), Optionen, Chancen und Rahmenbedingungen einer Marktöffnung für eine nachhaltige Wasserversorgung, Juli 2001, S. 11 ff.
[2] Umweltgutachten 2002, BT-Drs. 14/8792, S. 298 Tz. 660

Alle aus diesen Überlegungen resultierenden Strukturveränderungen müssen aber eines sicherstellen: die nachhaltige Versorgung der Bevölkerung mit qualitativ hochwertigem Trinkwasser.

2. Wettbewerbskonzept

a) Wettbewerb und staatliche Monopole

Dem klassischen Wettbewerbskonzept liegt folgende Annahme zu Grunde: Jeder Marktteilnehmer strebt danach, seine individuellen Ziele maximal zu verwirklichen. Da er das gleiche Ziel wie seine Konkurrenten verfolgt, ergibt sich für jeden Wettbewerber die Notwendigkeit, möglichst günstig anzubieten und neue Produkte zu entwickeln. Dieser Prozess führt gesamtwirtschaftlich zu einem effizienten Einsatz von Produktionsmitteln sowie zu einer effizienten Güterallokation bei den Konsumenten.[3] Es lässt sich auch empirisch nachweisen, dass sich eine Intensivierung des Wettbewerbs positiv auf das gesamtwirtschaftliche Wachstum auswirkt[4]. Insofern muss nach diesem Konzept eine Ausweitung des Wettbewerbs im Interesse der Volkswirtschaft liegen.

Doch auch Adam Smith als Vertreter der klassischen Wettbewerbslehre hat zugestanden, dass der Aufbau von Infrastruktureinrichtungen wegen des hohen Investitionsbedarfs und des (zunächst) geringen Ertrages Staatsaufgabe sein müsste[5]. Dementsprechend sind in der Bundesrepublik Deutschland Einrichtungen wie die Bundespost, die Bundesbahn sowie die Elektrizitäts-, Gas- und Wasserversorger zunächst Monopole des Gesamtstaates, der Länder oder in der Hand der Kommunen gewesen. Diese Monopole hat man durch verschiedene rechtliche Regelungen – wie z.B. §§ 103 ff. GWB a.F. – abgesichert, weil man die Gefahr von Kostenduplizierung sowie der Entstehung von Ineffizienzen durch das sog. „Rosinenpicken" durch Konkurrenten gesehen hat. Ebenso befürchtete man Abstriche bei der Versorgungssicherheit durch Wettbewerb[6].

b) Versorgungsunternehmen als natürliche Monopole

Nach klassischer Auffassung bildeten sämtliche leitungsgebundenen Versorgungssysteme (Strom- Gas- und Wasserversorgung, Telekommunikation, Eisenbahn etc.) ein natürliches Monopol. Wichtigster Faktor zum Entstehen eines natürlichen Monopols ist das Vorhandensein von Unteilbarkeiten, die wiederum mit dem Konzept der *Subadditivität* beschrieben werden. Subadditi-

---

[3] Udo Müller, in: Glastetter (u.a.), Handwörterbuch der Volkswirtschaft, S. 1550, 1551 f.
[4] Udo Müller, in: Glastetter (u.a.), Handwörterbuch der Volkswirtschaft, S. 1550, 1570
[5] Adam Smith, Der Wohlstand der Nationen, S. 612
[6] Gröner, in: Dimensionen des Wettbewerbs, S. 217, 221

vität liegt dann vor, wenn für die Produktion von Teilmengen eines Gutes höhere Produktionskosten entstehen, als wenn die Produktion der gesamten Menge in einer Hand erfolgt[7]. Dieses Phänomen geht in der Regel einher mit sinkenden Durchschnittskosten[8].

Die Ursachen für das Entstehen eines natürlichen Monopols bei Versorgungsunternehmen liegt hauptsächlich in Dichteeffekten[9] begründet: So ist in eng besiedelten Gebieten der Anschluss einer Siedlung über eine Versorgungsleitung günstiger in Bezug auf die Tiefbaukosten. Ferner steigen die Kosten für größere Leitungen unterproportional zu deren Leistungspotential. Außerdem lassen sich bei größeren Versorgungsgebieten stochastische Größenersparnisse erzielen, wodurch man geringere Reservekapazitäten vorhalten muss.

Zu diesen Größenvorteilen kommen Verbundvorteile *(economies of scope)* hinzu: So können sich Kostenvorteile dadurch ergeben, dass Produktion und Verteilung eines Gutes sich zusammen kostengünstiger durchführen lassen, als wenn dies von zwei Unternehmen getrennt vorgenommen werden würde. Man denke speziell im Bereich der Trinkwasserversorgung zum Beispiel daran, dass etwa Labor- oder Ingenieurleistungen sowohl für die Trinkwassergewinnung wie auch für die -verteilung erbracht werden müssen, also bei Leistung aus einer Hand die Vorhaltung entsprechenden Personals effizienter ist. Ein weiteres Charakteristikum eines natürlichen Monopols stellt die Irreversibilität von Investitionen dar[10], die – einmal getätigt – nur für einen bestimmten Zweck bestimmt sind und nicht für andere Nutzungen verwendet werden können. Sollte ein weiterer Wettbewerber hinzutreten, könnte er den bisherigen Monopolisten verdrängen, so dass dessen bisherige Investitionen wertlos würden bei gleichzeitiger Kostenduplizierung durch den Bau von Parallelleitungen und damit möglicherweise der Verschwendung von Ressourcen.

c) Ablösung des staatlichen Monopols durch die Schaffung von Wettbewerb

Hervorgerufen durch das Spürbarwerden hoher finanzieller Belastungen der öffentliche Haushalte in den meisten westeuropäischen Staaten hat in den 80er Jahren eine Privatisierung der staatlichen Monopole zur Entlastung der staatlichen Haushalte sowie der Senkung der Staatsquote eingesetzt[11]. Gleichzeitig entstand auf internationaler Ebene das Bestreben, Fehlentwicklungen im

---

[7] Fritsch/Wein/Ewers, Marktversagen und Wirtschaftspolitik, S. 184 ff.; Spauschuss, Die wettbewerbliche Öffnung von Märkten mit Netzstrukturen am Beispiel von Telekommunikation und Elektrizitätswirtschaft, S. 39 f. m.w.N.

[8] Fritsch/Wein/Ewers, S. 186 ff.

[9] Fritsch/Wein/Ewers, S. 182

[10] Martenczuk/Tomaschki RTkom 1999, 15, 16; Fritsch/Wein/Ewers, S. 203 ff.

[11] König VerwArch 1988, 241 ff.

Bereich der Infrastruktur durch die Implementierung von Wettbewerb abzuhelfen[12].

Theoretisches Fundament für die Auflösung natürlicher Monopole bildete die sog. „*essential-facilities-doctrine*". Entwickelt wurde diese Theorie in den USA. Als ihre Geburtsstunde wird regelmäßig die Terminal Railroad-Entscheidung des U.S. Supreme Court von 1912[13] angeführt, wenn auch die erste ausdrückliche Erwähnung erst in den 70er Jahren des letzten Jahrhunderts erfolgte[14]. Diese Lehre erfasst die Fallgruppe der sog. „*bottleneck*"-Konstellationen: Ein Monopolist kontrolliert einen Hilfsmarkt, der erforderlich ist, um auf dem Hauptmarkt als Wettbewerber aufzutreten. Damit hat der Monopolist auch faktisch die Kontrolle über den Hauptmarkt. Das Konstrukt der *essential-facilities-doctrine* verleiht einem potentiellen Wettbewerber auf dem Hauptmarkt einen Anspruch auf Zugang zum Hilfsmarkt. Die Voraussetzungen hat das 7th Circuit im Fall „MCI Communications Corp. vs AT&T Co." formuliert[15]:
1. Kontrolle der Einrichtung durch einen Monopolisten
2. Unmöglichkeit für die Wettbewerber, diese Einrichtung zu duplizieren
3. Praktikabilität einer Benutzung durch den Wettbewerber
Diese Idee hat durch die Fährhäfenentscheidungen der Kommission[16] Einzug in die Auslegung des Art. 86 EGV (heute Art. 82 EG) erhalten[17].

Übertragen auf die Versorgungswirtschaft bedeutet dieser Ansatz, dass man Produktion und Verkauf eines Wirtschaftsgutes wie Strom, Gas oder Wasser als Hauptmarkt ansieht, den erforderlichen Transport über Versorgungsleitungen hingegen als Hilfsmarkt. Da eine Duplizierung von Leitungssystemen ökonomisch in den meisten Fällen unrentabel wäre, zwingt man den Betreiber des Transportweges dazu, sein Netz für Transportgüter von Konkurrenten zu öffnen. Die moderne Technik hat es ermöglicht, die einzelnen Nutzungen und den Nutzungsumfang zu erfassen und dem jeweiligen Nutzer zuzuordnen[18]. Dadurch ist eine gemeinsame Netznutzung (*common carriage*) durch mehrere Produzenten in der Versorgungswirtschaft überhaupt erst praktisch durchführ-

---

[12] Theobald/Theobald, Grundzüge des Energiewirtschaftsrechts, S. 17
[13] United States v. Terminal Railroad Association 224 U.S. 383 (1912)
[14] Näheres zur historischen Entwicklung siehe bei Hohmann, Die essential facility doctrine im Recht der Wettbewerbsbeschränkungen, S. 25 ff. m.w.N.
[15] 708 F. 2d 1081, 1032, 7th Circuit, 1982, cert. denied, 436 U.S. 956, 1983; Monopolkommission, 14. Hauptgutachten 2000/2001, Tz. 751; Markert, in: FS für Mestmäcker, S. 661, 665
[16] EG-Kommission 21.12.1993 ABl. EG 1994 L 15/8 und 55/52
[17] Näheres dazu siehe unter Teil B: I.
[18] Theobald/Theobald, Grundzüge des Energiewirtschaftsrechts, S. 13

bar geworden. Maßgeblich für ein Funktionieren des Wettbewerbs ist ferner, dass der Netzzugang nicht durch überhöhte Netznutzungsentgelte wirtschaftlich unrentabel gemacht wird. Dazu bedarf es staatlicher Regulierung.

Die Umsetzung für die Bereiche Strom und Gas ist auf europäischer Ebene bereits über die Elektrizitäts-[19] sowie die Gasrichtlinie[20] erfolgt. Diese Entwicklung ist auch im Zusammenhang mit der Aufnahme der Art. 129b-d (heute 154-156) in den EG-Vertrag durch den Vertrag von Maastricht[21] zu sehen: Diese Normen geben der EG die Aufgabe, sog. transeuropäische Netze in den Bereichen Verkehr, Telekommunikation und Energie zu installieren und somit einen Beitrag zur Schaffung des gemeinsamen Binnenmarktes zu leisten. Leitbild dafür soll das System offener und wettbewerbsorientierter Märkte sein[22].

Im deutschen Recht hat man dieses Grundprinzip in § 19 IV Nr. 4 GWB n.F. verankert. Ferner wurden Spezialregelungen in § 20 I 1 EnWG, § 14 AEG sowie §§ 16 ff./21 ff. TKG geschaffen.

3. Die aktuelle politische Debatte zur Wassermarktliberalisierung

Die Debatte über eine Liberalisierung der Wasserversorgung in Deutschland begann im Jahr 1995 mit einem Bericht von *Briscoe*, der ein im internationalen Vergleich hohes Preisniveau der deutschen Wasserversorgung feststellte[23]. Ein besonderes Interesse an einer derartigen Öffnung der Märkte bestand insbesondere seitens privater Unternehmen der Wasserversorgungsbranche[24]. So beabsichtigte das BMWi im Zuge der Energiemarktliberalisierung und der damit verbundenen Streichung des Ausnahmebereiches für diesen Sektor im damaligen GWB (§§ 103 ff.) auch die Einführung von Wettbewerb im Wassersektor. Gebremst durch das Bundesministerium für Gesundheit sowie das Bundesministerium für Umwelt, die einige Folgeprobleme des Wegfalls geschlossener Versorgungsgebiete als noch nicht gelöst ansahen und die etwaige Änderung von Fachgesetzen für erforderlich hielten, beschloss man die vorläufige Erhaltung des Ausnahmebereichs für die Wasserversorgung.[25] Aus denselben Gründen hat man diese Ausnahmentatbestände auch bei der Reform des GWB im Jahre 1998 nicht angetastet, sondern durch § 131 VIII GWB n.F. (heute:

---

[19] EG-Richtlinie 96/92/EG vom 19.12.1996 ABl. EG 1997 L 27/20

[20] EG-Richtlinie 98/30/EG vom 22.06.1998 ABl. EG 1998 L 204/1

[21] Abl. EG 1992 C 224/48 f.

[22] Oppermann, Europarecht, § 22 Rn. 56

[23] Briscoe, Der Sektor Wasser und Abwasser in Deutschland, GWF – Wasser/Abwasser 136 (1995), Nr. 8, S. 422-432

[24] Fries NWVBl. 2004, 341

[25] BT-Drs. 13/7274, S. 24

§ 131 VI GWB n.F.) fortgelten lassen[26]. Nach dem Regierungswechsel 1998 wurde das Thema Liberalisierung des Wassermarktes erneut aufgegriffen. Insbesondere zwei Gutachten haben große Beachtung gefunden: Das eine wurde im Auftrag des Umweltbundesamtes[27] erstellt. Den Auftrag für das andere Gutachten[28] erteilte das Bundeswirtschaftsministerium, damals unter der Leitung von Werner Müller. Beide Abhandlungen beschäftigten sich sowohl mit der Einführung von *Wettbewerb um den Markt* als auch von *Wettbewerb im Markt*. *Wettbewerb um den Markt* bedeutet eine Liberalisierung dergestalt, dass die Städte und Gemeinden gezwungen wären, die Trinkwasserversorgung für einen Zeitraum von 5-30 Jahren öffentlich auszuschreiben. Dagegen bedeutet *Wettbewerb im Markt*, dass die geschlossenen Versorgungsgebiete aufgelöst werden und Wettbewerb über die Möglichkeit zu freiem Leitungsbau sowie über eine gemeinsame Netznutzung stattfindet. Während das Gutachten des BMWi mehr Wettbewerb als Motor für eine Konzentration auf dem Wasserversorgungssektor zur Steigerung der internationalen Wettbewerbsfähigkeit der deutschen Wasserwirtschaft empfiehlt, verweist das UBA-Gutachten auf die möglichen gesundheitlichen Risiken, die bei der Einspeisung von Fremdwasser entstehen können sowie auf die Abnahme der Wasserqualität bei der zu erwartenden Zunahme von Fernwasserversorgung.

Beide Gutachten haben wegen ihrer unterschiedlichen Zielrichtung die Diskussion belebt. So hat z.B. das Bundesland Niedersachsen eine eigene Kommission gebildet, die im April 2002 ihren Abschlussbericht mit dem Titel „Zukunftsfähige Wasserversorgung in Niedersachsen"[29] verfasst hat.

Den vorläufigen Schlussstrich der Diskussion auf nationaler Ebene hat letztendlich der Bundestag gezogen, der im Frühjahr 2002 in einer Entschließung, die mit den Stimmen der Regierungsmehrheit gegen die Stimmen der FDP bei Enthaltung der CDU/CSU verabschiedet wurde, von der Bundesregierung eine zukunftsfähige Konzeption ohne die im BMWi-Gutachten vorgeschlagenen Wettbewerbselemente gefordert hat[30]. Auf europäischer Ebene setzte die Diskussion etwas später ein. Im Jahr 2000 hat die Kommission in ihrer Mitteilung zu „Leistungen der Daseinsvorsorge"[31] gefordert, dass in diesem Wirtschaftssektor eine erhöhte Wirtschaftlichkeit durch Wettbewerb im Markt bzw.

---

[26] BT-Drs. 13/9720, S. 70

[27] UBA (Hrsg.), Liberalisierung der deutschen Wasserversorgung – Auswirkungen auf den Gesundheits- und Umweltschutz, Skizzierung eines Ordnungsrahmens für eine wettbewerbliche Wasserwirtschaft, November 2000

[28] BMWi (Hrsg.), Optionen, Chancen und Rahmenbedingungen einer Marktöffnung für eine nachhaltige Wasserversorgung, Juli 2001

[29] Niedersächsisches Umweltministerium, Zukunftsfähige Wasserversorgung in Niedersachsen, Abschlussbericht der Regierungskommission, Hannover im April 2002

[30] BT-Drs. 14/7177 und 8564

[31] KOM(2000) 580

dort, wo dies nicht möglich ist, durch Wettbewerb um den Markt erfolgen sollte[32]. Im Gegensatz zur entsprechenden Mitteilung der Daseinsvorsorge aus dem Jahre 1996[33] hat man dabei den Wasserversorgungssektor nicht ausgeklammert[34]. Als Reaktion darauf hat das Europäische Parlament am 26.11.2001 eine Entschließung verabschiedet, die zwei Kernpunkte im Hinblick auf den Wassermarkt enthält:

1. Die Mitgliedstaaten sollen prüfen, welche Möglichkeiten sie sehen, trotz der Sonderrolle dieses Bereiches die Wirtschaftlichkeit im Wassersektor zu erhöhen[35].

2. Es wird eine Rahmenrichtlinie für Dienstleistungen von allgemeinem Interesse[36] gefordert, die natürlich auch Auswirkungen auf den Wassermarkt haben wird.

Daraus lässt sich erkennen, dass das EP kein Interesse an einer umfassenden Liberalisierung im Wassersektor hat[37]. Etwa zeitgleich hat die Generaldirektion Wettbewerb eine Studie zur Anwendung der Wettbewerbsregeln im Wassersektor in Auftrag gegeben[38]. Das Ergebnis wurde im Dezember 2002 vorgelegt. Im Kern ging es dabei um die Frage, inwiefern die Regeln des EG-Vertrages Wettbewerb im Markt sowie Wettbewerb um den Markt postulieren.

Am 21.5.2003 veröffentlichte die EU-Kommission ein Grünbuch zu Dienstleistungen von allgemeinem Interesse[39]. Die Kommission verfolgt dabei das Ziel, eine Richtlinie für Dienstleistungen von allgemeinem Interesse zu verabschieden, die die bisherigen Spartenregelungen für Energie, Verkehr und Telekommunikation im Kern ersetzen soll. Ferner zeigt sich der Wunsch, über diese Bereiche hinaus weitere Kompetenzen – auch für den Wassermarkt – zu erhalten[40]. In seiner Antwort darauf hat das Europäische Parlament die Liberalisierung des Wassermarktes mittels einer sektoralen Richtlinie abgelehnt und sich

[32] KOM(2000) 580, Rn. 17
[33] KOM(1996) 443
[34] KOM(2000) 580, Rn. 35; Geiger/Freund EuZW 2003, 490
[35] Entschließung des Europäischen Parlaments zu der Mitteilung der Kommission "Leistungen der Daseinsvorsorge in Europa", Protokoll vom 13/11/2001 – A5-0361/2001, Nr. 65 ff.
[36] Entschließung des Europäischen Parlaments zu der Mitteilung der Kommission "Leistungen der Daseinsvorsorge in Europa", Protokoll vom 13/11/2001 – A5-0361/2001, Nr. 6 ff.
[37] Geiger/Freund EuZW 2003, 490
[38] Merkel, Risiken für eine Wasserwirtschaft im Wettbewerb, GWF – Wasser/Abwasser 143 (2002), Nr. 11, S. 801, 804
[39] EU-Kommission, Grünbuch zu Dienstleistungen von allgemeinem Interesse, KOM(2003) 270
[40] EU-Kommission, Grünbuch zu Dienstleistungen von allgemeinem Interesse, KOM(2003) 270, Nr. 37 ff.

lediglich für eine Modernisierung ausgesprochen[41]. In dem anschließend vorgelegten Weißbuch zu Dienstleistungen von allgemeinem Interesse[42] hat die EU zwar keine konkreten Vorschläge im Hinblick auf eine Liberalisierung des Wassersektors gemacht. Eine klare Absage daran hat sie jedoch nicht erteilt und ist auch nicht auf die Linie des EP eingeschwenkt[43].

Etwa zeitgleich fand eine Diskussion zur Binnenmarktstrategie 2003-2006[44] statt. Binnenmarktkommissar *Fritz Bolkestein* kündigte in diesem Papier ausdrücklich eine Prüfung der Wettbewerbssituation im Wassersektor an und zog administrative oder gesetzgeberische Maßnahmen in Betracht[45]. Auch diese Forderungen hat das EP zurückgewiesen[46].

Die Kommission versucht nunmehr in kleinen Schritten, den Widerstand im EP und im Rat zu brechen, und so doch die beabsichtigte Liberalisierung zu erwirken[47]. So hat die Kommission mit der Vergaberichtlinie für die Sektoren Wasser, Energie, Verkehr und Post[48] eine europaweite Verfahrensregelung für die Auftragsvergabe ab einem gewissen Volumen durchsetzen können[49], wenn auch diese Richtlinie sog. In-House-Geschäfte seitens der Kommunen ausnimmt[50]. Ferner unterliegen auch Anteilsverkäufe bei kommunalen Gesellschaften[51] sowie die Vergabe von Konzessionen[52] nicht der Ausschreibungspflicht aus dieser Richtlinie. Dass die Kommission nach wie vor eine Liberalisierung in die Wege leiten möchte, lässt sich an einem Aufsatz eines Mitglieds der Gene-

---

[41] Entschließung des Europäischen Parlaments zu dem Grünbuch der Kommission zu „Dienstleistungen von allgemeinem Interesse", Protokoll vom 14/01/2004 – A5 – 0484/2003
[42] KOM(2004) 374
[43] Fries, NWVBl. 2004, 341, 343
[44] Mitteilung der EU-Kommission, Binnenmarktstrategie – Vorrangige Aufgaben 2003-2006, KOM(2003) 238
[45] Mitteilung der EU-Kommission, Binnenmarktstrategie – Vorrangige Aufgaben 2003-2006, KOM(2003) 238, S. 13 f.
[46] Entschließung des Parlaments zur Mitteilung der Kommission: Binnenmarktstrategie - Vorrangige Aufgaben 2003 - 2006 (KOM(2003) 238-C5-0379/2003 - 2003/2149 (INI)), Tz. 3 und 10
[47] Geiger/Freund EuZW 2003, 490, 493
[48] RL 2004/17/EG des Europäischen Parlaments und des Rates vom 31.3.2004, ABl. EU 2004 L 134/1
[49] Art. 1 der VO 1874/2004 der Kommission vom 28.10.2004, ABl. EU 2004 L 326/17, i.V.m. Art. 16 u. 61 der RL 2004/17/EG des Europäischen Parlaments und des Rates vom 31.3.2004, ABl. EU 2004 L 134/1
[50] Art. 23, 25 RL 2004/17/EG
[51] Koenig/Haratsch DVBl. 2004, 1387, 1390 m.w.N.
[52] Art. 18 der RL 2004/17/EG

raldirektion Wettbewerb der EU-Kommission erkennen[53]. Der Autor befürwortet einerseits die zeitlich engere Begrenzung von Konzessions- und Betriebsführungsverträgen sowie eine Ausschreibungspflicht für Kommunen bei der Ausgliederung der Aufgabe der Wasserversorgung[54]. Andererseits plädiert er für Wettbewerb im Markt bzgl. der Versorgung von Industriekunden über freien Leitungsbau oder den Zugang zu vorhandenen Netzen[55].

Auch wenn im Moment eine Liberalisierung in Form eines umfassenden Durchleitungswettbewerbs in Deutschland wie auch in der EU vorerst keine Mehrheit finden wird, ist mit hoher Wahrscheinlichkeit davon auszugehen, dass dieses Ansatz mittelfristig wieder in den Mittelpunkt der Debatte rücken wird. Schaffung von mehr Wettbewerb liegt im Trend der Politik sowohl der EU als auch des Bundes. Zudem üben mächtige Großunternehmen der Versorgungswirtschaft, aber auch des Finanzierungssektors unverkennbar Druck aus. Man darf auch nicht vergessen, dass infolge der Finanznot der Kommunen und der steigenden Anforderungen an den Betrieb von Wasserversorgungsanlagen die Gemeinden in stärkerem Maße ihre Wasserversorgung privatisieren werden. Private Monopole sind jedoch mit den gegenwärtigen Mitteln des Kartellrechts nur schwer zu kontrollieren, im Gegensatz zu staatlichen, die zumindest einer demokratischen Beaufsichtigung unterliegen. Man wird jedoch wirksame Instrumente zur Monopolkontrolle brauchen, und da bietet sich die Schaffung von Wettbewerb an. Im Übrigen werden im politischen Raum die Befürworter einer Liberalisierung zunehmen, je weniger die Erhaltung der lokalen Monopole im Interesse der Kommunalpolitiker liegt. Insofern ist es wahrscheinlich nur eine Frage der Zeit, bis man sich erneut ernsthafte Gedanken über die Einführung von Wettbewerb im Markt machen wird.

4. Durchleitungswettbewerb Pro und Contra

In der aktuellen Liberalisierungsdebatte ist die Normierung eines Durchleitungsanspruchs der umstrittenste Punkt. Hiergegen werden insbesondere Argumente dahingehend angeführt, dass die Trinkwasserqualität nicht garantiert werden könne, wenn jedem Unternehmen der Netzzugang zum Wassernetz des Konkurrenten gewährt würde. Dies hat zum einen damit zu tun, dass nicht jedes Wasser mit jedem anderen Wasser gemischt werden kann. Ebenso besteht bei Veränderungen der Wasserbeschaffenheit durch Mischung die Gefahr der Ablösung von Rohrverkrustungen. Zudem würde eine zunehmende Fernwas-

---

[53] Gee, Competition and the water sector, Competition Policy Newsletter 2/2004, p. 38-40
[54] Gee, Competition and the water sector, Competition Policy Newsletter 2/2004, p. 38, 40
[55] Gee, Competition and the water sector, Competition Policy Newsletter 2/2004, p. 38, 39

serversorgung aufgrund der anspruchsvolleren Desinfektion eine mindere Wasserqualität zur Folge haben[56].

Dennoch werden bereits heute kontrolliert Wässer unterschiedlicher Beschaffenheit miteinander vermischt. Die Einspeisung unterschiedlicher Wässer in ein System ist also technisch – unter bestimmten Voraussetzungen – ohne Verlust der hohen Trinkwasserqualität möglich[57]. Es ist lediglich eine Frage der Ausgestaltung des Rechtes des Netzzugangs, wie man bei Liberalisierung die hohe Wasserqualität garantieren kann. Als Argument für eine Durchleitung wird angeführt, dass es sich um die einzige Form der Liberalisierung handelt, bei der tatsächlich Wettbewerb entstehen und somit das eigentliche Effizienzpotential genutzt werden kann[58]. Ein Durchleitungswettbewerb ist im Wasserbereich im Gegensatz zu Strom oder Telekommunikation dadurch begrenzt, dass in Deutschland kein zusammenhängendes Versorgungsnetz existiert, sondern lediglich regionale Fernwasserversorger mit kommunalen Wasserversorgern verbunden sind. Insofern ist mittelfristig lediglich von einem begrenzten regionalen Wettbewerb auszugehen[59]. Zudem dürften sich die Preissenkungen aufgrund der Tatsache in Grenzen halten, dass im Wassermarkt ein hoher Fixkostenanteil (zwischen 80 und 90 %[60]) gegeben ist. Dennoch kann man nach Schätzungen der Deutschen Bank von einem Kostensenkungspotential i.H.v. 10-15 % ausgehen[61], das insbesondere auch aufgrund einer verstärkten Konzentration unter den Wasserversorgern entstünde. Die Konzentration hätte den Nebeneffekt, dass die größeren Wasserversorger besser auf dem Weltmarkt agieren könnten[62].

II. Vorbild England und Wales

1. Marktstrukturen

Bis zur Neustrukturierung im Jahre 1973 war die Wasserversorgung in England und Wales sehr kleinräumig strukturiert, zum Teil in kommunaler, zum Teil in privater Hand. Allerdings waren auch bei den privaten Unternehmen die

---

[56] UBA, S. 55 ff.
[57] BMWi, S. 49 ff.
[58] Deutsche Bank Research Nr. 176 vom 25.8.2000: Wasserwirtschaft im Zeichen von Liberalisierung und Privatisierung, S. 15; Umweltgutachten 2002 des Sachverständigenrates für Umweltfragen, BT-Drs. 14/8792, S. 304
[59] Deutsche Bank Research, S. 9
[60] Kluge (u.a.), netWORKS-papers, Heft 2: Netzgebundene Infrastrukturen unter Veränderungsdruck – Sektoranalyse Wasser, S. 23 (Quelle: BGW)
[61] Deutsche Bank Research, S. 15
[62] BMWi, S. 24 f.

Ausschüttungen an die Aktionäre auf die Kreditzinsen und Reservenbildung beschränkt. Darüber hinausgehende Profite mussten den Verbrauchern zugute kommen. Ein finanzielles Engagement in diesem Sektor war somit sehr unattraktiv. Durch die Reorganisation 1973 wurden flächendeckend zehn sog. „water authorities" gegründet, jeweils zuständig für die Planung und Kontrolle des Wasserhaushalts in einem Flusssystem. Die water authorities übernahmen vollständig die Abwasserentsorgung in diesem Gebiet sowie die Wasserversorgungsaufgaben sämtlicher kommunalen Unternehmen. Durch den Water Act 1989 wurden die Ver- und Entsorgungsaufgaben dieser staatlichen Einrichtungen privatisiert. Die Aufsicht über den Wasserhaushalt übertrug man zunächst der National Rivers Authority, 1996 dann der Environment Agency. Sämtlichen nunmehr privaten Unternehmen unterwarf man einer einheitlichen ökonomischen Regulierung durch das Office of Water Services (OFWAT).[63] Zwar fielen die Profitbeschränkungen weg. Allerdings wurden Anforderungen an die Unternehmen formuliert in Bezug auf das Dienstleistungsniveau für die Kunden, die Leckage sowie die Wasserqualität. An diesen Zielvorgaben müssen sich die Investitionsprogramme der einzelnen Versorger orientieren.[64] Gleichzeitig hat man bzgl. der Wasserpreise eine Price-Cap-Regulierung eingeführt. Methodisch funktioniert diese Regulierung folgendermaßen: OFWAT schätzt für eine Periode von fünf Jahren, welchen Input ein Unternehmen benötigt, um den von ihm geforderten Output zu erzielen. Dafür zieht man die Kosten der täglichen Wasserversorgung unter Berücksichtigung von möglichen Effizienzsteigerungen heran. Zudem wird das jeweilige Investitionsprogramm in die Berechnung mit einbezogen sowie auch eine angemessene Rendite. Daraus resultiert eine Preisobergrenze, die einen Monopolmissbrauch verhindern soll, gleichzeitig aber Anreize für Innovationen setzt, weil Effizienzgewinne beim Unternehmen verbleiben.[65] In der Praxis hat zwar eine erhebliche Qualitätssteigerung stattgefunden. Der Wasserpreis ist jedoch in den Jahren von 1989 bis 1999 um 40 % gestiegen. Der Price-Cap-Regulierung ist es offensichtlich nicht gelungen, die private Monopolmacht hinreichend zu einzuschränken.[66] Die nunmehr in Angriff genommene Einführung von Wettbewerb im Wassermarkt ist der Versuch, die Monopole der privaten Wasserversorgungsunternehmen zumindest partiell aufzubrechen. Ein schwieriges Unterfangen, zumal der Konzentrationsprozess im Wasserversorgungssektor fortschreitet. Existierten bei der Privatisierung im Jahre 1989 neben den zehn neu gebildeten Wasserver- und Abwasserentsorgungsunternehmen noch 29 private Wasserversorgungsunternehmen, so ist die Anzahl letzterer durch Fusionen und Übernahmen auf 12

---

[63] Bailey, Regulation of the UK Water Industry 2002, p. 9 f.
[64] Bailey, Regulation of the UK Water Industry 2002, p. 18 ff.
[65] Bailey, Regulation of the UK Water Industry 2002, p. 22 ff.
[66] Hewett, Testing the waters – The potential for competition in the Water Industry, p. 7

im Jahr 2003 abgeschmolzen[67]. Gleichzeitig existiert in England und Wales kein nationales Leitungsnetz, sondern es sind nur einige regionale Netze vorhanden[68]. Zu einer Vernetzung der Versorgungssysteme verschiedener Unternehmen ist es bislang noch nicht gekommen. Dies liegt insbesondere daran, dass die großen Betreiber ihre Netze auf die jeweiligen Flusssysteme ausgerichtet haben, denen das Trinkwasser entnommen wird. Eine Überschreitung dieser natürlichen Barrieren zwecks Wasserlieferungen scheint wirtschaftlich nicht unbedingt sinnvoll zu sein.[69]

2. Competition Act 1998

Im Vereinigten Königreich ist zum 1.3.2000 der Competition Act 1998 in Kraft getreten[70]. Dieses Gesetz enthält in der sog. Chapter II-Prohibition ein Verbot des Missbrauchs einer marktbeherrschenden Stellung[71], das sich inhaltlich an Art. 82 EG orientiert. Mit Section 60 des Competition Act 1998 wird zugleich die Wettbewerbsrechtsprechung des EuGH in das nationale Recht des Vereinigten Königreiches inkorporiert[72]. Der Generaldirektor des Office of Fair Trading (OFT), der landesweiten Wettbewerbsbehörde, sowie der Generaldirektor des Office of Water Services (OFWAT), der für England und Wales zuständigen Regulierungsbehörde für die Sektoren Wasserversorgung und Abwasserentsorgung, haben in einem gemeinsamen Standpunkt vom 31.1.2000 für England und Wales festgelegt, wie sie den Competition Act 1998 auf den Wasserver- und Abwasserentsorgungssektor anwenden wollen[73]. Die in der Rechtsprechung des EuGH anerkannte *essential-facilities-doctrine* soll Anhaltspunkte dafür liefern, ob und inwiefern die Verweigerung des Zugangs zu einer wesentlichen Einrichtung im Wasserversorgungssektor einen Verstoß gegen die Chapter II-Prohibition darstellt[74]. Als *essential facilities* können dabei prinzipiell sowohl die Wasserleitungen und Wasserversorgungsnetze als auch Wasserwerke und Wasserspeicher angesehen werden[75]. Sollte ein Unternehmen einem Konkurren-

---

[67] Bailey, The business and financial structure of the Water Industry in England and Wales, p. 10

[68] DETR, Competition in the Water Industry in England and Wales – Consultation paper, № 7.23

[69] Board (u.a.), Common carriage and access pricing – A comparitive review, p. 112; Hewett, Testing the waters – The potential for competition in the Water Industry, p. 13

[70] OFWAT, Access Codes for Common Carriage – Guidance, March 2002, p. 1

[71] OFWAT, Access Codes for Common Carriage – Guidance, March 2002, p. 1

[72] Tupper, Water Law 13 [2002], p. 191; Mellor, Water Law 14 [2003], p. 194, 201

[73] OFWAT and OFT, Competition Act 1998 – Application in the Water and Sewerage Sectors, 31 January 2000, № 1.4

[74] OFWAT and OFT, Competition Act 1998 – Application in the Water and Sewerage Sectors, 31 January 2000, № 4.21

[75] OFWAT, Access Codes for Common Carriage – Guidance, March 2002, p. 4

ten den Zugang zu einer solchen wesentlichen Einrichtung ohne einen vernünftigen Grund verweigern oder unangemessene Entgelte oder sonstige Vertragsbedingungen für den Zugang verlangen, so liege darin ein Verstoß gegen die Chapter II-Prohibition[76].

Damit die Unternehmen nicht Gefahr laufen, einen solchen Missbrauch zu begehen, hatte OFWAT die Wasserversorgungsunternehmen aufgefordert, zum 1.3.2000 die Voraussetzungen zu schaffen und Grundsätze dafür bereitzuhalten, dass sie Anfragen für eine gemeinsame Netznutzung positiv beantworten können[77]. Aus diesen Prinzipien sollten bis Ende August 2000 sog. *network access codes* entwickelt werden[78]. In seinen Briefen hat OFWAT gleichzeitig Grundsätze festgelegt, die die Unternehmen bei der Ausarbeitung der Prinzipien bzw. Netzzugangsbedingungen zu beachten haben, damit sie nicht Gefahr laufen, gegen die Chapter II-Prohibition zu verstoßen[79]. Nach einem Diskussionsprozess mit den Unternehmen hat OFWAT im Jahr 2002 eine umfassende Empfehlung herausgegeben, welche Parameter in die Netzzugangsbedingungen einzufließen haben[80]. Kernproblem – wie auch bei der Liberalisierung der Strom- und Gasmärkte – ist die Festsetzung angemessener Netznutzungsentgelte. Deshalb hat OFWAT auch diesbzgl. in einem frühen Stadium gezielte Empfehlungen erlassen[81]. Mangels aktuell verfügbarer Wettbewerbspreise wird allein auf eine kostenorientierte Preisbildung zurückgegriffen. Dies setzt natürlich eine transparente Rechnungslegung voraus. Hierzu gibt es ebenfalls von OFWAT sog. *„Regulatory Accounting Guidelines"*, also Empfehlungen für die Buchführung der Unternehmen. Ziel der Liberalisierung des Trinkwassermarktes war die Reduzierung der Kosten für die Verbraucher. Bislang hat sich jedoch auf der Grundlage des Competition Act 1998 kein Durchleitungswettbewerb entwickelt[82]. Es kam lediglich zu Beschwerden einzelner potentieller Wettbewerber über die gestellten Netzzugangsbedingungen, insbesondere über die Höhe der Netznutzungsentgelte[83]. Ein Verfahren wurde am 31.3.2006 vom

---

[76] OFWAT and OFT, Competition Act 1998 – Application in the Water and Sewerage Sectors, 31 January 2000, № 4.17
[77] OFWAT, MD 154, 12 November 1999, Development of Common Carriage
[78] OFWAT, MD 162, 12 April 2000, Common Carriage – Statement of Principles
[79] OFWAT, MD 154, 12 November 1999, Development of Common Carriage; OFWAT, MD 158, 28 January 2000, Common Carriage; OFWAT, MD 162, 12 April 2000, Common Carriage – Statement of Principles; OFWAT, MD 163, 30 June 2000, Pricing Issues for Common Carriage
[80] OFWAT, Access Codes for Common Carriage – Guidance, March 2002
[81] OFWAT, MD 163, 30 June 2000, Pricing Issues for Common Carriage
[82] Fischer/Zwetkow, Privatisierungsoptionen für den deutschen Wasserversorgungsmarkt im internationalen Vergleich, ZfW 2003, S. 133
[83] OFWAT, Complaints considered under the Competition Act 1998, April 2002, April 2003 and April 2004

Competition Appeal Tribunal entschieden[84]; ein weiteres ist aktuell noch anhängig[85]. Dieser mangelnde Erfolg dürfte unter anderem daran liegen, dass der Competition Act 1998 keine Marktöffnung für den Wassersektor vorsah und den Netzbetreibern und Petenten zu viel Freiheit bei der Gestaltung der Vertragsbedingungen ließ[86]. Nach der geltenden Rechtslage durfte eine Missbrauchskontrolle immer erst im Nachhinein erfolgen; die Regulierungsbehörde konnte somit immer nur reagieren, jedoch nicht gezielte Maßnahmen zur Förderung des Wettbewerbs ergreifen[87]. Allein aufgrund der Tatsache, dass das Parlament mit der Schaffung eines gesetzlichen Rahmens für Wettbewerb im Wassermarkt nicht vorankam, hat der Direktor von OFWAT seine Kompetenzen, die ihm der Competition Act 1998 verliehen hat, dazu benutzt, Konkurrenz im Wege der gemeinsamen Netznutzung zu ermöglichen[88]. Es handelte sich letztendlich nur um eine provisorische Notlösung.

3. Water Act 2003

Um nun tatsächlich Wettbewerb zu etablieren, hat der Gesetzgeber für England und Wales mit dem Water Act 2003 neue Rahmenbedingungen geschaffen. Dieses Gesetz enthält Modifikationen sowohl des Water Ressource Act 1991 als auch des Water Industry Act 1991. Dadurch wird zunächst das System der Wasserentnahmerechte auf ein Anreizsystem umgestellt[89]. Kern jedoch ist die Ermöglichung von Wettbewerb im Markt. Hierzu werden zwei Instrumente eingeführt. Das eine ist die Verpflichtung der Netzbetreiber, dritten Anbietern eine gemeinsame Netznutzung zu gestatten, damit diese mit ihrem eigenen Wasser an das Netz angeschlossene Kunden versorgen können[90]. Das zweite Mittel ist die Eröffnung von Wettbewerb für Zwischenhändler: Die örtlich etablierten Wasserversorgungsunternehmen sind verpflichtet, Dritten Trinkwasser zur Verfügung zu stellen, damit diese in dem Netzbereich des Versorgungs-

---

[84] Competition Appeal Tribunal: Verfahren Albion Water Limited v Water Services Regulation Authority (formerly the Director General of Water Services)(Thames Water/Bath House) – Case Number: 1042/2/4/04 (http://www.catribunal.org.uk/judgments/)

[85] Competition Appeal Tribunal: Verbundene Verfahren Albion Water Limited v Director General of Water Services (Dŵr Cymru/Shotton Paper) – Case Number: 1046/2/4/04 und Aquavitae (UK) Limited v Director General of Water Services (Dŵr Cymru/Shotton Paper) – Case Number: 1045/2/4/04 (http://www.catribunal.org.uk/current/)

[86] Hope, Competition in Water, in: Access pricing – Comparitive experience and current developments, p. 17, 18

[87] DETR, Competition in the Water Industry in England and Wales – Consultation paper, № 7.9

[88] Mellor, Water Law 14 [2003], p. 194, 201

[89] siehe unter Teil D: II. 1. b) bb)

[90] Section 66B Water Industry Act 1991 in der Fassung des Water Act 2003 (Introduction of water into water undertaker's supply system)

gebiets gelegene Kunden beliefern können[91], was technisch allerdings durch den Netzbetreiber geschieht. Wettbewerb soll zudem in solchen Konstellationen ermöglicht werden, in der ein Anbieter einen Kunden mit Trinkwasser beliefern möchte, der an das Netz eines Versorgungsunternehmens angeschlossen ist, der Anbieter das hierzu benötigte Trinkwasser jedoch von einem anderen Versorgungsunternehmen beziehen will. Auch für derartige Fälle normiert der Water Act 2003 entsprechende Verpflichtungen der etablierten Unternehmen[92].

Die genannten Verpflichtungen der Netzbetreiber gelten nur gegenüber Unternehmen, die in einem besonderen Verfahren eine Versorgungslizenz erhalten haben[93]. Dieses Lizenzierungserfordernis soll sicherstellen, dass auch diese Unternehmen denselben Qualitätsanforderungen unterliegen wie die etablierten Versorgungsunternehmen, insbesondere ihnen gegenüber strafrechtliche Sanktionen ermöglichen, was nach alter Rechtslage nicht zulässig war[94]. Die Lizenz ermöglicht den Zugang zum Netz eines anderen jedoch nur unter drei Voraussetzungen: Ein Lizenznehmer darf nur solche Kunden versorgen, die nicht Haushaltskunden sind[95]. Hatte der Competition Act 1998, zumindest nach der Auffassung der Regulierungsbehörde, den Wettbewerb um alle Abnehmer eröffnet, schließt der Water Act 2003 nun explizit Haushaltskunden vom Wettbewerb aus. Dementsprechend folgerichtig erlaubt OFWAT den Netzbetreibern, auch Kosten der Trinkwassergewinnung und -aufbereitung anteilig den Netznutzern in Rechnung zu stellen, damit nicht die durch ein etwaiges „Rosinenpicken" verursachten *stranded costs* allein von den Kunden getragen werden müssen, die nicht am Wettbewerb teilnehmen können[96]. Des Weiteren besteht ein Liefer- bzw. ein Durchleitungsanspruch nur dann, wenn bei der ersten Vereinbarung mit dem Kunden die Abnahme einer Jahresmenge von 50.000 m³ zu erwarten ist[97]. Damit haben nur etwa 2.300 von zwei Millionen gewerblichen Kunden die Möglichkeit, ihren Anbieter zu wechseln[98]. Und schließlich darf sich der Abnehmer nicht gleichzeitig durch einen anderen Lizenznehmer versorgen lassen[99].

---

[91] Section 66A Water Industry Act 1991 in der Fassung des Water Act 2003 (Wholesale water supply by primary water undertaker)
[92] Section 66C Water Industry Act 1991 in der Fassung des Water Act 2003 (Wholesale water supply by secondary water undertaker)
[93] Sections 17A-17R Water Industry Act 1991 in der Fassung des Water Act 2003
[94] Section 70 i.V.m. 68 Water Industry Act 1991 in der Fassung des Water Act 2003
[95] Section 17A(3)(a) Water Industry Act 1991 in der Fassung des Water Act 2003
[96] mehr dazu siehe unter Teil C: V. 1. c) bb)
[97] Section 17D(2) i.V.m. 17A(3)(b) Water Industry Act 1991 in der Fassung des Water Act 2003
[98] Mellor, Water Law 14 [2003], p. 194, 208
[99] Section 17A(3)(c) Water Industry Act 1991 in der Fassung des Water Act 2003

Die genannten Wettbewerbsvorschriften des Water Act 2003 sind erst im April 2005 in Kraft getreten, so dass es bislang noch keine Erkenntnisse über die Wirksamkeit der Maßnahmen gibt. Verbindliche Leitlinien zur *ex ante*-Regulierung hat OFWAT nach vorangegangenem Konsultationsverfahren mit den relevanten Behörden und Interessengruppen[100] vorgelegt[101]. Inhaltlich orientieren sie sich an den zur Chapter II-Prohibition gegebenen Empfehlungen[102], weichen jedoch insbesondere in Bezug auf den Vertragsanbahnungsprozess und die Netznutzungsentgelte davon ab. Perspektivisch ist – wie bei der Marktöffnung in anderen Sektoren – eine schrittweise Marktöffnung zu erwarten[103], damit mehr Kunden von den Vorteilen des Wettbewerbs profitieren können. Die Erfahrungen, die in England und Wales in den nächsten Jahren gemacht werden, dürften eine entscheidende Rolle in der politischen Debatte um eine weitere Öffnung des Wassermarktes in Europa wie auch speziell in Deutschland spielen.

III. Das Thema der Dissertation

1. Gemeinsame Netznutzung

Die gemeinsame Netznutzung ist die wohl intensivste Form der Einführung von Wettbewerb bei netzgebundenen Infrastruktureinrichtungen. Sie wurde bereits bei der Liberalisierung der Märkte für Strom, Gas, Eisenbahn und Telekommunikation eingeführt. Dritten Leistungsanbietern wird ein so genanntes Netzzugangsrecht gewährt. Damit ist der Netzbetreiber seinen Konkurrenten gegenüber verpflichtet, sein Netz zur Verfügung zu stellen, wenn diese auf die Mitbenutzung angewiesen sind, um konkrete Warenlieferungen durchführen bzw. bestimmte Dienstleistungen erbringen zu können. Letztendlich soll der Kunde wählen, ob er seine Energie, seine Telekommunikations- oder Verkehrsdienstleistungen vom bisherigen Monopolisten einkauft oder von einem dritten Anbieter.

Voraussetzung bei der leitungsgebundenen Lieferung von Waren ist die gedankliche Aufsplittung der Leistung in die Nutzung der Infrastruktur einerseits, die technisch nach wie vor der Netzbetreiber übernimmt, und in die Lieferung der Ware Strom bzw. Gas andererseits, die durch einen lieferbereiten Dritten erfolgt. Eine solche Form des Wettbewerbs ist auch in der Wasserversorgung grundsätzlich denkbar. Denn es handelt sich wie bei Strom und Gas um eine

---

[100] OFWAT, Consultation on Access Code Guidance, October 2004
[101] OFWAT, Guidance on Access Codes, June 2005
[102] OFWAT, Access Codes for Common Carriage – Guidance, March 2002
[103] Bailey, The business and financial structure of the Water Industry in England and Wales, p. 11

leitungsgebundene Warenlieferung. Diese Form des Wettbewerbs im Trinkwasserversorgungsmarkt soll im Rahmen der Arbeit aus juristischer Perspektive untersucht werden.

Ein Annexproblem dazu bildet die Frage, ob die Wasserwerke und Wasserspeicherungsanlangen ebenfalls zum Versorgungsnetz gehören bzw. eine eigene *essential facility* bilden.

2. Die Begriffe „Gemeinsame Netznutzung", „Netzzugang" und „Durchleitung"

Man verwendet im Energiesektor für die Belieferung eines Kunden mit Strom oder Gas durch das Netz eines anderen auch den Begriff der Durchleitung. Bei der Durchleitung handelt es sich lediglich um eine Fiktion, denn es ist keineswegs so, dass derselbe an einem Punkt eingespeiste Strom oder dasselbe eingespeiste Gas auch den Abnehmer des Lieferanten erreicht. Vielmehr findet in den Netzen zwangsläufig eine Vermischung statt. Dies ist auch bei der Durchleitung im Wasserversorgungssektor der Fall. Je nach Einspeisemenge und den hydraulischen Bedingungen im Netz erhält der Kunde eines dritten Lieferanten ein Wasser, das zu einem bestimmten Bruchteil aus dem Wasser seines Vertragspartners besteht. Es kann sogar sein, dass aufgrund dieser Randbedingungen sein entnommenes Wasser reines Wasser des Netzbetreibers ist. Insofern werden die technisch voneinander völlig unabhängigen Vorgänge der Einspeisung und der Entnahme normativ zu einer Einheit zusammengefasst[104]. Durchleitung ist mithin die Einspeisung von Wasser an einem Punkt des Netzes und die mengengleiche Entnahme an einem anderen Punkt des Netzes[105], wobei eine Synchronisierung beider Vorgänge lediglich statistisch angenähert erfolgen kann.

Der Begriff „Durchleitung" kann weitestgehend synonym mit den Begriffen „Gemeinsame Netznutzung" und „Netzzugang" verwendet werden, da sie alle grundsätzlich denselben Vorgang beschreiben. Allerdings unterscheiden sie sich in bestimmten Nuancen. Gemeinsame Netznutzung beschreibt sehr treffend das Wettbewerbsmodell zur Auflösung natürlicher Monopole insgesamt. Deshalb fand dieser Begriff auch im Titel Verwendung. Allerdings ist der Begriff der Durchleitung präziser, wenn der einzelne, isolierte Vorgang juristisch erklärt werden soll, auf den der Wettbewerber einen Anspruch hat, nämlich die Belieferung eines Kunden mit Wasser durch das Netz eines anderen. Dies gilt

---

[104] Büdenbender, Energierecht, Rn. 49 f.
[105] Stewing, Gasdurchleitung nach europäischem Recht, S. 18; Börner VEnergR Bd. 48, S. 77, 80

insbesondere aufgrund der Tatsache, dass im Gegensatz zur Elektrizitätsversorgung tatsächlich die Lieferung einer Sache erfolgt. Der Begriff Netzzugang beschreibt zwar genau den tatsächlichen Vorgang, nämlich die Möglichkeit zur Einspeisung von Wasser in das Netz eines anderen. Allerdings beinhaltet er nicht die logische Verknüpfung mit der korrespondierenden Entnahme durch den Kunden. Gleichzeitig kann dieser Begriff auch für den Belieferungsanspruch eines Kunden gegenüber einem Monopolisten verwendet werden. In letzterem Sinne wird er im Rahmen der vorliegenden Arbeit aber nicht benutzt.

3. Abgrenzung zu anderen Formen von Wettbewerb im Markt

Das BMWi-Forschungsvorhaben (11/00) untersucht für das Szenario der Schaffung von Wettbewerb im Markt neben der gemeinsamen Netznutzung drei weitere Formen zur Schaffung von Wettbewerb: die Eigenversorgung, den freien Leitungsbau und Einschaltung von Zwischenhändlern[106]. Diese Varianten sind grundsätzlich isoliert von der gemeinsamen Netznutzung zu betrachten, weisen jedoch teilweise enge Verknüpfungsmöglichkeiten zu ihr auf bzw. ähneln sich in der juristischen Konstruktion des Anspruchs gegenüber einem marktbeherrschenden Unternehmen.

a) Eigenversorgung

Eine bereits für Industriebetriebe mit hohem Trink- oder Brauchwasserbedarf geltende Form des Wettbewerbs ist die Eigenversorgung. Ihr Anteil beträgt in diesem Bereich 90 %[107]. Für kleinere Abnehmer kommt eine Einschränkung des Anschluss- und Benutzungszwangs nur unter den engen Voraussetzungen des § 3 I 1 AVBWasserV in Betracht. Jedoch ist eine flächendeckende Eigenversorgung aufgrund der hohen hygienischen Anforderungen ökonomisch nicht sinnvoll[108] bzw. in Ballungsräumen gar nicht realisierbar. Eine interessante Durchleitungsvariante könnte sich dadurch ergeben, dass ein Industriebetrieb eine von seinem Werk entfernt liegende Wasserressource erwirbt und nun vom örtlichen Wasserversorger Durchleitung zu seinem Werk begehrt.

b) Freier Leitungsbau

Die Ermöglichung von freiem Leitungsbau durch Verbot von Demarkations- und Konzessionsverträgen (Streichung des § 103 GWB a.F.) sowie Abschaffung des Anschluss- und Benutzungszwanges (in Niedersachsen § 8 NGO) stellt

---

[106] BMWi, S. 41 ff.
[107] BMWi, S. 12
[108] BMWi, S. 42

eine weitere Option dar[109]. Das Wettbewerbsdefizit ist jedoch primär kein juristisches, sondern ein ökonomisches: Die Versorgungsnetze bilden natürliche Monopole, da der flächendeckende Bau von Parallelleitungen volkswirtschaftlich zu höheren Kosten führt[110]. Deshalb wird sich die Investition in Parallelversorgungsleitungen nur in Randbereichen an der Grenze zwischen zwei Versorgern lohnen, insbesondere bei der Versorgung von Großverbrauchern; aber auch bei der Erschließung neuer Siedlungen kann dadurch Wettbewerb initiiert werden[111]. In letzterem Fall könnte gar die Konstellation entstehen, dass ein Versorger ein Gebiet zwar erschließt, jedoch – da er über keine eigenen Ressourcen verfügt oder diese nicht rentabel in das neue Netz transportiert werden können – den Anschluss an das Netz des ortsansässigen Wasserversorgers begehrt und von diesem die Lieferung von Trinkwasser für das neu erschlossene Gebiet fordert. Hier könnten insofern kartellrechtliche Probleme auftreten, als eine Ablehnung des Begehrens durch den örtlichen Versorger zwar weniger eine Netzzugangsverweigerung, jedoch durchaus eine Lieferverweigerung i.S.v. § 19 IV Nr. 1 bzw. § 20 I GWB darstellen könnte. Ebenso könnte man darüber nachdenken, ob der Anschluss eines „Areal-Versorgers" auch unter eine etwaige Anschluss- und Versorgungspflicht fallen könnte.

Der freie Leitungsbau hätte aber auch Bedeutung für den Durchleitungswettbewerb: Ohne freien Leitungsbau ist eine Verknüpfung der Netze und damit eine gemeinsame Netznutzung überhaupt nicht denkbar[112]. Anderenfalls könnten die Wegeeigentümer oder Eigentümer der erforderlichen Grundstücke den Durchleitungswettbewerb verhindern, insbesondere Kommunen ihre geschlossenen Versorgungsgebiete schützen.

c) Einschaltung von Zwischenhändlern

Eine weitere von den Gutachtern vorgeschlagene Variante ist die Einschaltung von Zwischenhändlern[113]. Diese kaufen größere Wassermengen verbilligt ein, da sie letztendlich dem Wasserversorgungsunternehmen die Vertriebskosten weitestgehend abnehmen. Die Letztverbraucher profitieren von den günstigeren Preisen[114]. Hierbei muss allerdings zwischen zwei Varianten differenziert werden:

---

[109] BMWi, S. 42 f.
[110] siehe unter I. 2. b)
[111] BMWi, S. 42
[112] Deutsche Bank Research, S. 9
[113] BMWi, S. 44
[114] Deutsche Bank Research, S. 11 f.

Wenn es einen funktionierenden Durchleitungswettbewerb gibt, neben dem örtlichen Netzbetreiber also weitere Trinkwasseranbieter existieren, wird der Zwischenhändler mit Sicherheit einen Weg finden, Wasser zum Weitervertrieb zu erwerben und, falls dieses nicht vom Netzbetreiber stammt, durch dessen Netz zu seinen Abnehmern durchzuleiten.

Etwas anderes würde jedoch für den Fall gelten, in dem der Zwischenhändler mangels wirksamen Wettbewerbs auf einen Wasserlieferungsvertragsabschluss mit dem Ortsnetzbetreiber angewiesen wäre. Dieser könnte ein vitales Interesse daran haben, jeglichen Wettbewerb in seinem Versorgungsgebiet zu unterbinden. In der Telekommunikationsbranche hat man das Problem gelöst, indem man sog. Resellern einen Anspruch auf Nutzung des Ortsnetzes der Deutschen Telekom AG für das Anbieten von Ortsverbindungen im eigenen Namen eingeräumt hat. Der Anspruch ergab sich nach altem Recht aus §§ 33, 35 TKG a.F., wonach ein Netzzugangsanspruch nicht nur für andere Netzbetreiber durch Zusammenschaltung bestand, sondern ein marktbeherrschendes Unternehmen auch gezwungen wurde, entbündelte Verbindungen an Zwischenhändler zu verkaufen, die diese im eigenen Namen an Dritte weitervertreiben konnten; auf eine vorherige Wettbewerbseröffnung durch den Marktbeherrscher kam es hierbei nicht an[115]. Dieselbe Verpflichtung folgte auch aus § 4 Telekommunikations-Kundenschutzverordnung (TKV), die die Zwischenhändler als Kunden der Netzbetreiber schützte[116]. Dieses für das Telekommunikationsrecht gefundene Ergebnis lässt sich jedoch nicht eins zu eins auf den Wassermarkt übertragen. Die Leistung des Marktbeherrschers gegenüber dem Zwischenhändler liegt darin, dass jener eine Verbindung vom Kunden des Zwischenhändlers zu dessen gewünschtem Gesprächspartner herstellt. Der Zugang des Zwischenhändlers liegt also darin, dass der Netzbetreiber für ihn eine Verbindung herstellt, die er an seinen Kunden weitervertreibt. Das Wirtschaftsgut ist also die Kommunikationsverbindung. Ein Zwischenhändler für Trinkwasser würde die von seinem Kunden gewünschte Menge dem Wasserversorger abkaufen und an seinen Kunden weiterverkaufen. Das über den Zwischenhändler vermittelte Wirtschaftsgut ist insofern nicht die Verbindung, sondern die Ware Trinkwasser. Ein Anspruch auf Netznutzung beinhaltet jedoch keinen Anspruch auf Warenlieferung. Insofern benötigt der Zwischenhändler einen Lieferanspruch gegen den Wasserversorger. Es könnte sich – bei Auflösung der geschlossenen Versorgungsgebiete – um einen Fall der Lieferverweigerung handeln, der als Behinderungsmissbrauch im Sinne von § 19 IV Nr. 1 bzw. § 20 I GWB einzustufen wäre. Ob daneben ein Netzzugang begehrt wird, ist fraglich, wenn man sich einmal den Ablauf der sachenrechtlichen Übereignung genau vor Augen führt.

---

[115] Piepenbrock, in: Beck'scher TKG-Kommentar, § 33 Rn. 17
[116] Scheurle/Mayen-*Schadow*, TKG, § 41 Rn. 21

Bei einer Übereignung ist das Bestimmtheitsgebot zu beachten[117]. Da es sich bei Wasser um eine Flüssigkeit handelt, geschieht die Aussonderung des zu übereignenden Wassers erst durch Abnahme am Hausanschluss des Endverbrauchers. Etwas anderes wäre auch insofern nicht praktikabel, als sich die Abnahmemenge nach dem tatsächlichen Verbraucherverhalten richtet.

Sachenrechtlich passieren mit der Abnahme zwei Vorgänge: Zunächst erfolgt eine Übereignung vom Wasserversorger an den Zwischenhändler nach § 929 Satz 1 BGB. Die Übergabe erfolgt dabei an den Kunden, der als Geheißperson des Zwischenhändlers fungiert. In derselben Übergabe liegt auch ein Element der Übereignung des Zwischenhändlers an den Kunden nach § 929 Satz 1 BGB, nur dass diesmal der Wasserversorger als Geheißperson des Zwischenhändlers auftritt. Eine Mitbenutzung des Leitungsweges durch den Zwischenhändler findet insofern nicht statt. Diese Bewertung hat zur Konsequenz, dass es sich bei der Einschaltung eines Zwischenhändlers, der das Wasser des Netzbetreibers weiterverkauft, um keinen Fall der Durchsetzung eines Netzzugangsanspruchs handelt. Im Übrigen dürfte sich in einer solchen Konstellation keine wesentliche Rationalisierungswirkung ergeben. Schließlich kann der Zwischenhändler lediglich eine Kostenersparnis durch eine rationalere Verkaufsorganisation im Vergleich zu der des Wasserversorgers erwirtschaften. In Anbetracht der hohen Kosten für Bau und Unterhaltung der Anlagen dürfte dadurch keine deutliche Preissenkung erreicht werden können.

4. Eingrenzung des Themas

Bei der gemeinsamen Netznutzung handelt es sich um die wettbewerbstheoretisch beste Variante, auch wenn aufgrund der spezifischen Netzstruktur und der bisherigen Erfahrungen aus England und Wales mittelfristig kein flächendeckender Durchleitungswettbewerb zu erwarten ist[118]. Weil die Normierung eines Durchleitungsanspruchs das Kernelement der Schaffung von Wettbewerb im Wassermarkt wäre, wird sich diese Arbeit schwerpunktmäßig dem Tatbestand und der Rechtsfolge des Durchleitungsanspruchs auseinandersetzen. Damit ein Durchleitungtatbestand auch wirklich Wettbewerb schaffen kann, gleichzeitig aber auch zahlreiche öffentliche Interessen sowie die Interessen der Verbraucher beachtet werden, bedarf es entsprechender begleitender Regelungen. Dazu müssten insbesondere Wettbewerbshindernisse auf dem Gebiet des öffentlichen Rechts beseitigt werden. Aus der Unterschiedlichkeit der relevanten Rechtsma-

---

[117] Westermann/*H.P.Westermann*, Sachenrecht, 7. Auflage, S. 277; Baur/Stürner, Sachenrecht, 17. Auflage, § 51 Rn. 8
[118] Deutsche Bank Research, S. 9 u. 15

terien ergibt sich schlussendlich auch die Frage, welche staatliche Ebene eine jeweilige Änderung hervorrufen kann, die EU, der Bund oder die Länder.

Trotz der Fokussierung auf die gemeinsame Netznutzung darf nicht übersehen werden, dass auch die anderen drei vorgeschlagenen Formen unerlässliche Elemente für die Schaffung von Wettbewerb sind. Deshalb werden sie – soweit notwendig – entsprechend Berücksichtigung finden.

5. Überblick über die Untersuchung

Bevor mit der eigentlichen juristischen Untersuchung begonnen werden kann, sollen zunächst die möglichen Konstellationen vorgestellt werden, die der Begriff der Durchleitung umfasst. In einem weiteren Schritt werden die technischen Bedingungen, unter denen eine gemeinsame Netznutzung stattfinden kann, erläutert. Anschließend folgt ein Überblick über die Strukturen des deutschen Wassermarktes.

Nachdem der wirtschaftliche, technisch-naturwissenschaftliche und politische Hintergrund für die Etablierung von Wettbewerb im Markt skizziert wurde, soll in Teil B die aktuelle Rechtslage nach europäischem Wettbewerbsrecht im Vordergrund stehen. Dabei wird die Theorie der *essential-facilities-doctrine*, die über das europäische Recht Einzug in die deutsche Kartellrechtslehre erhalten hat, näher beleuchtet.

Bei Teil C handelt es sich um den Kernteil der Dissertation. Zunächst wird erörtert, ob bzw. inwiefern § 19 IV Nr. 4 GWB Anwendung auf den Wasserversorgungssektor findet. Im Anschluss daran geht es um die einzelnen Voraussetzungen für einen Durchleitungsanspruch nach § 19 IV Nr. 4 GWB für Wasserversorgungsunternehmen. Einer Durchleitungsverweigerung kommt es gleich, wenn der Netzbetreiber unangemessen hohe Netznutzungsentgelte fordert, weshalb auch dieser Aspekt näher beleuchtet wird. Der entscheidende Unterschied zu Branchen wie Energie- oder Telekommunikation liegt in der Frage, welche Versagungsgründe ein Wasserversorgungsunternehmen einem Durchleitungsverlangen entgegenhalten könnte. Dies wiederum ist abhängig von der Frage, welche Bedingungen der Netzbetreiber redlicherweise an den Petenten stellen darf. Zudem ergeben sich durch den gegenwärtig noch fortbestehenden Ausnahmebereich in § 103 GWB a.F. zahlreiche Rechtfertigungsmöglichkeiten für die Verweigerung einer Durchleitung.

Neben dem Kartellrecht bildet eine Vielzahl von Vorschriften den gesetzlichen Rahmen für die Wasserversorgung. Hierzu gehören das WHG und die Landeswassergesetze, die Kommunalverfassungen, das Wasserverbandsrecht sowie die

Wasserqualitätsvorschriften TrinkwasserVO, LMBG und IfSG. Diese Vorschriften werden in Teil D daraufhin untersucht, ob sie mit einem Durchleitungswettbewerb kompatibel sind. Es gilt insbesondere festzustellen, ob einzelne Normen gegen die in Teil D: I. und VI. geforderten Wettbewerbsvorschriften verstießen und ob sie infolge dessen ihre Geltung verlieren oder geändert werden sollten bzw. müssten, um die mit Einführung des Durchleitungswettbewerbs verfolgten Ziele erreichen zu können.

In Teil D: VI. wird diskutiert, welcher ergänzender Regelungen es bedarf, um einen wirksamen Durchleitungswettbewerb im Wassermarkt zu ermöglichen. Dabei muss eine Auswertung sektorspezifischer Regelungen (EnWG, TKG, AEG mit den jeweils zugehörigen EU-Richtlinien) erfolgen, um den ergänzenden Regelungsbedarf zu ermitteln. Hierbei geht es einerseits um die Frage, inwiefern § 19 IV Nr. 4 GWB den Anforderungen eines Durchleitungstatbestandes im Wassermarkt gerecht wird. Andererseits müssten als Voraussetzung für eine funktionierende gemeinsame Netznutzung ergänzende Vorschriften eingeführt werden, die z.B. die Kostentransparenz regeln. Schließlich geht es auch um die Frage, ob eine Regulierungsbehörde (mit *ex-ante-* oder *ex-post-*Regulierung) erforderlich wäre.

In Teil E wird schließlich der Frage nachgegangen, welche staatliche Ebene – EU, Bund, Länder – zu den jeweiligen Gesetzesanpassungen befugt ist. Ein Resümee der gesamten Arbeit folgt in Teil F.

IV. Varianten gemeinsamer Netznutzung

1. Das Grundmodell der Durchleitung

Es sind zwei Grundvarianten der Durchleitung denkbar, die natürlich nuancierte Abwandlungen beinhalten können:
Variante 1: Versorger A will Versorger C mit Trinkwasser beliefern. Um in das Netz des C zu gelangen, muss er durch das Netz des Versorgers B durchleiten.
Variante 2: B[1] hat einen Netzanschluss bei B, möchte aber nunmehr von A versorgt werden. A muss also durch das Netz von B durchleiten.

In beiden Fällen ist jedoch eines klar: Weder C noch B[1] bekommen das von A eingespeiste Wasser. Es wird sich vielmehr um ein Mischwasser aus den Wasserwerken von A und B handeln, wenn nicht sogar aufgrund einer Zonentrennung lediglich Wasser des B weitergegeben wird. Gleichzeitig erhalten sämtliche Kunden des B (bei Zonentrennung lediglich ein Teil) nun ein Mischwasser. Es findet also tatsächlich keine Durchleitung statt, sondern lediglich eine Netzeinspeisung mit Wassermischung und eine mengengleiche Entnahme an anderer Stelle. Man kann also die Durchleitung präzise definieren als „Einspeisung von aufbereitetem oder unaufbereitetem Wasser an einem geeigneten Punkt durch einen Dritten in ein existierendes Wasserversorgungssystem und die mengengleiche Entnahme zur Versorgung eines Abnehmers des Dritten an einem anderen Punkt des Systems, wobei die Synchronisierung beider Vorgänge nur statistisch angenähert erfolgen kann"[119].

Im Gegensatz zu einem Elektrizitätsversorgungsnetz sind Wasserleitungen vielfach richtungsgebunden. Eine Richtungsumkehr findet – sofern es sich nicht um ein Ringleitungssystem handelt – nur in Ausnahmefällen statt, wenn etwa eine Leitung unterbrochen werden muss. Eine solche Rückwärtsversorgung birgt jedoch immer wasserhygienische Risiken im Hinblick auf die Ablösung von Inkrustationen. Deshalb ist sie immer mit zusätzlichen Spülvorgängen verbunden. Einer Rückwärtsversorgung im Regelbetrieb zwecks der Ermöglichung von Durchleitung sind also enge Grenzen gesetzt. Ferner werden die Wasserleitungen vom Wasserwerk zum Kunden hin immer dünner. Daraus ergibt sich eine Kapazitätsbegrenzung. Ebenso erschwert dies eine Durchleitung, die nicht den bisherigen Versorgungsströmen folgt.[120]

Daraus ergibt sich für *Variante 1* das Problem, dass zusätzliche Wassermengen durch das Netz des **B** fließen. Deshalb muss im Einzelfall geprüft werden, ob die notwendigen Kapazitäten vorhanden sind bzw. ob die Fließrichtung im Netz überhaupt eine Durchleitung erlaubt.

Bei *Variante 2* dürften sich zwar keine Kapazitätsprobleme ergeben. Allerdings muss der Fremdanbieter eine zu der Netzstruktur passende Einspeisestelle akzeptieren.

2. Negative Durchleitung

Eines der Argumente, die gegen Durchleitung im Wassersektor angeführt werden, ist der Richtungsbetrieb in den Rohrleitungen, sofern es sich nicht um ein Ringleitungssystem handelt. Es wird argumentiert, dass eine Durchleitung entgegen der Fließrichtung nicht so ohne weiteres möglich sei[121]. Aus physikalischer Sicht ist es sicherlich richtig, dass natürlich nicht auf einmal bergauf versorgt werden kann, wo bislang der Versorgungsdruck im freien Gefälle erzeugt wurde[122]. Jedoch sollte man nicht voreilig den Schluss ziehen, dass eine Durchleitung entgegen der Fließrichtung nicht dennoch theoretisch denkbar ist,

---

[119] angelehnt an Definition in: Drinking Water Inspectorate: Information Letter 6/2000 – 11 February 2000, Introduction; vgl. auch unter III. 2.

[120] Mehlhorn, Liberalisierung der Wasserversorgung, GWF – Wasser/Abwasser 142 (2001), Nr. 2, S. 103, 107 f.

[121] Mehlhorn, Liberalisierung der Wasserversorgung, GWF – Wasser/Abwasser 142 (2001), Nr. 2, S. 103, 105; UBA, S. 33

[122] Hewett, Testing the waters – The potential for competition in the Water Industry, p. 13

wenn man sie gemäß der oben genannten Definition vereinfacht als Einspeisung an einem Punkt in ein Netz und mengengleiche Entnahme an einem anderen Punkt des Netzes versteht[123]. Der Begriff der Durchleitung beinhaltet nämlich nicht die Notwendigkeit, dass das von einem Dritten eingespeiste Wasser aufgrund der hydraulischen Verhältnisse zumindest theoretisch seinen Abnehmer erreichen können muss[124].

Hierfür ist ein Exkurs in die Elektrizitätswirtschaft sinnvoll. Bei der Stromversorgung findet grundsätzlich kein Richtungsbetrieb statt. Bei einem Wechselstrom von 50 Hz wird die Fließrichtung der Elektronen 50 Mal in der Sekunde umgedreht. Dennoch findet ein Energietransport von Ort A nach Ort B statt. Nun kann man sich folgenden Fall vorstellen: Der Ort B wird von einem Kraftwerk des $X_{Produzent}$ in Ort A über eine Hochspannungsleitung des X_{Netz} versorgt. Nunmehr errichtet Y in B ein eigenes Kleinkraftwerk und will damit einen Kunden in A über die bestehende Hochspannungsleitung des X_{Netz} versorgen. Physikalisch fließen schließlich nicht zwei Ströme aneinander vorbei, sondern aufgrund der nun höheren Abnahme in A und der zusätzlichen Einspeisung in B fließt eine geringere Energiemenge von A nach B. Das daraus folgende doppelte Inrechnungstellen desselben Leitungsweges war einer der Gründe, warum man ein entfernungsabhängiges Netznutzungsentgelt für die Stromwirtschaft als unbillig angesehen hat[125], denn der Netzbetreiber X_{Netz} würde in dem Fall ein entsprechendes Entfernungsentgelt sowohl von $X_{Produzent}$ als auch von Y kassieren, obwohl durch die zusätzliche Durchleitung sogar weniger Energie über die Strecke transportiert wird, als $X_{Produzent}$ rechnerisch von A nach B durchleiten lässt. Im Ergebnis findet also keine Durchleitung von B nach A statt. Im Gegenteil: Die Durchleitungsmenge von A nach B wird verringert. Ein solches Beispiel ließe sich auch für den liberalisierten Gasmarkt bilden, wo im Gegensatz zur Stromversorgung eine definierbare Fließrichtung existiert und eine Durchleitung entgegen der Hauptfließrichtung letztendlich nur eine Verminderung des Gasflusses in der Hauptfließrichtung bedeutet[126]. Ein solcher fiktiver Transport entgegen der physischen Fließrichtung stößt natürlich an physikalische Grenzen[127], wenn die entgegen der Fließrichtung zu leitende Menge die mit der Fließrichtung zu transportierende Menge übersteigt, weil in der Regel die Anlagen nicht dafür ausgelegt sind.

---

[123] siehe unter III. 2.

[124] a.A.: Smith, Current developments in water supply access pricing for England and Wales, in: Access pricing, investment and efficient use of capacity in network industries (Entwurf), p. 65, 66

[125] Klafka (u.a.) ZNER 1/1997, 40, 43

[126] Verbändevereinbarung zum Netzzugang bei Erdgas vom 03.05.2002, S. 4; Monopolkommission, 14. Hauptgutachten 2000/2001, Tz. 851

[127] Berliner Kommentar zum Energierecht-*Barbknecht/Ronnacker*, VV Gas II Rn. 19

Eine vergleichbare Konstellation müsste es auch in einem liberalisierten Wassermarkt geben können. Folgendes Fallbeispiel wäre denkbar: Der Fernwasserversorger F versorgt den Ortsnetzbetreiber in A über eine im freien Gefälle liegende Fernleitung mit Trinkwasser aus einer Talsperre im etwas entfernt liegenden Mittelgebirge. An dieselbe Fernleitung ist ebenfalls das Ortsnetz des B angeschlossen, welches topographisch höher und näher an der Quelle des F gelegen ist. In A besitzt der W ein Wasserwerk. Er möchte damit den Industriebetrieb I versorgen, welcher an das Ortsnetz des B angeschlossen ist. Physikalisch wäre es dies unmöglich: Zum einen herrscht ein ständiger Durchfluss in der Fernwasserleitung des F, und zwar von B nach A. Zum anderen ließe die Topographie eine derartige Rückwärtsversorgung nur mit dem Einsatz von Pumpen zu, die im Regelfall nicht vorhanden sind. Dieses Problem ließe sich dadurch lösen, dass W in das Ortsnetz des A einspeist. Infolgedessen reduziert sich die Einspeisemenge des F. Die nicht an A gelieferte Menge kann F an B abgeben, damit I mit Trinkwasser versorgt wird. Letztendlich reduziert sich also die Transportmenge auf der Strecke von B nach A. Die Konstellation entspricht der des Stromversorgungsbeispiels. Ferner ist sie von der Definition der Durchleitung gedeckt, denn diese erfordert keinen Materietransport auf dem fiktiven Durchleitungsweg. Im Ergebnis ist also eine Durchleitung auch entgegen der Fließrichtung möglich. Etwas anderes würde nur dann gelten, wenn die von A nach B transportierte Wassermenge die auf der Strecke in Gegenrichtung zu transportierende Menge überstiege. In diesem Fall käme es zu einer tatsächlichen, jedoch physikalisch unmöglichen Fließrichtungsumkehr.

3. Durchleitung trotz fehlender physischer Verbindung

Ein noch weitergehender Fall wurde im Rahmen der Wassermarktliberalisierung in England diskutiert: Ist eine Durchleitung auch ohne physische Leitungsverbindung möglich?[128] Nicht gemeint sind die Fälle, in denen der Netzbetreiber sein Netz lediglich in verschiedene Druckzonen aufgeteilt hat. Denn hier bestehen in der Regel Verbindungsstellen zwischen den einzelnen Netzteilen, die bei Versorgungsengpässen oder bei veränderter örtlicher Netzgestaltung durchaus genutzt werden könnten. Oder aber beide Zonen werden von demselben Wasserwerk oder demselben Brunnen aus versorgt, so dass zumindest hierüber eine Verknüpfung der Netzteile gegeben ist. Die fehlende physische Verbindung meint folgenden Fall: Man nehme an, dass W die Ortsnetze von A und B mit jeweils eigenen Wasserwerken betreibt, ohne dass zwischen beiden Netzen eine Verbindung besteht. V besitzt eigene Wassergewinnungsanlagen in A, mit denen er gerne den U versorgen möchte, der jedoch nur über einen Anschluss an das Wassernetz in B verfügt. Es wäre durchaus denkbar, dass bei

---

[128] OFWAT, MD 162, 12 April 2000, Common Carriage – Statement of Principles

51

einer Einspeisung des V in A der W seine eigene Wasserentnahme entsprechend drosselt, er dafür aber seine Entnahme in B entsprechend erhöht, um den U zu versorgen. Eine derartige Konstellation lässt sich jedoch nicht unter die Durchleitungsdefinition subsumieren, da diese von einem Wasserversorgungssystem ausgeht[129]. Insofern ist die physische Verbindung unabdingbar. Auch OFWAT bejaht in einem derartigen Fall eine Durchleitungspflicht des Netzbetreibers nicht, sondern regt lediglich an, dass der Netzbetreiber diese Variante für sich wirtschaftlich insofern prüfen sollte, als sich möglicherweise für ihn interessante Profitmöglichkeiten ergeben[130].

4. Mitbenutzung von Wasserspeicherungsanlagen und Wasserwerken

Ein Annexproblem bildet die Frage, ob zur gemeinsamen Netznutzung auch die Mitbenutzung von Wasserspeicherungsanlagen und von Wasserwerken gehört. Sofern diese Anlagen auf dem Weg zwischen Einspeisepunkt und Ausspeisestelle liegen, könnte eine Mitbenutzung vom Begriff der Durchleitung erfasst sein. Allerdings erfüllen diese Anlagen andere Aufgaben als den Transport von Wasser. Insofern lässt sich mit Hilfe der Durchleitungsdefinition diese Frage nicht beantworten. Inwiefern eine Norm, die einen Anspruch auf Durchleitung verleiht, auch ein Recht auf Mitbenutzung dieser Anlagen verbürgt, kann nur durch Auslegung der konkreten Norm geklärt werden.[131]

V. Technische Umsetzung der Durchleitung

1. Von der Quelle bis zum Wasserhahn

Schematisch dargestellt sieht die Trinkwasserversorgung im Prinzip so aus: Rohwasser wird als Grundwasser über Brunnen an die Oberfläche gepumpt oder aus Oberflächenwasser gewonnen. In der Regel muss dieses Wasser in einem Wasserwerk aufbereitet werden. Anschließend gelangt das Trinkwasser gegebenenfalls über Pumpen in einen Hochbehälter. Das Trinkwasser fließt im freien Gefälle ins Verteilungsnetz und kann schließlich von den Kunden entnommen werden. Die jeweilige Entnahmemenge wird von den Abnehmern gesteuert. Der Hochbehälter sorgt dafür, dass kurzfristige Spitzenbedarfe gedeckt werden können und dass die Leitungen stets unter Druck stehen.

---

[129] Definition siehe unter 1.; ebenso: Smith, Current developments in water supply access pricing for England and Wales, in: Access pricing, investment and efficient use of capacity in network industries (Entwurf), p. 65, 66, allerdings mit anderer Begründung
[130] OFWAT, MD 162, 12 April 2000, Common Carriage – Statement of Principles
[131] siehe unterTeil C: IV.

2. Möglichkeiten zur Einspeisung

Für die Einspeisung von Wasser in ein System muss unterschieden werden zwischen sog. Wässern gleicher Beschaffenheit und Wässern unterschiedlicher Beschaffenheit. Wässer gleicher Beschaffenheit können ohne Probleme miteinander gemischt werden. Insofern sind lediglich Druckunterschiede zu beachten. Unproblematisch ist es, wenn der Netzzugangsersuchende und der Netzbetreiber gemeinsam Wasser in einen Hochbehälter einspeisen. So bleibt der Druck im Netz konstant. Eine weitere Möglichkeit bietet die Direkteinspeisung. Hierbei muss allerdings eine Druckanpassung an den Netzdruck über Druckminderanlagen bzw. Drucksteigerungspumpwerke geschehen. Gleichzeitig müssen technische Vorrichtungen dafür geschaffen werden, dass Rückeinspeisungen in das Netz des Fremdanbieters unterbleiben und Druckstöße vermieden werden.

Komplizierter stellt sich die Einspeisung bei Wässern unterschiedlicher Beschaffenheit dar. Prinzipiell gibt es drei Varianten:
1. Zonentrennung
2. Angleichung
3. Mischung
Mit einer Trennung der Versorgungszonen würde man dem Problem unterschiedlicher Wasserbeschaffenheiten umgehen. Dem Fremdanbieter würde sozusagen die komplette Versorgung eines Teilbereiches des Netzbetreibers übertragen. Das Problem bei dieser Variante ist jedoch, dass sich Zonen nur an bestimmten Punkten sinnvoll trennen lassen. Eine solche Lösung käme nur dann in Betracht, wenn der Fremdanbieter einem Netzbetreiber so viele Kunden abgeworben hätte, dass die Menge in etwa der einer möglichen Versorgungszone entspricht. Dies dürfte auf Anhieb sehr schwer zu erreichen sein und wäre nur mit einer Zonenausschreibung zu erreichen.
Bei der Angleichung wäre der Fremdanbieter verpflichtet, sein Wasser so aufzubereiten, dass es dieselbe Beschaffenheit aufweist wie das Eigenwasser des Netzbetreibers. Diese Möglichkeit ist jedoch aufwendig und kostspielig, da eine Vielzahl von Parametern beachtet werden müssen.
Ferner kommt die zentrale Mischung und gemeinsame Verteilung der beiden Wässer in Betracht. Bei der Mischung von Wässern ist jedoch zu beachten, dass dies möglichst im konstanten Verhältnis geschehen sollte, damit sich die Deckschichten in den Rohrleitungen nicht verändern. Hierfür bietet sich ein gemeinsamer Behälter an, da man die Zufuhr und damit die Mischung unabhängig vom aktuellen Verbrauch regeln kann. Eine Mischung könnte zwar auch etwa im Hauptleitungsrohr über eine definierte Wegstrecke erfolgen. Dieses ist jedoch insofern kompliziert, als auch bei schnell wechselnden Verbrauchsspitzen das konstante Mischungsverhältnis eingehalten werden muss.

Die zentrale Mischung kann zusätzlich die Zonentrennung erforderlich machen, wenn nämlich nur an einem von mehreren Einspeisepunkten des Netzbetreibers gemischt wird, da dieses Mischwasser dann eine andere Beschaffenheit aufweist als das Wasser an den anderen Einspeisepunkten.[132]

Bzgl. der Zonentrennung könnte man daran zweifeln, ob es sich überhaupt um eine Durchleitung handelt, weil die physische Verbindung zwischen der Einspeisestelle und dem Entnahmepunkt in vielen Fällen gekappt wird. Im Gegensatz zu der Konstellation, in der von vornherein keine physische Verbindung zwischen diesen beiden Punkten bestand[133], ist im Falle der Zonentrennung im Zeitpunkt des Durchleitungsbegehrens eine physische Verbindung vorhanden, die als Reaktion auf die Durchleitung unterbrochen wird, jedoch unter einer anderen Konstellation jederzeit wieder geöffnet werden könnte. Insofern besteht ein Wasserversorgungssystem. Deshalb ist dieser Fall anders zu beurteilen und durchaus als Durchleitung anzusehen.

3. Physikalische, chemische und biologische Probleme bei der Durchleitung

Im Gegensatz zur Einspeisung von Strom, bei der es lediglich auf die Einhaltung bestimmter technischer Größen wie etwa Spannung, Stromstärke usw. ankommt, ist bei der Einspeisung von Fremdwasser eine Vielzahl von Parametern zu beachten. Durch die bisherigen Monopolstrukturen ist mit Ausnahme von Reparaturarbeiten in den meisten Netzten ein regelmäßiger Durchfluss mit sich nicht verändernder Wasserbeschaffenheit gegeben. Dementsprechend hat sich ein gewisses Gleichgewicht in den Rohrsystemen in Bezug auf Inkrustationen gebildet, welches durch jede Änderung der Verhältnisse beeinträchtigt werden kann. Ferner birgt auch die Mischung von Wässern unterschiedlicher Beschaffenheit einige Gefahren für die Qualität des Wassers als Lebensmittel. Insofern ist eine ganze Reihe von Faktoren bei der Durchleitung zu beachten, über die hier ein grober Überblick gegeben werden soll.

a) Hydraulische Effekte

Durch die Fremdeinspeisung kann sich zum einen die Fließgeschwindigkeit verändern. Verlangsamt sie sich, können sich verstärkt Partikel ablagern. Gleichzeitig besteht bei zunehmender Stagnation und längerer Verweildauer im Rohr die Gefahr der Wiederverkeimung. Die Erhöhung der Fließgeschwindig-

---

[132] Mehlhorn, Liberalisierung der Wasserversorgung, GWF – Wasser/Abwasser 142 (2001), Nr. 2, S. 103, 108 ff.
[133] siehe unter V. 3.

keit wiederum kann bereits abgelagerte Partikel mobilisieren und für eine verstärkte Trübung sorgen. Das gleiche Problem besteht bei Fließrichtungsumkehr. Ebenso können Druckschwankungen entstehen. Bei plötzlicher Druckminderung kann belastetes Wasser durch Risse, Druckausgleichsventile oder Anschlüsse in das Rohrnetz gelangen. Druckerhöhungen können Partikel mobilisieren sowie durch Lösung von Luft eine milchige Trübung erzeugen.[134]

b) Chemische Zusammensetzung

Das Hauptproblem bei der Wasserversorgung ist die Vermeidung von Korrosion im Rohrnetz. Wichtigste Maßnahme zum Korrosionsschutz ist die Herstellung des Kalk-Kohlensäure-Gleichgewichts. In jedem Trinkwasser liegt Kohlensäure in gelöster Form vor. Diese würde grundsätzlich die Rohrinnenwandungen angreifen, insbesondere entweder die gängige Innenverkleidung, bestehend aus kalkhaltigem Zementmörtel, oder die gebildeten Rohrinkrustationen ablösen. Die Kohlensäure wird neutralisiert durch im Wasser gelöstes Calcium. Dadurch besteht aber auch die Gefahr, dass sich Calciumcarbonat (Kalk) bildet, das aus dem Wasser ausfällt und sich ablagert. Der Idealzustand ist mithin dann hergestellt, wenn sich weder Kalk abscheidet noch Kalk löst. Das Wasser befindet sich im Kalk-Kohlensäure-Gleichgewicht. Dieser Zustand fungiert gleichzeitig als Säure-Base-Puffer. Die Einstellung des Gleichgewichts ist abhängig von den sonstigen Inhaltsstoffen des Wassers, insbesondere vom pH-Wert sowie der Temperatur.[135] Bei der Mischung von Wässern unterschiedlicher Beschaffenheit muss in der Regel der pH-Wert durch Zugabe von Kalkmilch oder Natronlauge bzw. durch besondere Filterverfahren wieder eingestellt werden[136]. Des Weiteren werden häufig Inhibitoren zum Korrosionsschutz oder Härtestabilisatoren eingesetzt. Bei der Mischung unterschiedlicher Wässer können diese ihr Verhalten gegenüber Rohrwerkstoff und Inkrustierungen verändern. Ferner ist noch eine Vielzahl weiterer anorganischer Inhaltsstoffe zu beachten, die das Korrosionsverhalten beeinflussen können.[137]

Gleichzeitig sind diese Inhaltsstoffe u.U. oftmals entscheidend für die Brauchbarkeit des Wassers in bestimmten industriellen Produktionsbereichen. Aus diesen Gründen haben sich die Wasserversorger teilweise verpflichtet, dass

---

[134] interne, nicht veröffentlichte Dokumente des DVGW-ad hoc-Arbeitskreises „Technische Fragen der Liberalisierung"
[135] Nissing/Johannsen, pH-Wert und Calcitsättigung, in: Die Trinkwasserverordnung, S. 473 ff.
[136] DVGW-Regelwerk, Arbeitsblatt W 216, März 2003, S. 17 f.
[137] interne, nicht veröffentlichte Dokumente des DVGW-ad hoc-Arbeitskreises „Technische Fragen der Liberalisierung"

bestimmte Stoffe nur innerhalb bestimmter Schwankungsbreiten vorkommen.[138] Diese Schwankungsbreiten zu garantieren, könnte bei einer erzwungenen Netzeinspeisung durch Dritte zum Problem werden.

Wann und in welchem Umfang aufgrund der unterschiedlichen Beschaffenheit der Wässer aus korrosionschemischen Gründen Aufbereitungsmaßnahmen erforderlich sind, richtet sich nach dem DVGW-Arbeitsblatt W 216.

c) Organische Inhaltsstoffe und mikrobiologische Faktoren

Spuren von organischen Inhaltsstoffen beeinträchtigen den Geschmack des Wassers. Insbesondere unzureichend aufbereitete Oberflächenwässer können den Geschmack des Wassers negativ verändern.

Wichtig ist ferner, dass das Wasser nicht zu Aufkeimungen neigt. Eine solche Neigung kann bei langen Transportwegen auftreten[139]. Sie kann sich aber auch aus wechselnden Wasserbeschaffenheiten ergeben. Bei entsprechenden Neigungen des Wassers ist eine Desinfektion mit Chlor oder Chlordioxid erforderlich, die wiederum Geruchsbelastungen hervorrufen kann. [140]

In den Rohrleitungen bildet sich ein sog. Biofilm aus Kleinstorganismen, der bei Veränderungen der Wasserbeschaffenheit angegriffen werden kann. Infolge dessen kann es zum Eintrag von Mikroorganismen ins Trinkwasser kommen.[141]

Ein Problem bei mikrobiologischen Belastungen besteht darin, dass die genaue Feststellung einer solchen Belastung zwischen 24 Stunden und fünf Tagen dauert. Dies hängt damit zusammen, dass die Bakterienvermehrung auf Nährlösungen in der Regel 24 Stunden benötigt, also jeder Analyseschritt einen Tag kostet.[142] Deshalb können Gegenmaßnahmen erst Tage später erfolgen. Weiterhin problematisch ist auch die Zuordnung zum Verursacher, die dadurch erschwert wird, dass möglicherweise bei Einleitung in das System der Grenzwert eingehalten ist, sich aber die Mikroorganismen beim Weitertransport vermehrt haben, so dass erst an der Entnahmestelle eine Belastung gemessen

---

[138] interne, nicht veröffentlichte Dokumente des DVGW-ad hoc-Arbeitskreises „Technische Fragen der Liberalisierung"
[139] UBA, S. 34 f.
[140] DVGW-Sonderdruck: Grundsätze einer gemeinsamen Netznutzung in der Trinkwasserversorgung, Energie Wasser Praxis 9/2001, S. 3
[141] DVGW-Sonderdruck: Grundsätze einer gemeinsamen Netznutzung in der Trinkwasserversorgung, Energie Wasser Praxis 9/2001, S. 3
[142] im Ergebnis auch Mehlhorn, Liberalisierung der Wasserversorgung, GWF – Wasser/Abwasser 142 (2001), Nr. 2, S. 103, 109

werden kann[143]. In solchen Fällen gestaltet sich die konkrete Zuordnung sehr schwierig bzw. ist gar unmöglich. [144]

d) Fazit

Aus diesen naturwissenschaftlichen Bedingungen folgt, dass die Netzeinspeisung einen erheblichen Aufwand an Voruntersuchungen sowie begleitenden Untersuchungen erfordert. Ebenso ergibt sich das oben aufgestellte Postulat der konstanten Mischungsverhältnisse, damit man über einen gewissen Zeitraum stabile physikalische, chemische und biologische Bedingungen im Versorgungssystem vorfindet. Daraus folgt, dass eine Einspeisung durch Fremdanbieter nicht nach dem jeweiligen aktuellen Bedarf der Abnehmer erfolgen darf, sondern vielmehr an langfristigen Abnahmemengen orientiert sein muss. Aktuell muss sie sich immer proportional zur Einspeisemenge des Netzbetreibers verhalten.

VI. Wirtschaftlicher Rahmen

1. Struktur des Wassermarktes

a) Anzahl und Größe der Unternehmen

In Deutschland existierten im Jahre 2001 etwa 6.600 Wasserversorgungsunternehmen unterschiedlichster Größe[145]. Diese Vielzahl an Unternehmen ergibt sich daraus, dass die Wasserversorgung Aufgabe des eigenen Wirkungskreises der Gemeinden ist. Entsprechend der Vielzahl kleiner Gemeinden ist es auch erklärlich, warum 4500 Wasserversorgungsbetriebe zusammengenommen lediglich 8,2 % der Wassermenge in Deutschland abgeben. Demgegenüber stehen einige Großversorger. So entfallen 60 % der Wassermenge auf nur 3,6 % der Unternehmen.[146] Ebenso ist festzustellen, dass viele Wasserversorger in Querverbundunternehmen eingebunden sind, die weitere Geschäftsfelder wie Bäderbetrieb, Abwasser, Strom, Gas und Fernwärme betreiben[147].

---

[143] BMWi, S. 50 f.
[144] UBA, S. 65
[145] Kluge (u.a.), netWORKS-papers, Heft 2: Netzgebundene Infrastrukturen unter Veränderungsdruck – Sektoranalyse Wasser, S. 15; BMWi, S. 11
[146] BMWi, S. 11
[147] Niedersächsisches Umweltministerium, Zukunftsfähige Wasserversorgung in Niedersachsen, Abschlussbericht der Regierungskommission, Hannover im April 2002

b) Rechtsformen

Entsprechend der kommunalen Verantwortung für die Wasserversorgung befinden sich die Betriebe zum Großteil in öffentlicher Hand. Rund 85 % werden in einer öffentlich-rechtlichen Rechtsform geführt. Dies sind Eigen- und Regiebetriebe einzelner Kommunen, Zweckverbände und Wasser- und Bodenverbände. Auf diese Betriebe entfallen etwa 52 % der Gesamtwasserabgabemenge in Deutschland[148]. In den letzten Jahren haben die Kommunen in verstärktem Maße begonnen, ihre Wasserversorgungsunternehmen in die Rechtsform der GmbH oder der AG zu überführen[149]. Bedingt durch die Krise der kommunalen Haushalte sowie durch die häufige Verbindung mit Strom- und Gassparten, in denen bereits liberalisiert wurde, haben zahlreiche Kommunen Anteile (meist Minderheitsbeteiligungen) an private Unternehmen aus der Versorgungswirtschaft verkauft. So war im Jahr 2000 der Anteil der gemischt öffentlich-privatwirtschaftlichen Wasserversorgungsunternehmen, die Mitglieder im Bundesverband der deutschen Gas- und Wasserwirtschaft (BGW) waren, 3 ½ mal so hoch wie 1990[150]. Vollständig im privaten Eigentum befinden sich jedoch lediglich 1,6 % der Unternehmen.[151]

c) Versorgungsstruktur

76 % der von Wasserversorgungsunternehmen an Endverbraucher abgegebenen Menge entfällt auf Haushaltskunden und Kleingewerbe, 16 % auf Industriekunden und 8 % auf andere, insbesondere öffentliche Einrichtungen. Der geringe Industrieanteil beruht darauf, dass nur 10 % des dort benötigten Wassers Trinkwasserqualität haben muss. Deswegen und aufgrund der Tatsache, dass insbesondere die Getränkeindustrie häufig über eigene Brunnen verfügt, beträgt der Eigenversorgungsgrad der Industrie fast 90 %.[152]

Die Endversorger verteilen teilweise lediglich das in eigenen Brunnen gewonnene Wasser. Andere besitzen gar keine eigenen Wassergewinnungsanlagen, sondern beziehen ausschließlich Wasser von Fernwasserversorgern. Schließlich mischen viele Unternehmen Fremdwasser mit solchem aus eigenen Brunnen.

---

[148] BMWi, S. 11
[149] Kluge (u.a.), netWORKS-papers, Heft 2: Netzgebundene Infrastrukturen unter Veränderungsdruck – Sektoranalyse Wasser, S. 16
[150] Kluge (u.a.), netWORKS-papers, Heft 2: Netzgebundene Infrastrukturen unter Veränderungsdruck – Sektoranalyse Wasser, S. 16 unter Rückgriff auf einen Vergleich der 102. BGW-Wasserstatistik 1990 mit der 112. BGW-Wasserstatistik 2000
[151] BMWi, S. 11
[152] BMWi, S. 12

Insgesamt werden 35 % der Wassermenge von Dritten bezogen und weiterverteilt[153].

Im Gegensatz zur Strom- und zur Gasversorgung existiert kein deutschlandweit zusammenhängendes Wasserversorgungssystem. Bei der bestehenden Fernwasserversorgung handelt es sich lediglich um regionale Inselbetriebe. Dies liegt häufig daran, dass man den hohen Wasserbedarf von Ballungsräumen in Wassermangelgebieten durch den Aufbau einer Fernwasserversorgung aus den nächstgelegenen wasserreichen Gebieten wie Mittelgebirgen, Flüssen oder Seen deckt. So versorgen zum Beispiel die Harzwasserwerke die Regionen Hannover, Braunschweig, Göttingen und Bremen. Das meiste Wasser wird an drei Talsperren im regenreichen Harz entnommen und kann – begünstigt durch die Topografie – im freien Gefälle ohne Pumpen bis nach Bremen transportiert werden. Ein weiteres Beispiel bietet die Bodenseewasserversorgung, die aus dem Bodensee Wasser entnimmt, über zwei Fernwasserleitungen die Schwäbische Alb überwindet und so den Großraum Stuttgart versorgt. Diese Fernwasserleitungen wiederum sind eng vermascht mit regionalen Gruppenwasserversorgungen, die wiederum auch eigenes Wasser einspeisen.[154]
Derartige regionale Verbünde existieren auch noch an vielen anderen Stellen im Bundesgebiet. Aufgrund der hohen Kosten für die Rohrleitungsverlegung werden solche Systeme jedoch nur für die konkrete Versorgung bestimmter Wassermangelgebiete errichtet. Für eine Vernetzung bestand bislang kein Bedarf.

2. Wirtschaftliches Interesse an Durchleitung

Wie bereits beschrieben besteht im Unterschied etwa zur Stromversorgung kein bundesweit und erst recht kein europaweit zusammenhängendes Trinkwasserversorgungsnetz. Ob ein solches System langfristig bei einem freien Netzzugang entstehen könnte, ist insofern fraglich, als die Kapitalkosten für den Leitungsbau z.B. in Niedersachsen etwa 46 % der Gesamtkosten ausmachen[155]. Zudem kommen noch die Kosten für den laufenden Betrieb, der natürlich Unterhaltungskosten hervorruft, sowie – je nach den topographischen Gegebenheiten – u.U. den Einsatz von Pumpen erfordert und damit hohe Energiekosten verursacht. Insofern ist die Entstehung eines deutschlandweiten Wassermarktes nicht zu erwarten. Vielmehr kann sich mittelfristig lediglich ein regionaler und

---

[153] BMWi, S. 13
[154] Mehlhorn, Liberalisierung der Wasserversorgung, GWF – Wasser/Abwasser 142 (2001), Nr. 2, S. 103, 105 f.
[155] Kluge (u.a.), netWORKS-papers, Heft 2: Netzgebundene Infrastrukturen unter Veränderungsdruck – Sektoranalyse Wasser, S. 23

lokaler Wettbewerb ergeben.[156] Aber auch ein kleinräumigerer Wettbewerb etwa im Rahmen oder in Anlehnung an bestehende Verbundsysteme kann schnell an wirtschaftliche Grenzen stoßen, wenn die Einspeisung von Wasser einen großen technischen Aufwand erfordert (dazu im folgenden Abschnitt). Anders als im Elektrizitätsmarkt verfügen sehr viele industrielle Großverbraucher über eigene Brunnen. Insofern fehlt auch diejenige Kundenkategorie, die sich im Bereich der Energiewirtschaft am wechselwilligsten gezeigt hat. Allerdings könnten sich neue Durchleitungsnotwendigkeiten dort ergeben, wo durch die Einführung von Wettbewerb um den Markt größere Privatunternehmen Versorgungsgebiete übernehmen, die sie nur mit ihrem an anderer Stelle gewonnenen Wasser versorgen können, indem sie Wasser durch Gebiete anderer Wasserversorger durchleiten. Ohne Probleme dürfte die Durchleitung auch etwa dort möglich sein, wo ein bestehender Fernwasserversorger sich entschließt, einem von ihm belieferten Endversorger die Großkunden abzuwerben. Ob allerdings die Fernwasserversorger gegen die Interessen ihrer Kunden handeln, ist auch eine generell nicht zu beantwortende Frage. Insgesamt werden sich die Durchleitungsfälle eher in Grenzen halten[157]. Allerdings wird sich allein die Möglichkeit zur gemeinsamen Netznutzung einen gewissen disziplinierenden Effekt haben[158].

---

[156] Deutsche Bank Research, S. 9

[157] Niedersächsisches Umweltministerium, Zukunftsfähige Wasserversorgung in Niedersachsen, Abschlussbericht der Regierungskommission, Hannover im April 2002, S. 20; BMWi, S. 44

[158] BMWi, S. 44

Teil B: Der Durchleitungsanspruch nach europäischem Wettbewerbsrecht

Die Hauptfunktion der *essential-facilities-doctrine* besteht darin, eine marktbeherrschende Stellung eines Unternehmens dadurch aufzuweichen, dass dem Petenten gegen den Inhaber der wesentlichen Einrichtung ein Anspruch auf Mitbenutzung zugestanden wird. Für die Wasserversorgung bedeutete dies einen Anspruch auf Durchleitung durch das Netz des Marktbeherrschers. Hier soll untersucht werden, ob sich ein solcher Anspruch möglicherweise aus geltendem europäischem Wettbewerbsrecht ergibt.

I. Die essential-facilities-doctrine im europäischen Wettbewerbsrecht

Art. 82 EG verbietet den Missbrauch einer marktbeherrschenden Stellung. Mit den Fährhafenentscheidungen der EU-Kommission[159] hat die *„essential-facilities-doctrine"* Einzug in die europäische Rechtspraxis gefunden[160]. In diesen Entscheidungen ging es jeweils darum, dass ein wichtiger Fährhafen, der als einziger eine adäquate Verbindung zwischen zwei Wirtschaftsräumen gewährleistete, im Eigentum des jeweiligen Fährschiffbetreibers stand und dieser gleichzeitig die Funktion der Hafenbehörde ausübte. Als nun jeweils ein anderer Fährschiffbetreiber diesen Hafen mitbenutzen wollte, um den Fährbetrieb auf derselben Route aufzunehmen, somit also in Konkurrenz zum bisherigen Fährschiffbetreiber zu treten, wurde diesem der Zugang verweigert. Die EU-Kommission entschied in beiden Fällen, dass ein Unternehmen, welches für die Gestellung einer wesentlichen Einrichtung marktbeherrschend ist und diese Einrichtung selbst nutzt, gegen Art. 82 EG verstößt, sofern es einem potentiellen Konkurrenten den Zugang zu dieser Einrichtung ohne sachliche Rechtfertigung verweigert oder erschwert[161]. Wesentliche Einrichtung sei dabei eine Anlage oder eine Infrastruktur, ohne die ein Wettbewerber des Inhabers seinen Kunden keine Dienste anbieten kann[162]. Entsprechend wurde in beiden Fällen ein Missbrauch durch den Hafen- und Fährschiffbetreiber festgestellt.

Der EuGH hat die *essential-facilities-doctrine* zwar nie ausdrücklich anerkannt. Jedoch hat er in der Magill-Entscheidung[163] die Grundsätze dieser Lehre angewendet, indem er in Irland und Nordirland empfangbare Fernsehsender

---

[159] EG-Kommission 21.12.1993 ABl. EG 1994 L 15/8 und 55/52
[160] Immenga/Mestmäcker-*Möschel*, Europäisches Wettbewerbsrecht I, Art. 86 Rn. 260; Emmerich, Kartellrecht, S. 442
[161] EG-Kommission 21.12.1993 ABl. EG 1994 L 15/8, Tz. 66 und 55/52, Tz. 12
[162] EG-Kommission 21.12.1993 ABl. EG 1994 L 15/8, Tz. 66 und 55/52, Tz. 66
[163] EuGH Slg. 1995, I-743 - Magill

dazu verpflichtet hat, ihr Fernsehprogramm einem Verlagsunternehmen bekannt zu geben, damit dieses eine wöchentlich erscheinende Programmzeitschrift für alle empfangbaren Programme herausgeben kann. Bislang wurden die Programminformationen nur den sendereigenen Verlagen und Tageszeitungen mitgeteilt. Der EuGH begründete die marktbeherrschende Stellung damit, dass die Fernsehanstalten über ein faktisches Monopol an den Programminformationen verfügten, welches es ihnen ermöglicht, einen wirksamen Wettbewerb auf dem Markt für Fernsehwochenzeitschriften zu verhindern[164]. An dieser Argumentation lässt sich die Struktur der *essential-facilities-doctrine* festmachen[165]: Es existiert eine marktbeherrschende Stellung auf einem Hilfsmarkt (Programminformationen), aus der eine Verhinderung von Wettbewerb auf dem Hauptmarkt (Fernsehwochenzeitschriften) resultiert, da Konkurrenz auf dem Hauptmarkt ohne Zugang zum Hilfsmarkt nicht möglich ist[166].

Dieselbe Prüfungsstruktur, wenn auch mit restriktiverer Handhabung[167], findet sich auch im Bronner-Urteil[168] wieder. In diesem Fall begehrte eine österreichische Tageszeitung die Mitnutzung einer bundesweiten Verteilorganisation eines Konkurrenzblattes. Der EuGH hat es zwar im Rückgriff auf die Entscheidungen Télémarketing[169] und Commercial Solvents[170] als missbräuchlich angesehen, wenn ein Unternehmen, welches auf einem bestimmten Markt eine beherrschende Stellung innehat, einem Unternehmen, mit dem es auf einem benachbarten Markt im Wettbewerb steht, die für die Ausübung von dessen Tätigkeit notwendigen Rohstoffe oder Dienstleistungen zu liefern bzw. zu erbringen verweigert, sofern dadurch jeglicher Wettbewerb durch dieses Unternehmen ausgeschaltet wird[171]. Insofern folgt das Urteil der systematischen Trennung in Hilfs- und Hauptmarkt[172]. Gleichzeitig hat das Gericht jedoch den Missbrauch einer marktbeherrschenden Stellung mit dem Argument verneint, es stünden einerseits für Zeitungen andere Vertriebswege wie Postzustellung oder Laden-/ Kioskverkauf zur Verfügung, andererseits bestünden grundsätzlich keine technischen, rechtlichen oder wirtschaftlichen Hindernisse, ein bundesweites Verteilernetz aufzubauen, wenn auch sich dies möglicherweise für den Kläger

---

[164] EuGH Slg. 1995, I-743, 822, Rn. 47 - Magill
[165] vgl. unter Teil A: I. 2. c)
[166] WRc/ecologic, Study on the application of the competition rules to the water sector in the European Community, p. 72; Seeger, Die Durchleitung elektrischer Energie nach neuem Recht, S. 76
[167] Emmerich, Kartellrecht, S. 443
[168] EuGH Slg. 1998, I-3791 - Bronner
[169] EuGH Slg. 1985, 3261 - Télémarketing
[170] EuGH Slg. 1974, 223 - Commercial Solvents
[171] EuGH Slg. 1998, I-7791, 7830, Rn. 38 - Bronner
[172] Seeger, S. 76

nicht lohnte[173]. Im Ergebnis hat der EuGH den Missbrauch einer marktbeherrschenden Stellung also daran scheitern lassen, dass nach seiner Auffassung keine Unmöglichkeit der Duplizierbarkeit der wesentlichen Einrichtung vorlag. Insofern hat er sich auch hier im Prüfungsschema der *essential-facilities-doctrine*[174] bewegt. Man muss daher aus den genannten Entscheidungen schließen, dass der EuGH diese Lehre anerkannt hat[175].

II. Unternehmenseigenschaft

Adressaten des Art. 82 EG sind unmittelbar die Unternehmen[176]. Sowohl in der Bundesrepublik Deutschland als auch in anderen Mitgliedstaaten ist die Wasserversorgung nicht rein privatrechtlich organisiert. Vielfach nimmt der Staat selbst oder über öffentlich-rechtliche Körperschaften und Anstalten die Aufgabe der Wasserversorgung wahr. Der Unternehmensbegriff der Art. 81 und 82 EG ist jedoch im funktionalen Sinne zu verstehen; Unternehmen ist jede eine wirtschaftliche Tätigkeit ausübende Einheit[177]. Damit sind auch öffentlich-rechtlich organisierte Wirtschaftsbetriebe vom Unternehmensbegriff erfasst, egal, ob es sich um selbständige juristische Personen oder lediglich um Regiebetriebe handelt[178]. Die konkrete Tätigkeit muss nur in einem wirtschaftlichen Leistungsaustausch liegen, und nicht in der Wahrnehmung hoheitlicher Rechte[179]. Bei der Wasserversorgung findet zweifelsohne ein Leistungsaustausch statt, selbst wenn kein Wasserkaufpreis, sondern eine öffentlich-rechtliche Gebühr bezahlt wird. Insofern spielt die Organisationsform keine Rolle für die Unternehmensqualität.

III. Relevanter Markt

Nach dem Marktmachtkonzept kann sich wirtschaftliche Macht immer nur auf einem bestimmten Markt bilden. Ein bestimmter Markt liegt nur dann vor, wenn

---

[173] EuGH Slg. 1998, I-7791, 7831 f., Rn. 43 ff. - Bronner
[174] vgl. unter Teil A: I. 2. c)
[175] Emmerich, Kartellrecht, S. 442; Haag, in: Schwarze, Der Netzzugang für Dritte im Wirtschaftsrecht, S. 57, 63 ff.; bezweifelnd: Schwarze, in: Schwarze, Der Netzzugang für Dritte im Wirtschaftsrecht, S. 11, 17 ff.
[176] Grabitz/Hilf-*Jung*, Das Recht der Europäischen Union II, Art. 82 EGV Rn. 21; Calliess/Ruffert-*Weiß*, EUV/EGV, Art. 82 EGV Rn. 4
[177] EuGH Slg. 1991, I-1979, Rn. 21 - Höfner und Elser; Slg. 1995, I-4022, Rn. 14 - Fédération française des sociétés d'assurance u.a.; Calliess/Ruffert-*Weiß*, EUV/EGV, Art. 81 EGV Rn. 31; Grabitz/Hilf-*Jung*, Das Recht der Europäischen Union II, Art. 82 EGV Rn. 21
[178] EuGH Slg. 1991, I-1979, Rn. 21 ff. - Höfner und Elser; Emmerich, Kartellrecht, S. 386; Oppermann, Europarecht, § 15 Rn. 20
[179] Grabitz/Hilf-*Jung*, Das Recht der Europäischen Union II, Art. 82 EGV Rn. 22 f.

zwischen konkurrierenden Produkte eine Austauschbarkeit gegeben ist[180]. Um eine marktbeherrschende Stellung eines oder mehrerer Unternehmen überhaupt ermitteln zu können, muss eine genaue Abgrenzung des relevanten Marktes in sachlicher, räumlicher und zeitlicher Hinsicht erfolgen[181].

1. Sachlich relevanter Markt

Kernfrage für die Bestimmung des sachlich relevanten Marktes ist die nach der Austauschbarkeit der in Frage stehenden Produkte oder Dienstleistungen mit anderen[182]. Diese Frage ist stets aus der Warte der jeweiligen Marktgegenseite zu beantworten[183] – sog. Bedarfsmarktkonzept[184]. Um diese Sicht zu ergründen, neigt die EU-Kommission einer subjektiven Betrachtung zu, indem sie darauf abstellt, ob die Produkte oder Dienstleistungen von einem verständigen Verbraucher aufgrund ihrer Eigenschaften, ihrer Preislage und ihres Verwendungszwecks als gleichartig angesehen werden[185]. Hingegen bestimmt der EuGH die Austauschbarkeit anhand objektiver Kriterien wie der besonderen Eignung zur Befriedigung eines gleich bleibenden Bedarfs oder der Möglichkeit eines wirksamen Wettbewerbs aufgrund der gleichen Verwendbarkeit[186]. Im Ergebnis dürften sich beide Ansätze wohl kaum unterscheiden[187].

Zunächst ließe sich überlegen, ob man lediglich auf den leitungsgebundenen Trinkwassermarkt abstellt, oder ob man auch den Ladenverkauf von Flaschenwasser als mögliches Substitut ansieht. Sicherlich kann der Bedarf an Wasser zum Trinken und zum Kochen sowohl durch Leitungswasser als auch durch Flaschenwasser gedeckt werden. Der überwiegende Teil des Leitungswassers

---

[180] EuGH Slg. 1973, 215, Rn. 32 ff. - Continental Can; Slg. 1974, 223, 248 ff., Rn. 15 ff. - Commercial Solvents; Slg. 1978, 207, Rn. 10/11 ff. – United Brands; Slg. 1979, 461, Rn. 21 ff. - Hoffman-La Roche; Slg. 1979, 1869, Rn. 7 - Hugin; Slg. 1980, 3775, Rn. 25 - L'Oreal; Slg. 1983, 3461, Rn. 37 - Michelin; Slg. 1989, 803, Rn. 40 - Flugtarife

[181] Emmerich, Kartellrecht, S. 427; Immenga/Mestmäcker-*Möschel*, Europäisches Wettbewerbsrecht I, Art. 86 Rn. 38

[182] Langen/Bunte-*Dierksen*, Art. 82 Rn. 19

[183] von der Groeben/Schwarze-Schröter, EUV/EGV, Art. 82 EG Rn. 130; Langen/Bunte-*Dierksen*, Art. 82 Rn. 20; Immenga/Mestmäcker-*Möschel*, Europäisches Wettbewerbsrecht I, Art. 86 Rn. 38, 44; Grabitz/Hilf-*Jung*, Das Recht der Europäischen Union II, Art. 82 EGV Rn. 30

[184] Emmerich, Kartellrecht, S. 427; Seeger, S. 74

[185] EG-Kommission vom 26.7.1988 ABl. 1988 L 272, S. 27, 33 ff.; EG-Kommission vom 4.11.1988 ABl. 1988 L 317, S. 47, 49 f.

[186] EuGH Slg. 1979, 461, Rn.27 ff. - Hoffmann-La Roche; Slg. 1973, 215, Rn. 30 - Continental Can

[187] von der Groeben/Schwarze-Schröter, Art. 82 EG Rn. 131; Immenga/Mestmäcker-*Möschel*, Europäisches Wettbewerbsrecht I, Art. 86 Rn. 43

wird jedoch nicht für den menschlichen Genuss verwendet, sondern für Dusche, Badewanne, Toilette, Geschirrspüler und Waschmaschine etc. Es niemand ernsthaft in Betracht ziehen, sich mit Flaschenwasser zu duschen. Ebenso ließen sich technische Geräte wie Waschmaschinen auf diese Weise nicht betreiben. Auch eine weit reichende Eigenversorgung mit Wasser wäre nicht nur aus hygienischen Gründen äußerst problematisch. Gerade in Ballungsräumen könnte man auf diesem Weg überhaupt nicht genügend Trinkwasser bereitstellen. Deshalb existiert kein Substitut zu Trinkwasser aus der Leitung.

Bei der Frage, ob ein Wasserversorgungsunternehmen einen Anspruch auf Netznutzung zwecks Durchleitung gegen den Netzbetreiber hat, ist allerdings schon problematisch, wer überhaupt die Marktgegenseite ist. Man könnte einerseits davon ausgehen, dass die Marktgegenseite der Letztverbraucher ist. Für den Letztverbraucher besteht die Leistung darin, dass er an seinem Hausanschluss jederzeit frisches Trinkwasser abnehmen kann. Aus seiner Perspektive ist der relevante Markt der Trinkwasserversorgungsmarkt.

In der Diskussion um Durchleitungsrechte auf dem Strom- und Gasmarkt hingegen vertritt diesbzgl. die herrschende Lehre die Auffassung, die eigentliche Marktgegenseite sei gar nicht der Verbraucher, der Strom oder Gas nachfrage, sondern der Durchleitungspetent, der vom Netzbetreiber eine Transportleistung[188] – genauer: die kombinierte Ein- und Ausspeisung des Transportgutes[189] – verlange. Dementsprechend wäre nicht der Wasserversorgungsmarkt, sondern der Wassertransportmarkt der sachlich relevante Markt.

Die zuerst genannte Alternative wurde für den Strommarkt von *Zinow*[190] vertreten. Er begründete seine Auffassung damit, dass kein Transportmarkt für Elektrizität existiere. Ein Markt liegt grundsätzlich erst dann vor, wenn sich ein oder mehrere Anbieter finden, die bereit sind, für eine bestimmte oder unbestimmte Anzahl von Nachfragern ein Gut bereitzuhalten[191]. Die Geschehnisse auf dem Strommarkt der letzten Jahre haben *Zinows* These in diesem Punkt inzwischen widerlegt. Jedoch besteht für den Wassermarkt das Problem, dass im Moment kein Bedürfnis für Durchleitung erkennbar ist. Dies liegt mit Sicherheit auch an den bislang noch geschlossenen Versorgungsgebieten. Jedoch auch in England und Wales, wo die Unternehmen zur Durchleitung verpflichtet sind, findet bislang noch keine flächendeckende Durchleitung statt.

---

[188] Steinberg/Britz, Der Energieliefer- und -erzeugungsmarkt nach nationalem und europäischem Recht, S. 158 ff.; Stewing, Gasdurchleitung nach Europäischem Recht, S. 30 ff.; Seeger, S. 75
[189] Hüffer/Ipsen/Tettinger, Die Transitrichtlinien für Gas und Elektrizität, S. 207
[190] Zinow, Rechtsprobleme, S. 151 f.
[191] Stewing, Gasdurchleitung nach Europäischem Recht, S. 38

Insofern sind Zweifel an der Existenz eines Wassertransportmarktes durchaus berechtigt. Gleichwohl kann ein Markt auch dann entstehen, wenn Nachfrager zur Teilnahme auf dem Markt bereit wären, sofern für sie der Zugang zur Wettbewerbsteilnahme eröffnet wäre[192]. Diesen Ansatz hat der EuGH in der Magill-Entscheidung[193] bestätigt. In dem Fall existierte keine Fernsehwochenzeitschrift, die alle Programme beinhaltete und die Fernsehsender haben keine wöchentlichen Programminformationen an andere Verlage herausgegeben. Dennoch hat das Gericht nur durch die Nachfrage des Klägers nach den Programminformationen ein Monopol der Sender auf dem Hilfsmarkt für Programminformationen abgeleitet[194]. Es ist demnach hinreichend, wenn ein Bedürfnis nach einem Markt besteht. Dies wird mittelfristig für den deutschen Wassermarkt zumindest auf lokaler und regionaler Ebene vorausgesagt[195]. Deshalb muss man das Argument, es gäbe keinen Durchleitungsmarkt und es müsse deshalb auf den Wasserversorgungsmarkt als sachlich relevanten Markt abgestellt werden, in seiner Stichhaltigkeit anzuzweifeln.

Für die Annahme, dass der Wassertransportmarkt der sachlich relevante Markt ist, spricht ferner die Systematik der bislang auf europäischer Ebene zur *essential-facilities-doctrine* bzw. in Fällen der Lieferverweigerung getroffenen Entscheidungen. So hat die EU-Kommission in den Fährhäfenentscheidungen den Markt für Hafendienstleistungen für Auto- und Passagierfährdienste als sachlich relevanten Markt angesehen[196]. Sie prüft jedoch jeweils im Rahmen des Missbrauchs einer marktbeherrschenden Stellung, ob die Verweigerung des Zugangs zu den Häfen die Wirkung hat, Wettbewerb durch den Zugangspetenten auf dem nachgelagerten Markt für Auto- und Passagierfährdienste zu verhindern[197]. Auch der EuGH geht nach dieser Prüfungsstruktur vor: Er bestimmt zunächst die marktbeherrschende Stellung anhand des Hilfsmarktes[198]. Um den Missbrauchs einer marktbeherrschenden Stellung darzulegen, führt er an, dass die Verweigerung der Eröffnung des Hilfsmarktes gegenüber dem Konkurrenten zu einem Ausschluss des Wettbewerbs durch diesen auf dem abgeleiteten Hauptmarkt führt[199]. Insofern wird zwar der Wettbewerbswirkung

---

[192] Stewing, Gasdurchleitung nach Europäischem Recht, S. 39

[193] EuGH Slg. 1995, I-743 - Magill

[194] EuGH Slg. 1995, I-743, 822, Rn. 47 - Magill

[195] Deutsche Bank Research, S. 9; Umweltgutachten 2002, BT-Drs. 14/8792, S. 299

[196] EG-Kommission 21.12.1993 ABl. EG 1994 L 15/8, Tz. 65 (insofern eindeutig die verbindliche englische Fassung) und 55/52, Tz. 7

[197] EG-Kommission 21.12.1993 ABl. EG 1994 L 15/8, Tz. 66 und 55/52, Tz. 12

[198] EuGH Slg. 1995, I-743, 822, Rn. 47 – Magill; Slg. 1998, I-3791, Rn. 34, 35 – Bronner; Slg. 1985, 3261, Rn. 18 - Télémarketing; Slg. 1974, 223, Rn. 22 - Commercial Solvents

[199] EuGH Slg. 1998, I-3791, Rn. 41 – Bronner; Slg. 1985, 3261, Rn. 26 f. - Télémarketing; Slg. 1974, 223, Rn. 25 - Commercial Solvents

auf dem Hauptmarkt große Bedeutung beigemessen. Der sachlich relevante Markt, auf dem eine marktbeherrschende Stellung vorliegen muss, ist hingegen der Hilfsmarkt.

Diese Struktur auf die Wasserversorgung übertragen würde bedeuten, dass der Wassertransportmarkt als Hilfsmarkt für den Hauptmarkt der Wasserversorgung den sachlich relevanten Markt bildet, auf dem eine marktbeherrschende Stellung vorliegen muss[200].

2. Räumlich relevanter Markt

Die EU-Kommission[201] definiert den räumlich relevanten Markt als „das Gebiet, in dem die beteiligten Unternehmen die relevanten Waren und Dienstleistungen anbieten, in dem die Wettbewerbsbedingungen hinreichend homogen sind und das sich von den benachbarten Gebieten durch spürbar unterschiedliche Wettbewerbsbedingungen unterscheidet". Die Bestimmung des räumlich relevanten Marktes besteht also in erster Linie darin, die Wirtschaftsmacht des Marktbeherrschers in seiner territorialen Ausdehnung zu bestimmen[202]. Auch hierbei ist das Bedarfsmarktkonzept maßgeblich[203]. Es muss danach gefragt werden, in welchem Gebiet der Durchleitungsinteressent seinen Bedarf auch über Alternativangebote decken könnte[204].

Der jeweilige Netzbetreiber ist räumlich in dem Gebiet tätig, auf das sich sein Wasserleitungsnetz erstreckt. Der jeweilige Bedarf des Durchleitungsinteressenten liegt darin, eine bestimmte Menge an Trinkwasser von einem definierten Einspeisepunkt zu einem definierten Ausspeisepunkt zu transportieren, genauer: in das Netz einzuspeisen und eine entsprechende Menge an einem anderen Punkt wieder auszuspeisen. Dabei kann der Ausspeisepunkt sowohl ein industrieller oder privater Verbraucher sein als auch ein anderer Netzbetreiber. In letzterem Fall muss es sich auch nicht unbedingt um eine bestimmte Übergabestelle handeln, sondern es kann auch lediglich die Erreichung des Netzgebietes des Dritten auf welchem Weg auch immer relevant sein. Der räumlich relevante Markt für den Petenten ist demnach der Bereich zwischen Einspeise und

---

[200] WRC/ecologic, Study on the application of the competition rules to the water sector in the European Community, p. 73

[201] EG-Kommission, Bekanntmachung über die Definition des relevanten Marktes im Sinne des Wettbewerbsrechts der Gemeinschaft (97/C 372/03), ABl. 1997 C 372, S. 5, Tz. 8

[202] Grabitz/Hilf-*Jung*, Das Recht der Europäischen Union II, Art. 82 EGV Rn. 41

[203] Hüffer/Ipsen/Tettinger, Die Transitrichtlinien für Gas und Elektrizität, S. 216

[204] Grabitz/Hilf-*Jung*, Das Recht der Europäischen Union II, Art. 82 EGV Rn. 42; Hüffer/Ipsen/Tettinger, Die Transitrichtlinien für Gas und Elektrizität, S. 216

Ausspeisepunkt, in dem Leitungen verlaufen, in denen der Transport des Wassers wirtschaftlich vertretbar durchgeführt werden kann[205].

3. Zeitlich relevanter Markt

Die Wasserversorgung in der heutigen Form existiert bereits seit Anfang des 20. Jahrhunderts, Fernwasserversorgung im freien Gefälle gab es schon im römischen Reich. Insofern ist nicht zu erwarten, dass etwa technische Neuerungen die Netzgebundenheit der Wasserversorgung beseitigen werden. Daraus ergibt sich eine dauerhafte Marktstabilität, so dass keine zeitliche Beschränkung des Marktgeschehens erfolgen kann.

IV. Marktbeherrschende Stellung auf wesentlichem Teil des gemeinsamen Marktes

1. Marktbeherrschende Stellung

Der EuGH definiert die marktbeherrschende Stellung als „wirtschaftliche Machtstellung eines Unternehmens (...), die dieses in die Lage versetzt, die Aufrechterhaltung eines wirksamen Wettbewerbs auf dem relevanten Markt zu verhindern, indem sie ihm die Möglichkeit verschafft, sich seinen Wettbewerbern, seinen Abnehmern und schließlich den Verbrauchern gegenüber in einem nennenswerten Umfang unabhängig zu verhalten"[206]. Nach den eben gefundenen Ergebnissen muss diese Machtstellung auf dem Trinkwassertransportmarkt, dem Hilfsmarkt für den Hauptmarkt der Wasserversorgung, vorliegen. Der Hilfsmarkt des Wassertransports wird dann vom Netzbetreiber beherrscht, wenn der Transport vom geplanten Einspeise- zum Ausspeisepunkt an seiner Durchleitungsverweigerung scheitern müsste[207]. Die Wasserversorgung ist ein natürliches Monopol. Eine Verschränkung der Netzbereiche ineinander wäre von Ausnahmefällen abgesehen ineffizient und existiert deshalb praktisch nicht. Diese natürlichen Monopole sind zudem entweder durch Verträge oder durch die staatliche Durchführung der Wasserversorgung rechtlich manifestiert. Insofern kann der Netzbetreiber eine Durchleitung dann wirksam unterbinden, wenn der Abnehmer des Durchleitungspetenten seinen Sitz im Netzbereich des Betreibers hat oder der Durchleitungspetent auf das Netz angewiesen ist, weil er auf andere Weise nicht ein anderes Wasserversorgungsnetz erreichen kann.

---

[205] Stewing, S. 38; Steinberg/Britz, S. 163; Hüffer/Ipsen/Tettinger, Die Transitrichtlinien für Gas und Elektrizität, S. 216
[206] EuGH Slg. 1978, 207, Rn. 63/66 - United Brands; Slg. 1980, 3775, Rn. 26 – L´Oreal
[207] Steinberg/Britz, S. 164

Demnach ergibt sich die marktbeherrschende Stellung aus der Kontrolle des örtlichen, zusammenhängenden Wasserversorgungsnetzes[208].

2. Wesentlicher Teil des gemeinsamen Marktes

Die marktbeherrschende Stellung muss sich auf einen wesentlichen Teil des gemeinsamen Marktes beziehen[209]. Das gesamte Gebiet eines Mitgliedstaates stellt in jedem Fall einen wesentlichen Teil des gemeinsamen Marktes dar[210]. Aber auch ein großer Teil eines großen Mitgliedstaates – so entschieden für die Region Süddeutschland[211] – ist für die Annahme eines wesentlichen Teiles hinreichend. Für das Missbrauchsverbot des Art. 82 EG ist es nicht zwingend erforderlich, das nur ein Unternehmen den wesentlichen Teil beherrscht; alternativ reicht es aus, wenn mehrere Unternehmen gemeinsam eine derartige Machtstellung haben[212].

a) Individuelle Monopolstellung

Die Wasserversorgungsunternehmen in Deutschland verfügen lediglich über lokale oder regionale Wasserversorgungsnetze[213]. Unternehmen derartiger Größe decken nicht den wesentlichen Teil des Gebietes eines Mitgliedstaates ab und können deshalb individuell auch keinen wesentlichen Teil des gemeinsamen Marktes beherrschen[214]. Eine Verbundstufe wie in der Strom- und Gaswirtschaft, bei der die einzelnen Unternehmen durchaus einen wesentlichen Teil des Staatsgebietes monopolisieren könnten[215], existiert in Deutschland nicht.

b) Kollektive Monopolstellung

Auch mehrere kleinräumig agierende Unternehmen können gemeinsam einen wesentlichen Teil des gemeinsamen Marktes beherrschen. Eine solche gemeinsame Betrachtung verschiedener Unternehmen ist nur bei Vorliegen einer von

---

[208] WRC/ecologic, Study on the application of the competition rules to the water sector in the European Community, p. 72

[209] EuGH 1983, I-3461, Tz. 23 ff. - Michelin

[210] EuGH Slg. 1983, 483, Rn. 44 f. - GVL; Slg. 1983, 3461, Rn. 28 - Michelin; Slg. 1975, 1663, Rn. 375 - Suiker unie

[211] EuGH Slg. 1975, 1663, Rn. 448 - Suiker unie

[212] von der Groeben/Schwarze-*Schröter*, Art. 82 EG Rn. 77

[213] Mehlhorn, Liberalisierung der Wasserversorgung, GWF – Wasser/Abwasser 142 (2001), Nr. 2, S. 103, 105 f.

[214] Britz, Örtliche Energieversorgung nach nationalem und europäischem Recht, S. 291 m.w.N.; Seeger, S. 80

[215] Zinow, S. 154; Steinberg/Britz, S. 166

drei Fallgruppen möglich: bei einem Konzernverhältnis[216], bei einem Kartell oder bei einem engen Oligopol[217]. Die sehr stark kommunal und öffentlich-rechtlich geprägten Wasserversorgungsstruktur in Deutschland lässt bislang eine Prägung des Wasserversorgungsmarktes durch Konzerne nicht zu, zumal es sich bei den meisten privaten Beteiligungen an kommunalen Unternehmen um Minderheitsbeteiligungen handelt[218]. Für das Vorliegen eines Kartells bedürfte es einer Kartellvereinbarung oder zumindest einer abgestimmten Verhaltensweise, die den Binnenwettbewerb zwischen den beteiligten Unternehmen beseitigt und deren Vorgehen am Markt insoweit koordiniert, dass sie in der Lage sind, Wettbewerb durch Dritte wirksam zu verhindern[219]. Dies erfordert also ein kollusives Zusammenwirken[220]. Dies ist jedoch auf dem deutschen Wassermarkt insofern nicht gegeben, als sich die einzelnen Versorgungsunternehmen nur um ihr eigenes Netzgebiet kümmern, was wiederum vielerorts mit der kommunalen Regieführung zusammenhängt. Aber auch ein solches Parallelverhalten kann ein sog. „enges Oligopol" darstellen[221]. Für die Versorgungswirtschaft relevant ist hier die Almelo-Entscheidung des EuGH[222]. In dem Fall ging es um einen Konzessionsvertrag zwischen einem Verbundunternehmen und einem lokalen Stromversorger. In den Niederlanden gab es zu dem damaligen Zeitpunkt vier Verbundunternehmen, die alle ihre Konzessionsverträge nach denselben Musterbedingungen abschlossen. Der EuGH sah die Voraussetzungen für eine kollektive beherrschende Stellung dann als gegeben an, wenn die Unternehmen der betreffenden Staaten so eng miteinander verbunden sind, dass sie auf dem Markt in gleicher Weise vorgehen können[223]. Dies lag im konkreten Fall deshalb vor, weil die kumulierende Wirkung der Musterverträge

---

[216] WRC/ecologic, Study on the application of the competition rules to the water sector in the European Community, p. 71

[217] Seeger, S. 80 m.w.N.

[218] Kluge (u.a.), netWORKS-papers, Heft 2: Netzgebundene Infrastrukturen unter Veränderungsdruck – Sektoranalyse Wasser, S. 16

[219] EuGH Slg. 1975, 1663, Rn. 552 ff. - Suiker unie; EuG Slg. 1992, II-1403, Rn. 357 ff. - Flachglas II; Slg. 1996, II-1201, Rn. 62 ff. - Compagnie maritime belge transports (u.a.); Entscheidung der EG-Kommission 73/109/EWG vom 2.1.1973, ABl. 1973 L 140/17, Ziff. II.E.3. - Europäische Zuckerindustrie; Entscheidung der EG-Kommission 62/262/EWG vom 1.4.1992, ABl. 1992 L 134/1, Rn. 56, 64 ff. - Reedereiausschüsse; Grabitz/Hilf-*Jung*, Das Recht der Europäischen Union II, Art. 82 EGV Rn. 66

[220] Immenga/Mestmäcker-*Möschel*, EG-Wettbewerbsrecht I, Art. 86 Rn. 110

[221] Immenga/Mestmäcker-*Möschel*, EG-Wettbewerbsrecht I, Art. 86 Rn. 110; Gleiss/Hirsch, 3. Auflage, Art. 86 Rn. 49; von der Groeben/Schwarze-*Schröter*, Art. 82 Rn. 79, 84; Mestmäcker, FS Hallstein, S. 322, 348; a.A.: Grabitz/Hilf, Das Recht der Europäischen Union II, Art. 82 Rn. 69 ff.

[222] EuGH Slg. 1994, I-1477 - Almelo

[223] EuGH Slg. 1994, I-1477, 1520, Rn. 42 - Almelo

zur Abschottung des niederländischen Strommarktes geeignet war[224]. *Seeger*[225] zieht aus dieser Entscheidung den Schluss, dass vor der Energierechtsreform durch die Gesamtheit von vertragsrechtlichen Beziehungen in Gestalt von gemäß § 103 I Nr. 1 GWB a.F. zulässigen Konzessions- und Demarkationsverträgen auf dem gesamten bundesdeutschen Strommarkt – und nicht nur auf der Verbundstufe – eine kollektive Marktabschottung und damit ein enges Oligopol vorlag. Damit dürfte *Seeger* jedoch die Entscheidung des EuGH überinterpretieren. Schließlich ging es in den Niederlanden lediglich um ein enges Oligopol bestehend aus vier Unternehmen. Ein Oligopol wird im Allgemeinen als Marktform bezeichnet, in der wenige große Unternehmen entweder keinem oder nur geringfügigem Wettbewerb durch kleine Unternehmen ausgesetzt sind[226]. Die gesamte deutsche Stromversorgungsbranche mit ihrer Vielzahl an lokalen und regionalen Stromversorgungsunternehmen als Oligopol zu bezeichnen, widerspricht dem Wortsinn.

Will man diese Grundsätze nunmehr auf die Wasserwirtschaft übertragen, so ist zu konstatieren, dass es zwar nach § 103 I GWB a.F. i.V.m. § 130 VI GWB n.F. noch immer die Möglichkeit zum Abschluss von Konzessions- und Demarkationsverträgen gibt. In der Wasserversorgungswirtschaft wird jedoch aufgrund der Tatsache, dass die Kommunen als Träger der Wegehoheit selbst die Wasserversorgung durchführen, von diesem Instrument weniger Gebrauch gemacht [227]. Außerdem ergibt sich aufgrund der kommunalen Struktur und der Existenz nur weniger Regionalversorger, deren Netze selten die von anderen Regionalversorgern berühren, kein Bedürfnis nach Demarkationsverträgen. Außerdem dürfte allein die Zahl von 6.600 Wasserversorgungsunternehmen dagegen sprechen, hier ein enges Oligopol anzunehmen. Eine kollektive Marktbeherrschung auf dem deutschen Wassermarkt oder auf einem wesentlichen Teil desselben scheidet von daher aus.

c) Die Situation in Frankreich

Zu einem anderen Ergebnis hingegen könnte eine Betrachtung der Wasserversorgungssituation in Frankreich[228] führen. Dort obliegt die Wasserversorgung zwar grundsätzlich den Kommunen. Diese haben jedoch zu 60 % den Betrieb privaten Wasserversorgungsunternehmen überlassen, womit diese 75 % der französischen Bevölkerung mit Trinkwasser beliefern. Allerdings dürfen diese

---

[224] EuGH Slg. 1994, I-1477, 1519, Rn. 39 - Almelo
[225] Seeger, S. 82
[226] Tilch/Arloth-*Commichau*, Deutsches Rechtslexikon, Band II (G-P), S. 3118
[227] BMWi, S. 15 f.
[228] die folgenden Marktdaten entstammen dem Gutachten von WRC/ecologic, Study on the application of the competition rules to the water sector in the European Community, p. 109

Betriebsführungs- oder Betreiberverträge auf maximal 20 Jahre abgeschlossen werden. Im Wesentlichen agieren drei große Versorgungsunternehmen als Wettbewerber um die lokalen Versorgungsmärkte. Dies sind Veolia (ehemals Vivendi), Lyonnaise des Eaux und Saur. Bei jedem dieser drei Unternehmen mit 25, 14 bzw. 6 Mio. Kunden ließe sich konstatieren, dass jedes von ihnen mit seinen Versorgungsnetzen einen Großteil des französischen Staatsgebietes abdeckt. Dass in einigen Jahren eine ähnliche Struktur auch in Deutschland vorherrschen könnte, scheint bei einer anhaltenden Finanznot der Kommunen als nicht einmal unwahrscheinlich. Insofern bleibt die Frage zu klären, ob ein Wasserversorgungsunternehmen, das in einem Großteil eines großen Mitgliedsstaates die Wasserversorgung durchführt, einen wesentlichen Teil des gemeinsamen Marktes beherrscht. Dazu muss man sich noch einmal vergegenwärtigen, auf welchem Markt die Beherrschung eigentlich liegt: Der Netzbetreiber muss auf dem Wassertransportmarkt (Hilfsmarkt), auf der Transportstrecke zwischen Ein- und Ausspeisepunkt, eine marktbeherrschende Stellung haben. Aus dieser Stellung muss zusätzlich eine Wettbewerbsbeschränkung für den nachgelagerten Wasserversorgungsmarkt (Hauptmarkt) resultieren. Hieran wird die für die *essential-facilities-doctrine* typische „*bottleneck*"-Situation erkennbar: Gelangt man durch den Flaschenhals, eröffnet sich der gesamte Flascheninnenraum, in unserem Fall also ein wesentlicher Teil des gemeinsamen Marktes. Im Gegensatz zum Strom- und Gasmarkt, auf dem nationale Verbundnetze existieren, ist dies im Wassersektor keineswegs so. Die Netze befinden sich in kommunalem Eigentum. Die Betreiberverträge werden auf maximal 20 Jahre geschlossen, so dass jedes Jahr in einem statistischen Mittelwert etwa 160 Kommunen den Betreiber wechseln.[229] Deshalb verfügen die großen französischen Wasserversorgungsunternehmen auch nicht jeweils über ein großes, zusammenhängendes Verbundsystem. Es gibt lediglich regionale Organisationen, die teilweise Kommunen mit Trinkwasser beliefern[230]. Selbst wenn also ein Unternehmen einen Netzzugang erhielte, könnte es damit nur lokale Wasserversorgung betreiben. Man gelänge aber nicht über ein Netz in das nächste, da die Zusammenschaltung fehlt. Damit liegt die „*bottleneck*"-Situation nur für jedes kommunale oder regionale Netz einzeln vor. Selbst die großen französischen Versorger verfügen nicht über einen *bottleneck*, also Wassertransportstrecken, die einen wesentlichen Teil des gemeinsamen Marktes eröffnen. Insofern ist zwar eine wesentliche Beherrschung des Hauptmarktes Wasserversorgung auf einem wesentlichen Teil des gemeinsamen Marktes gegeben. Es fehlt jedoch an der für einen Netzzugangsanspruch gemäß der *essential-facilities-doctrine*

---

[229] WRC/ecologic, Study on the application of the competition rules to the water sector in the European Community, p. 109
[230] Barraqué/Berland/Cambon, in: Correia/Kraemer, Eurowater, Band 1, Institutionen der Wasserwirtschaft in Europa – Länderberichte, S. 189, 281

erforderlichen beherrschenden Stellung auf einem wesentlichen Teil des gemeinsamen Marktes. Aus diesen Gründen besteht selbst gegenüber den großen französischen Wasserversorgungsunternehmen kein Durchleitungsanspruch aus Art. 82 EG.

Teil C: Der Durchleitungsanspruch nach deutschem Wettbewerbsrecht

§ 19 IV Nr. 4 GWB normiert für das deutsche Wettbewerbsrecht die *essential-facilities-doctrine* bezogen auf wesentliche Infrastruktureinrichtungen und Netze, unabhängig vom Wirtschaftssektor, dem die jeweilige Einrichtung dient. Die Anwendbarkeit dieser Norm auf den Trinkwasserversorgungssektor steht im Fokus der folgenden Ausführungen. Hierbei wird zunächst das Verhältnis zwischen § 19 IV Nr. 4 GWB n.f. und § 103 GWB a.f. einer genauen Betrachtung unterzogen. Es folgt eine Untersuchung der Subsumierbarkeit der spezifischen Strukturen des Wasserversorgungsmarktes unter die einzelnen Merkmale des Durchleitungstatbestandes. Nach einer inhaltlichen Auseinandersetzung mit den Anforderungen an ein angemessenes Netznutzungsentgelt schließt sich eine nähere Beschäftigung mit möglichen Verweigerungsgründen an. Insbesondere die wassermarktspezifischen Rechtfertigungsmöglichkeiten stehen dabei im Vordergrund. Abschließend werden mögliche Rechtsfolgen diskutiert sowie Verfahrensfragen geklärt.

I. Rechtsnatur und Geschichte des § 19 I i.V.m. IV Nr. 4 GWB

§ 19 IV Nr. 4 GWB enthält keinen selbständigen Durchleitungsanspruch. Es handelt sich lediglich um eines von vier Beispielen für das Vorliegen eines Missbrauchs einer marktbeherrschenden Stellung gemäß § 19 I GWB[231]. Die sich aus einem solchen Missbrauch ergebende Rechtsfolge, nämlich ein Anspruch auf Unterlassen des Missbrauchs, ergibt sich wiederum erst aus § 33 Satz 1, 1. Halbsatz GWB. Gleichzeitig ist § 19 i.V.m. § 32 GWB Ermächtigungsnorm für Sanktionsmaßnahmen der Kartellbehörden.

Mit der Neufassung des § 19 GWB n.F. vom 26.8.1998 hat der frühere § 22 GWB a.F. inhaltlich wesentliche Umgestaltungen erfahren. Zwar sind die Definition einer marktbeherrschenden Stellung sowie die Beispiele 1-3 für den Missbrauch gleich geblieben. Allerdings enthielt § 22 IV i.V.m. V GWB a.F. lediglich eine Eingriffsermächtigung der Kartellbehörden[232]. Ein Verhalten war erst dann sanktionierbar, wenn sich das Unternehmen über eine behördliche Missbrauchsverfügung hinwegsetzte[233]. Der Missbrauch einer marktbeherrschenden Stellung hatte nach alter Rechtslage erst dann rechtliche Konsequenzen, wenn das Kartellamt einen solchen in einer Untersagungs- bzw. Vertragsaufhebungsverfügung festgestellt hatte. Nach § 19 I GWB n.F. hingegen ist ein Missbrauch einer marktbeherrschenden Stellung an sich verboten mit der

---

[231] BKartA vom 30.08.1999, B 8 – 40100 – T – 99/99, S. 7
[232] Emmerich, Kartellrecht, S. 165
[233] Dreher DB 1999, 833, 837

Folge, dass es sich bei dieser Vorschrift nunmehr um ein Schutzgesetz handelt, welches auch ohne Einschreiten des Kartellamts zivilrechtliche Ansprüche gemäß § 33 GWB n.F. hervorrufen kann[234].

Die eigentliche inhaltliche Neuerung ist die Aufnahme der im amerikanischen Antitrustrecht entwickelten und im Europarecht anerkannten *essential-facilities-doctrine* in den Beispielskatalog des § 19 IV GWB[235]. Dabei ging es materiell-rechtlich mehr um eine Klarstellung als um eine Erweiterung des Missbrauchs-tatbestandes[236]. Hinter dieser Neuerung steht einerseits die Absicht, das europäische und das deutsche Kartellrecht zu harmonisieren[237]. Andererseits bestanden zu dem Zeitpunkt bereits Netzzugangsregelungen für den Eisenbahnsektor (§ 14 AEG) sowie für Telekommunikationsnetze (§§ 33, 35 TKG 1996). Die Normie-rung einer Zugangsregelung im GWB sollte einer Sektoralisierung des Kartell-rechts entgegenwirken und gleichzeitig eine Regelung für die Zukunft bilden, wenn sich – wie vom Gesetzgeber vorgesehen – eine sektorspezifische Regulie-rung durch Auflösung der Netzmonopole erübrigt haben würde[238]. Gleichzeitig löst § 19 IV Nr. 4 GWB den bereits seit der Energierechtsreform im Jahr 1998 nicht mehr gültigen § 103 V 2 Nr. 4 GWB a.F. ab, der einen speziellen Miss-brauchstatbestand für die Strom- und Gaswirtschaft bei Durchleitungsverweige-rung enthielt. Nach dieser Norm konnte eine Durchleitungsverweigerung nur dann einen Missbrauch darstellen, wenn sie unbillig war. Demnach waren die Interessen des Durchleitungspetenten und die des Netzbetreibers ohne grund-sätzliche Präferenz für eine Seite gegeneinander abzuwägen, wobei auch das öffentliche Interesse an einer sicheren und preiswerten Energieversorgung sowie die Auswirkungen der Durchleitung auf die Marktverhältnisse berück-sichtigt werden mussten[239]. Demgegenüber ist bei § 19 IV Nr. 4 GWB n.F. keine Billigkeitsprüfung erforderlich, um einen Missbrauch bejahen zu können. Der Gesetzgeber hat auf Anregung des Bundesrates[240] den Tatbestand noch insofern für den Netzbetreiber verschärft, als dieser das etwaige Bestehen eines Verweigerungsgrundes (Unmöglichkeit oder Unzumutbarkeit) nachweisen muss. Deshalb ist bei einer Durchleitungsverweigerung nunmehr keine Billig-keitsabwägung im Einzelfall erforderlich, sondern der Missbrauch die Regel, die Verweigerung die Ausnahme[241].

---

[234] Emmerich, Kartellrecht, S. 166
[235] siehe unter Teil B: I.
[236] siehe unter II. 2. b)
[237] BT-Drs. 13/9720, S. 36 f.
[238] BT-Drs. 13/9720, S. 37
[239] BGH WuW/E 2953, 2962 f.
[240] BT-Drs. 13/9720, S. 73
[241] Dreher DB 1999, 833, 836 f.

Die Änderungsvorschläge des Bundesrates[242] haben auf der anderen Seite dazu geführt, dass entgegen dem ursprünglichen Regierungsentwurf[243] nur solche Fälle vom Tatbestand erfasst sind, in denen der Petent auf dem vor- oder nachgelagerten Markt in Konkurrenz zum Netzbetreiber treten will[244]. Ein Missbrauch besteht also nicht in den Fällen, in denen eine reine Transportdurchleitung begehrt wird oder der Netzbetreiber auf dem nachgelagerten Markt überhaupt nicht tätig ist[245].

Der Wortlaut „Netze und sonstige Infrastruktureinrichtungen" grenzt zudem die *essential-facilities-doctrine* insoweit ein, als nur der Zugang zu Infrastruktureinrichtungen gewährleistet werden soll, nicht jedoch etwa die Nutzung gewerblicher Schutzrechte[246]. Auch technische Produktionsanlagen werden nicht vom Tatbestand erfasst[247].

II. Geltung für den Wasserversorgungssektor

Nach der aktuellen Gesetzeslage gelten die §§ 103, 103a und 105 GWB a.F. – soweit sie Regelungen über die Wasserversorgung treffen – über § 131 VI GWB n.F. fort. Dies hat im Kern nur Bedeutung für § 103 GWB a.F.[248], dessen Absatz 1 die bestehenden Monopole der Wasserversorgungsunternehmen durch Freistellung der Konzessions- und Demarkationsverträge von den Verboten der §§ 1, 15 und 18 GWB a.F. absichert, sofern sie nicht ohnehin durch den kommunalen Anschluss- und Benutzungszwang geschützt sind. Es ist äußerst umstritten, ob die Fortgeltung des § 103 GWB a.F. die Anwendung von § 19 IV Nr. 4 GWB sperrt. Die Autoren *Decker*[249] und *Seidewinkel*[250] vertreten die These, dass die Ausnahmeregelung des § 131 VI GWB im Ergebnis dazu führe, dass eine Missbrauchskontrolle der Wasserversorgungsunternehmen nicht anhand von § 19 GWB n.F., sondern anhand von § 22 GWB a.F. durchzuführen sei. Auch in zwei Gutachten zur Wassermarktliberalisierung wird die Nichtanwendbarkeit von § 19 IV Nr. 4 GWB als gegeben vorausgesetzt[251]. Demgegen-

[242] BT-Drs. 13/9720, S. 73
[243] BT-Drs. 13/9720, S. 8
[244] Langen/Bunte-*Schultz*, § 19 Rn. 152
[245] Seeger, S. 305 m.w.N.
[246] BT-Drs. 13/9720, S. 79; Bechtold, GWB, § 19 Rn. 80
[247] Bechtold, GWB, § 19 Rn. 82
[248] Bechtold, GWB, Vor § 28 Rn. 14
[249] Decker WuW 1999, 967, 969 f.
[250] Seidewinkel, Ist Durchleitung unter derzeit geltendem Recht im Bereich der Wasserversorgung möglich?, GWF – Wasser/Abwasser 142 (2001), Nr. 2, S. 129, 131
[251] UBA, S. 45; Kluge (u.a.), netWORKS-papers, Heft 2: Netzgebundene Infrastrukturen unter Veränderungsdruck – Sektoranalyse Wasser, S. 7 ff.

über gibt es andere Stimmen, die § 19 IV Nr. 4 GWB trotz des § 131 VI i.V.m. § 103 GWB a.F. grundsätzlich für anwendbar halten[252]. Um diesen Streit zu lösen, ist eine genaue Untersuchung des Verhältnisses zwischen § 131 VI GWB i.V.m. § 103 GWB a.F. und § 19 IV Nr. 4 GWB n.F. notwendig. In diesem Zusammenhang sind insbesondere die Argumente der einzelnen Autoren und jeweiligen Befürworter zu beachten.

1. Der Ansatz von Decker und Seidewinkel

Gegen eine Anwendung des § 19 IV Nr. 4 GWB n.F. auf die Wasserversorgung spricht nach Ansicht von *Decker* und *Seidewinkel* der folgende Gedankengang[253]: § 131 VI 2 GWB n.F. sieht vor, dass auch solche Vorschriften des alten GWB fortgelten, auf die in den § 103, 103a und 105 GWB a.F. verwiesen wird. § 103 VII GWB a.F. sieht für Missbrauchsverfahren nach § 22 V GWB a.F. gegen Versorgungsunternehmen die Anwendung des § 103 V GWB a.F. vor. Damit verweist § 103 VII GWB a.F. auf § 22 V GWB a.F. (entspricht § 32 GWB n.F.). § 22 V GWB a.F. wiederum sieht die Untersagung von gemäß § 22 IV GWB a.F. missbräuchlichem Verhalten vor. Folglich müsse auch § 22 IV GWB a.F. über § 131 VI 2 GWB n.F. fortgelten. Bis hierhin folgt auch *Klaue*[254] dieser Ansicht.

Aus dem eben gesagten ziehen *Decker* und *Seidewinkel* den Schluss, dass nicht § 19 IV GWB n.F., sondern § 22 IV GWB a.F. auf die Wasserversorgung Anwendung finden müsse. Die Missbrauchstatbestände des § 22 IV 2 GWB a.F. entsprechen inhaltlich beinahe vollständig § 19 IV GWB n.F., mit Ausnahme des durch die 6. GWB-Novelle angefügten Zugangstatbestands zu Netzen und Infrastruktureinrichtungen (§ 19 IV Nr. 4 GWB n.F.). Aufgrund der Tatsache, dass ein solcher Durchleitungstatbestand in § 22 IV 2 GWB a.F. fehlt, folgern die Autoren, dass Fälle der *essential-facilities-doctrine* nach dieser Norm keinen Missbrauch begründeten. Dementsprechend bestehe gegenüber Wasserversorgungsunternehmen kein Durchleitungsanspruch.[255]

---

[252] Immenga/Mestmäcker-*Klaue*, GWB, § 131 Rn. 13; Grave RdE 2004, 92, 95; BMWi, S. 15; Deutsche Bank Research, S. 8 f.; Schwintowski WuW 1999, 842, 852

[253] Decker WuW 1999, 967, 969 f.; Seidewinkel, Ist Durchleitung unter derzeit geltendem Recht im Bereich der Wasserversorgung möglich?, GWF – Wasser/Abwasser 142 (2001), Nr. 2, S. 129, 131

[254] Immenga/Mestmäcker-*Klaue*, GWB, § 131 Rn. 12

[255] Decker WuW 1999, 967, 969 f.; Seidewinkel, Ist Durchleitung unter derzeit geltendem Recht im Bereich der Wasserversorgung möglich?, GWF – Wasser/Abwasser 142 (2001), Nr. 2, S. 129, 131

Inhaltlich begründen *Decker* und *Seidewinkel* ihr Ergebnis damit, dass sich die Nichtanwendbarkeit des § 19 IV Nr. 4 GWB aus dem Zweck der Freistellung des Wassersektors ergebe. In § 103 V 1 Nr. 1 GWB a.F. sei das System geschlossener Versorgungsgebiete ausdrücklich anerkannt; die Anwendung der *essential-facilities-doctrine* stehe dazu im Widerspruch.[256]

2. Kritik

Decker und *Seidewinkel* stellen in ihrem Gedankengang drei Hypothesen auf: Die erste Hypothese ist die Verweisungshypothese, nach der § 22 IV GWB a.F. anstelle von § 19 IV GWB n.F. für die Wasserversorgung Anwendung findet. Die zweite Hypothese beruht auf der Auffassung, dass § 22 IV GWB a.F. die Fälle der *essential-facilities-doctrine* nicht als Missbrauch einer marktbeherrschenden Stellung ansieht. Die Behauptung, der Sinn und Zweck der Freistellung geschlossener Versorgungsgebiete vom Kartellverbot lasse keinen Wettbewerb durch gemeinsame Netznutzung zu, stellt die dritte Hypothese dar. Der kritischen Überprüfung dieser drei Hypothesen dient die folgende Betrachtung.

a) Die Verweisungshypothese

Nach Auffassung von *Decker* und *Seidewinkel* gilt § 22 GWB a.F. anstatt von § 19 GWB n.F.. Für das Kartellverfahren findet also § 22 V GWB a.F. anstatt von § 19 IV i.V.m. § 32 GWB n.F. Anwendung. Dabei übersehen die Autoren aber, dass § 19 GWB n.F. nicht vollständig deckungsgleich mit § 22 GWB a.F. ist. Nach dem alten GWB handelte es sich lediglich um eine Eingriffsnorm für ein Einschreiten der Kartellbehörden. Im neuen Recht stellt der Missbrauchstatbestand eine Verbotsnorm dar, die über § 33 GWB n.F. zugleich einen direkten zivilrechtlichen Unterlassungsanspruch verleiht. Bei genauer Betrachtung ersetzt § 22 GWB a.F. also nur § 19 i.V.m. § 32 GWB n.F.. Richtigerweise hätte *Seidewinkel* an dieser Stelle differenzieren müssen, da sich zwei Auslegungsmöglichkeiten ergeben. Entweder man deutet den Verweis auf § 22 V GWB a.F. so, dass damit auch § 19 i.V.m. § 33 GWB n.F. als zivilrechtlicher Anspruch für die Wasserversorgung nicht gelten soll. Oder man lässt § 19 i.V.m. § 33 GWB n.F. als zivilrechtlichen Anspruch neben § 22 GWB a.F. bestehen. Beide Lösungen sind nicht haltbar, wenn man einen Blick auf den Sinn und Zweck des § 103 VII GWB a.F. wirft.

---

[256] Decker WuW 1999, 967, 970; Seidewinkel, Ist Durchleitung unter derzeit geltendem Recht im Bereich der Wasserversorgung möglich?, GWF – Wasser/Abwasser 142 (2001), Nr. 2, S. 129, 131

§ 103 VII GWB a.F. enthält eine Sonderregelung für den damals ohnehin anwendbaren § 22 GWB a.F. in Bezug auf die Versorgungswirtschaft. Sinn und Zweck dieser Norm ist es, unterschiedliche Ergebnisse in einem Kartellverfahren nach § 103 VI GWB a.F. und § 22 V GWB a.F. durch eine einheitliche Anwendung des § 103 V GWB a.F. in beiden Verfahren zu vermeiden[257]. Hieraus nunmehr schließen zu wollen, dass nachträglich ins Gesetz eingefügte zivilrechtliche Ansprüche für den Wassersektor nicht gelten, überdehnte die mit der Verweisung verfolgten Ziele. Dies gilt insbesondere in Anbetracht der Rechtsprechung des BGH. Dieser hat im Jahr 1992 für einen Fall der Stromeinspeisung entschieden, dass die Anordnung einer Missbrauchskontrolle durch die Kartellbehörden in § 103 GWB a.F. keinesfalls einen zivilrechtlichen Anspruch aus dem Verbotstatbestand des § 26 II GWB a.F. ausschließe, weil sowohl der zivilrechtliche Anspruch als auch die kartellamtliche Missbrauchsaufsicht dasselbe Ziel verfolgten[258]. Aus diesen Gründen muss § 19 GWB n.F. zumindest im Zivilverfahren Anwendung finden.

Aber auch diese mögliche Variante, dass § 22 GWB a.F. für das Kartellverfahren und § 19 GWB n.F. für den zivilrechtlichen Anspruch gilt, wäre in sich widersprüchlich, zumindest dann, wenn man – wie *Decker* und *Seidewinkel* – zwischen § 22 IV GWB a.F. und § 19 IV GWB n.F. einen materiellen Unterschied sieht. In der Folge könnte nämlich ein Dritter ggf. einen Netzzugangsanspruch aus § 19 IV Nr. 4 GWB n.F. zwar zivilrechtlich erheben, das Kartellamt würde jedoch in einem entsprechenden Verfahren vermutlich keinen Missbrauch feststellen, weil nach § 22 IV GWB a.F. andere Voraussetzungen gelten, insbesondere dann, wenn man der Hypothese der Nichtanwendbarkeit der *essential-facilities-doctrine* im Rahmen von § 22 IV GWB a.F. folgt[259]. Im Ergebnis ist daher die Verweisungshypothese von *Decker* und *Seidewinkel* – so schlüssig sie auch auf den ersten Blick aussehen mag – nicht haltbar.

b) Die Hypothese der Nichtanwendbarkeit der essential-facilities-doctrine im Rahmen von § 22 IV 2 GWB a.F.

Die Behauptung, § 22 GWB a.F., und nicht § 19 GWB n.F., sei in Bezug auf die Wasserversorgung anzuwenden, dient dazu, dem Durchleitungstatbestand in § 19 IV Nr. 4 GWB n.F. in diesem Sektor die Geltung abzusprechen. *Decker* und *Seidewinkel* sind der Ansicht, dass deshalb kein Netzzugangsanspruch gegenüber einem Wasserversorgungsnetzbetreiber bestehe, weil § 22 GWB a.F.

---

[257] Immenga/Mestmäcker-*Klaue*, GWB, § 131 Rn. 12
[258] BGH WuW/E 2805, 2806 f.
[259] siehe unter b)

keinen § 19 IV Nr. 4 GWB n.F. entsprechenden Beispielstatbestand kenne[260]. Zwar ist mit der Neuschaffung des § 19 GWB der Netzzugangstatbestand des Absatzes 4 Nr. 4 hinzugekommen. Man muss allerdings berücksichtigen, dass es sich sowohl bei § 22 IV 2 Nr. 1-3 GWB a.F. als auch bei § 19 IV Nr. 1-4 GWB n.F. lediglich um Beispielstatbestände für den Missbrauch einer marktbeherrschenden Stellung handelt, erkennbar an der Formulierung „ein Missbrauch liegt insbesondere vor"[261]. Insofern ist § 19 IV Nr. 4 GWB n.F. lediglich eine Konkretisierung des Missbrauchsbegriffs. Fälle der *essential-facilities-doctrine* könnten möglicherweise auch ohne Normierung eines Beispielstatbestandes einen Missbrauch i.S.d. damals geltenden § 22 GWB a.F. darstellen. Dies hat zumindest die frühere CDU/CSU/FDP geführte Bundesregierung so gesehen[262] und wollte ursprünglich auf eine Kodifizierung dieser Fallgruppe verzichten[263]. Dem stimmt auch *Bunte* zu, wenn er formuliert, dass ein wie auch immer gearteter Beispielstatbestand gegenüber der Regelung des § 22 GWB a.F. keinerlei Vorteil brächte[264]. Gegen diese Auffassung haben sowohl die Monopolkommission[265] als auch das Bundeskartellamt[266] Bedenken erhoben, denen sich der Bundesrat[267] sowie einige Autoren[268] angeschlossen haben. Man muss allerdings berücksichtigen, dass niemand die Anwendbarkeit des § 22 GWB a.F. auf Fälle der *essential-facilities-doctrine* bezweifelt hat. Im Gegenteil: *Schwintowski* als einer der Befürworter der Kodifizierung hat sogar ausdrücklich darauf hingewiesen, dass sich sämtliche Fälle der Zugangsverweigerung als Behinderungsmissbrauch i.S.v. § 19 IV Nr. 1 GWB n.F. (entspricht § 22 IV 2 Nr. 1 GWB a.F.) interpretieren lassen[269]. Der Vorschlag erfolgte aus dem alleinigen Grund, Rechtssicherheit zu schaffen, weil man befürchtete, dass die Rechtsprechung aus der Existenz spezialgesetzlich normierter Netzzugangsansprüche in § 14 AEG und §§ 33, 35 TKG a.F.[270] sowie aus der Streichung des § 103 V 2 Nr. 4 GWB[271] den Schluss ziehen könnte, dass nur in den spezialge-

---

[260]Seidewinkel, Ist Durchleitung unter derzeit geltendem Recht im Bereich der Wasserversorgung möglich?, GWF – Wasser/Abwasser 142 (2001), Nr. 2, S. 129, 131; Decker WuW 1999, 967, 970

[261] Bechtold, GWB, § 19 Rn. 60 f.; Berliner Kommentar zum Energierecht/*Engelsing*, § 19 GWB Rn. 115 f.

[262] BT-Drs. 13/7274, S. 25; Gegenäußerung der Bundesregierung zum Tätigkeitsbericht des BKartA 1995/96, S. IV

[263] Bunte WuW 1997, 302

[264] Bunte WuW 1997, 302, 317 f.

[265] Monopolkommission, 11. Hauptgutachten 1994/95, Tz. 72

[266] BKartA, Tätigkeitsbericht 1995/96, BT-Drs. 13/7900, S. 23 f.

[267] BT-Drs. 13/9720, S. 73; angedeutet bereits in BT-Drs. 13/7274, S. 28 (III. 3.)

[268] Schwintowski WuW 1999, 842, 851; Klimisch/Lange WuW 1998, 15, 20 f.

[269] Schwintowski WuW 1999, 842, 851

[270] Bundesrat, in: BT-Drs. 13/9720, S. 73; Klimisch/Lange WuW 1998, 15, 20

[271] Klimisch/Lange WuW 1998, 15, 20

setzlich geregelten Fällen ein solcher Zugang bestehen solle. Diese Befürchtungen waren jedoch deshalb unbegründet, weil zum einen die Regierungsbegründung zur Reform des EnWG 1998 eindeutig von einem über § 22 GWB a.F. vermittelten Netzzugangsanspruch ausgegangen ist[272]. Zum anderen konnte man § 103 V 2 Nr. 4 GWB a.F. gerade nicht die Absicht des Gesetzgebers entnehmen, Durchleitungswettbewerb zu schaffen[273], so dass die Streichung dieser Norm im Zusammenhang mit der Auflösung geschlossener Versorgungsgebiete im Strom- und Gasversorgungssektor gerade nicht als Abkehr vom Durchleitungswettbewerb in der Energiewirtschaft hätte interpretiert werden können. Im Übrigen hat der BGH in seiner Entscheidung zur Gasdurchleitung im Jahr 1994[274] nicht nur auf § 103 V 2 Nr. 4 GWB a.F. rekurriert, sondern den Missbrauch einer marktbeherrschenden Stellung bei der Durchleitungsverweigerung ausdrücklich auch anhand § 22 IV GWB a.F. geprüft. Insofern bestehen keine Zweifel daran, dass die Kartellbehörden auch gemäß § 22 IV 2 Nr. 1 GWB a.F. einen Missbrauch bei Durchleitungsverweigerung hätten feststellen können. Aus diesem Grund ist die Hypothese, § 22 GWB a.F. finde anstatt § 19 GWB n.F. immer noch Anwendung auf den Wasserversorgungssektor, nicht geeignet, die Möglichkeit zur Erzwingung einer gemeinsamen Netznutzung auszuschließen.

c) Hypothese der Unvereinbarkeit mit dem Sinn und Zweck des § 103 V 1 GWB a.F.

Nach Auffassung von *Decker* und *Seidewinkel*[275] ergibt sich die Nichtanwendbarkeit des § 19 IV Nr. 4 GWB auch aus dem Zweck der Freistellung des Wassersektors. Die Anwendung der *essential-facilities-doctrine* stehe im Widerspruch zu dem in § 103 V 1 Nr. 1 GWB a.F. ausdrücklich anerkannten System geschlossener Versorgungsgebiete[276].

---

[272] Bunte WuW 1997, 318

[273] BGH WuW/E 2953, 2963

[274] BGH WuW/E 2953, 2958 ff.

[275] Decker WuW 1999, 967, 970; Seidewinkel, Ist Durchleitung unter derzeit geltendem Recht im Bereich der Wasserversorgung möglich?, GWF – Wasser/Abwasser 142 (2001), Nr. 2, S. 129, 131

[276] Decker WuW 1999, 967, 970; Seidewinkel, Ist Durchleitung unter derzeit geltendem Recht im Bereich der Wasserversorgung möglich?, GWF – Wasser/Abwasser 142 (2001), Nr. 2, S. 129, 131

*aa) Regierungsbegründung zum EnWG 1998 und zur 6. GWB-Novelle bzgl.
der Erhaltung des Ausnahmebereichs für die Wasserversorgung*

Die genannte Auffassung lässt sich möglicherweise mit einem Teil der Begründung zum Regierungsentwurf sowohl des EnWG 1998[277] als auch der 6. GWB-Novelle[278] untermauern. Dort heißt es sinngemäß, dass man von einer Aufhebung der geschlossenen Versorgungsgebiete abgesehen habe, weil sich die Situation der Wasserversorgung von der in der Energiewirtschaft in einigen wesentlichen Punkten unterscheide. Als Beleg dafür wurden die Marktstrukturen angeführt, aber auch die Bedeutung des Trinkwassers sowohl für den Gesundheits- als auch für den Umweltschutz. Damit einhergehend existiere eine Vielzahl fachgesetzlicher Regelungen. Bevor man eine Liberalisierung der Wasserversorgung vollziehe, müssten zunächst diese Fachgesetze daraufhin überprüft werden, ob ein Wegfall der geschlossenen Versorgungsgebiete deren Änderung bzw. Ergänzung notwendig werden lasse[279]. Dazu gehörten das WHG mit den Landeswassergesetzen, das Lebensmittel- und Bedarfsgegenständegesetz und insbesondere das damalige Bundesseuchengesetz (heute: Infektionsschutzgesetz). Die beiden letztgenannten Gesetze enthalten im Übrigen die Ermächtigung zum Erlass der Trinkwasserverordnung[280]. Eine Änderung dieser Vorschriften wäre jedoch nur dann erforderlich, wenn eine gemeinsame Netznutzung erfolgen sollte, nicht jedoch beim Aufbruch der geschlossenen Versorgungsgebiete durch Direktleitungen eines dritten Wasserversorgers. Nur durch die notwendige Mischung von Wässern können hygienische Probleme auftreten, denen durch strenge chemische, biologische und technische Anforderungen sowie effektive Überwachung entgegengetreten werden müsste.

bb) Rechtsnatur von Demarkations- und Konzessionsverträgen

Sollte die Vermeidung von Durchleitungswettbewerb tatsächlich das Ziel der Erhaltung von § 103 GWB a.F. gewesen sein, so muss sich der Gesetzgeber allerdings fragen lassen, ob er das richtige Mittel eingesetzt hat. § 103 I GWB a.F. erlaubt nach wie vor den Abschluss von Demarkations- (§ 103 I Nr. 1) und Konzessionsverträgen (§ 103 I Nr. 2). Durch erstere verpflichten sich zwei Versorgungsunternehmen oder Kommunen, sich in bestimmten Gebieten keine Konkurrenz bzgl. der Trinkwasserversorgung zu machen. Diese jeweilige Unterlassungsverpflichtung gilt jedoch nur *inter partes*, verpflichtet also nur die Vertragspartner. Sie schützen also nicht vor Konkurrenz durch Dritte. [281]

---

[277] BT-Drs. 13/7274, S. 24
[278] BT-Drs. 13/9720, S. 70
[279] BT-Drs. 13/7274, S. 24; BT-Drs. 13/9720, S. 70
[280] vgl. Präambel zur TrinkwasserVO, BGBl. I 2001, S. 959
[281] Immenga/Mestmäcker-*Klaue*, GWB, § 131 Rn. 13

Ähnliches gilt für Konzessionsverträge. Einem Versorgungsunternehmen wird durch eine Kommune ein ausschließliches Wegebenutzungsrecht gewährt. Somit ist es zwar als einziges zum Bau von Leitungen in diesem Gebiet berechtigt. Gleichzeitig darf die Kommune selbst nicht in Wettbewerb zu diesem Unternehmen treten, was angesichts der Tatsache, dass sich die meisten Konzessionsinhaber mehrheitlich in kommunalem Eigentum befinden, in der Regel ohnehin keine Option sein dürfte. Eine Durchleitung durch Dritte kann ein Konzessionsvertrag jedoch nicht verhindern.[282] Will eine Kommune absoluten Gebietsschutz, so verbleibt ihr das Mittel des Anschluss- und Benutzungszwangs[283],[284].

cc) Argumente aus der Regierungsbegründung zu § 19 IV Nr. 4 GWB

Die Regierungsbegründung zur Einführung des § 19 IV Nr. 4 GWB[285] verweist auf die Rechtsprechung des EuGH sowie die Spruchpraxis der EU-Kommission zu Art. 86 EGV (heute: Art. 82 EG) im Zusammenhang mit dem Zugang zu wesentlichen Einrichtungen und stellt die Bedeutung dieser Fälle insbesondere in Netzindustrien heraus. § 19 IV Nr. 4 GWB diene der einheitlichen Erfassung dieser Fälle und solle gleichzeitig einer Sektoralisierung des Kartellrechts entgegenwirken. Die Wasserversorgung wird an dieser Stelle zwar nicht als Beispiel für die Notwendigkeit des Tatbestandes herangezogen, sie wird jedoch auch nicht ausgenommen. Von einer etwaigen Nichtanwendbarkeit der Norm auf den Trinkwasserversorgungssektor aufgrund der Fortgeltung des § 103 GWB a.F. ist nicht die Rede. Die mit § 19 IV Nr. 4 GWB n.F. zu erreichen beabsichtigten Ziele sprechen hingegen eindeutig für eine Anwendbarkeit im Wassermarkt. Der Beispielstatbestand soll schließlich eine Harmonisierung mit Art. 86 EGV a.F. (=82 EG n.F.) erreichen, dessen Anwendbarkeit auf die Wasserversorgung grundsätzlich gegeben ist[286], wenn auch es an einer marktbeherrschenden Stellung in einem wesentlichen Teil des gemeinsamen Marktes fehlt[287]. Ebenso soll die Nr. 4 als Auffangtatbestand für alle Sektoren, also auch für den Wasserversorgungssektor, dienen, um einer Sektoralisierung des Kartellrechts entgegenzuwirken.[288]

---

[282] Immenga/Mestmäcker-*Klaue*, GWB, § 131 Rn. 13

[283] BMWi, S. 15; BT-Drs. 13/7274, S. 24

[284] Näheres dazu siehe unter VI.

[285] BT-Drs. 13/9720, S. 36 f.

[286] WRc/Ecologic, Study on the application of the competition rules to the water sector in the European Community, December 2002, p. 71 ff.

[287] siehe unter Teil B: IV. 2.

[288] BT-Drs. 13/9720, S. 36 f.

dd) Ergebnis zur Unvereinbarkeitshypothese

Den Befürwortern der Unvereinbarkeitshypothese sei zugestanden, dass man der Gesetzesbegründung zur Fortgeltung von § 103 GWB a.F. entnehmen kann, es sei kein Durchleitungswettbewerb im Sinne einer umfassenden Liberalisierung im Wassermarkt beabsichtigt. Es mangelt jedoch an dem Nachweis, dass die Freistellung des Wasserversorgungssektors vom Kartellverbot die Anwendung der *essential-facilities-doctrine* in dieser Branche nicht zulässt. Deshalb ist die Behauptung, der Sinn und Zweck des § 103 V 1 GWB a.F. schließe eine gemeinsame Netznutzung in der Wasserversorgung aus, in der Form nicht haltbar.

d) Ergebnis zur Kritik

Es konnte nachgewiesen werden, dass die drei von *Decker* und *Seidewinkel* aufgestellten Hypothesen einer genauen Überprüfung nicht standhalten. Der aus diesen Hypothesen resultierenden Auffassung, § 22 IV GWB a.F., und nicht § 19 IV GWB n.F., sei der im Wasserversorgungsmarkt anzuwendende Missbrauchstatbestand, mit der Schlussfolgerung, dass kein Anspruch auf gemeinsame Netznutzung bestehe, kann deshalb nicht gefolgt werden.

3. Vereinbarkeit von § 19 GWB n.F. mit der Fortgeltung von § 103 V-VII GWB a.F.

Die Kritik an einer Theorie ist im Ergebnis nur dann fundiert, wenn die aus der Kritik folgenden Konsequenzen ein schlüssiges Ergebnis darstellen. In diesem Fall müsste also die volle Geltung von § 19 GWB n.F. mit der Fortgeltung von § 103 V-VII GWB a.F. kompatibel sein.

a) Vermeidung unterschiedlicher Maßstäbe im Kartellverfahren

Obwohl er im Ergebnis eine Anwendung von § 19 IV Nr. 4 GWB n.F. befürwortet, hat selbst *Klaue*[289] Zweifel an der Kompatibilität der genannten Normen, weil § 103 VII GWB a.F. unterschiedliche Verfahren vermeiden soll. Diese Zweifel sind allerdings unbegründet, denn auch mit der Anwendung von § 19 GWB n.F. lassen sich unterschiedliche Verfahren dadurch vermeiden, dass man – wie auch bei der Prüfung von § 22 GWB a.F. – bei der Feststellung des Missbrauchs im Rahmen des Kartellverfahrens die Besonderheiten des § 103 V GWB a.F. berücksichtigt. Man muss also § 103 VII GWB a.F. so lesen, als verwiese diese Vorschrift auf § 19 IV Nr. 4 i.V.m. § 32 GWB n.F.. In der Konsequenz bedeutet dies, dass bei der Frage des Missbrauchs die Ziele der

---

[289] Immenga/Mestmäcker-*Klaue*, GWB, § 131 Rn. 13

Freistellung, insbesondere der Sicherheit und Preisgünstigkeit der Versorgung, zu berücksichtigen sind[290].

Eine Missbrauchsprüfung nach § 19 IV GWB in Bezug auf die Wasserversorgung ist unproblematisch, wenn die marktbeherrschende Stellung nicht auf einer freigestellten Demarkation oder Konzession beruht. Es stellt sich jedoch die Frage, ob § 19 IV GWB n.F. auch dann Anwendung findet, wenn ein vom Kartellverbot freigestellter Vertrag kausal für die Monopolstellung ist, also die Voraussetzungen einer Missbrauchskontrolle direkt nach § 103 V GWB a.F. vorliegen. Dieser Fall ist rechtlich nicht eindeutig. Es war vor der 6. GWB-Novelle durchaus umstritten, ob eine Missbrauchskontrolle nach § 103 V GWB a.F. eine gleichzeitige Missbrauchskontrolle nach § 22 IV GWB a.F. (i.V.m. § 103 VII, V GWB a.F.) sperrte, mithin § 103 V und § 22 IV GWB a.F. in einem Ausschließlichkeitsverhältnis gestanden haben. Die letztgenannte Auffassung beruhte auf einer Entscheidung des BGH aus dem Jahre 1972, in der dieser ausführte, dass sich die Missbrauchsaufsicht des § 22 GWB a.F. auf eine Markstellung beziehe, die auf tatsächlichen Umständen, nicht aber auf der Freistellung des § 103 I GWB a.F. beruhe[291]. Dieser Ansicht haben sich in der Folgezeit einige Autoren aus der energie- und kartellrechtlichen Literatur[292] sowie das OLG München[293] angeschlossen. Gegen diese Meinung spricht jedoch eine Vielzahl von Argumenten: Zum einen beruhen die örtlichen Monopole der Versorgungsunternehmen in der Regel nicht nur auf der Absicherung der geschlossenen Versorgungsgebiete durch Demarkations- und Konzessionsverträge, sondern es handelt sich um natürliche Monopole[294]. Eine trennscharfe Grenzziehung zwischen tatsächlicher und auf Verträgen beruhender Marktbeherrschung lässt sich kaum durchhalten[295]. Zum anderen muss man berücksichtigen, dass zu dem Zeitpunkt, als das Urteil des BGH erlassen wurde, der Missbrauch der Freistellung des § 103 I GWB a.F. in § 104 GWB a.F. geregelt war und eine dem § 103 VII GWB a.F. entsprechende Regelung noch nicht existierte[296]. Diese Norm stellt einen einheitlichen Beurteilungsmaßstab für

[290] Immenga/Mestmäcker-*Klaue*, GWB, 2. Auflage, § 103 Rn. 79; Evers, Das Recht der Energieversorgung, S. 214
[291] BGH WuW/E 1221, 1226
[292] Büdenbender, Energierecht, Rn. 660; Evers, Das Recht der Energieversorgung, S. 214; Immenga/Mestmäcker-*Klaue*, GWB, 2. Auflage, § 103 Rn. 79; Langen/Bunte-*Jestaedt*, Kartellrecht, 8. Auflage, § 103 Rn. 54
[293] OLG München WuW/E OLG 5713, 5719
[294] Langen/Bunte-*Schultz*, Kartellrecht, 8. Auflage, § 22 Rn. 94
[295] Bechtold WuW 1996, 14, 15
[296] BT-Drs. 8/2136, S. 33 f.

§ 22 IV und § 103 V GWB a.F. sicher[297]. Insofern entfällt das mögliche Argument, eine gleichzeitige Anwendung von § 103 V und § 22 IV GWB a.F. würde zu unterschiedlichen Beurteilungsmaßstäben führen. Durch die Formulierung der Norm wird aber noch ein weiteres deutlich: § 103 VII GWB setzt die parallele Anwendbarkeit von § 22 IV, V GWB a.F. voraus[298]. Letztendlich wenden auch die Kartellbehörden beide Missbrauchstatbestände nebeneinander an[299].

Wenn man also mit guten Gründen eine parallele Anwendbarkeit des § 22 GWB a.F. bejahen konnte, so muss dies erst recht auch für § 19 IV Nr. 4 GWB gelten. Denn bei § 19 IV Nr. 4 GWB n.F. kommt hinzu, dass dieser Missbrauchstatbestand wie ausgeführt auch i.V.m. § 33 GWB n.F. einen zivilrechtlichen Anspruch darstellt. Nach der Rechtsprechung des BGH werden zivilrechtliche Ansprüche eindeutig nicht durch § 103 V GWB a.F. gesperrt[300]. Wäre man in Bezug auf die Anwendbarkeit von § 22 GWB a.F. der Ausschließlichkeitstheorie gefolgt, so ergäbe sich nun ein Wertungswiderspruch dergestalt, dass im Kartellverfahren kein Netzzugangstatbestand herangezogen werden könnte, im Zivilverfahren jedoch ein Rückgriff auf § 19 IV Nr. 4 GWB n.F. möglich wäre. Um diese Uneinheitlichkeit zu vermeiden, muss § 19 IV GWB n.F. stets neben § 103 V 2 GWB a.F. Anwendung finden können.

b) Anwendbarkeit von § 103 V, VII GWB a.F. im Zivilverfahren

Es verbliebe dann noch das Problem, dass § 103 V, VII GWB a.F. nur für Kartellverfahren gilt, nicht jedoch für zivilrechtliche Ansprüche. Zur Lösung lässt sich wiederum auf die Rechtsprechung des BGH zurückgreifen. Die Richter haben in zwei Entscheidungen[301] festgestellt, dass die gesetzgeberischen Wertungen in § 103 V GWB a.F. auch bei einem zivilrechtlichen Anspruch aus § 26 II GWB a.F. zu berücksichtigen sind. Diese Rechtsprechung könnte man auch auf den zivilrechtlichen Anspruch aus § 19 i.V.m. § 33 GWB n.F. übertragen, indem man im Rahmen der Anspruchsprüfung Wertungen des § 103 V GWB a.F. mit einfließen lässt. Im Ergebnis müssten also bei der Prüfung des Missbrauchs einer marktbeherrschenden Stellung nach § 19 IV

---

[297] Frankfurter Kommentar zum Kartellrecht-*Baur/Weyer*, § 22 GWB a.F. Rn. 709; Langen/Bunte-*Schultz*, Kartellrecht, 8. Auflage, § 22 Rn. 94

[298] Frankfurter Kommentar zum Kartellrecht-*Baur/Weyer*, § 22 GWB a.F. Rn. 709; Emmerich, Kartellrecht, 7. Auflage, S. 485

[299] Monopolkommission, 1. Hauptgutachten 1973/1975, Tz. 762; BKartA, Tätigkeitsbericht 1987/88, BT-Drs. 11/4611, S. 110; Monopolkommission, 8. Hauptgutachten 1988/89, Tz. 498; LKartB Bayern WuW/E LKartB 345, 350

[300] BGH WuW/E 2805, 2808 f.; BGH WuW/E 2953, 2966

[301] BGH WuW/E 2805, 2808 f.; BGH WuW/E 2953, 2966

Nr. 4 GWB n.F. stets die Prämissen des § 103 V GWB a.F. berücksichtigt werden, unabhängig davon, ob ein zivilrechtlicher Anspruch geltend gemacht wird oder es sich um ein Kartellverfahren handelt.

c) Fehlen eines Netzzugangstatbestandes in § 103 V 2 GWB a.F. für die Wasserversorgung und Bedeutung von § 103 V 2 Nr. 4 GWB a.F.

Ein weiteres Argument gegen die Anwendbarkeit des § 19 IV Nr. 4 GWB n.F. auf die Trinkwasserversorgung ließe sich möglicherweise den Regelbeispielen des § 103 V 2 GWB a.F. entnehmen. Der Beispielstatbestand des § 103 V 2 Nr. 4 GWB regelt explizit nur die gemeinsame Netznutzung im Strom- und Gassektor[302]. Eine Regelung für die gemeinsame Netznutzung im Wassersektor fehlt. Es wurde bereits darauf hingewiesen, dass die Beispielstatbestände des § 103 V GWB a.F. in den Beispielskatalog des § 19 IV Nr. 4 GWB n.F. hinein-zulesen sind. Dies bedeutet auch umgekehrt, dass die in § 19 IV Nr. 4 GWB n.F. normierten Beispielsregelungen Anwendung finden, sofern keine inhaltli-chen Widersprüche bestehen, da es sich um Beispielstatbestände handelt. Lediglich dann, wenn es unterschiedliche Formulierungen in Bezug auf diesel-ben Fallgruppen gibt, die unterschiedliche Anforderungen zur Folge hätten, ist aus Gründen der Einheitlichkeit der Missbrauchsprüfung den Ausformungen des § 103 V GWB a.F. Vorrang zu geben.

Allerdings könnte man aus der alleinigen Geltung des § 103 V 2 Nr. 4 GWB a.F. für die Strom- und Gasversorgung den logischen Umkehrschluss ziehen, dass für die Wasserversorgung gerade kein Durchleitungsanspruch bestehen soll. Dass es also vor der 6. GWB-Novelle keinen Missbrauch durch Zugangs-verweigerung gegeben hat, ist soweit eindeutig. Der durch diese Gesetzesände-rung eingefügte § 131 VI GWB n.F. lässt aber § 103 GWB a.F. nur insoweit fortgelten, als dieser „die öffentliche Versorgung mit Wasser regelt"[303]. Da § 103 V 2 Nr. 4 GWB a.F. nur die Versorgung mit Strom und Gas betrifft, ist diese Norm nicht mehr anwendbar. Gleichzeitig hat jedoch der Gesetzgeber den § 19 IV Nr. 4 GWB n.F. installiert, der – wie in den vorangehenden Abschnitten nachgewiesen – auch auf die Wasserversorgung Anwendung findet. Der nach alter Rechtslage mögliche Umkehrschluss ist in Anbetracht dieser beiden Änderungen nicht mehr zulässig. § 103 V 2 Nr. 4 GWB a.F. lässt sich mithin kein Argument gegen die Anwendung der *essential-facilities-doctrine* auf die Wasserversorgung entnehmen.

---

[302] Immenga/Mestmäcker-*Klaue*, GWB, 2. Auflage, § 103 Rn. 77; Langen/Bunte-*Jestaedt*, Kartellrecht, 8. Auflage, § 103 Rn. 47
[303] Seidewinkel, Ist Durchleitung unter derzeit geltendem Recht im Bereich der Wasserversor-gung möglich?, GWF – Wasser/Abwasser 142 (2001), Nr. 2, S. 129, 131

Letztendlich kann also § 19 IV Nr. 4 GWB n.F. als Beispielstatbestand für die Missbrauchsprüfung nach § 19 IV Nr. 4 GWB n.F. i.V.m. § 103 V GWB a.F. herangezogen werden.

4. Ergebnis der Auswertung

Durch eine parallele Anwendung des § 19 GWB n.F. wird man durchaus dem Sinn und Zweck des § 103 VII GWB gerecht, vermeidet jedoch gleichzeitig Widersprüche zwischen der alten und neuen Rechtslage. Dieses Ergebnis ist ein weiteres Indiz dafür, dass die Auffassung von *Decker* und *Seidewinkel* falsch ist, vielmehr § 19 GWB n.F. auch Anwendung auf die Wasserversorgung findet. Allerdings sind im Rahmen der Prüfung des Missbrauchs einer marktbeherrschenden Stellung die Wertungen des § 103 V GWB a.F. – soweit sie fortgelten – gemäß § 103 VII GWB a.F. für das Kartellverfahren bzw. gemäß § 103 VII GWB a.F. analog für den zivilrechtlichen Anspruch zu berücksichtigen. Man muss ferner in Rechnung stellen, dass mit der Fortgeltung des § 103 GWB a.F. für den Bereich der Wasserversorgung im Gegensatz zur Energiewirtschaft keine Strukturentscheidung zugunsten einer Liberalisierung gefallen ist. Insofern ist es angebracht, dass man den Missbrauch – entsprechend der Dogmatik zum Behinderungsmissbrauch[304] – verhaltensbezogen und nicht strukturell interpretiert. Es sind also nicht Chancen für Wettbewerb auf dem Markt maßgeblich, sondern es geht um Wettbewerbsmöglichkeiten einzelner Unternehmen[305]. Ein grundsätzlicher Vorrang der Durchleitung besteht dementsprechend nicht. Ob ein Anspruch vorliegt, muss in Form einer Abwägung der Interessen des Petenten sowie von dessen Abnehmern einerseits und den Interessen des Netzbetreibers, von dessen verbleibenden Kunden sowie des Staates andererseits erfolgen. Dies steht im Übrigen im Einklang mit der Rechtsprechung des BGH zu § 103 V 2 Nr. 4 GWB a.F. für die Strom- und Gaswirtschaft vor der Liberalisierung[306].

III. Wasserversorgungsnetze als essential facilities i.S.v. § 19 IV Nr. 4 GWB

Der Tatbestand des § 19 IV Nr. 4 GWB fügt die Voraussetzungen der *essential-facilities-doctrine*[307] in das Prüfungsschema des Missbrauchs einer marktbeherrschenden Stellung ein. Die dabei entstehenden Probleme im Hinblick auf die Besonderheiten der Wasserversorgung werden im Folgenden dargestellt.

---

[304] Schwintowski WuW 1999, 842, 851
[305] Langen/Bunte-*Schultz*, Kartellrecht, 8. Auflage, § 22 Rn. 103
[306] BGH WuW/E 2953, 2963
[307] siehe unter Teil A: I. 2. c)

1. Unternehmen

Das Kartellrecht ist nur gegenüber Unternehmen anwendbar. Bei der Wasserversorgung ist diese Eigenschaft insofern problematisch, als in Deutschland etwa 85 % aller Wasserversorgungsunternehmen in öffentlich-rechtlicher Form betrieben werden, entweder als Eigen- oder Regiebetrieb der Kommune, als Zweckverband oder als Wasserverband. Dieses Problem ergab sich in gleicher Form bei der Untersuchung des europäischen Wettbewerbsrechts[308]. Wie dort gilt auch im deutschen Kartellrecht der sog. funktionale Unternehmerbegriff[309]. Danach ist es nicht entscheidend, welche Person in welcher Rechtsform tätig ist; maßgeblich ist vielmehr die aktive Teilnahme am Wirtschaftsleben. Unternehmen ist also jede natürliche oder juristische Person, die zum Zweck des marktwirtschaftlichen Leistungsaustauschs als Anbieter von Wahren oder Dienstleistungen erscheint[310]. Gemäß § 130 I GWB ist es auch irrelevant, ob sich das Unternehmen in staatlichem Eigentum oder von der öffentlichen Hand verwaltet oder betrieben wird. Darunter fallen nicht nur sämtliche Eigengesellschaften und Public-Private-Partnership-Unternehmen, sondern auch juristische Personen des öffentlichen Rechts[311] wie Kommunen, Zweckverbände oder Wasser- und Bodenverbände. Dementsprechend sind sämtliche Wasserversorgungsunternehmen in Deutschland Unternehmen i.S.d. Kartellrechts.

2. Verweigerung des Zugangs zu einem Netz oder einer anderen Infrastruktureinrichtung

a) Definition der Infrastruktureinrichtung und Netzbegriff

Der Wortlaut „Zugang zu den eigenen Netzen oder anderen Infrastruktureinrichtungen" spricht dafür, das Netz als Unterfall der Infrastruktureinrichtung anzusehen[312]. Den Oberbegriff der (physischen) Infrastruktureinrichtung definiert *Hohmann* als die Gesamtheit aller Einrichtungen, die eine entfernungsüberwindende Transport- oder raumintegrierende Logistikfunktion besitzen[313]. Im Anschluss daran ließen sich nach *Möschel* Netze als „entfernungsüberwindende Transport- oder raumintegrierende Logistikmittel mit einer räumlichen Ausdehnung" beschreiben[314]. Demnach müsste es sich also um die

---

[308] siehe unter Teil B: II.
[309] Bunte, Kartellrecht, S. 33
[310] BGH WuW/E 1325
[311] Hellermann, Örtliche Daseinsvorsorge und gemeindliche Selbstverwaltung, S. 246 ff.; Bunte, Kartellrecht, S. 35
[312] Bechtold, GWB, § 19 Rn. 82
[313] Hohmann, S. 205
[314] Immenga/Mestmäcker-*Möschel*, GWB, § 19 Rn. 197

Verbindung mehrerer Punkte handeln[315]. Ein örtliches, weit verzweigtes und vermaschtes Wasserversorgungsnetz nimmt eindeutig eine entfernungsüberwindende Transportfunktion in der Fläche war und erfüllt damit zweifelsohne den Netzbegriff. Eine Zugangsverweigerung könnte somit prinzipiell einen Missbrauch i.S.v. § 19 IV Nr. 4 darstellen, wenn jene nicht gerechtfertigt wäre. Bei der Öffnung für Wettbewerb im Markt kommt jedoch nicht nur der Zugang zu den Ortsnetzen in Betracht. Problematischer dürfte sich die Einordnung bei Fernwasserleitungen darstellen. Diese stellen gegebenenfalls nur die Verbindung zwischen den Wassergewinnungs- und -aufbereitungsanlagen und verschiedenen Ortsnetzen her; möglicherweise verbinden sie nur ein Wasserwerk mit einem betreiberfremden Ortsnetz. Eine genaue Abgrenzung gestaltet sich hier sehr schwierig. Sicherlich stellt eine lineare Verbindung zwischen zwei Punkten noch keine räumliche Ausdehnung und somit auch kein Netz dar. Reicht es dafür aber aus, wenn sich an der Rohrleitung eine zweite Entnahmestelle befindet? Oder muss sich zumindest die Wasserleitung einmal verzweigen? Hier ergibt sich das „Wie viele Körner ergeben einen Haufen"-Problem. Der Übergang dürfte fließend sein. Da jedoch sowohl das Netz als auch eine andere Infrastruktureinrichtung eine einen Missbrauch begründende *essential facility* darstellen kann, ist eine trennscharfe Abgrenzung zwischen diesen beiden Begriffen nicht erforderlich.

b) Dispositionsbefugnis

Der Wortlaut des § 19 IV Nr. 4 GWB spricht von „eigenen Netzen" bzw. Infrastruktureinrichtungen. Hierbei ist jedoch nicht die formale Eigentumsposition maßgeblich. Der Begriff „eigen" ist vielmehr funktional auszulegen. *Möschel* fasst darunter alle Einrichtungen, über die das Unternehmen bei wirtschaftlicher Betrachtungsweise wie über Eigentum verfügen kann[316]. Dementsprechend fällt darunter das Eigentum von anderen Unternehmen aus dem Konzernverbund, aber auch bloße Gebrauchs- und Nutzungsüberlassung[317]. Maßgeblich ist im Ergebnis also die Dispositionsbefugnis[318].

In der deutschen Wasserversorgung steht grundsätzlich das Versorgungsnetz im Eigentum des privatrechtlich oder öffentlich-rechtlich organisierten Wasserversorgungsunternehmens, so dass dann Netzeigentümer und Wettbewerber auf dem Versorgungsmarkt identisch wären. Eine weitere Konstellation, die in der Wasserversorgung auftritt, ist die sog. Betriebsführung. Hierbei verbleibt das

---

[315] Immenga/Mestmäcker-*Möschel*, GWB, § 19 Rn. 197
[316] Immenga/Mestmäcker-*Möschel*, GWB, § 19 Rn. 198
[317] Immenga/Mestmäcker-*Möschel*, GWB, § 19 Rn. 198
[318] Langen/Bunte-*Schultz*, § 19 Rn. 160

Eigentum am Versorgungsnetz in der Hand der Kommune. Der Betrieb und die Wasserversorgung werden jedoch von einem Betriebsführer durchgeführt. Dabei gibt es zwei Untervarianten: Im ersten Fall erhält der Betriebsführer von der Kommune ein Betriebsführungsentgelt, die mengenabhängige Wassergebühr der Kunden wird jedoch nach wie vor nach öffentlichem Recht erhoben wird und fließt der Kommune zu, wenn auch möglicherweise der Betriebsführer das Inkasso übernimmt. Da die Kommune hier das Einnahmerisiko trägt, ist sie als Wettbewerberin auf dem Wasserversorgungsmarkt anzusehen. Selbst wenn mit dem Betriebsführer eine Gebrauchsüberlassung vereinbart wurde, so hat sie als Eigentümerin und Betriebsherrin den notwendigen Einfluss, um auf den Betriebsführer einzuwirken. Also besitzt sie die notwendige Dispositionsbefugnis. Anders wäre es jedoch dann, wenn dem Betriebsführer die Einnahmen zustehen: In diesem Fall trüge der Betriebsführer das wirtschaftliche Risiko der Abwerbung von Kunden, wäre mithin auch als Wettbewerber anzusehen. Durch die Gebrauchsüberlassung an ihn verfügte er jedoch auch über die notwendige Dispositionsbefugnis.

Im Ergebnis dürfte also bei der Wasserversorgung eine Dispositionsbefugnis stets vorliegen.

c) Vorhandensein der Einrichtung

Die essential-facilities-doctrine und auch § 19 IV Nr. 4 GWB verleihen einen Zugangsanspruch nur bzgl. vorhandener Netze und Infrastruktureinrichtungen. Niemand kann von einem Dritten gezwungen werden, eine wesentliche Einrichtung zu erstellen oder in ihrem Wesen zu verändern.[319] Das schließt jedoch nicht aus, dass bauliche Veränderungen erfolgen müssen, damit die gemeinsame Nutzung einer Infrastruktureinrichtung erfolgen kann, sofern jene nicht den Bestand oder den Charakter der Einrichtung verändern würden[320]. Die Frage, inwiefern der Einrichtungsinhaber bauliche Veränderungen vorzunehmen bzw. zu dulden hat, sind jedoch Fragen der Zumutbarkeit der gemeinsamen Netznutzung bzw. der möglichen Rechtsfolge eines Missbrauchs einer marktbeherrschenden Stellung i.S.v. § 19 IV Nr. 4 GWB[321].

d) Verweigerung

Eine Verweigerung muss nicht unbedingt in der völligen Ablehnung eines Netzzugangsbegehrens liegen. Eine solche kann auch darin bestehen, dass der

---

[319] BKartA vom 21.12.1999, B 9 – 63220 – T – 199/97 und B 9 – 63220 – T – 16/98, S. 42
[320] OLG Düsseldorf WuW/E DE-R 569, 579 ff.; BKartA vom 21.12.1999, B 9 – 63220 – T – 199/97 und B 9 – 63220 – T – 16/98, S. 42
[321] siehe unter VI. 2.

Netzbetreiber bzw. Infrastrukturinhaber zwar mit dem Petenten in Verhandlungen eintritt und diesem den Zugang anbietet, jedoch unangemessene Vertragskonditionen, insbesondere Netznutzungsentgelte verlangt[322], die einen Netzzugang für den Petenten wirtschaftlich unattraktiv oder gar unrentabel werden lassen.

Des Weiteren ließe sich darüber diskutieren, ob es sich um eine Verweigerung handelt, wenn der Petent eine sehr kleine Menge durchleiten lassen will, um nur einen oder wenige Haushaltskunden zu versorgen, und der Netzbetreiber dieses „Bagatellbegehren" ablehnt. In England entstand zwischen dem Department of the Environment, Transport and the Regions and the Welsh Office (DETR) und der Regulierungsbehörde OFWAT ein Streit darüber, ob lediglich die Verweigerung einer Durchleitung zur Versorgung von Großabnehmern einen Missbrauch einer marktbeherrschenden Stellung darstellt, oder ob auch eine Durchleitung zugunsten etwa eines Haushaltskunden ermöglicht werden solle. Während DETR die erstere Ansicht vertrat[323], war OFWAT der Auffassung, dass es keinen Grund gebe, warum nicht auch eine Verweigerung der Durchleitung zu Kleinkunden, die zwar für sich jeweils nur geringe Mengen abnehmen, jedoch in der Masse einen wesentlichen Nachfragefaktor darstellen, einen Missbrauch darstellen sollen[324]. Übertragen auf die Systematik des § 19 IV Nr. 4 GWB wird man – entsprechend der Auffassung von OFWAT – konstatieren müssen, dass auch die Weigerung, eine Durchleitung zur Versorgung eines oder mehrerer Kleinkunden vorzunehmen, eine Verweigerung darstellt. Allerdings wird man im Rahmen der Zumutbarkeit im Einzelfall abwägen müssen, ob auch die Öffnung des Netzes für sehr kleine Mengen erzwungen werden kann. Dies wird insbesondere dann zu verneinen sein, wenn die Durchleitung kleinerer Mengen mit einem unverhältnismäßigen Aufwand, etwa für den Umbau der Anlagen oder die Netzverknüpfung, verbunden ist. Insofern ist der Ansatz von DETR nicht grundsätzlich falsch, wenn auch die Durchleitung zu einer Vielzahl von Kleinkunden der Versorgung eines Großkunden bei der Frage der Zumutbarkeit gleichzustellen sein dürfte. Die Gesetzgeber für England und Wales hat diesen Zwist letztendlich insofern gelöst, als er im Water Act 2003 für ein berechtigtes

---

[322] Hohmann, S. 261; für den englischen und walisischen Wassermarkt: OFWAT and OFT, Competition Act 1998 – Application in the Water and Sewerage Sectors, 31 January 2000, № 4.17

[323] DETR, Competition in the Water Industry in England and Wales – Consultation paper, № 7.6

[324] OFWAT, Response to: DETR, Competition in the Water Industry in England and Wales – Consultation paper, Response to question 15

Durchleitungsbegehren eine zu erwartende Jahresmenge von 50.000 m³ verlangt[325].

3. Marktbeherrschende Stellung

Um eine marktbeherrschende Stellung nachweisen zu können, muss vorher genau der relevante Markt in sachlicher, räumlicher und zeitlicher Hinsicht abgegrenzt werden, auf dem das Unternehmen eine marktbeherrschende Stellung innehat. Der relevante Markt wiederum bestimmt sich nach dem sog. Bedarfsmarktkonzept. Demnach ist zu fragen, welche Leistungen der Nachfrager als zur Deckung eines bestimmten Bedarfs geeignet ansieht[326].

a) Sachlich relevanter Markt

aa) Die Aufspaltung in Haupt- und Hilfsmarkt

§ 19 IV Nr. 4 GWB baut – entsprechend der Anwendung der *essential-facilities-doctrine* auf europäischer Ebene – auf der Konstruktion zweier Märkte auf: Das Zur-Verfügung-Stellen des Netzes oder der Infrastruktureinrichtung bildet einen sog. Hilfsmarkt. Erst der Zugang zu diesem Hilfsmarkt ermöglicht die Teilnahme am Wettbewerb auf dem davon abgeleiteten – in der Terminologie des § 19 IV Nr. 4 GWB „nachgelagerten" – Hauptmarkt. [327] Übertragen auf die Wasserversorgung würde das bedeuten, dass der Durchleitungsmarkt den Hilfsmarkt, der Wasserversorgungsmarkt hingegen den Hauptmarkt darstellt[328]. Die Konstruktion eines Durchleitungsmarktes war auf europäischer Ebene insofern umstritten, als einige Autoren die Aufnahme von geschäftsmäßigen Durchleitungen für Dritte als Voraussetzung für die Annahme eines Marktes angesehen und damit die Anwendung der *essential-facilities-doctrine* in diesen Fällen verneint haben[329]. § 19 IV Nr. 4 GWB sieht – im Gegensatz zu § 20 I GWB – in der Formulierung eindeutig eine Eröffnung des Zugangs durch den Inhaber nicht als Voraussetzung für den Missbrauch einer marktbeherrschenden

---

[325] Section 17D(2) i.V.m. 17A(3)(b) Water Industry Act 1991 in der Fassung des Water Act 2003

[326] BKartA vom 21.12.1999, B 9 – 63220 – T – 199/97 und B 9 – 63220 – T – 16/98, S. 10

[327] Immenga/Mestmäcker-*Möschel*, GWB, § 19 Rn. 192; vgl. zur europäischen Rechtslage unter Teil B: I. und III. 1.

[328] siehe unter Teil B: III. 1.

[329] Stewing, Gasdurchleitung nach Europäischem Recht, S. 99; Eckert, in: Baur, Leitungsgebundene Energie und der gemeinsame Markt, S. 11, 26 f.; a.A.: Immenga/Mestmäcker-*Möschel*, Europäisches Wettbewerbsrecht I, Art. 86 Rn. 262; Götz, in: Schwarze, Der Netzzugang für Dritte im Wirtschaftsrecht, S. 129, 130

Stellung an[330]. Dennoch meint *Dreher*, dass mangels regelmäßigen Angebots zur gemeinsamen Netznutzung an Dritte durch die Netzbetreiber nicht von einem eigenständigen Durchleitungsmarkt gesprochen werden könne[331]. Dies voraussetzend kritisiert *Wiedemann*, dass es sich bei § 19 GWB um einen Missbrauchstatbestand bzgl. einer marktbeherrschenden Stellung handele, nach § 19 IV Nr. 4 GWB jedoch eine Markttätigkeit überhaupt nicht verlangt werde[332].

Diese Ansichten können jedoch nicht überzeugen. Der BGH hat bereits zu der energierechtlichen Vorgängerregelung in § 103 V 2 Nr. 4 (i.V.m. § 22 IV, V) GWB a.F. ausgeführt, dass die Eröffnung des Geschäftsverkehrs auf dem Gastransportmarkt nicht erforderlich sei, und dies damit begründet, dass der Sinn und Zweck des § 22 IV GWB a.F. darin liege, wirtschaftliche Macht zu begrenzen, die mit dem Fehlen wirksamen Wettbewerbs zusammenhänge[333]. Dem ist zu folgen. Der Sinn und Zweck des § 19 IV Nr. 4 GWB liegt gerade darin, Wettbewerb dadurch zuzulassen, dass man die Inhaber von wesentlichen Einrichtungen zur Gewährung von Zugang und damit zur Eröffnung eines Marktes zwingt[334]. Im Übrigen ist auch der Wortlaut bzgl. der Frage, ob ein Hilfsmarkt existiert, eindeutig: § 19 IV Nr. 4 GWB spricht von der Unmöglichkeit des Wettbewerbs auf vor- oder nachgelagerten Märkten. Wenn es einen nachgelagerten (Haupt-)Markt gibt, dann muss es im Umkehrschluss auch einen vorgelagerten (Hilfs-)Markt geben[335]. Insofern geht *Wiedemanns* Kritik aufgrund seiner falschen Grundannahme am Wortlaut wie auch am Sinn und Zweck des § 19 IV Nr. 4 GWB vorbei.

bb) Marktbeherrschende Stellung auf dem Haupt- oder Hilfsmarkt?

Aus der Aufspaltung des sachlich relevanten Marktes in einen Haupt- und einen Hilfsmarkt resultiert ein neues Problem, nämlich die Frage, auf welchem dieser Märkte eine marktbeherrschende Stellung des Infrastrukturinhabers vorliegen muss. Hierzu gibt es verschiedene Auffassungen. Das Bundeskartellamt sieht lediglich eine marktbeherrschende Stellung auf dem Markt für die Leistungen der Infrastruktureinrichtung als erforderlich an und begründet dies mit dem Wortlaut der Vorschrift, der nur eine Tätigkeit auf dem nachgelagerten Markt verlange. Hilfsweise prüft es jedoch, ob auch auf dem abgeleiteten Markt eine

[330] BT-Drs. 13/9720, S. 51; BKartA vom 21.12.1999, B 9 – 63220 – T – 199/97 und B 9 – 63220 – T – 16/98, S. 10 f.; Bechtold, GWB, § 19 Rn. 82
[331] Dreher DB 1999, 833, 835
[332] Wiedemann, Handbuch des Kartellrechts, § 23 Rn. 67
[333] BGH WuW/E 2953, 2958 f.
[334] BKartA vom 21.12.1999, B 9 – 63220 – T – 199/97 und B 9 – 63220 – T – 16/98, S. 11
[335] Hohmann, , S. 172

marktbeherrschende Stellung gegeben ist.[336] Die vom BKartA vertretene Auffassung entspricht auch der Rechtsprechung zu § 103 V 2 Nr. 4 GWB a.F.[337], einer Vorläuferregelung des § 19 IV Nr. 4 GWB in Bezug auf die Strom- und Gasversorgung. Einige Autoren[338] hingegen sehen eine marktbeherrschende Stellung nur auf dem nachgelagerten Markt als erforderlich an. *Möschel* begründet seine Ansicht mit dem Argument, dass der Sinn und Zweck des Missbrauchstatbestandes darin bestehe, eine marktbeherrschende Stellung auf dem nachgelagerten Hauptmarkt aufzulösen. Eine marktbeherrschende Stellung auf dem Hilfsmarkt ergebe sich schon aus der Wesentlichkeit der Einrichtung, um auf dem nachgelagerten Markt in Konkurrenz zum Inhaber der Einrichtung treten zu können. Dementsprechend verlöre das Merkmal der marktbeherrschenden Stellung seine Funktion.[339] Darüber hinaus gibt es Stimmen in der Literatur, die eine marktbeherrschende Stellung alternativ auf dem Hilfsmarkt oder auf dem Hauptmarkt genügen lassen wollen[340]. *Bechthold* weist jedoch die Fälle, in denen eine Marktbeherrschung lediglich auf dem abgeleiteten Hauptmarkt vorliegt, dem Tatbestand des § 19 IV Nr. 1 GWB zu und begründet dies – wie auch das Bundeskartellamt – mit dem Wortlaut des § 19 IV Nr. 4 GWB[341]. Dem Wortlaut des § 19 IV Nr. 4 GWB, der Formulierung „wenn es dem anderen Unternehmen (...) nicht möglich ist, auf dem vor- oder nachgelagerten Markt als Wettbewerber des marktbeherrschenden Unternehmens tätig zu werden" lässt sich jedoch insofern keine eindeutige Antwort entnehmen, als eben nicht eindeutig ist, ob sich der Begriff der marktbeherrschenden Stellung auf den Hilfsmarkt oder den Hauptmarkt bezieht[342].

Die Klärung dieses Streits ist in Bezug auf die Wasserversorgung nicht nur rein akademischer Natur, sondern hat durchaus seine praktische Relevanz. Diese offenbart sich weniger bei den Ortsnetzen. Hier gibt es nur ein Netz. Über dieses Netz kontrolliert dessen Inhaber den Wasserversorgungsmarkt. Die marktbeherrschende Stellung auf dem Haupt- und Hilfsmarkt gehen einher.

---

[336] BKartA vom 21.12.1999, B 9 – 63220 – T – 199/97 und B 9 – 63220 – T – 16/98, S. 10 ff.; BKartA vom 30.08.1999, B 8 – 40100 – T – 99/99, S. 7 ff.; der Ansicht des BKartA folgend: Horstmann, Netzzugang in der Energiewirtschaft, S. 224 f.

[337] BGH WuW/E 2953, 2960 unter Berufung auf Stewing, Gasdurchleitung nach europäischem Recht, S. 36; KG WuW/E OLG 5165, 5183

[338] Dreher DB 1999, 833, 835; Immenga/Mestmäcker-*Möschel*, GWB, § 19 Rn. 192; von Wallenberg K&R 1999, 152, 155; Martenczuk/Tomaschki RTkom 1999, 15, 23; Klimisch/Lange WuW 1998, 15, 23; Hohmann, S. 178 ff.

[339] Immenga/Mestmäcker-*Möschel*, GWB, § 19 Rn. 192

[340] Langen/Bunte-*Schultz*, § 19 Rn. 152; Bechtold, GWB, § 19 Rn. 83

[341] Bechtold, GWB, § 19 Rn. 83

[342] Berliner Kommentar zum Energierecht/*Engelsing*, § 19 GWB Rn. 291

Die Sachlage bei den Fernwasserversorgungsunternehmen hingegen ist eine völlig andere. Diese beliefern aktuell in der Regel keine Endabnehmer, sondern nur Ortsnetzbetreiber. Den Hauptmarkt bildet insofern der Trinkwasserbeschaffungsmarkt für Endversorger. Hier müssen sie immer mit der örtlichen Wassergewinnung durch den Endversorger selbst oder mit anderen Fernwasserversorgern konkurrieren[343]. Viele kommunale Unternehmen verwenden ein Mischwasser aus örtlichen Quellen und dem Fernwasser. Häufig wären einzelne Kommunen – gerade auch wegen des enormen Rückgangs des Wasserverbrauchs in den letzten 25 Jahren – in der Lage, den Fernwasseranteil weiter herunterzufahren oder beinahe gänzlich auf ihn zu verzichten. Für die kommunalen Versorger wie auch für die Verbraucher liegt – wenn man die Unterschiede etwa in der Wasserhärte einmal unbeachtet lässt – volle Substituierbarkeit zwischen Fernwasser und Wasser aus ortsnahen Quellen vor, weshalb man den sachlich relevanten Markt auch nicht in einen solchen für Fernwasser und einen solchen für Wasser aus ortsnahen Quellen unterteilen kann. Insofern dürften die Fernwasserversorger in Bezug auf viele Kommunen schon heute keine marktbeherrschende Stellung auf dem Wasserversorgungsmarkt innehaben. Würde man der Ansicht von *Möschel* und *Dreher* folgen, so würde ein Fernwasserversorgungsunternehmen gegebenenfalls in den Fällen, in denen ein Dritter über die Fernwasserleitung(en) ein kommunales Versorgungsunternehmen oder Direktkunden versorgen will, den Zugang zu seinen Einrichtungen verweigern können. Und dies, obwohl es sich für den Petenten um die einzige Möglichkeit handelt, die entsprechenden Abnehmer aus seinen Ressourcen zu versorgen, der Leitungsinhaber also die Transportstrecke kontrolliert. Der Fernwasserversorger könnte somit nicht nur Konkurrenz zu sich selbst, sondern weiteren Wettbewerb von den lokalen Versorgungsmärkten abhalten.

Ein ähnliches Ergebnis erhält man auch, wenn man den Trinkwasserversorgungsmarkt in einen solchen für Verbraucher und einen solchen für Industriekunden aufspaltet. Die Industrie deckt ihren Trinkwasserbedarf zu großen Teilen durch eigene Wassergewinnungsanlagen[344]. Deshalb dürfte in vielen Regionen der örtliche Wasserversorger keine marktbeherrschende Stellung auf dem Wasserversorgungsmarkt für Industriekunden innehaben.

Allerdings sind diese wassermarktspezifischen Argumente alleine nicht hinreichend, um eine für alle Infrastruktursektoren gültige Auslegung des § 19 IV

---

[343] Scheele, Auf dem Weg zu neuen Ufern? Wasserversorgung im Wettbewerb, Oldenburg 2000, S. 8
[344] BMWi, S. 12

Nr. 4 GWB begründen zu können. *Engelsing*[345] weist für den Energiesektor mit Recht darauf hin, dass es aufgrund der oftmals vertikalen Integration der Unternehmen den Netzbetreibern im Regelfall darum geht, den eigenen Vertrieb zu begünstigen. Eine Missbrauchsgefahr ist daher bereits dann gegeben, wenn der Netzbetreiber auf dem nachgelagerten Markt nur tätig ist. Wäre darüber hinaus eine marktbeherrschende Stellung auch auf dem nachgelagerten Markt erforderlich, so könnten die Netzbetreiber ihre Machtstellung auf dem Hilfsmarkt benutzen, um eine marktbeherrschende Stellung auf dem nachgelagerten Markt zu erzeugen. Insofern spricht auch die Situation im Energiesektor für das Erfordernis einer marktbeherrschenden Stellung lediglich auf dem Hilfsmarkt. Zur Auslegung der Norm ist ferner die Gesetzesbegründung mit heranzuziehen. In der Regierungsbegründung heißt es, die Einführung des § 19 IV Nr. 4 GWB diene der Harmonisierung des deutschen Kartellrechts mit der im Rahmen von Art. 82 EG anerkannten *essential-facilities-doctrine*[346]. Dieser Missbrauchstatbestand soll also das kodifizieren, was auf europäischer Ebene durch Rechtsprechung und Entscheidungspraxis anerkannt ist. Demnach muss eine marktbeherrschende Stellung auf dem Hilfsmarkt vorliegen, aus der eine Wettbewerbsbeschränkung gegenüber dem Mitbenutzungspetenten auf dem Hauptmarkt resultiert[347]. Im deutschen Kartellrecht kann folglich nichts anderes gelten. In seiner auf den Gesetzentwurf folgenden Stellungnahme geht der Bundesrat mit dieser Auffassung konform, wenn er ausführt, dass das Primärziel die Bekämpfung von Wettbewerbsbehinderungen auf den vor- oder nachgelagerten Märkten sei, die ihre Ursache in der marktbeherrschenden Stellung des Inhabers auf der wesentlichen Einrichtung habe[348]. Diese Auffassung schlägt sich zudem im Formulierungsvorschlag des Bundesrates für § 19 IV Nr. 4 nieder[349]. Auch wenn dieser Formulierungsvorschlag letztendlich nicht Gesetz geworden ist, so sind die Änderungen der Bundesregierung[350] sowie des Wirtschaftsausschusses[351] nicht damit begründet worden, dass von der europarechtlichen Konstruktion abgewichen werden soll.

---

[345] Berliner Kommentar zum Energierecht/*Engelsing*, § 19 GWB Rn. 292
[346] BT-Drs. 13/9720, S. 36 f.
[347] siehe unter Teil B: I.
[348] BT-Drs. 13/9720, S. 73
[349] „den Zugang eines anderen Unternehmens gegen ein angemessenes Entgelt zu den eigenen Netzen oder Infrastruktureinrichtungen verweigert, ohne deren Mitbenutzung Wettbewerb insbesondere gegenüber dem Inhaber des Netzes oder der Infrastruktureinrichtung auf dem vor- oder nachgelagerten Markt aus rechtlichen oder tatsächlichen Gründen nicht möglich ist (...)", BT-Drs. 13/9720, S. 73
[350] BT-Drs. 13/9720, S. 79 f.
[351] BT-Drs. 13/10633, S. 14 u. 65

Im Ergebnis ist also das Bundeskartellamt der Gesetzesbegründung und der Struktur der *essential-facilities-doctrine* konsequent gefolgt, wenn es eine marktbeherrschende Stellung auf dem Hilfsmarkt als maßgeblich angesehen hat. Will man der europäischen Rechtspraxis konsequent folgen, so muss, damit ein Missbrauch einer marktbeherrschenden Stellung bejaht werden kann, zudem aus der marktbeherrschenden Stellung auf dem Hilfsmarkt eine Wettbewerbsbeschränkung auf dem abgeleiteten Hauptmarkt resultieren[352]. Letzteres ist eine Frage der Unmöglichkeit des Wettbewerbs auf dem nachgelagerten Markt und wird noch zu erörtern sein[353]. Bezogen auf die Wasserversorgung muss jedenfalls eine marktbeherrschende Stellung auf dem örtlich und zeitlich relevanten Durchleitungsmarkt vorliegen, damit ein Durchleitungsanspruch gegenüber dem Netzbetreiber bestehen kann.

b) Räumlich relevanter Markt

Bei geschlossenen Versorgungsgebieten auf dem Wassermarkt bzw. früher auch auf dem Strommarkt ist der räumlich relevante Markt, auf dem sich die Abnehmer eindecken können, durch das jeweilige Tätigkeitsgebiet des Versorgungsunternehmens, also durch die geographische Lage der Leitungen begrenzt[354]. Auf dem hier sachlich relevanten Wasserdurchleitungsmarkt ist der Nachfrager nicht der Abnehmer, sondern der Durchleitungspetent, der über das Netz des Netzbetreibers seine Kunden mit Trinkwasser versorgen möchte. Ihn interessiert nur der Durchleitungsweg vom Einspeisepunkt zu seinen Abnehmern. In räumlicher Hinsicht ist somit der relevante Durchleitungsmarkt das Gebiet der Leitungsverbindungen auf der Strecke zwischen dem beabsichtigten Einspeise- und dem beabsichtigten Entnahmepunkt bzw. den Entnahmepunkten. Damit beschränkt sich der räumlich relevante Markt auf die Leitungsverbindung(en) zwischen diesen (beiden) Punkten.[355] Aufgrund der bisher geschlossenen Versorgungsgebiete ist dieser räumlich relevante Markt ebenfalls durch die geographische Lage des zusammenhängenden Rohrleitungsnetzes begrenzt, wenn man einmal von dem Fall absieht, dass theoretisch auch eine über das Gebiet des Ortsnetzbetreibers verlaufende Fernwasserleitung als Alternativroute in Betracht käme.

---

[352] Hohmann, S. 179 (Fn. 663); Weyer AG 1999, 257, 262; Schwintowski WuW 1999, 842, 850 f.; siehe auch unter Teil B: III. 1.
[353] mehr dazu unter 4.
[354] BKartA WuW/E DE-V 453, 455; BGH WuW/E DE-R 24, 27
[355] Horstmann, S. 228; Büdenbender RdE 1999, 1, 9

c) Zeitlich relevanter Markt

Wie schon in Bezug auf Art. 82 EG beschrieben[356] gibt es keine zeitliche Begrenzung des Marktgeschehens, da im Bereich der Wasserversorgung auch in Zukunft nicht mit technischen Neuerungen zu rechnen ist, die eine rohrnetzungebundene Wasserversorgung ermöglichen könnten.

d) Marktbeherrschende Stellung

Nach den eben gefundenen Ergebnissen muss sich die marktbeherrschende Stellung auf den Durchleitungsmarkt im Tätigkeitsgebiet des Netzbetreibers beziehen. Die Voraussetzungen für das Vorliegen einer marktbeherrschenden Stellung normiert § 19 II GWB. Diese Norm unterscheidet das Fehlen von Wettbewerb überhaupt bzw. von wesentlichem Wettbewerb (Nr. 1)[357] und das Vorliegen einer überragenden Marktstellung (Nr. 2). In der Wasserversorgung gibt es in der Regel keine Parallelleitungen unterschiedlicher Netzbetreiber. Dies gilt sowohl für Ortsnetze als auch für Fernwasserleitungen. Anders als etwa bei Strom gibt es kein engmaschiges Verbundsystem, das zumindest im Einzelfall eine alternative Durchleitungsstrecke über einen anderen Anbieter bereithält. Die Ortsnetze sind zudem entweder über Konzessionsverträge oder aber über einen Anschluss- und Benutzungszwang abgesichert. Insofern besteht ein natürliches Monopol, bei dem die Position der Unternehmen durch staatliche Regelungen manifestiert wird. Solange dieses Leitungsmonopol nicht durch den Bau von Parallelleitungen im jeweiligen Versorgungsgebiet aufgebrochen wurde, gibt es in dem Gebiet, welches vom Netzbetreiber abgedeckt wird, für den Petenten nur die Möglichkeit, dieses Netz mitzubenutzen, um seinen Kunden versorgen zu können. Daraus folgt, dass auf dem relevanten Markt, nämlich dem vom Durchleitungspetenten zu nutzen beabsichtigten Leitungsweg, keine Konkurrenz, also auch kein Wettbewerb existiert.

4. Unmöglichkeit des Wettbewerbs auf dem nachgelagerten Markt

Die Unmöglichkeit des Wettbewerbs auf dem nachgelagerten Markt besteht aus zwei Komponenten: Zum einen darf das Netz oder die wesentliche Einrichtung nicht duplizierbar sein. Zum anderen darf das Netz bzw. die wesentliche Einrichtung nicht aufgrund anderer Mittel zur Leistungserbringung substituierbar sein.

---

[356] siehe unter Teil B: III. 3.

[357] Nach Langen/Bunte-*Ruppelt*, § 19 Rn. 32 handelt es sich bei de ersten Alternative lediglich um einen „Extremfall des Fehlens wesentlichen Wettbewerbs" und somit um einen einheitlichen Tatbestand.

a) Fehlende Duplizierbarkeit

Der Wortlaut des § 19 IV Nr. 4 GWB spricht im Zusammenhang mit der Unmöglichkeit des Wettbewerbs von „rechtlichen oder tatsächlichen Gründen".

aa) Rechtliche Gründe

Als rechtliche Gründe kommen insbesondere fehlende Genehmigungsmöglichkeiten für die Errichtung einer eigenen wesentlichen Einrichtung in Betracht[358]. Ebenso können Rechte Dritter dem Vorhaben im Wege stehen. Aber auch eine fehlende Nutzungserlaubnis einer dann fertig gestellten Anlage würde ein rechtliches Hindernis darstellen. Im Bereich der Wasserversorgung müsste man zunächst daran denken, dass aktuell die Kommunen über ihre Wegehoheit und die Möglichkeit zum Abschluss von Konzessionsverträgen den Bau von parallelen Leitungen verhindern können, indem sie dem potentiellen Wettbewerber keine für die Errichtung eines Wasserversorgungssystems unerlässlichen Wegerechte einräumen. Ebenso könnte ein bestehender Anschluss- und Benutzungszwang den parallelen Leitungsbau insofern verhindern, als die Abnehmer zum Bezug des Trinkwassers über das Netz des örtlichen Wasserversorgers verpflichtet wären[359]. Zudem stünden gegebenenfalls weitere planungsrechtliche oder ordnungsrechtliche Aspekte einer Aufnahme der Wasserversorgung entgegen, insbesondere Belange des Natur- und Landschaftsschutzes bei größeren Leitungen außerhalb von Ortschaften.

bb) Tatsächliche Gründe

Als Gründe für eine tatsächliche Unmöglichkeit kommen zunächst einmal technische, physikalische und geographische Aspekte in Betracht[360]. Gerade bei physischen Netzen in der Fläche ließe sich mangelnder Platz, insbesondere unter öffentlichen Straßen, gegen die Möglichkeit zur Duplizierung anführen. Zu der tatsächlichen Unmöglichkeit gehört jedoch nach herrschender Meinung auch die sog. wirtschaftliche Unmöglichkeit[361]. Diese wirtschaftlichen Gründe werfen jedoch in zweierlei Hinsicht Probleme auf, und zwar zum einen in Bezug auf die Beurteilungsperspektive, zum anderen im Hinblick auf den Beurteilungsmaßstab[362]. Bei der Frage nach der richtigen Beurteilungsperspek-

---

[358] BKartA vom 21.12.1999, B 9 – 63220 – T – 199/97 und B 9 – 63220 – T – 16/98, S. 28 f.

[359] zur Frage, inwiefern der Anschluss- und Benutzungszwang der Durchleitung entgegensteht, siehe unter VII. 2. d) bb)

[360] Dreher DB 1999, 833, 835; Hohmann, S. 228

[361] BKartA vom 21.12.1999, B 9 – 63220 – T – 199/97 und B 9 – 63220 – T – 16/98, S. 29; Wiedemann, Handbuch des Kartellrechts, § 23 Rn. 65; Dreher DB 1999, 833, 835; Seeger, S. 306; Hohmann, S. 228 ff.; Immenga/Mestmäcker-*Möschel*, GWB, § 19 Rn. 199

[362] Immenga/Mestmäcker-*Möschel*, GWB, § 19 Rn. 199

tive gibt es zwei Möglichkeiten: Ist die wirtschaftliche Unmöglichkeit aus der Sicht des Petenten zu bestimmen, oder muss ein objektiver Maßstab angelegt werden?

α) Objektive Betrachtungsweise

Einige Autoren geben einer objektiven Betrachtungsweise den Vorzug und verlangen eine absolute Unmöglichkeit in dem Sinne, dass ein Drittes Unternehmen nicht in der Lage sein dürfte, die Einrichtung zu duplizieren[363]. Bei diesem dritten Unternehmen sei auf das leistungsfähigste Unternehmen, welches als möglicher Konkurrent des Einrichtungsinhabers auf dem vor- oder nachgelagerten Markt auftreten könnte, abzustellen[364]. Damit befänden sich die Vertreter dieser Ansicht auf einer Linie mit der Rechtsprechung des EuGH, der in der Rechtssache Bronner ebenfalls eine Zugangsgewährung nur für den Fall vorsieht, dass kein anderes Unternehmen zur Duplizierung in der Lage ist[365]. Insofern können die Autoren durchaus auf das Argument der Rechtsharmonisierungsabsicht des Gesetzgebers bei Erlass des § 19 IV Nr. 4 GWB[366] verweisen. In der Gesetzesbegründung sowohl der Bundesregierung zum ursprünglichen Entwurf[367] als auch in der des Bundesrates zu den eigenen Änderungsvorschlägen[368] sind bei der Frage nach der Unmöglichkeit der Duplizierung bzw. – wie es noch im Regierungsentwurf hieß – der „wesentlichen Einrichtung" objektive Maßstäbe heranzuziehen. *Hohmann* – und dessen Doktorvater *Möschel* – argumentieren ferner mit dem Schutzzweck des § 19 IV Nr. 4 GWB[369]. Geschützt sei nur der Wettbewerb, nicht jedoch der einzelne Wettbewerber. Soweit andere Unternehmen in den abgeleiteten Markt eintreten könnten, sei diesem Erfordernis genügt, denn es bestünde in diesem Fall potentieller Wettbewerb.

β) Gegenansicht: Abstellen auf subjektive Fähigkeiten

Die Gegenansicht stellt dagegen auf die subjektiven Fähigkeiten des Petenten ab[370]. Das stärkste Argument dafür ist der Wortlaut des § 19 IV Nr. 4 GWB[371],

---

[363] Hohmann, S. 230 f.; Immenga/Mestmäcker-*Möschel*, GWB, § 19 Rn. 199; Bechtold, GWB, § 19 Rn. 84; Wiedemann, Handbuch des Kartellrechts, § 23 Rn. 65; Dreher DB 1999, 833, 835

[364] Hohmann, S. 232 ff. m.w.N.; a.A.: BeckTKG-Komm/*Piepenbrock*, § 33 Rn. 22 f.

[365] EuGH Slg. 1998, I-3791, Rn. 44 ff. – Bronner

[366] BT-Drs. 13/9720, S. 36 f.

[367] BT-Drs. 13/9720, S. 51

[368] BT-Drs. 13/9720, S. 73

[369] Hohmann, S. 231; Immenga/Mestmäcker-*Möschel*, GWB, § 19 Rn. 199

[370] BKartA vom 21.12.1999, B 9 – 63220 – T – 199/97 und B 9 – 63220 – T – 16/98, S. 29; Langen/Bunte-*Schultz*, § 19 Rn. 166; Seeger, S. 305; Horstmann, S. 244 (auch wenn er von

und zwar die Formulierung „wenn es dem anderen Unternehmen (...) nicht möglich ist". Dies beziehe sich eindeutig auf das konkret den Netzzugang begehrende Unternehmen[372]. Etwas anders argumentiert *Schultz*, der das persönliche Unvermögen unter den Begriff der Unmöglichkeit subsumiert[373]. Damit befindet er sich grundsätzlich im Einklang mit der Dogmatik zu § 275 BGB[374]. Allerdings ist die Heranziehung des Unmöglichkeitsbegriffs des BGB insofern problematisch, als Fälle der wirtschaftlichen Unmöglichkeit über Störung der Geschäftsgrundlage (§ 313 BGB) gelöst werden[375] und damit mangelnde finanzielle Leistungsfähigkeit nicht als tatsächliche Unmöglichkeit anzusehen wäre[376]. Wollte man also das BGB heranziehen, müsste man die gesamte Fallgruppe der wirtschaftlichen Unmöglichkeit im Ergebnis verneinen. Dies stünde jedoch im Widerspruch zum Ziel der Schaffung effektiven Wettbewerbs auf den vor- bzw. nachgelagerten Märkten[377], weil § 19 IV Nr. 4 GWB dann in den meisten relevanten Fällen der *essential-facilities-doctrine* leer liefe[378]. Diesem Ziel der Schaffung von effektivem Wettbewerb – so argumentieren Befürworter der subjektiven Ansicht – stünde es in Bezug auf die netzgebundenen Infrastruktureinrichtungen entgegen, wenn man durch das Anlegen objektiver Maßstäbe die Netzzugangspetenten generell auf den Bau von Direktleitungen verweisen könnte, auch wenn diese dazu faktisch nicht in der Lage wären[379].

γ) Entscheidung mit Blick auf den Wassermarkt

Welche Konsequenzen hätten nun die genannten Ansichten in Bezug auf die gemeinsame Netznutzung im Wassermarkt? Nach beiden Meinungen – auch nach der subjektiven Theorie[380] – gibt es juristisch einen prinzipiellen Vorrang des Direktleitungsbaus. Jedoch bestimmt sich der Vorrang nach dem subjektiven Ansatz anhand der individuellen Leistungsfähigkeit des Durchleitungspetenten. Hingegen stellt die objektive Ansicht auf ein ideales Wasserversor-

---

„objektiver wirtschaftlicher Unmöglichkeit" des den Netzzugang begehrenden Unternehmens spricht, was in der Terminologie des BGB subjektive Unmöglichkeit ist)
[371] Seeger, S. 305; Horstmann, S. 244; dieses Argument zugestehend: Hohmann, S. 231 und Immenga/Mestmäcker-*Möschel*, GWB, § 19 Rn. 199
[372] Seeger, S. 305
[373] Langen/Bunte-*Schultz*, § 19 Rn. 166
[374] Palandt/*Heinrichs*, BGB, § 275 Rn. 23
[375] Palandt/*Heinrichs*, BGB, § 275 Rn. 21
[376] Palandt/*Heinrichs*, BGB, § 275 Rn. 24
[377] BT-Drs. 13/9720, S. 73
[378] Horstmann, S. 244
[379] Horstmann, S. 244; Langen/Bunte-*Schultz*, § 19 Rn. 166
[380] Seeger, S. 306

gungsunternehmen ab. Hierbei ergäbe sich die Schwierigkeit, ein solches Wasserversorgungsunternehmen zu bestimmen. In anderen Branchen lassen sich sämtliche tatsächlichen oder potentiellen Wettbewerber anhand ihrer wirtschaftlichen Leistungsfähigkeit und ihrem Know-how messen. Gerade jedoch bei netzgebundenen Industrien, insbesondere jedoch bei der Wasserwirtschaft kommt es nicht nur auf diese Merkmale an, wenn man bestimmen will, ob der Bau von Parallelleitungen als Alternative zur gemeinsamen Netznutzung in Betracht kommt. Vielmehr spielt die strategische Position eine Rolle. Die Rentabilität der Errichtung von Parallelleitungen bzw. eines Parallelleitungsnetzes hängt einerseits von der Menge des Transportgutes (Strom, Gas, Wasser) ab, da der Leitungsbau immer mit hohen Investitionen verbunden ist, die nur über den Strom-, Gas- bzw. Wasserpreis wieder hereingeholt werden können. Deshalb ist die Zahl der künftigen Abnehmer eine maßgebliche Kenngröße. Aber auch die Kostenstruktur des Ortsnetzbetreibers, insbesondere das daraus resultierende Preisniveau vor Ort spielt dabei eine Rolle. Andererseits richten sich die Investitions- und Betriebskosten mitunter danach, inwiefern der Petent Größenvorteile generieren kann. Dies wiederum hängt davon ab, wie sich die neu zu errichtenden Versorgungsleitungen in sein bisheriges Netz einpassen. Gerade in Bezug auf die Wasserversorgung stellt sich z.B. die Frage, inwieweit vorhandene Einrichtungen wie Wasserspeicher oder Pumpwerke dafür genutzt werden könnten, oder ob neue Einrichtungen geschaffen werden müssten. Auch die Topografie, insbesondere die Möglichkeit der Versorgung im freien Gefälle ohne mit hohen Energiekosten verbundenen Einsatz von Pumpen, kann ein strategischer Vorteil sein.

Für die Wasserversorgung ergibt sich noch eine weitere Besonderheit. Anders als bei der Stromversorgung ist die Durchleitung nicht generell kostengünstiger. Dies liegt an der möglicherweise unterschiedlichen Beschaffenheit verschiedener Trinkwässer, die bei einer Durchleitung gemischt werden müssten. Die Mischung von Trinkwässern richtet sich nach dem DVGW-Arbeitsblatt W 216. Demnach können Wässer gleicher Beschaffenheit frei miteinander gemischt werden[381]. In diesem Fall dürfte eine Durchleitung grundsätzlich die billigere Variante darstellen, wenn man einmal von einzelnen Stichleitungen zu Abnehmern in der Nähe des Netzes des Petenten absieht. Komplizierter wird es jedoch, wenn Wässer unterschiedlicher Beschaffenheit vorliegen. In dem Fall ist eine kontrollierte Wassermischung, unter Umständen unter Zugabe von Natronlauge oder Kalkwasser zur Einstellung des pH-Wertes, erforderlich[382]. Dafür wird in der Regel ein eigener Mischbehälter zu bauen sein. Alternativ

---

[381] DVGW-Regelwerk, Arbeitsblatt W 216, März 2003, S. 14
[382] DVGW-Regelwerk, Arbeitsblatt W 216, März 2003, S. 18

105

oder ergänzend müsste eine Zonentrennung erfolgen[383]. Doch damit nicht genug: Sollte dadurch die Wasserhärte erheblich herabgesetzt werden, muss zur Stabilisierung der Rohrinkrustationen etwa eine Silicatverbindung hinzugegeben werden[384]. Alle diese Maßnahmen sind kostenintensiv. Sie lohnen sich nur bei längerfristigen Durchleitungen. Man darf nicht mögliche hygienische Risiken vergessen, die durch die Einspeisung von Wässern zweier Anbieter entstehen können. An dieser Stelle soll nicht der Frage der Zumutbarkeit für den Netzbetreiber nachgegangen werden[385]. Die Darstellung dient aber zur Verdeutlichung des enormen Aufwandes, den eine Inkompatibilität des Trinkwassers des Petenten mit dem des Netzbetreibers für eine Durchleitung hervorrufen kann, so dass im Einzelfall sogar der Direktleitungsbau die wirtschaftlichere Alternative wäre. Insofern sind die wirtschaftliche Leistungsfähigkeit sowie die strategische Positionierung des Petenten für den Bau von Direktleitungen immer in Relation zu den Kosten der Durchleitung zu sehen, die wiederum von der Qualität des dem Petenten zur Verfügung stehenden Wassers abhängt.

Anhand dieser Besonderheiten der netzgebundenen Versorgungswirtschaft im Allgemeinen wie der Wasserversorgungswirtschaft im speziellen einen objektiven Maßstab anzulegen, dürfte sich außerordentlich schwierig gestalten. Wie definiert sich unter diesen Rahmenbedingungen ein Optimalversorger, der den Maßstab für die Unmöglichkeit der Schaffung von Parallelleitungen bildet? Nach dem eben Festgestellten hätte die Beantwortung dieser Frage eine Vielzahl von Dimensionen zu berücksichtigen. Daraus resultiert immer die Schwierigkeit, welchem Faktor welches Gewicht beizumessen ist. Die praktische Konsequenz wäre, dass ein Durchleitungspetent zur Durchsetzung seines Anspruches nicht nur die eigene Unfähigkeit zur Duplizierung nachzuweisen hätte. Er bzw. das Bundeskartellamt müsste sämtliche in Betracht kommenden Unternehmen gutachterlich darauf überprüfen lassen, welches von diesen am ehesten in Wettbewerb zum Netzinhaber durch Parallelleitungsbau treten könnte. Erst wenn es diesem Idealunternehmen auch unmöglich wäre, die Einrichtung zu duplizieren, wäre ein Durchleitungsanspruch gegeben. Dieses Modell erinnert mehr an Planung als an marktwirtschaftliche Steuerung durch Wettbewerb. Die objektive Unmöglichkeit der Duplizierung der Einrichtung für die Wasserwirtschaft wie auch für sämtliche netzgebundenen Versorgungsbereiche, in denen es auf strategische Positionen ankommt, ist praktisch nicht ermittelbar.

[383] DVGW-Regelwerk, Arbeitsblatt W 216, März 2003, S. 14
[384] Schumacher/Wagner/Kuch, GWF – Wasser/Abwasser 129 (1988) Nr. 3, S. 146, 148
[385] dazu mehr unter VI. 2.

Natürlich ist es nicht unproblematisch, wenn man aus diesen Branchen, die nur einen Ausschnitt aus der Vielzahl der Anwendungsfälle des § 19 IV Nr. 4 GWB darstellen, Schlüsse für eine allgemeingültige Auslegung der Norm ziehen will. Es sind jedoch gerade die netzgebundenen Sektoren gewesen, in denen die *essential-facilities-doctrine* zuerst Einzug erhalten hatte. § 19 IV Nr. 4 GWB sollte dieser Sektoralisierung entgegenwirken[386]. Insofern bilden diese Sektoren den Anlass zur Schaffung des § 19 IV Nr. 4 GWB. Es dürfte durchaus zulässig sein, die Spezifika dieser Bereiche als Argumente für eine allgemein gültige Auslegung heranzuziehen. Deshalb kann nur eine subjektive Auslegung eine adäquate Umsetzung des § 19 IV Nr. 4 GWB garantieren.

Für den Wassersektor bedeutete dies, dass bei der Frage der Duplizierbarkeit der Einrichtung stets auf die Möglichkeiten zum Direktleitungsbau des Durchleitungspetenten abzustellen wäre. Es wären also nur dessen Wirtschaftskraft, dessen erzielbare Größenvorteile sowie dessen möglicher Absatz in Rechnung zu stellen, immer in Relation zu den möglichen Kosten der Durchleitung unter Berücksichtigung der Wassereigenschaften des Petenten.

δ) Objektive Korrektur der subjektiven Auffassung

Wenn man rein auf die subjektive Perspektive verbunden mit dem Kriterium der Rentabilität abstellt, kann es dazu kommen, dass allein aufgrund mangelnder Wirtschaftskraft des Petenten eine Mitbenutzung der wesentlichen Einrichtung erfolgt. Man muss jedoch berücksichtigen, dass die *essential-facilities-doctrine* entwickelt wurde, um natürliche Monopole aufzulösen[387]. Dies ist natürlich ein volkswirtschaftlicher Begriff, der sich an der Möglichkeit zur Schaffung von Wettbewerb durch unbestimmte Dritte orientiert. Ziel dieser Theorie ist es jedoch nicht, dass der Wettbewerb für jedes Unternehmen ermöglicht wird, denn nur der Wettbewerb als Institution ist das Schutzgut. Zwar wurde eben gezeigt, dass diese objektive Sichtweise im Einzelfall gerade in Bezug auf netzgebundene Sektoren ungeeignet ist, über die Duplizierbarkeit der Einrichtung zu entscheiden. Dennoch darf sich eine Auslegung des § 19 IV Nr. 4 GWB nicht allzu sehr von seinen theoretischen Grundlagen entfernen. Deshalb ist an dieser Stelle eine teleologische Reduktion[388] der subjektiven Unmöglichkeit insoweit vorzunehmen, als zumindest eine gewisse wirtschaftliche Leistungsfähigkeit des Petenten verlangt werden muss. Sie muss ihm grundsätzlich die Finanzierung des Baus von Einrichtungen bzw. von Leitungswegen und ande-

---

[386] BT-Drs. 13/9720, S. 37

[387] Hohmann, S. 18 ff. m.w.N.

[388] Dasselbe Mittel schlägt Dreher (DB 1999, 833, 835) vor, allerdings aus einer etwas anderen Motivation heraus und mit weitreichenderen Ergebnissen. Ähnlich auch: BeckTKG-Komm/*Piepenbrock*, § 33 Rn. 22 f.

ren notwendigen Netzbestandteilen ermöglichen und gleichzeitig auch ein relevantes Wettbewerbspotential mitbringen.

ε) Anwendungskriterien

Noch unbeachtet ist die Frage, wann für einen leistungsfähigen Durchleitungspetenten subjektive wirtschaftliche Unmöglichkeit vorliegt. Zu dieser Frage lässt sich eine große Meinungsvielfalt feststellen. So fragen einige Autoren danach, ob bei kaufmännisch vernünftiger Betrachtungsweise die Duplizierung sinnvoll erscheint[389]. Das Bundeskartellamt verlangt hingegen die wirtschaftliche Unzumutbarkeit der Schaffung einer eigenen Einrichtung[390]. Der EuGH wiederum stellt in der Rechtssache Bronner auf die Unrentabilität der neu zu schaffenden Einrichtung ab[391]. Ferner wird in der Literatur mit dem Schutzzweck der Norm argumentiert und eine Unmöglichkeit für den Fall angenommen, dass die Wettbewerbschancen wesentlich beeinträchtigt werden[392], wenn also die Kosten des Direktleitungsbaus nicht mit Sicherheit amortisiert werden könnten[393]. Dem entgegen vertreten andere Autoren eine eher volkswirtschaftliche Sichtweise. *Blankart/Knieps* verlangen, dass ein natürliches Monopol mit irreversiblen Kosten vorliegt[394]. Auf die Höhe der irreversiblen Kosten stellen auch *Martenczuk/Tomaschki*[395] und *Hohmann* ab[396]. Bei der Bestimmung der Höhe dieser Kosten sollen insbesondere zu berücksichtigen sein: die Haltbarkeit der Infrastruktureinrichtung, mögliche alternative Verwendungszwecke der Einrichtung, ein hoher Kapitalbedarf für den Markteintritt, strukturelle Marktzutrittsschranken – wie Größen- und Verbundvorteile – und schließlich strategische Marktzutrittsschranken (Möglichkeit zu Schutz- und Gegenmaßnahmen, langjährige Kundenbindung, Reaktionsgeschwindigkeit)[397]. Man muss allerdings berücksichtigen, dass solche eher volkswirtschaftlich orientierten Sichtweisen zwar dann folgerichtig sind, wenn man – wie *Hohmann* – einen objektiven Ansatz vertritt[398]. Jedoch für die hier präferierte subjektive Perspektive der Unmöglichkeit ist ein volkswirtschaftlicher Ansatz nicht brauchbar. Gleichwohl lassen sich die Einzelkriterien auch bei einer betriebswirtschaftlichen Sichtweise als Maßstäbe anlegen, sofern man

---

[389] Bechtold, GWB, § 19 Rn. 84

[390] BKartA vom 21.12.1999, B 9 – 63220 – T – 199/97 und B 9 – 63220 – T – 16/98, S. 29; ähnlich Dreher DB 1999, 833, 835

[391] EuGH Slg. 1998, I-3791, Rn. 45 f. – Bronner

[392] Langen/Bunte-*Schultz*, § 19 Rn. 166

[393] Horstmann, S. 245

[394] Blankart/Knieps, in: Jahrbuch für Neue Politische Ökonomie, 11. Band, 1992, S. 73, 75 ff.

[395] Martenczuk/Tomaschki RTkom 1999, 15, 23

[396] Hohmann, S. 240 ff.

[397] Hohmann, S. 241 f.

[398] Hohmann, S. 230 f.

die Beurteilung anhand der spezifischen Situation des Petenten in Relation zum Einrichtungsinhaber vornimmt. Insoweit können sie die anderen, eher betriebswirtschaftlich orientierten Ansätze konkretisieren, weil sich diese auch nur im Detail unterscheiden. Letztendlich geht es bei allen Ansätzen um die Frage, ob sich eine Investition in die Duplizierung der Einrichtung rentieren würde. Anderenfalls könnte sich die Einrichtung nicht amortisieren und würde dadurch die Wettbewerbschancen mindern, weshalb für einen vernünftigen Kaufmann die Investition nicht sinnvoll wäre. Damit wäre auch der Verweis auf die Eigenerstellung durch den Petenten für diesen unzumutbar.

ζ) Konsequenzen für den Wettbewerb

Letztendlich resultiert aus dem eben Gesagten die Notwendigkeit einer genauen Einzelfallprüfung[399]. Dennoch bewirkt der Charakter der Netze als natürliche Monopole im Regelfall, dass auch aus betriebswirtschaftlicher Sicht der Bau von Parallelleitungen kein rentierliches Unterfangen sein wird[400]. Ein solcher Parallelleitungsbau wird nur dort unter kaufmännischen Gesichtspunkten sinnvoll sein, wo sich die Direktleitung in das bestehende Netz des Wettbewerbers einfügt und wo eine entsprechend große Abnahmemenge zu erwarten ist. Dies wird vornehmlich in den Grenzbereichen zwischen zwei oder mehreren Ortsnetzen sein[401] oder dort, wo ein Großabnehmer in der Nähe einer Fernwasserleitung angesiedelt ist.

b) Fehlende Substituierbarkeit

Die zweite Komponente der Unmöglichkeit des Wettbewerbs auf dem nachgelagerten Markt bildet die fehlende Substituierbarkeit. Der Zugangspetent darf also nicht auf dem abgeleiteten Markt auf andere Art und Weise tätig werden können[402]. Dieses Merkmal spielt insbesondere auf dem Markt für Telekommunikationsdienstleistungen eine Rolle, bei dem durch technische Neuerungen zu erwarten ist, dass sich eine alternative Lösung für die sog. letzte Meile, der Hausanschluss des Telefonkunden, ergibt. Diese könnte entweder über Funkverbindungen, über das Stromnetz oder den Kabelanschluss erfolgen[403]. Derartige Neuerungen sind in der Wasserversorgung nicht zu erwarten. Schon seit dem Altertum wird Trinkwasser über Leitungen transportiert. Daran wird sich auch vermutlich in Zukunft nichts ändern. Insofern ist die leitungsgebundene Trinkwasserversorgung nicht substituierbar.

---

[399] so auch Seeger, S. 306
[400] Begründung siehe unter Teil A: I. 2. b)
[401] BMWi, S. 45
[402] Hohmann, S. 226
[403] Bechtold, GWB, § 19 Rn. 84

5. Potentielle Konkurrenz zum Netzbetreiber auf dem nachgelagerten Markt

Der Tatbestand des § 19 IV Nr. 4 GWB verlangt auf dem vor- oder nachgelagerten Markt ein Wettbewerbsverhältnis zwischen dem Einrichtungsinhaber und dem Mitbenutzungspetenten[404]. Es ist jedoch ausreichend, wenn ein verbundenes oder assoziiertes Unternehmen auf dem nachgelagerten Markt tätig ist, da im Bereich des Kartellrechts kein formeller, sondern ein wirtschaftlicher Unternehmensbegriff maßgeblich ist.[405]

Im Wasserversorgungssektor ist der sachlich relevante Hauptmarkt grundsätzlich der Wasserversorgungsmarkt; die Marktgegenseite wird von den Abnehmern gebildet. Man muss allerdings differenzieren: Bei örtlichen Wasserversorgungsunternehmen ist der Wasserversorgungsmarkt für Endabnehmer maßgeblich; in Bezug auf Fernwasserversorgungsunternehmen dagegen ist der Wasserversorgungsmarkt für Weiterverteiler der jeweils relevante Markt. In räumlicher Hinsicht ist das Gebiet maßgeblich, in dem der Durchleitungspetent seine künftigen Abnehmer zu versorgen beabsichtigt.

Das Wettbewerbsverhältnis erfordert keine tatsächliche Wettbewerbssituation. Auch ein potentieller Wettbewerb auf dem räumlich und sachlich relevanten Markt wird grundsätzlich den Anforderungen des § 19 IV Nr. 4 GWB gerecht[406]. Jedoch verlangt potentieller Wettbewerb eine gewisse Konkretisierung. *Möschel* definiert zutreffend potentiellen Wettbewerb als die Fähigkeit und den Willen, in naher Zukunft in den abgeleiteten Markt einzutreten[407]. Dieses Erfordernis zu bejahen, dürfte in Fällen der reinen Transportdurchleitung problematisch sein. In einer derartigen Konstellation will ein Dritter ein Netz mitnutzen, um einen außerhalb dieses Netzes gelegenen Abnehmer zu versorgen, der bislang nicht vom Netzbetreiber versorgt wurde. Sofern der Netzbetreiber keinerlei Interesse bekundet, diese Abnehmer in absehbarer Zeit versorgen zu wollen, fehlt es am Willen zur Konkurrenz. Gemäß der Definition würde es mithin an einem potentiellen Wettbewerbsverhältnis fehlen, so dass die Voraussetzungen des § 19 IV Nr. 4 GWB nicht gegeben wären.

Die Bejahung eines Wettbewerbsverhältnisses ist auch dann problematisch, wenn lediglich Wettbewerb auf einem benachbarten Markt verhindert werden

---

[404] BKartA vom 21.12.1999, B 9 – 63220 – T – 199/97 und B 9 – 63220 – T – 16/98, S. 11; BKartA vom 30.08.1999, B 8 – 40100 – T – 99/99, S. 7; Immenga/Mestmäcker-*Möschel*, GWB, § 19 Rn. 202; Bechtold, GWB, § 19 Rn. 83; Langen/Bunte-*Schultz*, § 19 Rn. 162
[405] Horstmann, S. 253
[406] Immenga/Mestmäcker-*Möschel*, GWB, § 19 Rn. 202; Hohmann, S. 257
[407] Immenga/Mestmäcker-*Möschel*, GWB, § 19 Rn. 202

soll. Eine solche Fallkonstellation lag der Magill-Entscheidung des EuGH zugrunde[408]. Fernsehsendeanstalten wollten die Herausgabe einer Fernsehwochenzeitschrift, die sämtliche Fernsehprogramme abdrucken wollte, dadurch verhindern, dass sie die Herausgabe der Programminformationen verweigerten, obwohl sie selbst jeweils mangels Information über das Fernsehprogramm des jeweiligen Konkurrenten nicht in der Lage gewesen wären, ein entsprechendes Produkt herauszugeben. Sie wollten damit ihre eigenen Zeitschriften, die lediglich jeweils das eigene Programm wiedergaben, schützen. Dies stellt jedoch eine Tätigkeit auf einem lediglich benachbarten Markt dar. Damit mangelt es in einer derartigen Konstellation am von § 19 IV Nr. 4 GWB geforderten Wettbewerb auf dem sachlich und räumlich relevanten nachgelagerten Markt. Für die Wasserversorgung könnte eine entsprechende Konstellation etwa dann auftreten, wenn ein Fernwasserversorger um Durchleitung ersucht wird, damit der Petent in Konkurrenz zu einem Ortsnetzbetreiber treten kann, der wiederum sein Wasser vom Fernwasserversorger geliefert bekommt. Sofern es sich bei dem Ortsnetzbetreiber nicht um ein assoziiertes Unternehmen des Fernwasserversorgers handelte, wäre der Tatbestand des § 19 IV Nr. 4 GWB in dieser Konstellation nicht erfüllt, weil der Netzbetreiber lediglich auf dem benachbarten Markt für die Wasserversorgung von Weiterverteilern tätig wäre.

6. § 19 IV Nr. 1 GWB als Auffangtatbestand

Aber auch die Fälle, die den Tatbestand des § 19 IV Nr. 4 GWB nicht erfüllen, können möglicherweise dennoch einen Missbrauch einer marktbeherrschenden Stellung darstellen. So wird vorgeschlagen, in diesen Fällen den Behinderungsmissbrauch bzw. einen Verstoß gegen das Diskriminierungsverbot gemäß § 19 IV Nr. 1 bzw. § 20 I GWB zu prüfen[409]. Man könnte jedoch darüber nachdenken, inwiefern die Existenz des § 19 IV Nr. 4 GWB einen Rückgriff auf diese Normen sperrt. Bei der Nr. 4 handelt es sich um einen Spezialfall des Behinderungsmissbrauchs gemäß § 19 IV Nr. 1 GWB[410]. Insofern lässt dieses Spezialitätsverhältnis keine Rückschlüsse auf die Nichtanwendbarkeit des Behinderungs- und Diskriminierungsverbots in § 20 I GWB zu. Im Unterschied zu § 19 IV Nr. 4 GWB setzt § 20 I GWB allerdings eine tatsächliche Markteröffnung voraus. Dies dürfte in Anbetracht der Tatsache, dass es aktuell keinen Durchleitungswettbewerb gibt, freiwillige Transportdurchleitungen nur in seltenen Einzelfällen vorgenommen werden, nicht der Fall sein. Insofern bleibt lediglich die Frage, ob Konstellationen, in denen der Netzbetreiber kein Wett-

---

[408] EuGH Slg. 1995, I-743 - Magill
[409] Seeger, S. 305; Hohmann, S. 345
[410] Schwintowski WuW 1999, 842, 851

bewerbsverhältnis zum Durchleitungspetenten aufweist, einen Behinderungs-missbrauch i.S.v. § 19 IV Nr. 1 GWB darstellen können.

a) Anwendbarkeit trotz Existenz des § 19 IV Nr. 4 GWB?

Das schärfste Argument gegen die Heranziehung dieses Tatbestandes ergibt sich aus dem Wortlaut des § 19 IV Nr. 4 GWB, der – wie gezeigt – diese Konstellationen nicht erfasst. Wenn man bedenkt, dass dieser Tatbestand der Umsetzung der *essential-facilities-doctrine* dient[411], so könnte man im Umkehr-schluss folgern, dass sämtliche anderen Fälle, die möglicherweise mit der *essential-facilities-doctrine* begründet werden könnten, nicht als Behinde-rungsmissbrauch angesehen werden dürften. Demzufolge bestünde zwischen § 19 IV Nr. 1 und Nr. 4 ein Ausschließlichkeitsverhältnis; ein Rückgriff auf § 19 IV Nr. 1 GWB wäre mithin unzulässig. Dem widersprechen sowohl das Bundeskartellamt[412], wenn es neben § 19 IV Nr. 4 GWB auch die Nr. 1 prüft, als auch Stimmen in der Literatur[413]. *Hohmann*[414] argumentiert mit der Entste-hungsgeschichte des Gesetzes: Man müsse zur Beantwortung dieses Streitpunk-tes berücksichtigen, dass die Textfassung des § 19 IV Nr. 4 GWB im Gesetzge-bungsverfahren mehrfach geändert wurde. Das Erfordernis des Wettbewerbs-verhältnisses sei erst durch die auf die Anhörung des Bundesrates folgende Änderung des Gesetzgebers in den Normtext eingefügt worden[415]. Der Bundes-rat selbst habe von Wettbewerb „insbesondere gegenüber dem Inhaber" gespro-chen und damit die Beispielhaftigkeit dieser Konstellation betont[416]. Die Tatsache, dass die Bundesregierung durch ihre Umformulierung die Beispiel-haftigkeit herausgenommen, dies aber mit keinem Wort in der Begründung erwähnt hat[417], spräche vielmehr dafür, dass es nicht in der Absicht des Gesetz-gebers gelegen habe, mit Erlass der Nr. 4 bzgl. dieser Konstellationen eine Sperrwirkung gegenüber dem allgemeineren Behinderungtatbestand der Nr. 1 zu erzeugen[418]. Diese Überlegungen *Hohmanns* können durchaus Zweifel an der Richtigkeit des Umkehrschlusses nähren, sind jedoch alleine nicht hinreichend, um sie zu widerlegen. Zwingend dürfte hingegen ein dogmatisches Argument sein: Bei den Nr. 1 bis 4 des § 19 IV GWB handelt es sich nur um Beispiele für

---

[411] BT-Drs. 13/9720, S. 36 f.
[412] BKartA vom 30.08.1999, B 8 – 40100 – T – 99/99, S. 27 f.
[413] Seeger, S. 313; Hohmann, S. 344 ff.; Berliner Kommentar zum Energierecht/*Engelsing*, § 19 GWB Rn. 115 f.; Schlack ZNER 2001, 129, 133
[414] Hohmann, S. 345 f.
[415] BT-Drs. 13/9720, S. 80
[416] BT-Drs. 13/9720, S. 73
[417] BT-Drs. 13/9720, S. 79 f.
[418] Hohmann, S. 345 f.

das Vorliegen eines Missbrauchs[419]. Ein solcher Beispielstatbestand konkretisiert zwar den Missbrauch, ist jedoch weder einzeln noch mit den anderen Beispielen abschließend und kann auch keine Sperrwirkung entfalten. Ein Ausschließlichkeitsverhältnis besteht – wie bei Regelbeispielen üblich – also nicht[420]. Deshalb ist eine Anwendung des § 19 IV Nr. 1 GWB auf Fälle der *essential-facilities-doctrine* prinzipiell nicht ausgeschlossen.

b) Voraussetzungen eines Missbrauchs nach § 19 IV Nr. 1 GWB

Schon vor der 6. GWB-Novelle hat § 22 IV 2 Nr. 1 GWB a.F. Fälle der *essential-facilities-doctrine* erfasst[421]. § 19 IV Nr. 4 GWB ist lediglich ein Sonderfall des § 19 IV Nr. 1 GWB[422]. Insofern gelten grundsätzlich für beide Beispieltatbestände dieselben Voraussetzungen, um einen Missbrauch bejahen zu können. Der eine Unterschied liegt jedoch darin, dass kein Wettbewerbsverhältnis zwischen Netzbetreiber und Petent auf dem nachgelagerten Markt erforderlich ist. Dies kann man sich anhand folgender Überlegung vor Augen halten: § 19 IV Nr. 4 GWB zwingt dazu, das eigene Netz zugunsten eines Konkurrenten zu öffnen. Wenn selbst dieses durchaus legitime Interesse daran, nicht Wettbewerber fördern zu müssen, nicht eine Durchleitungsverweigerung rechtfertigen kann, so kann eine derartige Verweigerung erst recht dann nicht gerechtfertigt sein, wenn dieses Eigeninteresse nicht besteht, weil es sich bei dem Petenten um keinen Wettbewerber handelt. Denn der Schutzzweck des § 19 I GWB richtet sich auf die Schaffung von Wettbewerb: Soweit der Normadressat Inhaber einer wesentlichen Einrichtung ist, trägt er Verantwortung für die Schaffung von Wettbewerb auf dem nachgelagerten Markt[423]. Diese Auffassung hat das Bundeskartellamt in seinem BEWAG-Beschluss auch bzgl. § 19 IV Nr. 1 GWB im Ergebnis bestätigt[424]. *Hohmann* fordert darüber hinaus, dass ein völliger Ausschluss des Wettbewerbs auf dem nachgelagerten Markt gegeben sein müsse[425], und verweist dabei auf das Magill-Urteil des EuGH[426]. In dieser Entscheidung hat der EuGH zwar die Feststellung des Missbrauchs unter anderem auf den Ausschluss jeglichen Wettbewerbs gestützt. Jedoch hat er nicht erklärt, dass dies eine notwendige Voraussetzung für einen Missbrauch darstellt, wenn der Marktbeherrscher auf dem Hilfsmarkt nur auf einem benachbarten Hauptmarkt tätig ist. Hingegen hat er in der Rechtssache Bronner aus der

---

[419] Bechtold, GWB, § 19 Rn. 60 f.

[420] Berliner Kommentar zum Energierecht/*Engelsing*, § 19 GWB Rn. 115 f.

[421] siehe unter II. 3.

[422] BKartA, TB 1997/98, BT-Drs. 14/1139, S. 21 f.; Schwintowski WuW 1999, 842, 851

[423] Immenga/Mestmäcker-*Möschel*, GWB, § 19 Rn. 219

[424] BKartA vom 30.08.1999, B 8 – 40100 – T – 99/99, S. 27

[425] Hohmann, S. 346 f.

[426] EuGH Slg. 1995, I-743, Tz. 56 - Magill

Magill-Entscheidung nur die Voraussetzung hergeleitet, dass der Wettbewerber an jeglichem Wettbewerb im sachlich und räumlich relevanten Hauptmarkt gehindert werden muss[427]. Man muss hierzu wiederum einschränkend sagen, dass der Rechtssache Bronner eine Fallkonstellation zugrunde lag, in der der Anspruchsteller in Wettbewerb zum Marktbeherrscher treten wollte. Insofern lassen sich auf der Grundlage der bisherigen Rechtsprechung des EuGH keine abschließenden Aussagen herleiten. Ein Missbrauch liegt allerdings in jedem Fall dann vor, wenn bei einer Transportdurchleitung der Petent der einzige Wettbewerber des Monopolisten auf dem räumlich relevanten Markt ist.

Ferner verlangt der Tatbestand des § 19 IV Nr. 1 GWB eine Beschränkung „in einer für den Wettbewerb auf dem Markt erheblichen Weise". Dieses Kriterium ist jedoch nicht quantitativ, sondern qualitativ zu verstehen[428]. Da in der Regel die örtlichen Monopole aufgebrochen werden müssen, handelt es sich bei der Durchleitung durch die Ermöglichung von Konkurrenz um eine qualitative Verbesserung der Wettbewerbssituation auf dem relevanten Versorgungsmarkt. Deshalb hat auch das Bundeskartellamt im BEWAG-Beschluss diese Voraussetzung als gegeben angesehen[429].

Ein weiterer Unterschied liegt in der Beweislastverteilung. Im Gegensatz zu § 19 IV Nr. 4 GWB muss bei der Nr. 1 nicht der Marktbeherrscher die Rechtfertigung der Weigerung nachweisen, sondern der Anspruchsteller bzw. die Kartellbehörden[430]. Auch wenn es sich hierbei um keinen materiell-rechtlichen Unterschied handelt, so hat dies in der Praxis eine große Bedeutung. Insbesondere in zivilrechtlichen Verfahren, in denen der Amtsermittlungsgrundsatz nicht gilt, ist es dadurch ungemein schwieriger, eine Mitbenutzung durchzusetzen[431].

7. Ergebnis

Trinkwasserversorgungssysteme erfüllen sämtliche Merkmale einer *essential facility*. Damit läuft jeder Betreiber von entsprechenden Anlagen prinzipiell Gefahr, einen Missbrauch einer nach § 19 IV Nr. 4 oder hilfsweise nach § 19 IV Nr. 1 GWB zu begehen, sollte er einem Petenten die Mitbenutzung seines Netzes verweigern. Denn aufgrund der aktuellen Versorgungsstrukturen auf dem deutschen Wassermarkt haben sämtliche Wasserversorgungsnetzbetreiber – inklusive der Fernversorger – ein örtliches bzw. regionales Monopol in ihrem Marktsegment.

---

[427] EuGH Slg. 1998, I-3791, Rn. 41 – Bronner
[428] Seeger, S. 313 f. m.w.N.
[429] BKartA vom 30.08.1999, B 8 – 40100 – T – 99/99, S. 27
[430] BKartA, TB 1997/98, BT-Drs. 14/1139, S. 22; Bechtold, GWB, § 19 Rn. 68
[431] BKartA, TB 1997/98, BT-Drs. 14/1139, S. 22

IV. Die Anwendbarkeit von § 19 IV Nr. 4 GWB auf Wasserwerke und andere Nebenanlagen

Durchleitung bedeutet – vereinfacht – die Einspeisung von Wasser in die Leitung eines anderen und die mengengleiche Entnahme an einer anderen Stelle der Leitung bzw. des Leitungssystems[432]. Ein Leitungssystem besteht nicht nur aus Rohren, sondern schließt auch Hochbehälter und Pumpwerke mit ein. Am Ausgangspunkt des Netzes stehen die Wassergewinnungsanlagen bzw. – wenn das Wasser der Aufbereitung bedarf – ein Wasserwerk. Möglicherweise besteht seitens eines Durchleitungspetenten nicht nur Bedarf an der Nutzung der Trinkwasserleitungen selbst, sondern auch ein Interesse daran, die Nebenanlagen zumindest teilweise mitzubenutzen. Die englisch-walisische Regulierungsbehörde OFWAT sowie die Wettbewerbsbehörde des Vereinigten Königreichs OFT sprechen Wasserwerken die Eigenschaft einer wesentlichen Einrichtung grundsätzlich zu[433]. Nach der Dogmatik zum deutschen GWB wirft dies jedoch einige Probleme auf.

1. Wasserwerke und andere Nebenanlagen als Bestandteile des Netzes bzw. als Infrastruktureinrichtungen

a) Wasserwerke

Eine Durchleitung im Rahmen von § 19 IV Nr. 4 GWB durchzusetzen, die gleichzeitig die Aufbereitung des Trinkwassers beinhaltete, wäre nur dann möglich, wenn die Wasserwerke ebenfalls als Bestandteile des Wasserversorgungsnetzes anzusehen wären oder sie unter den Begriff der Infrastruktureinrichtung subsumiert werden könnten. In diesem Fall ist die Unterscheidung zwischen den beiden Alternativen von Bedeutung, denn wenn ein Wasserwerk einen Teil des Netzes darstellte, müsste die Zugangsentscheidung (das „Ob") einheitlich ergehen. Inwiefern das Wasserwerk mitbenutzt würde, wäre eine Frage der Zugangsmodalitäten (des „Wie"). Sollte es sich jedoch um eine separate Infrastruktureinrichtung handeln, müsste ein Missbrauch durch Verweigerung des Zugangs zum Wasserwerk separat geprüft werden. Insofern ist bzgl. der Wasserwerke im Einzelfall die Frage zu stellen, ob der Zugang zum Netz für einen Dritten nur dann möglich ist, wenn dieser auch das Wasserwerk mitbenutzen kann. Damit wäre das Wasserwerk als Netzbestandteil anzusehen.

---

[432] exakte Definition siehe unter Teil A: IV. 1.
[433] OFWAT and OFT, Competition Act 1998 – Application in the Water and Sewerage Sectors, 31 January 2000, № 4.16; OFWAT, Access Codes for Common Carriage – Guidance, March 2002, p. 4; inzwischen ergibt sich aus Section 66B (1) and (2) Water Industry Act 1991 in der Fassung des Water Act 2003, dass kein Anspruch auf Mitbenutzung von Wasserwerken besteht.

Wasserwerke sind aber in der Regel für ein Wasserversorgungssystem substituierbar. Daher dürfte eine solche Situation nur in seltenen Fällen überhaupt vorstellbar sein. Man könnte zum Beispiel an eine topographische Situation denken, die eine Einspeisung nur vor dem Wasserwerk erlaubt. Es dürfte jedoch praktisch nie ein Fall vorkommen, in dem nicht eine Leitung um das Wasserwerk herumgelegt werden könnte. Etwas anderes könnte dann gelten, wenn aufgrund der chemischen und biologischen Beschaffenheit des Wassers des Netzbetreibers eine Mischung mit dem Wasser eines Dritten nur dann in Betracht kommt, wenn letzteres mit im Wasserwerk aufbereitet wird. Hierbei kann es jedoch nicht auf das konkrete Wasser des Petenten ankommen, sondern objektiv auf ein theoretisch in einer adäquaten Lieferentfernung verfügbares Fremdwasser[434]. Dass ein solcher Fall eintritt, ist ebenfalls äußerst unwahrscheinlich, so dass man ein Wasserwerk nur in ganz bestimmten Ausnahmefällen als Teil des Netzes ansehen kann.

Wenn auch ein Wasserwerk in der Regel nicht Teil des Netzes ist, könnte man es immer noch isoliert als eine Infrastruktureinrichtung ansehen. Gemäß der oben verwendeten Definition[435] ist eine entfernungsüberwindende Transport- oder eine raumintegrierende Logistikfunktion für eine Infrastruktureinrichtung konstitutiv. Nach *Bechthold* dient Infrastruktur als Basis für die Erbringung von Dienstleistungen; insofern grenzt dieser Begriff Anlagen zur Warenproduktion bzw. Dienstleistungserbringung vom Anwendungsbereich des Missbrauchstatbestands aus[436]. Um ein Wasserwerk in diese Systematik einordnen zu können, muss man sich zunächst vor Augen halten, welche Funktion ein Wasserwerk hat. In einem Wasserwerk wird Rohwasser, also Grund- oder Oberflächenwasser, das unbehandelt nicht den Anforderungen der Trinkwasserverordnung genügt, aufbereitet. Die unerwünschten Bestandteile wie z.B. Eisen- oder Manganverbindungen werden entfernt. Das Kalk-Kohlensäure-Gleichgewicht wird eingestellt. Gegebenenfalls werden Desinfektionsmittel beigegeben. Insofern produziert ein Wasserwerk Trinkwasser, gehört mithin zu den Produktionsanlagen.

Auf der anderen Seite darf man nicht übersehen, welche Funktion ein Wasserwerk für das Versorgungssystem hat. Ein Wasserwerk befindet sich in der Regel an einem ausgewählten Standort, von dem aus es möglich ist, die Trinkwasser-

---

[434] Parallele zur Bronner-Entscheidung des EuGH (EuGH Slg. 1998, I-3791), in der das Gericht nicht auf die subjektive Leistungsfähigkeit des Petenten, sondern auf die objektive Möglichkeit der Duplizierung eines Zeitungszustellsystems abstellt
[435] siehe unter a)
[436] Bechtold, GWB, § 19 Rn. 82; im Ergebnis auch Wiedemann, Handbuch des Kartellrechts, § 23 Rn. 65; Immenga/Mestmäcker-*Möschel*, GWB, § 19 Rn. 196; a.A. Dreher DB 1999, 833, 834

versorgung im gesamten Netz sicherzustellen. Das Versorgungsnetz ist gleichsam auf dieses Werk ausgerichtet. Es lässt sich nicht leugnen, dass damit eine raumintegrierende Logistikfunktion gegeben ist.

Insofern ist ein Wasserwerk sowohl Produktionsanlage als auch Infrastruktureinrichtung. Ein eindeutiger Schwerpunkt lässt sich nicht ermitteln. Will man die Allgemeingültigkeit der Definition der Infrastruktureinrichtung nicht infrage stellen, muss man hier trotz des Doppelcharakters ein Wasserwerk zu den Infrastruktureinrichtungen zählen. Diese Konklusion allein sagt noch nichts darüber aus, ob es sich bei einem Wasserwerk um eine *essential facility* handelt. Dafür dürfte die Duplizierbarkeit der Einrichtung nicht gegeben sein[437].

b) Wasserspeicherungsanlagen, Pumpwerke

Etwas anders stellt sich die Rechtslage bzgl. Wasserspeicherungsanlagen dar. Der BGH hat in einem Urteil über die Durchleitung von Gas ausgeführt, dass die Durchleitung nicht nur die Transportleistung, sondern auch die Mitbenutzung von solchen Anlagen umfasst, die für eine gleichmäßige und sichere Gasversorgung erforderlich sind[438]. Das Gericht führte exemplarisch Anlagen zur Speicherung, zur Einhaltung der Gasbeschaffenheit und zum Belastungsausgleich an[439]. In der Terminologie des § 19 IV Nr. 4 GWB würden diese Anlagen damit noch Bestandteil des Netzes sein. Auf die Wasserversorgung übertragen gehörten Hochbehälter als Speicheranlagen bzw. als Einrichtungen für den Lastausgleich zu einem geordneten Netzbetrieb dazu. Ohne Pumpwerke wäre gar der Transport selbst unmöglich, falls nicht das natürliche Gefälle für den nötigen Druck sorgte. Etwas anderes könnte nur dann gelten, wenn der Petent z.b. eine Speicherungsanlage nur für eigene Direktleitungen mitbenutzen möchte. In dem Fall wird es sich gegenüber dem Petenten nicht um einen Netzbestandteil, sondern um eine separate Infrastruktureinrichtung handeln.

2. Wesentlichkeit

Eine Einrichtung ist nur dann wesentlich, wenn es an der Duplizierbarkeit fehlt. Es wurde bereits herausgearbeitet, dass zwar grundsätzlich das Unvermögen des Petenten zur Schaffung einer vergleichbaren Anlage maßgeblich ist. Jedoch muss eine gewisse wirtschaftliche Leistungsfähigkeit vorhanden sein, die ihm grundsätzlich die Finanzierung des Baus von Leitungswegen und anderen

---

[437] siehe unter 2.
[438] BGH WuW/E 2953, 2958
[439] BGH WuW/E 2953, 2958

notwendigen Netzbestandteilen ermöglicht, damit überhaupt ein relevantes Wettbewerbspotential gegeben ist.[440]

Aus diesen Gründen besteht bzgl. der Wasserwerke eine etwas andere Ausgangslage als für die Rohrleitungssysteme. Auch wenn sich hierbei mit Sicherheit bis zu einer bestimmten Größe positive Skalenerträge erwirtschaften lassen, reicht dieses Merkmal nicht aus, um ein natürliches Monopol[441] anzunehmen. Denn schließlich handelt es sich um ein Phänomen, welches bei jeglichen Produktionsanlagen, wozu auch Wasserwerke zu rechnen sind, auftritt. Gleichwohl sind für die Errichtung eines Wasserwerkes eine gewisse wirtschaftliche Potenz und auch eine gewisse Größenordnung des geplanten Wasservertriebs erforderlich. Mit Sicherheit wird es einzelne potentielle Petenten geben, die aufgrund ihrer individuellen Leistungsfähigkeit oder aufgrund einer eher geringen Wassermenge, mit der sie in Wettbewerb treten wollen, nicht dazu in der Lage sind, ein rentabel arbeitendes, eigenes Wasserwerk zu erstellen und zu betreiben. Wenn jedoch ein potentieller Konkurrent nicht einmal in der Lage ist, ein Wasserwerk zu errichten oder auf ein bestehendes, eigenes Wasserwerk zurückzugreifen, so fehlt das für einen Mitbenutzungsanspruch erforderliche Mindestmaß an Wirtschaftskraft oder an Wettbewerbspotential. Ein Unternehmen wiederum, welches diesen Anforderungen genügt, ist hingegen nicht auf die Mitbenutzung angewiesen, so dass für ein solches keine subjektive Unmöglichkeit vorliegen könnte. Damit scheiden die Wasserwerke, die keinen Teil des Versorgungsnetzes bilden, als Zugangsobjekte aus.[442]

Die gleiche Bewertung muss sich erst recht für Wasserspeicherungsanlagen und Pumpwerke ergeben, die in der Regel mit wesentlich weniger Kapitalaufwand herstellbar sind. Damit gelten sämtliche Nebenanlagen, sofern sie nicht integrierter Bestandteil des Versorgungsnetzes sind, nicht als *essential facilities*.

V. Angemessenes Netznutzungsentgelt

Der Missbrauchstatbestand des § 19 IV Nr. 4 GWB ist ferner nur dann erfüllt, wenn der Netzbetreiber auch gegen ein angemessenes Entgelt nicht bereit ist, seine Netze für einen Dritten zu öffnen. In den bisher liberalisierten Energie- und Telekommunikationsmärkten spielt die Entgeltbemessung eine ganz entscheidende Rolle für die Ermöglichung von Wettbewerb. Denn schließlich entscheidet die Höhe der Netznutzungsentgelte darüber, ob ein Wettbewerber in der Lage ist, seine Leistungen zu einem konkurrenzfähigen Preis anbieten zu

---

[440] siehe unter III. 4. a)
[441] Definition des natürlichen Monopols vgl. unter Teil A: I. 2. b)
[442] so im Ergebnis auch: Scott, Competition in water supply, p. 19; Mellor, Water Law 14 [2003], p. 194, 203

können. Insofern kann den vom Netzbetreiber festgesetzten Preisen eine ebenso wettbewerbsprohibitive Wirkung zukommen wie die gänzliche Netzzugangsverweigerung[443]. Bei der Bestimmung eines angemessenen Betrages sind zwei Kernfragen zu unterscheiden: Zunächst ist zu fragen, nach welchen Methoden ein angemessenes Netznutzungsentgelt zu berechnen ist. In einem zweiten Schritt geht es darum, für welche Einzelleistungen anhand welchen Maßstabes Netznutzungsgebühren erhoben werden dürfen, wobei wiederum gewisse Grundsätze zu beachten sind. Bei beiden Problemen geht es nicht nur um juristische Fragen. Ein angemessenes Netznutzungsentgelt wird sich immer nur mit ökonomischen Methoden ermitteln lassen. Um die juristische Frage danach beantworten zu können, welche Methode jeweils anzuwenden ist, müsste zunächst eine genaue Analyse der einzelnen Methoden mit den jeweils zu erwartenden Konsequenzen erfolgen. Für jedes Einzelproblem gibt es in der Regel nicht nur eine praktikable Lösung, so dass man eine Vielzahl von Vorschlägen zu bewerten hätte. Dies dürfte jedoch aufgrund der Umfänglichkeit den Rahmen dieser juristischen Dissertation sprengen. Deshalb werden die nachstehenden Ausführungen nur vorgeben, welche Grundsätze bei der Berechnung der Netznutzungsentgelte zu beachten sind.

1. Methode

Zunächst ist grundsätzlich zu klären, an welchen Kriterien sich die Bemessung der Netznutzungsentgelte zu orientieren hat. Hierzu gibt es eine Reihe von anerkannten Methoden, von denen einige vorzugswürdig sind. Diese lassen sich jedoch nicht in jedem Fall anwenden, so dass auch die jeweilige Methodenauswahl immer konkret am Fall zu bestimmen ist.

a) Vergleichsmarktkonzept

An die Angemessenheit des Netznutzungsentgeltes ist aufgrund der Zielrichtung des § 19 IV Nr. 4 GWB, wettbewerbliche Handlungsspielräume zu eröffnen, ein wettbewerbsbezogener Maßstab anzulegen[444]. Hier bietet sich ein Rückgriff auf die allgemeinen kartellrechtlichen Regeln, insbesondere die Preisbemessungskriterien des § 19 IV Nr. 2 GWB, an[445]. Der zweite Halbsatz dieser Norm beinhaltet drei verschiedene Vergleichsmarktkonzepte: ein räumliches, ein zeitliches und ein sachliches[446].

---

[443] Immenga/Mestmäcker-*Möschel*, GWB, § 19 Rn. 204

[444] Langen/Bunte-*Schultz*, § 19 Rn. 168

[445] Lutz RdE 1999, 102, 109; Langen/Bunte-*Schultz*, § 19 Rn. 168; Bechtold, GWB, § 19 Rn. 85; Immenga/Mestmäcker-*Möschel*, GWB, § 19 Rn. 204

[446] Arbeitsgruppe Netznutzung Strom, S. 10

Bei letzterem werden Märkte für andere Waren und Leistungen herangezogen. Da es jedoch für die leitungsgebundene Trinkwasserversorgung kein Substitutionsgut gibt, scheidet der Rückgriff auf einen sachlichen Vergleichsmarkt aus[447].

Das zeitliche Vergleichsmarktkonzept sieht vor, dass zunächst der vor der Liberalisierung auf das Netz entfallende Erlösanteil über alle Abnehmergruppen hinweg bestimmt wird, der dem Netzbetreiber in seinem Netzgebiet zur Verfügung stand, und dieser Anteil mit den Erlösen, die der Netzbetreiber durch eigene oder fremde Netznutzung erzielt, verglichen wird[448]. Da jedoch keine umfassende Liberalisierung wie etwa im Energiesektor stattgefunden hat, die mit einem Unbundling und dadurch mit der Bildung interner Verrechnungspreise für die Netznutzung verbunden ist, ist diese Methode aktuell unbrauchbar.

Das räumliche Vergleichsmarktkonzept erfordert einen Preisvergleich mit einem Unternehmen, welches auf einem vergleichbaren Markt mit wirksamem Wettbewerb tätig ist[449]. Mangels eines funktionierenden Wettbewerbsmarktes in der Wasserversorgungsbranche ist ein solcher Vergleich nicht möglich. Ersatzweise ist es zulässig, das Verhalten von vergleichbaren Monopolbetrieben auf ihren regional begrenzten Märkten heranzuziehen[450]. Hierzu gibt es bereits kartellrechtliche Erfahrungen im Rahmen der Missbrauchskontrolle der Strompreise. Dabei ist es grundsätzlich hinreichend, wenn ein Unternehmen als Vergleichsunternehmen herangezogen wird, soweit keine stark unterschiedlichen Marktstrukturen bestehen. Ansonsten sind zur Verbreiterung der Vergleichsbasis die Preise mehrerer Unternehmen als Vergleichsmaßstab heranzuziehen[451]. Es kommt jedoch nicht nur darauf an, mit wem man den Netzbetreiber vergleicht, sondern auch auf den Vergleichsmaßstab. Für die Stromversorgung hat man sich an repräsentativen Durchleitungsfällen orientiert[452]. Dieses Verfahren böte sich entsprechend auch für den Vergleich von Netznutzungsentgelten verschiedener Wasserversorgungsunternehmen an. Jedoch gibt es im Wasserversorgungssektor bislang keine Durchleitungsfälle, so dass es hier an jeglichem Vergleichsmaßstab fehlt. Ebenso existieren keine Unbundlingvorschriften, die die Unternehmen zur Bildung von internen Verrechnungspreisen für die Netznutzung verpflichteten, welche man hilfsweise heranziehen könnte. Ohne das Vorhandensein von Marktdaten muss ein Vergleichsmarkt-

---

[447] so für den Energiemarkt: Arbeitsgrupppe Netznutzung Strom, S. 22 f.; Horstmann, S. 263 (Fn. 405)
[448] Arbeitsgruppe Netznutzung Strom, S. 21 f.
[449] BGH WuW/E 2309, 2311
[450] BGH WuW/E 2967, 2969; BGH WuW/E 2309, 2311
[451] BGH WuW/E 2309, 2311
[452] Arbeitsgruppe Netznutzung Strom, S. 15

konzept scheitern[453]. In Anbetracht der aktuellen Lage auf dem Wasserversorgungssektor ist auch das sachliche Vergleichsmarktkonzept ungeeignet.

b) Subtraktionsmethode

Ein weiteres Indiz für überhöhte Netznutzungsentgelte könnte sich aus der Subtraktionsmethode ergeben. Für den Elektrizitätssektor hat die Arbeitsgruppe Netznutzung Strom der Kartellbehörden des Bundes und der Länder vorgeschlagen, durch Subtraktion der Netznutzungsentgelte für repräsentative Durchleitungsfälle sowie der jeden Stromanbieter treffenden Belastungen wie Stromsteuer, Umsatzsteuer, Konzessionsabgabe etc. vom Brutto-Strompreis die Kosten für Strombeschaffung und Vertrieb zu ermitteln, die sog. Netto-Stromkosten. Ergäbe sich bei dieser Rechnung eine erhebliche Unterschreitung der Marktpreise, so sei dies ein Indiz dafür, dass die Netznutzungsentgelte zu hoch bemessen seien.[454] Ob diese Methode ohne weiteres auch auf Durchleitungsentgelte bei der Wasserversorgung übertragen werden könnten, muss bezweifelt werden. Zum einen existieren auf Länderebene unterschiedliche Kostenregelungen für die Wasserentnahme. Teilweise ist die Wasserentnahme kostenlos, so z.B. in Bayern oder Thüringen; teilweise wird sie mit Gebühren von 2 ct/m³ in Sachsen über 6 ct/m³ in Niedersachsen bis zu 31 ct/m³ in Berlin belegt[455]. Ferner ergeben sich unterschiedliche Regelung bzgl. der Ausgleichszahlungen an die Landwirtschaft infolge der Ausweisung von Wasserschutzgebieten. In Niedersachsen und Baden-Württemberg zahlt dies das Land[456]. In Nordrhein-Westfalen hingegen ist der jeweilige Begünstigte ausgleichspflichtig[457], zahlt dafür aber wiederum keine Wasserentnahmegebühr[458]. Zum anderen sind die Bedingungen der Wasserentnahme höchst unterschiedlich und können zu erheblichen Kostenunterschieden bei der Wassergewinnung führen. Sofern keine Wasseraufbereitung erforderlich ist, wird nur eine Wasserentnahmestelle, in der Regel ein Brunnen benötigt. Anderenfalls muss ein Wasserwerk errichtet werden, mit unterschiedlichen Anforderungen an die Aufbereitung je nach Wasserqualität. Zudem können Kosten etwa für die Unterhaltung von Talsperren, die gleichzeitig auch dem Hochwasserschutz dienen, zu Buche schlagen. Auch die Gewinnung von Wasser aus Uferfiltrat erfordert zusätzlichen Aufwand. Insofern existiert eine erhebliche Wasserpreisspreizung, so dass die

---

[453] Hohmann, S. 268

[454] Arbeitsgruppe Netznutzung Strom, S. 25 f.

[455] Niedersächsisches Umweltministerium, Zukunftsfähige Wasserversorgung in Niedersachsen, Abschlussbericht der Regierungskommission, Hannover im April 2002, S. 45

[456] § 51a NWG bzw. § 24 IV BWWG

[457] § 15 NWWG

[458] Niedersächsisches Umweltministerium, Zukunftsfähige Wasserversorgung in Niedersachsen, Abschlussbericht der Regierungskommission, Hannover im April 2002, S. 45

Subtraktionsmethode nur dann angewendet werden kann, wenn die einzelnen Faktoren detailliert berücksichtigt werden.

c) Kostenprüfung

Immer dann, wenn auf keinen Vergleichsmarkt Bezug genommen werden kann, ist eine Kostenbetrachtung unausweichlich. Der rechtliche Rahmen einer kostenorientierten Netznutzungsentgeltberechnung soll im Folgenden kurz skizziert werden. Auch in England und Wales ist man zu Beginn der Liberalisierung den Weg der reinen Kostenkontrolle gegangen. Aus den Empfehlungen der zuständigen Regulierungsbehörde OFWAT sowie des zuständigen Ministeriums (Department for Rural Affairs) lassen sich einige Grundsätze für die Kostenberechnung ermitteln, die als Vorbilder für die Netznutzungsentgeltberechnung auf dem deutschen Wassermarkt herangezogen werden können.

aa) Kostenpositionen

Zunächst ist zu fragen, welche Kostenpositionen dem Durchleitungspetenten über die Netznutzungsentgelte in Rechnung gestellt werden dürfen. Nach *Schmidt-Preuß*[459] geht es dabei um vier Positionen, die zwar für die Energiewirtschaft entwickelt wurden, sich aber eins zu eins auf die Wasserversorgung übertragen lassen: Es sind selbstverständlich die Betriebskosten zu ersetzen, die mit der Durchleitung für den Petenten verbunden sind. Des Weiteren hat der Netzbetreiber ein Recht auf Erstattung der vorgehaltenen Reserve- und Zusatzmengen, die erforderlich sind, weil eine Einspeisung immer nur nach einem bestimmten Fahrplan erfolgt, sie sich jedoch nicht am jeweils aktuellen Abnahmeverhalten der Kunden des Durchleitungspetenten orientieren kann. Zudem können die anteiligen Festkosten für Bau und Unterhaltung des Leitungsnetzes inklusive der notwendigen Nebenanlagen geltend gemacht werden. Schließlich muss der Netzbetreiber die Möglichkeit haben, sich seine Investitionen vergüten zu lassen. Ferner ist auch ein angemessener Gewinnanteil anzuerkennen. Dazu gibt es einige wassermarktspezifische Kosten, die der Netzbetreiber künftig zu tragen haben wird. Zum einen dürfte aufgrund des Fehlens eines zusammenhängenden Wasserversorgungsnetzes in der Regel die Zusammenschaltung zwischen dem Netz des Netzbetreibers einerseits und der oder den Versorgungsleitungen des Petenten andererseits erforderlich sein. Möglicherweise kann eine solche nur über einen Mischbehälter oder einen normalen Hochbehälter erfolgen. Eventuell ist auch eine Kapazitätserweiterung erforderlich, insbesondere dann, wenn es sich um eine reine Transportdurchleitung handelt. Hierbei entstehen für den Netzbetreiber zusätzliche Investitionskos-

---

459 Schmidt-Preuß RdE 1996, 1, 8

ten[460]. Zum anderen ist Durchleitung auch mit verstärktem Messaufwand verbunden, so dass mit dem zusätzlichen Einbau von Messungsanlagen, insbesondere auch mit der Einführung von elektronischen Messanlagen, zu rechnen ist. Ebenso entsteht ein erhöhter Aufwand zur Qualitätsüberwachung, weil letztendlich der Netzbetreiber ein zusätzliches Wasser eines Dritten einspeist, und er dafür Sorge tragen muss, dass dadurch kein negativer Einfluss auf die unbedenkliche Genießbarkeit des Trinkwassers entsteht. Auch solche Kosten müssen in Rechnung gestellt werden[461].

bb) Kostenermittlungsmethoden

Bei der Berechnung der Einzelpositionen besteht immer noch ein weiter Spielraum des Netzbetreibers. So existieren mehrere in der Betriebswirtschaftslehre anerkannte Kostenermittlungs- und -kalkulationsmethoden. Um dem Ziel der Schaffung von Wettbewerb nicht entgegenzuwirken, hat in einem solchen Fall der Netzbetreiber die Methode auszuwählen, die den größten Wettbewerbsbezug aufweist und dem Wettbewerb am meisten dient[462]. Um den Spielraum bei der Kalkulation der Gewinne einzuschränken, wollen die Kartellbehörden die Gewinnspanne an der mittelfristigen Umlaufrendite bemessen[463]. Das Ziel der Schaffung effektiven Wettbewerbs verbietet es ferner, die Kostenkontrolle an den tatsächlichen Kosten des Netzbetreibers auszurichten. Maßgeblich sind die Kosten für eine effiziente Leistungserbringung[464]. Dieser Rechtsgedanke findet sich bereits in einigen sektorspezifischen Liberalisierungsgesetzen wieder wie in § 24 I 1 TKG a.F. und § 20 I PostG. Es dürfen also nur die Kosten Berücksichtigung finden, die bei effizienter Leistungsbereitstellung bzw. rationeller Betriebsführung unvermeidbar sind[465]. Dementsprechend dürfen solche Kosten nicht in die Netznutzungsentgelte einfließen, die allein auf unternehmensindividuellen Umständen beruhen[466].

In England und Wales wird eine effizientere Leistungserbringung seit geraumer Zeit dadurch erreicht, dass eine sog. *Price Cap*-Regulierung, die Festsetzung von Preisobergrenzen orientiert am Branchenbesten (sog. *Yardstick-Competition*), stattfindet[467]. Insofern sind dort gute Voraussetzungen für eine an

---

[460] OFWAT, Access Codes for Common Carriage – Guidance, March 2002, p. 23

[461] DETR, Competition in the Water Industry in England and Wales – Consultation Paper, № 7.18

[462] Büdenbender ZIP 2000, 2225, 2235; Arbeitsgruppe Netznutzung Strom, S. 30

[463] Arbeitsgruppe Netznutzung Strom, S. 35

[464] Immenga/Mestmäcker-*Möschel*, GWB, § 19 Rn. 204

[465] Arbeitsgruppe Netznutzung Strom, S. 36

[466] Arbeitsgruppe Netznutzung Strom, S. 16 ff.

[467] Fischer/Zwetkow ZfW 2003, 129, 132

effizienten Kosten orientierte Preisbildung gegeben. Die englische und walisische Regulierungsbehörde OFWAT hält für die Kostenberechnung drei Methoden für möglich[468]. Zunächst kommt eine Orientierung an den Buchkosten in Betracht. Diese setzt natürlich eine transparente Buchführung voraus. Grundsätzlich ist es ökonomisch sinnvoll, eine möglichst genaue Zuordnung zu den einzelnen Verbrauchern zu machen, um letztendlich einen gerechten Durchleitungspreis ermitteln zu können. Lediglich Gemeinkosten wären dann noch anteilig umzulegen. Auf der anderen Seite ist jedoch auch zu beachten, dass durch eine genaue Kostenzuordnung nicht am Ende eine Preisdifferenzierung nach der Wohnlage oder dem Wohnort erfolgt, so dass bestimmte Verbrauchergruppen benachteiligt würden. Insofern sind grundsätzlich Durchschnittskosten zulässig und geboten.[469] Das Kernproblem ist jedoch die Zuordnung von kalkulatorischen Kosten, also den einkalkulierten Gewinnen, zu den einzelnen Leistungen. Hier verbleibt den Netzbetreibern ein erheblicher Spielraum bei der Preisbildung. Deshalb fordert OFWAT von den Unternehmen, dass sie ihre Preise gegenüber Petenten auf die gleiche Art und Weise kalkulieren wie gegenüber ihren Abnehmern.[470]

Eine weitere von OFWAT akzeptierte Möglichkeit ist die Orientierung an den langfristigen Zusatzkosten, die durch die Mitbenutzung entstehen. Zu dieser Methode existieren detaillierte Empfehlungen[471]. Eine Preiskalkulation allein auf dieser Grundlage ist bislang jedoch nicht erfolgt[472]. Es widerspräche auch der Interessenlage der Netzbetreiber, die in der Regel nicht an Durchleitung interessiert sein dürften, zumindest nicht an einer Durchleitung, die mit einem eigenen Kundenverlust einhergeht. Wenn man das Modell der negativen Durchleitung mitbedenkt, also die Verminderung des Wassertransports auf einer gewissen Wegstrecke durch eine gemeinsame Netznutzung, könnte diese Methode sogar dazu führen, dass die langfristigen Zusatzkosten sinken, der Netzbetreiber infolge dessen möglicherweise die gemeinsame Netznutzung vergüten müsste[473]. Dennoch kann durchaus im Einzelfall der Netzbetreiber ein Interesse an einer höheren Netzauslastung durch Transportdurchleitungen haben. In diesem Fall sieht OFWAT die langfristigen Zusatzkosten aber auch

[468] OFWAT, Access Codes for Common Carriage – Guidance, March 2002, p. 21 ff.; OFWAT, MD 163, 30 June 2000, Pricing Issues for Common Carriage
[469] DETR, Competition in the Water Industry in England and Wales – Consultation Paper, № 7.21
[470] OFWAT, Access Codes for Common Carriage – Guidance, March 2002, p. 22
[471] OFWAT, MD 159, 11 February 2000, LRMC and the regulatory framework; MD 170, 8 May 2001, The role of LRMC in the provision and regulation of water services
[472] OFWAT, Access Codes for Common Carriage – Guidance, March 2002, p. 22
[473] Hope, Competition in Water, in: Access pricing – Comparitive experience and current developments, p. 17, 24

als Untergrenze an. Noch niedrigere Netznutzungsentgelte würde sie möglicherweise als unzulässige Dumpingpreise ansehen, die letztendlich von den Abnehmern finanziert werden müssten[474].

Eine dritte Berechungsmethode ist das Subtraktionsverfahren, allerdings in etwas anderer Form, als die Kartellbehörden es praktizieren, nämlich auf Kostenbasis. Das Netznutzungsentgelt wird so kalkuliert, dass vom Endverbraucherpreis des Netzbetreibers die vermiedenen Kosten für Wassergewinnung, -aufbereitung und -vertrieb abgezogen, die entstehenden Zusatzkosten jedoch addiert werden[475]. Dementsprechend dürfen für den Fall, dass der Petent zusätzliche Leistungen in Anspruch nimmt, die dafür erforderlichen Kosten nicht vom Endverbraucherpreis abgezogen werden. Im Anschluss an den Water Act 2003 empfiehlt OFWAT dieses Verfahren als einzige Methode zur Netznutzungsentgeltkalkulation[476].

Ein Problem bei der Kostenberechnung bilden sog. *stranded costs*. Damit gemeint sind Aufwendungen für Wasserressourcen und Wasserwerke, die für Überkapazitäten gemacht werden müssen, die infolge des Abnehmerverlustes an Wettbewerber entstanden sind. Dadurch darf aber der Wettbewerb nicht behindert werden.[477] Wenn man gleichzeitig das Entbündelungsgebot akzeptiert, welches besagt, dass Petenten nur für die Leistungen zahlen sollen, die sie in Anspruch nehmen wollen[478], dann dürfen insbesondere bei der reinen Durchleitung nur Netzkosten in Rechnung gestellt werden. Da Aufwendungen für Wasserressourcen und Wasserwerke mit dem Netzbetrieb an sich unmittelbar nichts zu tun haben, kann man dafür aufgewendete *stranded costs* auch nicht in die Netznutzungsentgeltberechnung einbeziehen. Dies wird bei der Heranziehung der Buchkosten oder der langfristigen Zusatzkosten dadurch berücksichtigt, dass nur die Netzkosten in Rechnung gestellt werden. Anders ist es jedoch bei der Subtraktionsmethode. Vom Endpreis werden nur die vermiedenen Kosten für Wassergewinnung, -aufbereitung und -vertrieb abgezogen. Aufgrund des hohen Fixkostenanteils ist dieser Betrag in der Regel jedoch relativ klein. Im Ergebnis werden dadurch die Petenten über das Netznutzungsentgelt an den Fixkosten, also an den *stranded costs* für Wassergewinnungsanlagen, Wasserwerke und die Vertriebsabteilung, beteiligt, was letztendlich zu einer Wettbewerbsbehinderung führt[479]. Insofern läuft die Subtraktionsmethode Gefahr, im Einzelfall als missbräuchlich angesehen werden zu müssen. Man muss aller-

---

[474] OFWAT, MD 163, 30 June 2000, Pricing Issues for Common Carriage
[475] OFWAT, Access Codes for Common Carriage – Guidance, March 2002, p. 22
[476] OFWAT, Guidance on Access Codes, June 2005, p. 48
[477] OFWAT, MD 163, 30 June 2000, Pricing Issues for Common Carriage
[478] OFWAT, Access Codes for Common Carriage – Guidance, March 2002, p. 23
[479] OFWAT, MD 163, 30 June 2000, Pricing Issues for Common Carriage

dings für die aktuelle Gesetzeslage in England und Wales berücksichtigen, dass nur gewerbliche Kunden den Anbieter wechseln dürfen[480]. In der Folge hätten allein die Haushaltskunden, die keine Chance haben, vom Wettbewerb zu profitieren, diese *stranded costs* über höhere Wasserpreise zu tragen[481]. Gleichzeitig muss man in Rechnung stellen, dass dies insofern keinen Monopolmissbrauch ermöglicht, als in England und Wales durch den Water Act 1989 eine sog. Price-Cap-Regulierung etabliert wurde[482], die die Vergleichbarkeit mit anderen Wasserversorgungsunternehmen herstellt und Preisobergrenzen festsetzt. Damit wird bestehenden Ineffizienzen, aber auch möglichem Monopolmissbrauch entgegengewirkt. In Anbetracht des Zieles einer preisgünstigen Versorgung dürfte die von OFWAT vorgeschlagene Methode auch in Deutschland zulässig sein, wenn Haushaltskunden faktisch keine Möglichkeit haben, vom Wettbewerb zu profitieren, weil sie anderenfalls die Leidtragenden einer Durchleitung wären.

d) Price-Cap-Regulierung

Ein insbesondere auf dem englischen und walisischen Wassermarkt zur Kontrolle der Wasserpreise eingesetztes Mittel ist das sog. Price-Cap-Verfahren[483]. Im Kern geht es darum, die Wachstumsrate von Preisen auf die Inflationsrate abzüglich des Produktivitätsfortschritts zu begrenzen[484]. Allerdings würde es sich bei hierbei um einen gestaltenden Eingriff handeln. Ein solches Instrumentarium stellt jedoch das GWB nicht zur Verfügung. Nach § 32 GWB ist lediglich eine Unterlassungsverfügung bzgl. eines missbräuchlichen Verhaltens vorgesehen, die nur insoweit ein Verhalten positiv vorgeben darf, als es die einzige Möglichkeit zur Befolgung der Unterlassungsverfügung ist[485]. Dementsprechend kann auch im Einzelfall eine Preisobergrenze festgelegt werden, sofern weitere Verletzungshandlungen ernstlich drohen; die Kartellbehörde darf jedoch nicht ohne weiteres präventiv tätig werden[486]. Ein gestalterisches Eingreifen der Kartellbehörde – wie beim Price-Cap-Verfahren – würde die wirt-

---

[480] Section 17A(3)(a) of the Water Industrie Act 1991 as amended by Water Act 2003

[481] Smith, Current developments in water supply access pricing for England and Wales, in: Access pricing, investment and efficient use of capacity in network industries (Entwurf), p. 65, 67 ff.

[482] mehr dazu unter d)

[483] Bailey, Regulation of the UK Water Industry 2002, p. 22 ff.

[484] Arbeitsgruppe Netznutzung Strom, S. 40

[485] OLG Düsseldorf WuW/E DE-R 569, 576 f.; Bechtold, GWB, § 19 Rn. 92

[486] BGH WuW/E 2967, 2976

schaftliche Bewegungsfreiheit der betroffenen Unternehmen beschränken. Ein derartig gestalterischer Eingriff wäre von § 32 GWB nicht gedeckt.[487]

2. Grundsätze der Preisbildung

Bei der Preisfixierung verbleibt dem Netzbetreiber ein erheblicher Gestaltungsspielraum darüber, in welcher Form er dem Petenten die Netzkosten auferlegt. Er muss sich dabei aber an einige Grundsätze halten, damit nicht die Preisfestsetzung als Mittel zur Wettbewerbsbehinderung missbraucht werden kann.

a) Diskriminierungsverbot

Sofern man der Begründung des Bundesrates zu § 19 IV Nr. 4 GWB und zum „angemessenen Entgelt" folgt, läge ein Missbrauch dann nicht vor, wenn das Entgelt nicht diskriminierend wäre. Demnach dürfte der Netzbetreiber oder der Inhaber einer Infrastruktureinrichtung Dritte nicht anders behandeln, als er sich selbst behandelt[488]. Der angemessene Preis wäre also der, den sich der Wassernetzbetreiber intern für dieselbe Leistung in Rechnung stellen würde. Ein solches Diskriminierungsverbot sehen auch § 33 I 1 TKG 1996 und §§ 6 I 1, 6a II 1 EnWG 1998 sowie § 14 I 1 AEG 1994 für die Sektoren Telekommunikation, Energie und Eisenbahn vor. Auch das Bundeskartellamt muss bei seinen Entscheidungen in diesen Bereichen diese Regelungen berücksichtigen[489]. Es ist jedoch fraglich, ob aus diesen sektorspezifischen Regelungen geschlossen werden kann, dass auch für den sektorübergreifend geltenden § 19 IV Nr. 4 GWB allgemein das Diskriminierungsverbot als Maßstab heranzuziehen ist. Das Problem besteht darin, die internen Verrechnungspreise zu bestimmen, also zu welchem Preis sich der Netzbetreiber selbst die Netznutzung intern in Rechnung stellt. Hierbei hat er einen weiten Ermessensspielraum bei der Zuordnung oder Aufspaltung einzelner Kostenpositionen auf die Bereiche Netz und Leistungserbringung. Er kann somit dem Netzbereich höhere Kosten zuweisen, die letztendlich zu einer Diskriminierung von Dritten führen. Dem sollen die sektorspezifischen Unbundling-Vorschriften entgegenwirken, die für die Sektoren Energie (§§ 9, 9a EnWG 1998) und Eisenbahn (§ 9 AEG 1994) gelten. Dadurch wird der Netzbetreiber zu getrennter Rechnungslegung für den Bereich Netz und für den Bereich der Leistungserbringung verpflichtet. Das neue EnWG sieht sogar – entsprechend den Vorgaben der EU[490]– eine Aufspaltung in eine Netzgesellschaft einerseits und in eine Vertriebs- und Produktionsgesellschaft andererseits vor (§ 7 I EnWG 2005). Diese Regelungen minimieren

---

[487] Arbeitsgruppe Netznutzung Strom, S. 42
[488] BT-Drs. 13/9720, S. 74
[489] Arbeitsgruppe Netznutzung Strom, S. 23 f. für den Stromversorgungssektor
[490] Art. 10, 15 RL 2003/54/EG; Art. 9, 13 RL 2003/55/EG

die Gefahr der Quersubventionierung auf den Bereich der kalkulatorischen Kosten[491]. Eine entsprechende, für sämtliche möglichen Fälle des § 19 IV Nr. 4 GWB in Betracht kommende Regelung fehlt jedoch[492] und müsste noch geschaffen werden. Solange eine solche Regelung nicht existiert, kann das Diskriminierungsverbot zwar normativer Maßstab sein; die Kontrolle jedoch, ob das Diskriminierungsverbot tatsächlich beachtet wurde, dürfte sich als äußerst schwierig erweisen.

Das Diskriminierungsverbot gilt jedoch nicht nur zwischen einem Petenten und sich selbst, sondern auch zwischen unterschiedlichen Petenten[493]. Bei einem solchen Verstoß besteht zwar weniger die Gefahr eines Missbrauchs im Sinne des § 19 IV Nr. 4 GWB, allerdings i.S.v. § 19 IV Nr. 3, sofern die Differenzierung nicht gerechtfertigt ist.

b) Kostentragung durch Profiteure

Die englisch-walisische Regulierungsbehörde OFWAT hat sich bei den aktuellen Vorgaben für die Netznutzungsentgelte[494] von dem Grundsatz leiten lassen, dass die Kosten des Wettbewerbs durch diejenigen zu tragen seien, die vom Anbieterwechsel profitierten, also diejenigen, die den Anbieter wechselten; den beim Netzbetreiber verbleibenden Wasserabnehmern dürfen keine Kosten des Wettbewerbs in Form höherer Preise aufgebürdet werden. Diese Auffassung ist konsequent, wenn man bedenkt, dass nach dem Water Act 2003 nur eine kleine Anzahl von Kunden die rechtliche Möglichkeit hat, den Anbieter zu wechseln. Dieses Postulat wird jedoch dann relativiert, wenn sämtliche Abnehmer die Chance haben, zwischen verschiedenen Versorgungsunternehmen zu wählen. In dem Fall würden auch die beim Netzbetreiber verbleibenden Kunden vom Wettbewerb profitieren, denn gerade die Existenz von Konkurrenz wird dazu führen, dass auch der Netzbetreiber seine Preise senken muss, um nicht allzu viele Kunden an Dritte zu verlieren.[495] Zwar ist der von OFWAT propagierte Grundsatz im Kern richtig, weil natürlich die wechselnden Kunden die Hauptprofiteure sind und damit Wettbewerb schwerpunktmäßig in deren Interesse liegt. Er darf jedoch nicht als striktes Verbot der Belastung der übrigen Netznutzer mit Kosten des Wettbewerbs gesehen werden.

---

[491] Arbeitsgruppe Netznutzung Strom, S. 24

[492] Immenga/Mestmäcker-*Möschel*, GWB, § 19 Rn. 204

[493] OFWAT, MD 163, 30 June 2000, Pricing Issues for Common Carriage

[494] OFWAT, Guidance on Access Codes, June 2005, p. 46 ff.

[495] Arbeitsgruppe Netznutzung Strom, S. 49 ff.

c) Entbündelter Netzzugang

Ein weiterer Grundsatz der Preisbemessung ist der, dass nur die Leistungen in Rechnung gestellt werden dürfen, die der Petent auch tatsächlich in Anspruch nehmen will. Im Zuge der Liberalisierung des Telekommunikationsmarktes hat sich hierfür der Begriff des „Entbündelten Netzzugangs" durchgesetzt. Sofern ein marktbeherrschendes Unternehmen gegen diesen Grundsatz verstößt, indem es eine ungerechtfertigte Bündelung von Leistungen bei seinem Angebot vornimmt, wird die missbräuchliche Ausnutzung seiner Stellung vermutet (§ 28 II Nr. 1 i.V.m. I 1 und 2 Nr. 2 TKG n.F.). Hinter diesem Konzept steht folgende Ratio: Wenn es den Netzbetreibern möglich ist, bestimmte Leistungen nur gebündelt anzubieten, dann können sie diese zwar zu unter Kosten- oder Vergleichsmarktgesichtspunkten angemessenen Preisen anbieten; im Ergebnis aber sind diese Preise zu hoch, wenn möglicherweise der Konkurrent gar nicht alle Leistungen nutzen will, jedoch auch für die gewünschten Leistungen den Paketpreis zahlen müsste. In der Folge würden dessen Preise für Endabnehmer steigen, was negativen Einfluss auf seine Konkurrenzfähigkeit hätte. Aus diesem Grund verpflichtet auch OFWAT die englischen und walisischen Wasserversorgungsunternehmen dazu, bei der Berechnung von Netznutzungsentgelten diesen Grundsatz zu beachten[496].

d) Reziprozität

Der Generaldirektor der englisch-walisische Regulierungsbehörde OFWAT sieht noch ein weiteres Prinzip als relevant an: das Reziprozitätsprinzip. Es besagt, dass sich ein Netzbetreiber die von ihm selbst gestellten Bedingungen von einem anderen Netzbetreiber entgegenhalten lassen muss, wenn er selbst die Rolle des Petenten einnimmt. Übertragen auf die Preisberechnung bedeutet dies, dass ein Petent sich dann nicht über die Art und Weise der Netznutzungsentgeltberechnung beschweren kann, wenn er selbst als Netzbetreiber dieselbe Methode anwendet.[497]

e) Einheitlichkeit der Preiskalkulation

Ein Indiz für eine nicht missbräuchliche Preisfestsetzung besteht dann, wenn das Unternehmen bei der Kalkulation der Netznutzungsentgelte dieselben Grundsätze anwendet wie bei der Kalkulation der Abnehmerpreise. Dieses

---

[496] OFWAT, Access Codes for Common Carriage – Guidance, March 2002, p. 23
[497] OFWAT, MD 163, 30 June 2000, Pricing Issues for Common Carriage

Prinzip wird teilweise auch von OFWAT empfohlen[498]. Man darf allerdings dieses Prinzip nicht als Dogma begreifen und den Schluss ziehen, jede Abweichung bei der Berechnung der Netznutzungsentgelte würde zu einem Missbrauch führen. Es gibt eben doch wesentliche Unterschiede zwischen Abnehmerpreisen und Netznutzungsentgelten, die durchaus eine abweichende Berechnungsmethode rechtfertigen. Insofern ist stets im Einzelfall zu bewerten, ob eine Abweichung von diesem Prinzip zulässig ist oder nicht. Von daher bleibt die Anwendung derselben Grundsätze nur ein Indiz für ein nicht missbräuchliches Verhalten.

3. Parameter für die Entgeltbestimmung

Nachdem die Frage beantwortet wurde, woran sich die Netznutzungsentgelte in ihrer Höhe zu orientieren haben, bleibt noch das Problem zu klären, an welche Leistung anknüpfend Gebühren erhoben werden können. Die Grundstruktur von Netznutzungsentgelten dürfte im Regelfall so aussehen, dass der größte Teil aus einem mengenabhängigen und/oder an der freizuhaltenden Kapazität bemessenen Entgelt besteht[499]. In die Kalkulation dieser Größen dürften neben den Kapitalkosten die meisten im Folgenden benannten Einzelpositionen einfließen. Dazu kommen Zusatzleistungen, die nicht bei jedem Fall der gemeinsamen Netznutzung erforderlich sind[500]. Und schließlich könnte es erforderlich sein, dass gewisse, mit der gemeinsamen Netznutzung verbundene Kosten bereits im Voraus zu zahlen sind[501].

a) Mengen- oder höchstlastenabhängige Preisgestaltung

In allen netzgebundenen Sektoren sind die Kosten für die Erstellung des Netzes bedingt durch die Kapazität, also durch die zulässigen Höchstlasten. Nur im laufenden Betrieb entstehen mengenabhängige Kosten etwa durch den Betrieb von Pumpen oder die Zugabe von Komponenten bei der Wassermischung. Insofern wäre es durchaus gerechtfertigt, die Netznutzungsentgelte nicht nur an der durchgeleiteten Wassermenge (Volumen) zu bemessen, sondern auch an die jeweilige Jahreshöchstlast (Volumen pro Zeiteinheit) des Einspeisenden zu koppeln, um eine verursachungsgerechte Kostenzuordnung zu erhalten. Die Stromnetzentgeltverordnung[502], die nach der Reform des EnWG im Jahr 2005

---

[498] OFWAT, Response to: DETR, Competition in the Water Industry in England and Wales – Consultation paper, Answer to Question 21; OFWAT, Access Codes for Common Carriage – Guidance, March 2002, p. 22

[499] siehe unter a)

[500] so z.B. Auffüll- und Reservekapazitäten, siehe unter c)

[501] siehe insbesondere unter d)

[502] §§ 16, 17 i.V.m. Anlage 4 StromNEV (BGBl. I 2005, S. 2225)

die Empfehlungen der Verbändevereinbarung II plus[503] im Wesentlichen übernimmt[504] und damit funktional bei der Bestimmung der Maßstäbe für Netznutzungsentgelte ablöst, sieht für die Stromwirtschaft den Weg einer solchen Mischkalkulation aus Arbeits- und Leistungspreisen vor (§ 17 II 1 StromNEV). Die elektrische Arbeit gibt die transportierte Strommenge wieder (gemessen in kWh). Dies entspricht der gelieferten Wassermenge in der Wasserversorgung. Die elektrische Leistung ist die aktuell geleistete elektrische Arbeit, also die Arbeit pro Zeiteinheit (gemessen in kW). In einem Stromnetz ist die Leistung durch die Kapazität begrenzt. Die Jahreshöchstleistung gibt die höchste innerhalb eines Jahres auftretende Leistung an. In der Wasserversorgung wäre die Menge pro Zeiteinheit, also die jeweils aktuelle Durchflussmenge, die entsprechende Größe. Das Verfahren zur Umlegung der Netzkosten auf die einzelnen Netznutzer sieht zunächst vor, dass der Netzbetreiber seine Gesamtkosten für den Netzbetrieb an der Jahreshöchstleistung bemisst. Diesen Betrag gilt es nun auf die einzelnen Netznutzer zu verteilen. Da jedoch die Summe der individuellen Jahreshöchstlasten der Netznutzer insgesamt höher ausfällt als die Jahreshöchstlast im Gesamtnetz, weil die einzelnen Höchstlasten nach statistischer Wahrscheinlichkeit nicht gleichzeitig auftreten, ist eine Zuordnung der Anteile an der Jahreshöchstlast der Netzbetreiber auf die Netznutzer erforderlich. [505] Dies geschieht über eine sog. Gleichzeitigkeitsfunktion, die nach den Kriterien von Anlage 4 StromNEV aufzustellen ist (§§ 16 II, 17 III-V StromNEV). Diese Funktion berücksichtigt jedoch nicht nur die jeweils eingespeisten Jahreshöchstleistungen, sondern auch die im Jahr durchgeleitete elektrische Arbeit. Im Ergebnis hängt damit das Netznutzungsentgelt sowohl von der individuellen Jahreshöchstlast als auch von der übermittelten elektrischen Arbeit ab. Eine Ausnahme ergibt sich lediglich für Entnahmen ohne Leistungsmessung im Niederspannungsnetz (§ 17 VI StromNEV), bei denen aus technischen Gründen nur ein Arbeitspreis festgelegt werden kann.

Dieses Ergebnis ist von der Literatur kritisiert worden. So meint *Tönnies*, dass dadurch Großkraftwerksbetreiber, deren Kraftwerke sich in der Regel längere Zeit am Netz befinden, Vorteile gegenüber Kleinproduzenten mit Windkraftanlagen oder Blockheizkraftwerken hätten, die das Netz nur zu bestimmten Zeiten nutzten[506]. Aufgrund größerer Transparenz sprechen sich deshalb einige Auto-

---

[503] Verbändevereinbarung über Kriterien zur Bestimmung von Netznutzungsentgelten für elektrische Energie und über Prinzipien der Netznutzung vom 13.12.2001, Anlage 4
[504] Büdenbender RdE 2004, 284, 294
[505] Verbändevereinbarung über Kriterien zur Bestimmung von Netznutzungsentgelten für elektrische Energie und über Prinzipien der Netznutzung vom 13.12.2001, Anlage 4
[506] Tönnies ZNER 3/1998, 33, 34; ähnlich auch: Lapuerta/Pfeifenberger/Weiss/Pfaffenberger ET 1999, 446, 450

131

ren für Arbeitspreise aus[507]. Andere Stimmen hingegen befürworten eine Orientierung an den Leistungspreisen aufgrund der Fixkostenstruktur des Netzes[508]. Die Kosten hingen nicht von der Menge, sondern von der Kapazität ab, die für die Höchstlast maßgeblich sei.

Ein ähnliches Modell wie bei der Stromversorgung sieht die Gasnetzentgeltverordnung[509], die die Verbändevereinbarung Erdgas II[510] normiert, für die Endverteilerstufe vor[511]. Neben der Bezahlung von Serviceleistungen sind demnach ein Arbeits- sowie ein Leistungsentgelt zu entrichten. Allerdings gibt es – im Gegensatz zur StromNEV – keine konkreten Vorgaben darüber, in welchem Verhältnis diese beiden Komponenten in das Netznutzungsentgelt einfließen sollen. Für Entnahmen ohne Leistungsmessung kann der örtliche Netzbetreiber sein Entgelt alleine auf einem Arbeitspreis basierend festlegen, ggf. dazu noch einen monatlichen Grundpreis verlangen[512]. Für die Ferngasversorgung hingegen sieht § 13 II 1 GasNEV keinen Arbeitspreis vor, sondern einen rein höchstleistungsorientierten Preis[513]. Insofern soll sich die Bemessung an der für den dritten Netznutzer freigehaltenen Kapazität bemessen. Diese Aufspaltung zwischen Verteilungs- und Endversorgungsstufe lässt sich wohl damit erklären, dass auf der Ferngasstufe auch reine Erdgastransite, die zu einer höheren Kapazitätsauslastung führen, zu erwarten sind. Insofern spielt die Kapazität eine maßgebliche Rolle, weshalb eine Orientierung an der im Zweifel zur Verfügung zu stellenden Transportkapazität, also der möglichen, vom Dritten verlangten Höchstleistung, hier sinnvoll erscheint. Auf der Endverteilerstufe wird schwerpunktmäßig mit Abwerbungen von Endabnehmern zu rechnen sein, so dass sich keine erhöhte Kapazitätsauslastung ergeben wird, es sei denn, der Durchleitungspetent will neue Kunden im Netzgebiet erschließen, die eine zusätzliche Gasmenge abfordern. Insofern scheint hier eine Kombination von Arbeits- und Leistungspreis an der Stelle sinnvoll. Warum im Strommarkt auch auf der Fernverteilerstufe ein Kombinationspreis verlangt wird, lässt sich damit erklären, dass das Fernversorgungsnetz wesentlich enger vermascht ist als das Ferngasversorgungsnetz. Hier dürften auch bei reinen Transitdurchleitungen Kapazitätsprobleme nicht so häufig auftreten.

Will man aus diesen Gegebenheiten des Energiesektors Leitlinien für den Wassermarkt ableiten, so wird man konstatieren müssen, dass grundsätzlich rein

---

[507] Klafka (u.a.) ZNER 1/1997, 40, 44 f.; Tönnies ZNER 3/1998, 33, 34
[508] Meier ET 1998, 41, 42 f.
[509] §§ 13-20 GasNEV(BGBl. I 2005, S. 2197)
[510] Verbändevereinbarung zum Netzzugang bei Erdgas vom 03.05.2002, S. 13 ff.
[511] § 18 III 1 GasNEV
[512] § 18 IV GasNEV
[513] basierend auf: Verbändevereinbarung zum Netzzugang bei Erdgas vom 03.05.2002, S. 8 ff.

leistungsorientierte Preise dann zulässig sind, wenn diese als Knappheitsindikator aufgrund begrenzter Durchleitungskapazitäten dienen sollen. Grundsätzlich soll jedoch das Netznutzungsentgelt sowohl von der Menge als auch von der Menge pro Zeiteinheit abhängen. Auch die englisch-walisische Regulierungsbehörde OFWAT hält es in Bezug auf den Wassermarkt für geboten, dass sowohl die Spitzenlast als auch die durchgeleitete Menge zur Grundlage für die Berechnung des Netznutzungsentgelts gemacht werden[514]. Sie hat allerdings auch deutlich erkennen lassen, dass die Wasserversorgungsunternehmen bei der Preiskalkulation für Netznutzungsentgelte keine anderen Maßstäbe anlegen dürfen als bei der Kalkulation ihrer Wasserpreise[515]. In der Regel sind die Abnehmerpreise abhängig von der tatsächlich abgenommenen Wassermenge. Allerdings wird meistens eine Grundgebühr für die Bereitstellung eines Anschlusses genommen. Hierin dürfte die Vergütung für die Vorhaltung bestimmter Mengen für diesen Kunden liegen. Dementsprechend wird der Netzbetreiber sein Netz anlegen und seine Behälter fahren, so dass auch hier eine höchstmengenabhängige Preiskomponente vorliegt. Bei Verträgen zwischen Fernwasserversorgern und örtlichen Endversorgern jedoch spielen auch noch andere Größen eine Rolle, ebenso bei individuell ausgehandelten Verträgen mit großen Endverbrauchern. So werden eine maximale und eine minimale Jahresmenge festgesetzt. Diese beiden Kenngrößen sind nur entscheidend für die Ressourcenplanung. Für eine gemeinsame Netznutzung sind sie völlig irrelevant. Gleichzeitig werden aber auch die maximale Entnahmeleistung (m³/Std. oder l/s) und die maximale Tagesmenge (m³/Tag) vereinbart. Für die Kapazität der Leitungen sind diese beiden Werte maßgeblich. Der jeweils aktuelle Verbrauch ist tageszeitspezifisch. Insofern verläuft die Auffüllung der Behälter nach einem Tagesfahrplan. Damit der Behälter immer ausreichend gefüllt ist, muss bekannt sein, welche maximale Entnahmeleistung erfolgt und welche maximale Tagesmenge insgesamt bereitgestellt werden muss. Somit sind diese Kenngrößen bestimmend für die Auslastung der Leitungen und damit für die noch vorhandene Kapazität. Insofern sind diese beiden Größen für die Preisbildung maßgeblich, sobald es um größere Wassermengen geht.

Im Ergebnis sind sowohl die maximale Entnahmeleistung und die maximale Tagesleistung als auch die Durchflussmenge insgesamt maßgebliche Kenngrößen, die in die Preisberechnung einfließen. Ein möglicher Missbrauch durch ungerechtfertigte alleinige oder zu starke Orientierung an einem dieser Parameter kann nur einzelfallbezogen ermittelt werden.

---

[514] OFWAT, Access Codes for Common Carriage – Guidance, March 2002, p. 23 f.
[515] siehe unter 2. e)

b) Entfernungsabhängigkeit

Ein weiterer Streitpunkt ist die Frage, ob Netznutzungsentgelte entfernungsabhängig gestaltet werden dürfen. Für die Preisbildung in der Strombranche ist es charakteristisch, dass sie sich nach den benutzten Netzebenen richtet[516], also Höchstspannungsnetz, Hochspannungsnetz, Mittelspannungsnetz und Niederspannungsnetz. Eine entfernungsabhängige Komponente kannte nur die Verbändevereinbarung Strom I zu Beginn der Energiemarktliberalisierung[517]. Die Begründung dafür kann man darin sehen, dass physikalisch überhaupt kein Energietransport vom Einspeise- zum Ausspeisepunkt stattfindet. Innerhalb eines Netzes erfolgt nur ein kontinuierlicher Spannungsausgleich. Gerade in dieser Branche würde ein entfernungsabhängiges Netznutzungsentgelt auch wettbewerbsbehindernde Wirkungen entfalten[518]. Dies liegt im Kern daran, dass in der Regel die Kraftwerke des Netzbetreibers näher am Kunden liegen als die potentieller Konkurrenten[519].

Etwas anders stellte sich die Situation im Erdgassektor nach der Verbändevereinbarung II dar. Für die Endverteilerstufe im lokalen Bereich galt[520] grundsätzlich ein entfernungsunabhängiger „Briefmarkentarif". Für den Ferngastransport sah die Verbändevereinbarung II dagegen noch entfernungsabhängige Tarife über ein Punktzahlensystem vor[521]. In der Regel verfuhren die Netzbetreiber nach einem Punkt-zu-Punkt-Modell: Der Petent sucht sich selbst den gewünschten Transportweg und zahlt für die auf dem gesamten Weg in Anspruch genommene Kapazität[522]. Dieses System gilt insbesondere in den Augen der EU-Kommission als wenig wettbewerbsfördernd, weil es einerseits ein kompliziertes Anbahnungsverfahren erfordert und andererseits weder den physischen Gasfluss noch die entsprechenden Kosten zum Ausdruck bringt[523]. Um die Einstellung eines Missbrauchsverfahrens der EU-Kommission zu erreichen, hat die BEB als Erster Netzbetreiber seine Netznutzungsentgelte auf ein sog. Entry-Exit-Modell (zu deutsch: „Eingangs-/Ausgangssystem" oder „Einspeise-Entnahme-Modell") umgestellt[524], welches aus der britischen Stromwirtschaft

---

[516] Verbändevereinbarung über Kriterien zur Bestimmung von Netznutzungsentgelten für elektrische Energie und über Prinzipien der Netznutzung vom 13.12.2001, S. 7 f., Kap. 2.2
[517] Verbändevereinbarung über Kriterien zur Bestimmung von Netznutzungsentgelten für elektrische Energie und über Prinzipien der Netznutzung vom 22.5.1998
[518] Klafka (u.a.) ZNER 1/1997, 40, 43 f.
[519] Klafka (u.a.) ZNER 1/1997, 40, 43
[520] Verbändevereinbarung zum Netzzugang bei Erdgas vom 03.05.2002, S. 13, Kap. 6.2.1.
[521] Verbändevereinbarung zum Netzzugang bei Erdgas vom 03.05.2002, S. 8 ff., Kap. 6.1.
[522] Jens Heitmann, Große Gasversorger öffnen Netze dem Wettbewerb, Hannoversche Allgemeine vom 2.11.2004, S. 7
[523] Pressemitteilung der EU-Kommission vom 29.7.2003, IP/03/1129 zu COMP/36.246
[524] Pressemitteilung der EU-Kommission vom 29.7.2003, IP/03/1129 zu COMP/36.246

bekannt war[525]. Bei dem bei der BEB seit 1.7.2004 geltenden System zahlt man für Einspeise- und Ausspeisekapazitäten an bestimmten Punkten, jedoch nicht mehr für Transportkapazitäten auf einem bestimmten Leitungsweg. Der Ausgleich von Einspeisungs- und Entnahmekapazitäten sowie der Bilanzausgleich erfolgen über ein sog. Kapazitätsportfolio. Durch diese Umstellung werden die Preise nivelliert, d.h. lange Transportwege werden billiger, kurze Transportwege werden teurer.[526] Im Idealfall werden die einzelnen Punkttarife dabei so gestaltet, dass sie Anreize für eine effiziente Auslastung des Netzes bieten. Das bedeutet, dass die Einspeisung an solchen Punkten, wo besonders viele Netznutzer einspeisen, sehr teuer ist, an den Orten, wo hauptsächlich eine Entnahme erfolgt, hingegen u.U. sogar eine Vergütung für die Netznutzung erfolgt[527]. Ebenfalls ein Entry-Exit-Modell Modell hat auch die E.ON Ruhrgas Transport AG & Co. KG entwickelt. Der Unterschied liegt darin, dass Ruhrgas ihr Netzgebiet in verschiedene Zonen unterteilt hat und für den Zonenübergang Ein- und Ausspeisekapazitäten berechnet werden.[528] Durch die Energierechtsnovelle 2005 wurde die Tarifgestaltung in Form eines Entry-Exit-Modells sogar verpflichtend eingeführt[529]. Die Gasversorgungsnetzbetreiber dürfen nur transaktionsunabhängige Einspeise- und Entnahmeentgelte erheben, wobei die Kosten möglichst verursachungsgerecht den Netznutzern zugeteilt werden müssen[530]. Die Einspeiseentgelte sollen dabei Anreize für eine effiziente Nutzung der vorhandenen Kapazitäten im Leitungsnetz liefern[531]. Bei den Entnahmeentgelten kann allerdings insofern sogar eine entfernungsabhängige Komponente mit hineinspielen, als bei der Preisbildung die Entfernung zu den Einspeisepunkten – nicht zu dem konkreten Einspeisepunkt – berücksichtigt werden darf[532]. Dieses Kriterium zu beachten dürfte jedoch nur in Netzen möglich sein, in denen quasi an einem Ende die Einspeise, am anderen Ende die Entnahmepunkte liegen. Bzgl. der Ortsnetzebene haben sich gegenüber der Verbändevereinbarung Gas II keine Veränderungen ergeben. Es wird lediglich verursachergerecht ein entfernungsunabhängiges Entnahmeentgelt berechnet[533], welches dem „Briefmarkentarif" entspricht.

---

[525] Perner/Riechmann ZNER 1998, 41, 48 f.
[526] Das Entry-Exit-Modell der BEB wird erklärt auf der Homepage unter http://www.beb.de/cms
[527] Perner/Riechmann ZNER 1998, 41, 48 f.
[528] Informationen unter http://www.eon-ruhrgas-transport.com
[529] § 20 Ib EnWG 2005; konkretisiert durch §§ 13-20 GasNEV
[530] § 15 II 1, III 1 GasNEV
[531] § 15 II 2 Nr. 3 GasNEV
[532] § 15 III 2 GasNEV
[533] § 18 GasNEV

Eine kritische Position zu entfernungsabhängigen Tarifen vertritt auch OFWAT für den Wassermarkt in England und Wales, allerdings mit einer etwas anderen Begründung. Entfernungsabhängige Netznutzungsentgelte werden nur dann für angemessen gehalten, wenn der Netzbetreiber auch dementsprechend seine Abnahmepreise berechnet[534]. Dahinter steht das Prinzip der einheitlichen Preiskalkulation[535]. Da dies bei den Großgesellschaften in England und Wales, die jeweils über lokale und regionale Systeme verfügen, keine Praxis sein dürfte, werden entfernungsabhängige Entgelte letztendlich damit ausgeschlossen.

Für den deutschen Wassermarkt ist die Trennung in Großhändler mit Fernwasserversorgung und lokale Wasserversorger zu berücksichtigen. Bei lokalen Wasserversorgern ist die Sachlage eindeutig: Es gibt nur einheitliche Tarife innerhalb eines Tarifgebietes. Insofern kann die Entfernung keine Rolle spielen. Es wäre im Übrigen auch viel zu aufwendig, wollte man für jeden den Anbieter wechselnden Endkunden in einem Netz die konkrete Entfernung ermitteln. Der Großhandelspreis hingegen ist in der Regel frei ausgehandelt. Die Frage, ob eine entfernungsabhängige Komponente mit enthalten ist, lässt sich nicht eindeutig beantworten, denn im Großhandel existieren insofern Wettbewerbspreise, als der Fernwasserversorger stets mit einer lokalen Eigenversorgung zu konkurrieren hat. Inwiefern der Großhändler die Länge des Transportweges in die Preise mit einkalkulieren kann, hängt vom Einzelfall ab. Diese Aussagen gelten wiederum nur bedingt für solche Fernwasserversorger, die als Zweckverband oder als Wasser- und Bodenverband organisiert sind. Diese finanzieren sich teilweise über Verbandsumlagen. So berechnet sich beim Zweckverband Bodenseewasserversorgung die Umlage teils nach der Beteiligungsquote, die sich nach den jeweiligen Bezugsrechten richtet[536], teils nach der tatsächlich abgenommenen Wassermenge[537].

Für die Zulässigkeit von entfernungsabhängigen Netznutzungsentgelten spricht aber ein anderes Argument. In § 1a III WHG werden die Länder verpflichtet, in ihren Landeswassergesetzen das Prinzip der ortsnahen Wassergewinnung festzuschreiben, sofern nicht überwiegende Gründe des Allgemeinwohls dem entgegenstehen. Diese Norm enthält ein Optimierungsgebot an die lokalen Wasserversorger, ihr Wasser möglichst aus ortsnahen Quellen zu gewinnen. Bei der Abwägung der Entscheidung für die Wasserbezugsquellen ist in der Regel der Versorgung aus der Umgebung Vorrang einzuräumen; für eine Entschei-

---

[534] OFWAT, MD 154, 12 November 1999, Development of common carriage
[535] siehe unter 2. e)
[536] § 16 I i.V.m. § 2 der Verbandssatzung
[537] § 16 II der Verbandssatzung

dung zugunsten des Bezugs von Fernwasser bedarf es einer besonderen Rechtfertigung.[538] Ziel dieser Maßnahme ist der verantwortungsbewusste Umgang mit regional zur Verfügung stehenden Ressourcen und damit ein flächendeckender Grundwasserschutz[539]. Aus diesem Prinzip lässt sich durchaus eine Wertung für die Frage ableiten, ob entfernungsabhängige Netznutzungsentgelte zulässig sein sollen. Wenn der Gesetzgeber das Ziel verfolgt, Wasser primär aus möglichst ortsnahen Wasserquellen zu gewinnen, dann setzt ein entfernungsabhängiges Netznutzungsentgelt einen ökonomischen Anreiz dafür. Denn je weiter die verwendete Ressource vom Abnahmeort entfernt ist, desto teurer wird dadurch das Wasser. Insofern ist aufgrund dieser zulässigen umweltpolitischen Überlegung trotz möglicher wettbewerbsbeschränkender Wirkungen ein entfernungsabhängiges Entgelt als zulässig, wenn nicht sogar als geboten anzusehen.

Eine andere Wertung muss sich jedoch zwangsläufig dann ergeben, wenn ein Fall der negativen Durchleitung vorliegt[540]. Zur Erinnerung: Mit negativer Durchleitung wird eine Konstellation bezeichnet, in der ein Versorger in Ort A über die Fernwasserleitung eines Fernwasserversorgers entgegen der Hauptfließrichtung einen Abnehmer in Ort B versorgen will. Bei einer derartigen Konstellation wird ein Fernwassertransport faktisch vermieden und findet nur virtuell statt, weil effektiv die durch den Fernwasserversorger von B nach A transportierte Menge sinkt. Letztendlich wird dadurch dem Prinzip ortsnaher Versorgung eher entsprochen, denn ein Fernwassertransport von B nach A wird vermieden. Insofern wäre es unzulässig, ein entfernungsabhängiges Entgelt damit zu rechtfertigen, dass ein Fernwassertransport dem Prinzip ortsnaher Wassergewinnung zuwiderlaufe. Im Übrigen würde bei negativer Durchleitung auch eine Überkompensation der Wegstreckenkosten erfolgen. Gesetzt den Fall, dass der Fernwasserversorger früher von B nach A eine Wassermenge X transportiert und sich selbst ein entsprechendes entfernungsabhängiges Netznutzungsentgelt berechnet hat, so vermindert sich durch die virtuelle Durchleitung einer Wassermenge Y von A nach B die tatsächlich von B nach A gelieferte Menge um Y. Der Fernwasserversorger erhielte folglich für die Strecke von A nach B ein Netznutzungsentgelt, welches der Summe der Wassermengen X und Y entspräche, obwohl er faktisch nur eine Transportleistung für die Differenz zwischen den Mengen X und Y erbringen würde. Diesen Effekt hat bereits die Monopolkommission in ihrem 14. Hauptgutachten 2001/2002 für den Gasbereich kritisiert[541]. Die einzige Möglichkeit, diesen Wertungswiderspruch

---

[538] Czychowski/Reinhardt, WHG, § 1a Rn. 25c

[539] Czychowski/Reinhardt, WHG, § 1a Rn. 25a; Hendler/Grewing ZUR Sonderheft 2001, 146, 148; UBA, S. 47 ff.

[540] siehe unter Teil A: IV. 2.

[541] Monopolkommission, 14. Hauptgutachten 2000/2001, Tz. 851

zu vermeiden, wäre die Erhebung negativer Durchleitungsentgelte. Dies wäre auch insofern konsequent, als durch die geringere transportierte Menge zumindest die variablen Kosten entsprechend sinken würden[542]. In einem derartigen System müsste der Netzbetreiber den entfernungsabhängigen Bestandteil des Netznutzungsentgeltes von den übrigen Bestandteilen subtrahieren. Dabei könnte letztendlich ein negativer Betrag herauskommen, den der Netzbetreiber zu entrichten hätte.

Im Ergebnis muss man konstatieren, dass ein entfernungsabhängiges Entgelt für eine Transportleistung durchaus zulässig sein kann. Wenn ein Netzbetreiber von dieser Möglichkeit Gebrauch macht, muss er jedoch im Falle der negativen Durchleitung konsequenterweise auch eine negative entfernungsabhängige Netznutzungsentgeltkomponente berechnen. Vermutlich wäre es stattdessen sinnvoller, wenn er stattdessen ein in sich stimmiges Entry-Exit-System entwickelte.

c) Auffüll- und Reservekapazitäten

Zudem können auch Gebühren für die Bereitstellung von Auffüllmengen sowie für die Bereitstellung von Reservemengen an Trinkwasser erhoben werden.

Auffüllmengen werden zum einen dann erforderlich, wenn der Durchleitungspetent nur den Teil des Wasserbedarfs seines bzw. seiner Kunden decken kann oder will. In dem Fall muss er vom Netzbetreiber Mengen hinzukaufen, und zwar zu dessen Preisen.[543] Zum anderen treten in einem Rohrleitungssystem immer auch Wasserverluste auf. Diese sind zum einen bedingt durch Rohrleitungsverluste, zum anderen aber auch durch das Erfordernis, die Rohre in regelmäßigen Abständen zu spülen. Der Petent hat nun zwei Möglichkeiten: Entweder er speist entsprechend der durchschnittlichen Verlustrate zusätzliche Mengen ein, oder er kauft entsprechende Mengen beim Netzbetreiber zu dessen Tarifen zu. Die letztere Variante dürfte die teurere sein, da die eigenen Quellen in der Regel geringere Kosten verursachen. Anderenfalls wäre er im Übrigen gar nicht in der Lage, in Wettbewerb zum Netzbetreiber zu treten.[544]

Ein weiteres Problemfeld ist die Vorhaltung von Reservemengen[545]. Bestimmte Wasserressourcen sind z.B. nicht in der Lage, bei längerer Trockenheit ausrei-

---

[542] Hope, Competition in Water, in: Access pricing – Comparitive experience and current developments, p. 17, 24
[543] OFWAT, Access Codes for Common Carriage – Guidance, March 2002, p. 25 ff.
[544] OFWAT, Access Codes for Common Carriage – Guidance, March 2002, p. 26
[545] OFWAT, Access Codes for Common Carriage – Guidance, March 2002, p. 27 f.

chend Wasser zu liefern[546]. Andere wiederum liegen in Überschwemmungsgebieten von Flüssen und können deshalb bei Hochwasser nicht verwendet werden[547]. Ebenso sind bestimmte Standorte anfällig für Verschmutzungen, etwa infolge von Nitratbelastungen durch Überdüngung seitens der örtlichen Landwirtschaft. Die Folge ist, dass diese Quellen ab und an nicht zur Wassergewinnung herangezogen werden können. Sofern der Petent nicht in der Lage ist, die Ausfallgefahr durch die verstärkte Nutzung anderer Quellen auszugleichen, muss er den Netzbetreiber um die Vorhaltung von Reservemengen bitten, damit die Versorgungssicherheit gewährleistet ist. Die Höhe der Reservemengen hängt natürlich vom möglichen Risiko ab. Für diese Bereitstellung muss er entsprechende Gebühren zahlen.[548]

d) Umbaukosten

aa) Notwendigkeit und Durchführung von Umbaumaßnahmen

Damit überhaupt eine Durchleitung erfolgen kann, ist zumindest eine physische Verbindung zwischen dem Netz des Netzbetreibers und den Wassergewinnungsanlagen des Petenten erforderlich. Sofern noch nicht vorhanden muss also eine Einspeisestelle geschaffen werden. Wenn es sich bei den Wässern des Netzbetreibers und des Petenten um Wässer gleicher Beschaffenheit handelt, ist nur eine einfache Rohrverbindung erforderlich, wobei natürlich der Einspeisedruck dem Netzdruck entsprechen muss. Vom Betriebsablauf her einfacher ist es, wenn die Einspeisung in einen Behälter erfolgen kann. Eine Druckanpassung würde entfallen, weil sich das Wasser im entspannten Zustand befindet. Etwas komplizierter ist die technische Lösung, wenn es sich um Wässer unterschiedlicher Beschaffenheit handelt[549]. Würde man diese sich jeweils im Kalk-Kohlensäure-Gleichgewicht befindlichen Wässer unkontrolliert miteinander mischen, so wäre das Ergebnis ein kalkaggressives Mischwasser, welches die Inkrustrationen in den Rohren ablösen würde. Die Folge wäre eine dauerhafte Wassertrübung, die zumindest einen erheblichen Qualitätsverlust, wenn nicht sogar eine Gesundheitsschädlichkeit zur Folge hätte. Um diesen Effekt zu vermeiden, ist eine kontrollierte Mischung erforderlich, die in der Regel in einem besonderen Mischbehälter erfolgen muss. Eine solche setzt konstante Mischungsverhältnisse voraus. Eine Einstellung des Kalk-Kohlensäure-Gleichgewichts erfolgt über eine Entsäuerung. Hierfür kann Luftoxidation ausreichen. Ansonsten muss Natronlauge oder Kalkwasser hinzugegeben

---

[546] OFWAT, Access Codes for Common Carriage – Guidance, March 2002, p. 27
[547] Bsp. Stadtwerke Ulm/Neu-Ulm (Fakten: Trinkwasser aus dem Wasserhahn...natürlich!, http://www.swu-fakten.de)
[548] OFWAT, MD 154, 12 November 1999, Development of common carriage
[549] DVGW-Regelwerk, Arbeitsblatt W 216, März 2003

werden. Gerade bei der Umstellung von relative hartem auf relativ weiches Wasser ergibt sich ferner das Problem, dass trotz Einstellung des Kalk-Kohlensäure-Gleichgewichts die über Jahre abgelagerten Inkrustrationen abgelöst werden. Deshalb muss ein Stabilisator für die Inkrustrationen, etwa eine Phosphor-Silicat-Verbindung, sowohl vor der Umstellung als auch in der kompletten Folgezeit beigemischt werden[550]. Alle für diese Vorgänge notwendigen Einrichtungen müssen geschaffen werden, damit Durchleitung überhaupt ermöglicht wird.

Es geht aber nicht nur um die Einspeisestellen. Sofern der Petent nicht lediglich dem Netzbetreiber Kunden abwirbt und die vorhandenen Anschlüsse einfach weiter nutzt, müssen auch Ausspeisestellen errichtet werden. Allerdings genügt hier eine einfache Rohrabzweigung. Für sämtliche weiteren Anlagen hat der Petent oder dessen Vertragspartner zu sorgen. Schließlich kann insbesondere bei reinen Transportdurchleitungen oder auch bei einer ungünstigen Wahl des Einspeisepunktes ein Umbau am Netz, insbesondere eine Kapazitätserweiterung an einigen Stellen, erforderlich werden.

Der Netzbetreiber hat kein berechtigtes Interesse daran, dass sämtliche Arbeiten, die nicht unmittelbar das Netz betreffen, von ihm selbst durchgeführt werden. Insbesondere Anschlussarbeiten außerhalb der Verbindungsstücke selbst können auch entweder vom Petenten oder von dessen Abnehmern durchgeführt werden, wenn sichergestellt ist, dass sie dabei die erforderlichen Standards einhalten.[551] Etwas anderes ergibt sich jedoch für die Verbindungsstellen selbst. Hierfür muss ein Umbau des Netzes erfolgen. Jeder erzwungene Umbau von Netzeigentum bedeutet einen Eingriff in Art. 14 GG. Das Gebot der Einhaltung des Verhältnismäßigkeitsgrundsatzes macht es erforderlich, dass, wenn schon ein solcher Eingriff unvermeidlich ist, zumindest der Netzinhaber die Kontrolle über die Umbauarbeiten haben soll. Das ist insofern auch vernünftig, als nach Ende der gemeinsamen Netznutzung das Netz ohne die Einspeisung des Petenten funktionsfähig sein muss.

bb) Kostenüberwälzung

Es ist unbestritten, dass die Kosten für durchleitungsbedingte Netzmodifikationen letztendlich der Petent zu tragen hat[552]. Die Frage, in welcher Form der Netzbetreiber die von ihm für Umbaumaßnahmen entstandenen Kosten auf den

---

[550] Schumacher/Wagner/Kuch, GWF – Wasser/Abwasser 129 (1988) Nr. 3, S. 146, 148
[551] OFWAT, Access Codes for Common Carriage – Guidance, March 2002, p. 24 f.; Scott, Competition in water supply, p. 16
[552] OLG Düsseldorf WuW/E DE-R 569, 577; Seeger, S. 253; Walter/v. Keussler, RdE 1999, 223, 224; Bechtold, GWB, § 19 Rn. 85

Petenten überwälzen kann, wird uneinheitlich beantwortet. In der Entscheidung zu der Öffnung des Fährhafens von Puttgarden für dritte Fährdienstanbieter führt das OLG Düsseldorf aus, dass die gebotenen Umbaumaßnahmen nur einen Berechnungsfaktor zur Bemessung des nach § 19 IV Nr. 4 GWB zu zahlenden angemessenen Entgeltes seien[553]. Daraus folgt, dass letztendlich über die Netznutzungsentgelte dem Petenten die Kosten aufgebürdet werden. Ein Problem kann jedoch dann entstehen, wenn der Netznutzungsvertrag beendet wurde, ehe sich die Investitionen für den Netzbetreiber amortisiert haben, etwa bei Insolvenz des Petenten. Aus diesem Grund schlägt Bechthold vor, dass der Netzbetreiber nur dann die Mitbenutzung zulassen muss, wenn der Petent alle Umbaumaßnahmen im Voraus zahlt[554].

Für eine adäquate Lösung des Problems lässt sich möglicherweise auf eine entsprechende Anwendung des § 13 EEG zurückgreifen. Diese Norm bezieht sich zwar nicht auf Durchleitungsrechte, sondern regelt die Kostenverteilung in Bezug auf die Energieeinspeisung von Strom, der aus erneuerbaren Energien gewonnen wurde. Allerdings liegen § 13 EEG Rechtsprinzipien zu Grunde, die sich auch auf ähnlich gelagerte Probleme übertragen lassen[555]. Die Regelung sieht vor, dass der Einspeiser die Kosten der Netzverknüpfung zu tragen hat (§ 13 I 1 EEG). Hinter dieser Kostenregelung steckt das Veranlassungsprinzip[556]. Insofern ging die h.M. auch schon vor der Schaffung dieser Norm von der Kostentragungspflicht des Einspeisers aus, wenn auch BGH und Literatur sich auf unterschiedliche Normen des BGB beriefen[557]. Die Kosten für einen etwaige Ausbaumaßnahmen am Stromnetz sind hingegen vom Netzbetreiber zu tragen (§ 13 II 1 EEG), können jedoch bei der Kalkulation der Netznutzungsentgelte Berücksichtigung finden (§ 13 II 3 EEG). Hierunter fallen insbesondere finanzielle Aufwendungen für die Verstärkung und Erweiterung des Netzes sowie alle Einrichtungen, die in der Folge Bestandteile des Netzes werden[558]. Wollte man diese Norm auf Durchleitungsbegehren gegenüber Wasserversorgungsnetzbetreibern übertragen, müssten einerseits gegebenenfalls neue Abnahmestellen für die Kunden des Durchleitungspetenten geschaffen werden; andererseits könnte die Einspeisung erhebliche bauliche Modifikationen am Netz erfordern, denn der Netzbetreiber optimiert sein Versorgungsnetz entsprechend den eigenen Einspeisepunkten[559]. Sofern es sich nicht um Ringleitungen

---

[553] OLG Düsseldorf WuW/E DE-R 569, 577
[554] Bechtold, GWB, § 19 Rn. 85
[555] Büdenbender, EnWG, § 4 Rn. 43
[556] Büdenbender, EnWG, § 4 Rn. 43
[557] Salje, EEG, § 13 Rn. 2 m.w.N.
[558] Brandt/Reshöft/Steiner, EEG-Handkommentar, § 10 Rn. 21
[559] DVGW-Sonderdruck: Grundsätze einer gemeinsamen Netznutzung in der Trinkwasserversorgung, Energie Wasser Praxis 9/2001, S. 2

handelt, sind die Netze wie ein Baumdiagramm von der Einspeisestelle bis zu den Endverbrauchern ausgerichtet, wobei die Leitungen im Durchmesser zunehmend kleiner werden[560]. Sollte nunmehr die Netzverknüpfung nicht am bisherigen Einspeisepunkt erfolgen, müssen zwangsläufig die Leitungen insbesondere in Bezug auf den jeweiligen Durchmesser angepasst werden. Ferner kann bei Wässern unterschiedlicher Beschaffenheit eine Zonentrennung erforderlich sein. Auch dies hätte Umbaumaßnahmen zur Folge. § 13 II EEG wird getragen von der Überlegung, dass die aufzuwendenden Kosten den Wert des Netzes grundsätzlich erhöhen, der Netzbetreiber also in eigenes Eigentum investiert[561]. Dieses Argument kann für den Wassermarkt jedoch nur bedingt überzeugen. Zwar kann der Netzbetreiber die Anschlüsse auch nach Ausscheiden des Petenten aus dem örtlichen Markt für eigene Wasserlieferungen nutzen. Allerdings sind die Umbaumaßnahmen am Netz allein bedingt durch das konkrete Durchleitungsbegehren. Eine Zonentrennung wäre sinnlos, wenn sich keine Wässer unterschiedlicher Beschaffenheit mehr im Netz befinden, sondern wieder ausschließlich das Wasser des Netzbetreibers. Auch etwaige Netzmodifikationen könnten nunmehr Probleme bereiten, da an bestimmten Stellen die Rohre durch den Wegfall der Einspeisung des Dritten überdimensioniert wären. Dies könnte zu Druckabfall und längeren Standzeiten in den Rohren führen, wodurch die Gefahr der Verkeimung bestünde[562]. Insofern ist die Interessenlage in diesem Bereich eine völlig andere, als sie § 13 II EEG zu Grunde liegt.

Möglicherweise lässt sich dieser Streit jedoch mit Hilfe einer anderen Norm lösen. Bevor § 13 II EEG bzw. § 10 EEG a.F. als dessen Vorgängerregelung normiert wurde, war die Rechtslage bzgl. der Netzverstärkungskosten nicht eindeutig[563]. Das Landgericht Wuppertal[564] sowie die zugehörige Berufungsentscheidung vor dem OLG Düsseldorf[565] haben dem Netzbetreiber einen Anspruch auf Erstattung sämtlicher Umbaukosten – gestützt auf § 670 BGB – zugesprochen. Im konkreten Fall ging es um den erforderlichen Ausbau der vorhandenen Zuleitung zum Grundstück des Einspeisers. Diese Maßnahmen waren allein durch das Begehren des Einspeisers bedingt. Insofern war es folgerichtig, auch diese Kosten dem Einspeiser aufzuerlegen. Bezogen auf die Durchleitung in der Wasserversorgung müsste der Petent sämtliche Kosten, die durch das konkrete Durchleitungsbegehren verursacht werden, also alle am

---

[560] Mehlhorn, Liberalisierung der Wasserversorgung, GWF – Wasser/Abwasser 142 (2001), Nr. 2, S. 103, 106 ff.
[561] Salje, EEG, § 13 Rn. 3
[562] Mehlhorn, Liberalisierung der Wasserversorgung, GWF – Wasser/Abwasser 142 (2001), Nr. 2, S. 103, 107 ff.
[563] Salje, EEG, § 13 Rn. 3
[564] LG Wuppertal ET 1992, 324, 325
[565] OLG Düsseldorf RdE 1993, 77, 78

Netz vorgenommenen Modifikationen, ersetzen. Allerdings ist äußerst fraglich, ob sich § 670 BGB in Bezug auf eine Durchleitung überhaupt anwenden lässt. Zahlreiche Autoren sehen die Durchleitungsabrede als Werkvertrag[566] oder gar Vertrag *sui generis*[567] an. Würde man einer dieser Ansichten folgen, wäre § 670 BGB nicht direkt anwendbar. Aber selbst wenn man mit der überwiegenden Ansicht die Durchleitung als Geschäftsbesorgungsvertrag mit Werkvertragscharakter betrachtete[568], wäre die Anwendbarkeit von § 670 BGB keineswegs zwingend gegeben. Denn § 675 BGB verweist zwar auf diese Norm. Aufwendungsersatz gibt es jedoch nur, wenn dieser nicht schon in der Vergütung enthalten ist[569]. Und um dies zu klären, muss man die Ausgangsfrage beantworten, nämlich ob die Umbaukosten vom Petenten voll zu erstatten sind oder nur in die Netznutzungsentgelte einfließen. Der Rückgriff auf das BGB trägt hier also nicht zur Problemlösung bei. Dies ist insofern nicht verwunderlich, als das Vertragsrecht keine kartellrechtliche Entscheidung ersetzen kann, sondern eine solche vollziehen helfen soll.

Letztendlich muss die Frage, ob die Umbaukosten in das regelmäßige Netznutzungsentgelt einfließen können oder im Voraus erstattet werden müssen, nach der Interessenlage der Parteien beantwortet werden, wenn man eine sachgerechte Lösung erzielen will. Das Office of Water Services (OFWAT) hat dementsprechend für den englisch-walisischen Wassermarkt eine Differenzierung vorgeschlagen, die danach unterscheidet, ob eine Umbaumaßnahme allein für den Petenten erfolgt – dann wäre sie auch von diesem allein zu tragen – oder es sich um den Anschluss eines Neukunden des Petenten handelt – in dem Fall müssten sich die Anschlusskosten über Netznutzungsentgelte amortisieren[570]. Die Ratio, die dahinter steckt, ist erneut die, dass der Anschluss eines Neukunden in der Regel unabhängig von dessen aktuellem Vertragspartner auch bei Beendigung des Lieferantenvertrages vom Netzbetreiber genutzt werden kann. Hingegen sind die Einspeisevorrichtungen sowie die nur für die konkrete Durchleitung vorgenommen Modifikationen am Netz bei Beendigung der gemeinsamen Netznutzung in der Regel nutzlos.

Für eine sachgerechte Lösung müsste man also folgendermaßen differenzieren: Sämtliche Kosten, die allein der Netznutzung durch den Petenten dienen, müssen von diesem im Voraus beglichen werden. Alternativ könnte man auch

---

[566] Seeger, S. 386; Tüngler JuS 2001, 739, 744

[567] Büdenbender, Schwerpunkte der Energierechtsreform 1998, Rn. 255; Obernolte/Danner-*Danner*, Energiewirtschaftsrecht, § 6 EnWG I Rn. 6, Fn. 3

[568] OLG Dresden RdE 2001, 144, 148; Salje RdE 1998, 169, 172 ff.; Kühne RdE 2000, 1, 2; Walter/v. Keussler RdE 1999, 190, 193; Ungemach/Weber RdE 1999, 131, 132

[569] Palandt/*Sprau*, BGB, § 675 Rn. 8

[570] OFWAT, Access Codes for Common Carriage – Guidance, March 2002, p. 25

über eine Sicherheitsleistung seitens des Petenten nachdenken, so dass zwar die Amortisation über die laufenden Entgelte erfolgt, allerdings im Falle der Insolvenz des Petenten der Netzbetreiber nicht die Kosten zu tragen hat. Alle Maßnahmen, die dem Netzausbau dienen und auch bei Ausscheiden des Petenten Vorteile bringen, sind ohne Sicherheitsleistung über regelmäßige Netznutzungsentgelte zu finanzieren.

e) Mischung, Qualitätskontrolle und Messung

Mit der gemeinsamen Netznutzung ist teilweise eine kontrollierte Wassermischung erforderlich[571]. Dieser Aufwand muss nur deshalb betrieben werden, weil der Petent über das Netz des Netzbetreibers versorgen will. Insofern ist es verursachergerecht, wenn ihm über die Netznutzungsentgelte die Kosten der Wassermischung aufgebürdet werden. Hierunter fallen insbesondere die Materialkosten für Natronlauge bzw. Kalk und die notwendigen Beigaben zur Vermeidung der Ablösung der Rohrinkrustationen.

Die gemeinsame Netznutzung macht zudem eine verstärkte Qualitätsüberwachung erforderlich, nicht nur der Mischung, sondern auch im Rohrleitungsnetz. Die Mischung zweier Wässer bringt immer auch biologische Risiken mit sich[572], die verstärkt kontrolliert werden müssen. Wenn man das Verursacherprinzip anlegt, muss natürlich der Petent über die Netznutzungsentgelte für alle Zusatzkosten aufkommen, die durch die gemeinsame Netznutzung entstehen. Andererseits darf dies nicht dazu führen, dass der Netzbetreiber ein Wettbewerbshindernis dadurch errichtet, dass er unangemessen viele Kontrollen durchführt. Deshalb können nur solche Kosten übergewälzt werden, die zur Sicherung der notwendigen Qualitätsstandards erforderlich sind. Natürlich kann auch ein angemessener Teil der ohnehin erforderlichen Überwachung in die Netznutzungsentgelte einfließen.

Die gemeinsame Netznutzung wird zusätzliche Messungen erforderlich machen, die eine genaue Bilanzierung der vom Petenten eingespeisten und dessen Kunden entnommenen Mengen zu ermöglichen und für einen nachträglichen Ausgleich sorgen zu können. Diese Kosten sind grundsätzlich auch überwälzbar.

Bei allen drei genannten Kostenpositionen ist jedoch zu beachten, dass es sich um jeweils relativ kleine Positionen handelt. Wenn man für jede Einzelleistung

---

[571] siehe unter Teil A: V. 2.
[572] DVGW-Sonderdruck: Grundsätze einer gemeinsamen Netznutzung in der Trinkwasserversorgung, Energie Wasser Praxis 9/2001, S. 3

Gebühren berechnet, erhöht dies grundsätzlich den Aufwand beider Seiten. Insofern sollten die Kosten für Mischung, Überwachung und Messung möglichst in den Mengen- bzw. maximalen Entnahmeleistungspreisen enthalten sein. Etwas anderes kann nur dann gelten, wenn gerade zu Beginn der Vertragsbeziehung zwischen Petent und Netzbetreiber zusätzliche Ausgaben erforderlich werden. So müssen an bestimmten Stellen Wasserzähler eingebaut werden, die man noch zu den Umbaukosten rechnen könnte und die damit im Voraus zu zahlen wären. Auch die Qualitätsüberwachung wird in den ersten Monaten intensiver sein, damit man sehen kann, wie die unterschiedlichen Wässer miteinander reagieren. Auch hier böte sich eine Lösung analog zu den Umbaukosten an.

f) Aufbereitung und Speicherung

Nimmt der Petent neben der Transportleistung auch noch Aufbereitungsleistungen in Anspruch, so handelt es sich hierbei grundsätzlich um spezifische Zusatzleistungen, die zusätzlich in Rechnung gestellt werden. Etwas anderes könnte nur dann gelten, wenn ohne eine gemeinsame Aufbereitung im Wasserwerk die gemeinsame Netznutzung nicht möglich wäre. In diesem Fall ist der Petent zur Inanspruchnahme der Aufbereitungsleistungen gezwungen. Dann könnte man darüber nachdenken, ob nicht eine Einbeziehung in den mengen- bzw. von der freigehaltenen Kapazität abhängigen Preis wettbewerbsförderlicher wäre.

Etwas anders sieht die Sachlage bei der Wasserspeicherung aus. Die Hochbehälter dienen nicht nur als Puffer bei plötzlichen Entnahmespitzen. Über sie wird zugleich der Netzdruck kontrolliert. Für einen reibungslosen Betriebsablauf ist die Einspeisung nach einem festen Fahrplan in einen Behälter des Netzbetreibers erforderlich[573], so dass dieser die Regulierung in der Hand behält. Insofern werden standardmäßig die Kosten der Behälter in das Netznutzungsentgelt als Netzkosten mit einfließen.

g) Wechselentgelte

Durch den Wechsel des Lieferanten entstehen dem Netzbetreiber zusätzliche Kosten, die er den wechselnden Kunden oder deren neuen Lieferanten in Rechnung stellen müsste, da anderenfalls die ihm verbliebenen Kunden diese Kosten zu tragen hätten. Ein solches Wechselentgelt entfaltet jedoch prohibitive Wirkung. Im Bereich der Stromwirtschaft wurde teilweise die Zulässigkeit eines solchen Entgeltes abgelehnt, da gleichzeitig auch die verbleibenden Kunden

---

[573] vgl. Severn Trend Water: Network Access Code (http://www.stwater.co.uk)

vom Wettbewerbsdruck auf ihren Anbieter profitierten[574]. Da es jedoch in der Wasserversorgung aktuell keinen Wettbewerbsdruck gibt, entfällt dieses Argument, so dass hier der Grundsatz, dass die Profiteure die Kosten zu tragen haben, anwendbar ist. Demnach sind Wechselentgelte zulässig.

h) Bezahlung zusätzlicher Dienstleistungen

OFWAT schlägt vor, dass die Netzbetreiber den Petenten anbieten könnten, für diese die Rechnungserstellung und das Inkasso zu übernehmen[575]. Hierfür wäre natürlich eine entsprechende Gebühr fällig.

i) Finanzierung von Nebenaufgaben

Neben der Wasserversorgung übernehmen die Wasserversorgungsunternehmen eine Vielzahl von weiteren, originär staatlichen Aufgaben, die sie ebenfalls über den Wasserpreis finanzieren. In erster Linie führen die Wasserversorgungsunternehmen ein umfassendes Grundwassermonitoring durch. Sie überwachen dabei ständig die Qualität des Grundwassers und geben die gesammelten Daten an die zuständigen Behörden weiter.[576] Gerade die großen Fernwasserversorgungsunternehmen betreiben in den Mittelgebirgen Talsperren, an denen sie entweder direkt Rohwasser entnehmen (so z.B. die Söse-, Grane- und Eckertalsperre im Oberharz) oder die sie benutzen, um einen gleichmäßigen Durchfluss an den flussabwärts gelegenen Entnahmestellen zu sichern (so die Talsperren an den Zuflüssen der Ruhr). Gleichzeitig übernehmen diese Bauwerke wichtige Hochwasserschutzfunktionen, die ebenfalls über den Wasserpreis mitfinanziert werden. Eine besondere Nebenaufgabe erfüllen die Harzwasserwerke: Ihnen obliegt die Erhaltung des sog. „Oberharzer Wasserregals". Hierbei handelt es sich um eine Kulturlandlandschaft, die durch den Silbererzbergbau im Harz entstanden ist und einmal ein System aus 120 Teichen, 500 km Gräben und 30 km Wasserläufen umfasste[577].

Auch wenn man durchaus der Ansicht sein kann, dass die genannten staatliche Aufgaben über Steuern zu finanzieren seien, hat man damit aufgrund der Sachnähe die Wasserversorgungsunternehmen betraut mit der Folge, dass die Finanzierung über die Wasserpreise erfolgt. Diese Kosten lassen sich eigentlich weder eindeutig den Netzkosten noch den Wasserentnahmekosten zuordnen. Deshalb stellt sich die berechtigte Frage, ob der Netzbetreiber diese Kosten anteilig in das Netznutzungsentgelt mit einbeziehen kann oder nicht. Wenn man

---

[574] Eine genaue Darstellung des Streitstandes findet sich bei Seeger, S. 409 ff..
[575] OFWAT, Access Codes for Common Carriage – Guidance, March 2002, p. 15
[576] UBA, S. 51 f.
[577] nähere Informationen unter http://www.harzwasserwerke.de

allerdings eine Überwälzung auch auf den Petenten und damit auf deren Abnehmer nicht zuließe, hätte man den Kreis derer, die diese originär gesamtgesellschaftliche Aufgabe auf noch weniger Schultern verteilt. Der Wasserpreis der Abnehmer des Netzbetreibers würde sich weiter erhöhen. Deshalb dürfte eine Beteiligung des Petenten und von dessen Kunden angemessen sein. Bei der von OFWAT präferierten Subtraktionsmethode wäre diese Kostenkomponente im Übrigen automatisch mit enthalten.

j) Weitere Parameter für die Netznutzungsentgeltbemessung

Die Netznutzungsentgeltbemessung kann noch auf eine Vielzahl weiterer Parameter gestützt werden[578]. Zunächst spielt die Frage der Wasserbilanzierung eine Rolle. Damit gemeint ist die Vereinbarung darüber, in welchem Rhythmus Fehlmengen, die durch Abweichungen des tatsächlichen vom geplanten Verbrauch entstehen, ausgeglichen werden. In der Wasserwirtschaft sind kontinuierliche Messungen, aus denen man ein individuelles Abnahmeprofil erstellen könnte, selten. Deshalb müssen die einzelnen Abnehmer klassifiziert und für die jeweiligen Verbrauchergruppen ein synthetisches Abnahmeprofil erstellt werden[579]. Diese Profile sind insofern für den Netzbetreiber mit einem Risiko behaftet, als z.b. längere Hitzeperioden den Wasserverbrauch unerwartet in die Höhe schnellen lassen können[580]. Insofern sind kurze Ausgleichsperioden für den Netzbetreiber günstiger, da er keine Risikovorsorge betreiben muss.

Eine wichtige Rolle bei der Berechung der Netznutzungsentgelte wird auch die Vertragsdauer spielen. Sofern für den Petenten getätigte Investitionen nicht im Voraus bezahlt werden, wird nämlich der Netzbetreiber die Kosten auf die laufenden Entgelte umlegen. Im Falle einer kurzen Laufzeit wird diese Umlage höher sein als bei einer längeren, da er ein Interesse daran hat, dass sich die Investitionen innerhalb der Vertragslaufzeit amortisieren.

Ebenso Einfluss auf die Entgelthöhe wird die Frage haben, ob es sich bei dem Petenten um einen Alt- oder einen Neukunden handelt. Dies hängt einerseits natürlich mit der Tatsache zusammen, dass die wesentlichen Verbindungsstellen zu einem Altkunden bereits errichtet sein werden. Andererseits besteht möglicherweise eine gewisse Vertrauensbasis, so dass bestimmte Maßnahmen, insbesondere bei der Qualitätsüberwachung und im Risikomanagement, unterbleiben können.

[578] Aufzählung in: OFWAT, Access Codes for Common Carriage – Guidance, March 2002, p. 23 f.
[579] analog für die Stromwirtschaft: Arbeitsgruppe Netznutzung Strom, S. 60 ff.
[580] Grombach/Haberer/Merkl/Trüeb, Handbuch der Wasserversorgungstechnik, S. 139

VI. Angemessene Vertragsbedingungen

Im Gegensatz zur Stromwirtschaft, in der eine Durchleitung mittlerweile technisch relativ einfach handhabbar ist, treffen Durchleitungsbegehren in der Wasserwirtschaft auf völlig andere Rahmenbedingungen. Diese Rahmenbedingungen lassen sich nur schwer pauschal benennen, denn sie hängen von der Netzstruktur, der Wasserbeschaffenheit des Netzbetreibers, der Wasserbeschaffenheit des Petenten sowie den gewünschten Einspeise- und Entnahmepunkten ab. Um nach wie vor die Wasserversorgung mit qualitativ den Anforderungen genügendem Trinkwasser sicherstellen zu können, muss der Petent einige Bedingungen des Netzbetreibers akzeptieren, die dieser unter Beachtung der technischen Gegebenheiten festzusetzen gezwungen ist. Sollte sich der Petent nicht bereit erklären, angemessene Vertragsbedingungen zu akzeptieren, wird der Netzbetreiber in der Regel keine andere Wahl haben, als das Begehren zurückzuweisen.[581] Die Rechtsgrundlage dazu bietet § 19 IV Nr. 4, 2. HS GWB, der dem Normadressaten ein Verweigerungsrecht für die Fälle zubilligt, in denen das Begehren des Petenten aus betrieblichen oder sonstigen, insbesondere rechtlichen Gründen unmöglich oder unzumutbar ist. Die Beweislast liegt in diesem Fall beim Netzbetreiber[582]. Sofern der Petent die Durchleitung behördlich oder gerichtlich durchsetzen will, dürfte sich der Netzbetreiber jedoch stets zumindest auf Unzumutbarkeit berufen können, wenn er darzulegen vermag, dem Petenten eine Durchleitung zu angemessenen Bedingungen offeriert zu haben. Im Einzelfall kann er sogar Unmöglichkeit geltend machen.

Auf der anderen Seite ergeben sich auch für den Netzbetreiber aus dem Durchleitungsanspruch bestimmte Pflichten. So hat er die Vertragsverhandlungen zügig zu führen und nach adäquaten technischen Lösungen zu suchen. Auch muss er das Seine zu einem reibungslosen Betriebsablauf beitragen und die Versorgungssicherheit gewährleisten.

In der folgenden Betrachtung sollen nach einigen Bemerkungen zur Anbahnungsphase zum einen die wesentlichen Vertragsbedingungen angesprochen werden, die in jedem Vertrag zwingend geregelt werden müssen. Des Weiteren können bei einer Durchleitung im Einzelfall bestimmte technische oder wasserhygienische Probleme auftreten. Im Fokus stehen daher mögliche Inkompatibilitäten des Durchleitungsbegehrens mit dem Wasser oder den Rohrleitungen des Netzbetreibers sowie etwaige Lösungsmöglichkeiten zur Problembewältigung. Sofern keine adäquaten Alternativen zur Verfügung stehen oder die technisch möglichen Alternativen einen erheblichen Aufwand für den Netzbetreiber

---

[581] DVGW-Sonderdruck: Grundsätze einer gemeinsamen Netznutzung in der Trinkwasserversorgung, Energie Wasser Praxis 9/2001, S. 4
[582] Immenga/Mestmäcker-*Möschel*, GWB, § 19 Rn. 215

bedeuten, wird zu diskutieren sein, ob nicht Unmöglichkeit oder Unzumutbarkeit des konkreten Durchleitungsbegehrens vorliegt. Ferner sollen Fragen des Betriebsablaufs und der Versorgungssicherheit diskutiert werden. Abschließend folgt eine Untersuchung der Haftungsbeziehungen zwischen Petent, Netzbetreiber und den jeweiligen Abnehmern, um Aussagen dahingehend treffen zu können, welche Haftungsregelungen im Netznutzungsvertrag sinnvoller Weise getroffen werden können, damit die Interessen beider Parteien bestmöglich gewahrt werden.

1. Vertragsanbahnung

Für den Ablauf der Vertragsanbahnung existieren grundsätzlich keine starren Vorgaben. Jedoch gibt es eine Vielzahl von insbesondere technischen Parametern, die zunächst unter den Vertragspartnern geklärt werden müssen. Prüfungsumfang und -dauer werden davon abhängen, ob es schon einmal vertragliche Beziehungen zwischen Netzbetreiber und Petent gegeben hat und ob bereits Einspeise- und Entnahmemöglichkeiten existieren. Die englisch-walisische Regulierungsbehörde OFWAT hat für den Netzzugangsanspruch aus dem Water Act 2003 detaillierte Empfehlungen gegeben, wie ein Vertragsanbahnungsverfahren ausgestaltet sein soll[583]. Dieser Vorschlag sieht vier Stationen mit einer Zeitdauer von insgesamt 130 Arbeitstagen vor. Ein solcher Zeitrahmen sollte selbst bei komplizierten Fragstellungen eingehalten werden können. Allerdings wird die Zeitdauer vom ersten Antrag bis zur tatsächlich vorgenommenen Durchleitung davon abhängen, inwiefern größere Baumaßnahmen und ausführliche Modellierungen des künftigen Netzbetriebes durchgeführt werden müssen, um die Durchleitung zu ermöglichen. Danach richtet sich schließlich die Intensität der Verhandlungen. Deshalb verbietet sich hier eine schematische Festlegung, wie sie OFWAT präsentiert hat.

Der Netzbetreiber wird zunächst überprüfen müssen, ob sich das konkrete Durchleitungsbegehren technisch realisieren lässt. Ferner wird er prüfen, ob das Trinkwasser den Anforderungen genügt, ob die Wässer miteinander bzw. das neue Wasser mit den Bedingungen in den Leitungen kompatibel ist. Schließlich muss er entscheiden, ob Anpassungsmaßnahmen erforderlich, möglich und ihm zumutbar sind. Die Kosten dieses Verfahrens trägt grundsätzlich der Petent. Allerdings sollte der Netzbetreiber nicht jede Einzelmaßnahme in Rechnung stellen. Möglicherweise liefe er sonst Gefahr, einen Missbrauch schon deshalb zu begehen, weil er damit schon die Vertragsanbahnung behinderte.

---

[583] OFWAT, Guidance on Access Codes, June 2005, p. 14 ff.

Gerade die Komplexität in Bezug auf Hydraulik, das Mischungsverhalten zweier Wässer sowie die Interaktion zwischen Wasser und Rohr erfordern eine intensive Prüfung des konkreten Durchleitungsvorhabens. Hierzu sollten sich die Netzbetreiber einer computergestützten Hydraulikmodellierung sowie – ggf. darauf aufbauend – einer Wasserqualitätsmodellierung bedienen[584]. Einige Probleme lassen sich jedoch nicht simulieren. Hier wäre ein praktischer Testlauf erforderlich[585]. Ein solcher hätte jedoch den Nachteil, dass er mit hohen Kosten verbunden wäre, insbesondere für den Petenten. Im Falle des Misslingens hätte dieser keine Möglichkeit, seine Ausgaben zu decken, gerade wenn aufwendige Umbauarbeiten zur Netzverknüpfung vorgenommen werden mussten. Aus diesen Gründen sollte – wenn möglich – ein Testlauf unterbleiben oder zumindest so kurz wie möglich gehalten werden[586].

2. Wassertransport

a) Wassermengen

Die abgenommene Wassermenge richtet sich nach der tatsächlichen Abnahme durch den Verbraucher. Deshalb sollte der Petent grundsätzlich so viel Wasser einspeisen, wie der Petent aktuell entnimmt. Der aktuelle Verbrauch lässt sich jedoch nie exakt vorhersagen, sondern nur aufgrund von Erfahrungswerten oder der Erstellung synthetischer Abnahmeprofile prognostizieren. Anhand dieser Prognosen lässt sich ein sog. Einspeisefahrplan für den Petenten erstellen. Das bedeutet, dass festgelegt wird, zu welcher Tageszeit an welchem Tag der Petent welche Menge am jeweiligen Einspeisepunkt abzuliefern hat. Da sich die Mengen nur an Prognosen orientieren, ist im Nachhinein eine Bilanzierung erforderlich. Die entsprechenden Fehlmengen sind vom jeweiligen Schuldner auszugleichen.[587] Sofern also der Petent zu wenig Wasser eingespeist hat, müsste er die entsprechende Menge nachliefern. Im umgekehrten Fall könnte der Petent seine Lieferungen vorübergehend entsprechend drosseln.

Aufgrund der chemischen und biologischen Beschaffenheit des Trinkwassers kann es sein, dass etwa eine Wassermischung nur in bestimmten Verhältnissen erfolgen kann[588]. So kann dies dazu führen, dass zwangsläufig der Petent wesentlich mehr oder wesentlich weniger einspeisen muss, als seine Kunden tatsächlich abnehmen. In diesen Fällen wird auch ein nachträglicher Mengen-

[584] Drinking Water Inspectorate: Information Letter 6/2000 – 11 February 2000, № 13 f.; Board (u.a.), Common carriage and access pricing – A comparitive review, p.112
[585] OFWAT, MD 162, 12 April 2000, Common Carriage – Statement of Principles
[586] OFWAT, MD 162, 12 April 2000, Common Carriage – Statement of Principles
[587] OFWAT, Access Codes for Common Carriage – Guidance, March 2002, p. 32
[588] siehe unter 3. e) bb) ε) ββ)

ausgleich nicht möglich sein. Somit verbliebe für die Parteien nur die Alternative, sich Fehlmengen gegenseitig zu angemessenen Preisen zu vergüten[589].

Ein ähnliches Problem könnte sich dadurch ergeben, dass die unterschiedliche Wasserbeschaffenheit eine Zonentrennung erforderlich macht[590]. Auch in diesem Fall müsste der Ausgleich der Wassermengen auf finanziellem Wege erfolgen.

Insgesamt stellt sich jedoch die Frage der Zumutbarkeit für den Netzbetreiber, wenn er aufgrund der unterschiedlichen Wasserbeschaffenheiten gezwungen wäre, wesentlich mehr Wasser vom Petenten durchzuleiten, als dessen Abnehmer verbrauchen, und diese Mengen auch noch vergüten müsste. Deshalb kann eine gegenseitige Vergütungspflicht nur dann bestehen, wenn sich die dauerhafte Überdeckung des Bedarfs der Kunden des Petenten in engen Grenzen hält. Der umgekehrte Fall, dass der Netzbetreiber dauerhaft zu viel einspeisen muss, dürfte hingegen nur dann gegen seine Interessen verstoßen, wenn die Lieferung zusätzlichen Wassers über seine Kapazitäten hinausginge.

b) Wasserdruck

Jedes Wasserversorgungsnetz steht unter Druck. Anderenfalls wäre eine Entnahme nicht möglich. Der Druck kann durch Lageenergie erzeugt werden. Dementsprechend müsste ein Hochbehälter existieren, der höher gelegen ist als die Abnehmer. Dabei kann es sich um einen ebenerdigen Behälter auf einer Anhöhe handeln wie auch um einen Wasserturm. Es gilt die Faustformel: Zehn Meter Höhendifferenz erzeugen ein bar Druck. Alternativ wird der nötige Druck durch Pumpen hergestellt. Man muss berücksichtigen, dass durch Reibungsverluste in den Rohren der reale Versorgungsdruck unter den hydrostatischen Druck sinkt. Der jeweilige Verlust hängt von der Form der Leitungen (gerade oder mit vielen Biegungen und Abzweigungen) sowie dem Reibungsverlust an den Rohrinnenwandungen ab; letzterer ist abhängig vom Reibungskoeffizienten des Materials, der Rohrlänge sowie dem Rohrdurchmesser[591].

Der Mindestversorgungsdruck richtet sich nach der Höhe der Gebäude im Netzbereich. Je nachdem müssen mindestens zwischen 2 und 4 bar vorhanden sein, so dass an der am ungünstigsten gelegenen Zapfstelle ein Mindestdruck von 1 bar vorhanden ist[592]. Ortsnetze sind ferner so ausgelegt, dass der höchste

---

[589] OFWAT, Access Codes for Common Carriage – Guidance, March 2002, p. 32
[590] siehe unter 3. e) bb) ε) γγ)
[591] Grombach/Haberer/Merkl/Trüeb, Handbuch der Wasserversorgungstechnik, S. 963 ff.
[592] DVGW-Regelwerk, Arbeitsblatt W 400-1, Oktober 2004, S. 32

Systembetriebsdruck 10 bar betragen darf. Um eine Sicherheitsreserve für Druckstöße zur Verfügung zu haben, sollte daher ein Systembetriebsdruck von maximal 8 bar herrschen.[593] Grundsätzlich gilt jedoch, dass der Druck so niedrig wie möglich zu halten ist. Ebenso ist zu beachten, dass auch bei Löschwasserentnahme an keiner Stelle des Netzes der Druck unter 1,5 bar absinkt[594].

Der jeweils aktuell im Netz vorhandene Druck hängt von der aktuellen Entnahme ab. Sofern keine Ausspeisung erfolgt, ist der Druck am höchsten. Würden sämtliche Verbraucher gleichzeitig die Toilettenspülung betätigen, sänke der Druck rapide ab. Das Absinken hängt zudem auch mit dem jeweiligen Rohrdurchmesser zusammen. Bei großen Hauptleitungen verursacht eine Entnahme einen geringeren Druckabfall als bei kleinen Anschlussleitungen.[595]

Sofern es in einem Netz mehrere Einspeisestellen gibt, müssen diese so konfiguriert sein, dass sie im Netz einen einheitlichen Druck erzeugen, um ungewollte Rückflüsse in einen Behälter zu vermeiden. Dementsprechend müssen etwaige Pumpen oder Druckminderungsanlagen ausgesteuert sein. In der Regel sind alle Behälter einer Druckzone auf derselben Höhe über NN angesiedelt[596]. Häufig werden sog. Gegenbehälter installiert, die bei geringem Verbrauch – also hohem Restdruck – Mengen aufnehmen, bei höherem Verbrauch – also geringem Restdruck – Wasser abgeben[597].

Das konkrete Durchleitungsbegehren des Petenten dürfte nicht dazu führen, dass der Wasserdruck in Teilen des Netzes die erforderlichen Mindestwerte unter- bzw. die erlaubten Höchstwerte überschreitet oder gar mit ständigen Druckschwankungen zu rechnen ist. Um dies zu verhindern, müssen die Vertragspartner geeignete Einspeise- und ggf. auch Entnahmestellen wählen, falls erforderlich auch das gesamte Netz an die veränderten Wasserströme anpassen.[598]

---

[593] DVGW-Regelwerk, Arbeitsblatt W 400-1, Oktober 2004, S. 31
[594] DVGW-Regelwerk, Arbeitsblatt W 400-1, Oktober 2004, S. 33
[595] zur Druckberechnung bei der Netzplanung: Korda, Städtebau, S. 383 ff. u. 401 ff.
[596] Mutschmann/Stimmelmayr, Taschenbuch der Wasserversorgung, S. 392 ff.
[597] Mutschmann/Stimmelmayr, Taschenbuch der Wasserversorgung, S. 391
[598] DETR, Competition in the Water Industry in England and Wales – Consultation paper, № 7.24

c) Einspeise- und Entnahmestellen/Durchleitungsweg

Für eine Durchleitung bedarf es der Festlegung von Ein- und Ausspeisestellen[599]. Da aktuell die Netze der Wasserversorgungsunternehmen wenig miteinander verbunden sind und es lediglich regionale Fernwasserversorgungen gibt[600], wird in vielen Fällen zunächst einmal eine Netzverknüpfung mit den Versorgungsleitungen des Petenten erforderlich sein.

Für die Entnahme ist dies in der Regel unproblematisch; denn in den meisten Fällen wird bereits ein Anschluss des Kunden des Petenten an das Netz des bisherigen Monopolisten vorhanden sein. Sofern eine solche Abnahmestelle noch nicht existiert, wie es insbesondere bei reinen Transportdurchleitungen der Fall sein wird, wird sich eine solche dann problemlos überall im Netz herstellen lassen, wenn es sich um einen Kleinkunden handelt. Sofern jedoch der Neuanschluss eines Großverbrauchers oder gar eines anderen Versorgungsunternehmens geplant ist, kann ein Anschluss nur an entsprechend dimensionierten Leitungen erfolgen, da anderenfalls der Versorgungsdruck unter das Mindestniveau sinken kann und damit die Versorgung anderer Kunden des Netzbetreibers gefährdet wäre.

Weiterhin maßgeblich ist auch die Wahl eines geeigneten Einspeisepunktes. Grundsätzlich sind die Netze an den Übergabestellen so zu trennen, dass unzulässige gegenseitige Beeinflussungen ausgeschlossen sind[601]. Man muss weiter danach differenzieren, ob es sich um frei miteinander mischbare Wässer handelt oder nicht. Sofern es sich um Wässer gleicher Beschaffenheit handelt, die frei miteinander mischbar sind, ist die günstigste Variante die Einspeisung in einen Behälter oder in einen Gegenbehälter des Netzbetreibers. Hieraus ergeben sich mehrere Vorteile: Zum einen verändern sich die Druckverhältnisse im Netz nicht. Zum anderen entkoppelt man auf diese Weise die Versorgungssysteme des Netzbetreibers und des Petenten hydraulisch voneinander[602]. Sofern dies nicht möglich ist, kann auch eine direkte Einspeisung ins Netz erfolgen. Hierfür ist in der Regel eine Druckanpassung erforderlich, die über Druckminderer bzw. über Pumpen erfolgt. Am günstigsten dürfte die Verknüpfung an einer Einspeiseleitung des Netzbetreibers sein. Es ergeben sich dabei keinerlei hydraulische Auswirkungen im Netz. Sollte das Netz Ringleitungen beinhalten, ist eine Einspeisestelle an der Ringleitung möglich. Sämtliche anderen Einspeisepunkte machen ggf. eine Neuoptimierung des Netzes erforderlich, so dass

---

[599] DVGW-Sonderdruck: Grundsätze einer gemeinsamen Netznutzung in der Trinkwasserversorgung, Energie Wasser Praxis 9/2001, S. 4

[600] siehe unter Teil A: VI. 1. c)

[601] DVGW-Regelwerk, Arbeitsblatt W 400-1, Oktober 2004, S.44

[602] DVGW-Regelwerk, Arbeitsblatt W 400-1, Oktober 2004, S. 44

möglicherweise eine Zustimmung zu einer solchen Lösung vom Netzbetreiber nicht verlangt werden kann[603].

Komplizierter ist die Lage bei Wässern unterschiedlicher Beschaffenheit, sofern der Petent sein Wasser nicht vorher angeglichen hat. Im Falle der Zonentrennung gilt im Prinzip das eben Gesagte für die nunmehr ausschließlich von Petenten betriebene Versorgungszone. Sofern jedoch eine zentrale Wassermischung erforderlich wird, muss der Petent entweder dort einspeisen, wo der Netzbetreiber seine Zuleitungen hat, damit an diesem Ort oder an diesen Orten jeweils eine zentrale Mischung in einem vorhandenen Behälter oder über eine spezielle Mischanlage erfolgen kann.[604]

d) Netzoptimierung

Eine bauliche Netzoptimierung ist häufig die zwingende Folge, wenn die Trinkwasserübergabe nicht an den bisherigen Einspeiseleitungen des Netzbetreibers vorgenommen werden soll. Ob der Netzbetreiber eine solche hinnehmen müsste, ist äußerst fraglich. Sofern es sich bei ihm um ein Privatrechtssubjekt handelt, kann er sich auf Art. 14 GG berufen. Kommunen und kommunalen Unternehmen hingegen fehlt diesbgzl. die Grundrechtsfähigkeit[605]. Dennoch befinden sie sich nicht im rechtsfreien Raum: Auch ihnen steht ein einfachgesetzliches Eigentumsrecht zu, welches bei einer Auslegung des Wettbewerbsrechts nicht unberücksichtigt bleiben darf.

Art. 14 GG steht zwar nicht einer Mitbenutzung des Netzes durch Dritte entgegen, wenn es darum geht, Wettbewerb auf dem Trinkwasserversorgungsmarkt zu ermöglichen[606]. Insofern ist der Netzbetreiber verpflichtet, die notwendigen Modifikationen an seinem Netz zur Netzverknüpfung zu dulden. Hiervon sind nicht nur die unmittelbaren Anschlussanlagen, sondern auch – im engen Rahmen – erforderliche Modifikationen an den Rohrleitungen umfasst, wenn diese die Durchleitung sicherstellen sollen[607]. Sobald aber größere Arbeiten am Netz erfolgen müssten, um das Netz im Hinblick auf das konkrete Durchleitungsbegehren des Petenten hin zu optimieren, dürfte ein unverhältnismäßiger Eingriff in die Substanz des Eigentums vorliegen; denn der Netzbetreiber hat sein Netz auf seine Bedürfnisse hin zugeschnitten. Hierin liegt der eigentliche Wert seiner Investitionen. Sollte er gezwungen werden, sein Netz auf eine – möglicherweise

[603] siehe unter d)
[604] Näheres dazu unter 3. e) bb) ε)
[605] Maunz/Dürig-*Papier*, GG, Art. 14 Rn. 209
[606] mehr dazu siehe unter Teil E: II. 2. b)
[607] Seeger, S. 253; Böwing, in: Schwarze, Der Netzzugang für Dritte im Wirtschaftsrecht, S. 181, 188; Walter/v. Keussler, RdE 1999, 223, 224

nur temporäre – Mitbenutzung durch einen Dritten umzugestalten, verlöre das Netz für ihn dadurch an Wert, dass er etwaige Umbauten nach Beendigung des Vertrages zurückbauen müsste, um sein Netz wieder auf seine Bedürfnisse hin zu optimieren. Ein solcher Eingriff kann von einem Dritten nicht verlangt werden. Eine solche Auslegung stünde im Einklang mit der Rechtslage bzgl. der Durchleitung in der Stromwirtschaft. Auch in diesem Bereich kann der Petent vom Netzbetreiber keinen wesentlichen Netzausbau zur Kapazitätserweiterung erwarten, sondern lediglich die Beseitigung von Netzengpässen – sog. *bottlenecks* – verlangen, wenn dies mit geringem Aufwand möglich ist[608]. Abgesehen von dieser juristischen Bewertung wird ohnehin eine derartige Netzmodifikation für den Petenten nicht rentabel sein, denn nach dem zur Verteilung der Umbaukosten Gesagten[609] müsste dieser sämtliche Arbeiten selbst finanzieren. Dies dürfte in der Regel etwaige Kostenvorteile bei der Trinkwasserbereitstellung mehr als kompensieren.

e) Zusammenfassung

Die geschilderten technischen Anforderungen an den Wassertransport machen deutlich, dass der Petent keineswegs auf dem für ihn am günstigsten Weg eine Netzverknüpfung erzwingen kann. Die gegenwärtige Netzstruktur kann insbesondere die Auswahl der Einspeisepunkte stark einschränken, insbesondere weil er akzeptieren muss, dass der Netzbetreiber ein berechtigtes Interesse an der Integrität und Funktionsfähigkeit seines Transportsystems hat[610]. Ob bestimmte Veränderungen am Netz hingenommen werden müssen, hängt vom konkret erforderlichen Aufwand – insbesondere auch für einen etwaigen Rückbau – ab, der immer in Relation zu der einzuspeisen beabsichtigten Wassermenge gesehen werden muss. Geht die Abwägung im Einzelfall zulasten des Petenten aus, kann der Netzbetreiber die Durchleitung wegen betriebsbedingter Unzumutbarkeit verweigern.

3. Wasserqualität

Eine Durchleitung ist damit verbunden, dass sich – je nachdem, ob eine Zonentrennung oder eine Wassermischung oder beides in Kombination erfolgt – viele Kunden des Netzbetreibers nunmehr ein anderes Wasser oder ein Mischwasser erhalten. Möglicherweise vermindert sich für diese Abnehmer die Wasserqualität. Dies dürfte weder im Interesse der Abnehmer noch im Interesse des Netzbetreibers liegen. Man muss jedoch unterscheiden, ob es sich um solche Quali-

---

[608] Seeger, S. 252 f.

[609] siehe unter V. 3. d) bb)

[610] DETR, Competition in the Water Industry in England and Wales – Consultation paper, № 7.24

tätsminderungen handelt, die einen Verstoß gegen die Trinkwasserverordnung bedeutete, oder ob es lediglich solche Mängel sind, die für den Verbraucher zwar spürbar wären, die aber keinen Normverstoß zur Folge hätten. Bei letzteren Mängeln ließe sich wiederum danach differenzieren, ob es sich um objektive Qualitätsminderungen handelt, oder ob diese nur für bestimmte Abnehmer spürbar sind, weil sie sich an eine bestimmte Qualität gewöhnt haben oder diese für die industrielle Produktion benötigen.

a) Anforderungen der Trinkwasserverordnung

Die Wasserversorgungsunternehmen sind verpflichtet, die Anforderungen der Trinkwasserverordnung[611] einzuhalten. Diese auf der Grundlage sowohl des Infektionsschutzgesetzes (IfSG) als auch des Lebensmittel- und Bedarfsgegenständegesetzes (LMBG)[612] erlassene Verordnung verfolgt das Ziel, „die menschliche Gesundheit vor den nachteiligen Einflüssen, die sich aus der Verunreinigung von Wasser ergeben, das für den menschlichen Gebrauch bestimmt ist, durch Gewährleistung seiner Genusstauglichkeit und Reinheit (…) zu schützen"[613]. Die §§ 4 ff. i.V.m. den Anlagen der TwVO enthalten Vorschriften über die chemischen, biologischen und physikalischen Anforderungen an Trinkwasser. § 4 I 2 TwVO schreibt zudem die Einhaltung der allgemein anerkannten Regeln der Technik vor. Entsprechende Verweise enthalten auch die Landeswassergesetze[614]. Zu diesen Regeln der Technik gehören sowohl DIN-Vorschriften als auch die Regelwerke der Deutsche Vereinigung des Gas- und Wasserfaches (DVGW)[615]. Für die Durchleitung im Wassersektor ist insbesondere das DVGW Arbeitsblatt W 216 relevant, welches Anleitung über die technisch einwandfreie Mischung zweier verschiedener Wässer gibt. Wichtig ist zudem, dass auch bei einer vorgenommenen Durchleitung das Wasser an sämtlichen Entnahmestellen der DIN 2000 entspricht.

aa) Mikrobiologische und chemische Anforderungen, Indikatorparameter

Die Trinkwasserverordnung unterscheidet drei Arten von Anforderungen an Trinkwasser: mikrobiologische Anforderungen, chemische Anforderungen sowie Indikatorparameter.

---

[611] BGBl. I 2001, S. 959 ff.
[612] genaue §§ siehe Präambel der TwVO
[613] § 1 TwVO
[614] z.B. § 145 NWG; § 48 NWWG; § 49 HessWG; § 43 II BWWG
[615] Seeliger/Castell-Exner, wwt awt 5/2001, S. 29

α) Mikrobiologische Anforderungen

§ 5 I TwVO schreibt vor, dass Krankheitserreger nicht in für die menschliche Gesundheit schädlichen Konzentrationen enthalten sein dürfen. Die zugehörige Anlage 1 sieht den Grenzwert 0 für solche Bakterien vor, die selbst die Gesundheit in der Regel nicht beeinträchtigen, jedoch auf das Vorhandensein von Krankheitserregern hindeuten (Escherichia Coli, Enterokokken, Coliforme Bakterien)[616]. Bei mikrobieller Belastung sind die Versorgungsunternehmen gemäß § 5 IV TwVO zu einer Aufbereitung und ggf. ergänzend zu einer Desinfektion nach den allgemein anerkannten Regeln der Technik verpflichtet.

β) Chemische Anforderungen

In Trinkwasser dürfen eine Vielzahl von chemischen Stoffen, die die Gesundheit des Menschen schädigen können, nur in bestimmten Konzentrationen enthalten sein (§ 6 i.V.m. Anlage 2 TwVO). Darüber hinaus sieht § 6 III TwVO vor, dass unabhängig von den festgesetzten Grenzwerten die Konzentrationen der schädlichen Stoffe so gering gehalten werden müssen, wie dies nach den allgemein anerkannten Regeln der Technik mit vertretbarem Aufwand möglich ist[617].

γ) Indikatorparameter

Die Trinkwasserversordnung sieht in § 7 i.V.m. Anlage 3 ferner Grenzwerte für bestimmte Indikatorparameter vor. Wie der Name schon sagt, geht bei Überschreitung der festgesetzten Werte weniger eine Gefahr von den Stoffen selbst aus, sondern diese Parameter deuten darauf hin, dass das Rohwasser belastet ist, die Aufbereitung nicht wirksam funktioniert oder sich Materialien aus dem Rohrnetz lösen[618]. Neben der Konzentration bestimmter Stoffe gehören auch Geschmack (Anlage 3, Nr. 8), Geruch (Nr. 7) und Trübung (Nr. 17) zu den wichtigen Indikatoren. Insbesondere die Wasserstoffionenkonzentration (pH-Wert, Nr. 18) wie auch die Calcitlösekapazität geben Auskunft darüber, inwiefern das Wasser korrosiv wirkt oder möglicherweise kalkabscheidend ist.

bb) Einhaltung der Grenzwerte

Grundsätzlich muss der Petent ein Wasser einspeisen, welches den Anforderungen der Trinkwasserverordnung genügt bzw. bei dessen Gewinnung, Aufbereitung und Transport die allgemein anerkannten Regeln der Technik eingehalten wurden. Sollte der Petent dies nicht zusichern können, ist der Netzbetreiber

---

[616] Seeliger/Castell-Exner, wwt awt 5/2001, S. 29, 30
[617] Näheres zum Minimierungsgebot siehe unter ee)
[618] Seeliger/Castell-Exner, wwt awt 5/2001, S. 29, 31

nicht nur berechtigt, sondern verpflichtet, das Begehren zurückzuweisen, es sei denn, eine etwaige Wassermischung könnte diesen Zustand beseitigen. Durch eine entsprechende Verdünnung mit dem Wasser des Netzbetreibers könnten u.U. die Grenzwerte für einige chemische Parameter eingehalten werden. Wenn der Netzbetreiber ein Wasser an die Endverbraucher verteilen würde, welches den Anforderungen der TwVO nicht genügte, machte er sich gegebenenfalls sogar nach § 24 TwVO i.V.m. § 75 II, IV IfSG strafbar oder beginge eine Ordnungswidrigkeit gemäß § 25 TwVO i.V.m. § 73 I Nr. 24 IfSG. Insofern müssen die Vertragsbedingungen so gestaltet sein, dass an den Entnahmestellen die Grenzwerte der Trinkwasserverordnung eingehalten werden.

cc) Minimierungsgebot der TwVO

In § 6 III TwVO ist das sog. Minimierungsgebot normiert, welches besagt, dass die Konzentration der chemischen Stoffe, „die das Wasser für den menschlichen Gebrauch verunreinigen oder seine Beschaffenheit nachteilig beeinflussen können", so niedrig gehalten werden muss, wie es technisch unter vertretbarem Aufwand „unter Berücksichtigung der Umstände des Einzelfalls" möglich ist. Unter diese Norm fallen zum einen sämtliche Stoffe, die in Anlage 2 der TwVO angeführt werden. Aber auch bei der Zugabe von Desinfektionsmitteln, die nach § 5 IV TwVO vorgeschrieben ist, muss das Minimierungsgebot beachtet werden[619]. Dass § 6 III TwVO dementsprechend auszulegen ist, ergibt sich aus Art. 10 der EU-Richtlinie über die Qualität von Wasser für den menschlichen Gebrauch[620], die durch die Trinkwasserverordnung in deutsches Recht umgesetzt wird. Art. 10 der Richtlinie schreibt vor, dass die für die Aufbereitung und Verteilung von Wasser verwendeten Stoffe und die damit verbundenen Verunreinigungen nur in den Konzentrationen zurückbleiben dürfen, wie es zur Erfüllung des Verwendungszwecks erforderlich ist.

Das Minimierungsgebot kann eine zusätzliche Aufbereitung des Mischwassers oder des Wassers des Petenten erfordern, wenn eine solche wirtschaftlich zumutbar ist. Sollte der Petent in einem derartigen Fall eine eigene Aufbereitung oder eine angemessene Kostenbeteiligung an der Aufbereitung des Mischwassers verweigern, so wäre mit Sicherheit kein Durchleitungsanspruch gegeben. Der Netzbetreiber hätte nur die Wahl, entweder selbst die zusätzliche Aufbereitung zu finanzieren oder gegen die Trinkwasserverordnung zu verstoßen. Dies dürfte eindeutig für den Netzbetreiber unzumutbar sein. Das Problem wird in der Praxis jedoch darin liegen zu bestimmen, welche Maßnahmen das Minimierungsgebot im konkreten Fall erfordert. Man wird hierbei nicht um eine

---

[619] Frimmel, in: Grohmann/Hässelbarth/Schwerdtfeger, Die Trinkwasserverordnung, 4. Auflage, S. 577, 578
[620] RL 98/83/EG des Rates vom 3.11.1998, ABl. EG 1998 L 330/32

Abwägung zwischen zusätzlichem Aufbereitungsaufwand und Erfolg umhinkommen.

Möglicherweise könnte man aus dem Minimierungsgebot auch einen Durchleitungsverweigerungsgrund des Netzbetreibers herleiten[621]. Wenn etwa die mit einer konkreten Durchleitung verbundene Wassermischung zur Folge hätte, dass das Mischwasser eine höhere Konzentration eines oder mehrerer in Anlage 2 der TwVO aufgeführten Stoffe aufweist als das Wasser des Netzbetreibers, ohne dass die zugehörigen Grenzwerte überschritten würden, so könnte man dem Netzbetreiber ein Durchleitungsverweigerungsrecht unter Hinweis auf das Minimierungsgebot zugestehen. Das gleiche würde in den Fällen gelten, in denen die Einspeisung des Petenten die zusätzliche Zugabe von Desinfektionsmitteln erforderlich machte, der Netzbetreiber aber vorher auch ohne solche Maßnahmen die Anforderungen erfüllte[622].

Das Minimierungsgebot für eine konkrete Durchleitungsverweigerung heranziehen zu wollen, dürfte allein an der Praktikabilität der Anwendung scheitern. Wäre das Minimierungsgebot beispielsweise verletzt, wenn die Einspeisung des Petenten zu einer Erhöhung der Nitratwerte sowie der Pflanzenschutzmittel führte, sich aber gleichzeitig die Konzentration an Blei, Cadmium und Kupfer senkte? Um diese Frage zu beantworten, müsste man Parameter unterschiedlichster Art in Relation zueinander setzen, die in ihren jeweiligen Auswirkungen auf die Wasserqualität nicht miteinander vergleichbar sind. Es lässt sich wohl kaum für jeden erdenklichen Fall eine Umrechnungstabelle erstellen nach dem Prinzip „1 mg/l Kupfer wiegt 25 mg/l Nitrat auf". Das Minimierungsgebot kann sich deshalb sinnvollerweise nur auf ein gegebenes Wasser beziehen, welches optimal aufzubereiten ist. Dafür spricht auch der Wortlaut des § 6 III TwVO. Die Konzentration an chemischen Stoffen ist nur insoweit zu minimieren, „wie dies nach den allgemein anerkannten Regeln der Technik mit vertretbarem Aufwand unter Berücksichtigung der Umstände des Einzelfalls möglich ist". Diese Formulierung macht deutlich, dass technische Maßnahmen zur Wasseraufbereitung gefordert werden, soweit sie wirtschaftlich vertretbar sind. § 6 III TwVO sagt jedoch nichts darüber, aus welchen Quellen der Wasserversorger sein Rohwasser gewinnen soll. Deshalb kann allein die Tatsache, dass sich bestimmte Stoffkonzentrationen durch die Einspeisung des Wassers des Petenten erhöhen oder den zusätzlichen Einsatz von Desinfektionsmitteln erforderlich machen, keinen Verstoß gegen § 6 III TwVO begründen und stellte

---

[621] so im Ansatz: DVGW-Sonderdruck: Grundsätze einer gemeinsamen Netznutzung in der Trinkwasserversorgung, Energie Wasser Praxis 9/2001, S. 4

[622] DVGW-Sonderdruck: Grundsätze einer gemeinsamen Netznutzung in der Trinkwasserversorgung, Energie Wasser Praxis 9/2001, S. 4

159

mithin auch keinen Grund zur Verweigerung des Netzzugangs dar, weil das Minimierungsgebot nicht die Ressourcenauswahl einschränkt.[623]

b) Mögliche Auswirkungen einer Durchleitung auf die Wasserqualität

Selbst wenn das Wasser des Petenten an der Einspeisestelle die notwendigen Anforderungen erfüllte, könnte es durch Vermischung mit dem Wasser des Netzbetreibers oder durch Reaktionen mit dem Rohrnetz dazu kommen, dass an den Entnahmestellen die Grenzwerte überschritten würden. Im Folgenden gilt es zu untersuchen, welche Effekte bei einer Durchleitung auftreten können, die nachteilige Auswirkungen auf die Beschaffenheit des Wassers nach sich zu ziehen vermögen. Hierbei wird zu unterscheiden sein, ob es sich um dauerhafte Beeinträchtigungen oder nur um temporäre, allein durch die Umstellung bedingte Reaktionen handelt. Ziel der Betrachtung ist es herauszuarbeiten, welche konkreten Gegenmaßnahmen die Parteien des Durchleitungsvertrages vereinbaren müssen, um die Einhaltung der Qualitätsanforderungen zu garantieren. Sofern mögliche Maßnahmen im Einzelfall für den Netzbetreiber oder für dessen Kunden eine zu hohe Belastung bedeuten oder sich der Petent aus Kostengründen nicht damit einverstanden erklärt, wird für den Netzbetreiber ein Zugangsverweigerungsrecht aus betriebsbedingten Gründen bestehen.

aa) Hydraulische Effekte

Hydraulische Effekte auf die Wasserbeschaffenheit können nur dann entstehen, wenn es durch die Durchleitung überhaupt zu hydraulischen Veränderungen kommt. Derartige Veränderungen sind zunächst einmal für den Fall ausgeschlossen, dass der Petent dem Netzbetreiber einen Kunden abgeworben hat und der Petent sein Wasser an einer Stelle einspeist, an der auch der Netzbetreiber bislang sein Wasser ins Netz gibt. Hierbei bieten sich die Behälter und Gegenbehälter des Netzbetreibers an, da so zudem eine hydraulische Trennung zwischen dem System des Petenten und dem des Netzbetreibers erfolgte[624]. In der Folge veränderten sich weder die Fließrichtung noch der Fließdruck. Die hydraulischen Bedingungen würden sich gegebenenfalls dann verändern, wenn der Abnehmer des Petenten neu ans Netz angeschlossen würde oder ein bestehender Abnehmer mit dem Anbieterwechsel gleichzeitig die Abnahmemenge erhöhte. Hier könnten sich zwar Druck- und Fließgeschwindigkeitsveränderungen ergeben, in Ringleitungssystemen könnte sich auch an einigen Stellen die vorherrschende Fließrichtung umkehren. Man darf jedoch annehmen, dass der Netzbetreiber im Falle einer Verweigerung den Neukunden selbst versorgen

---

[623] a.A. wohl: BMWi, S. 52
[624] interne, nicht veröffentlichte Dokumente des DVGW-ad hoc-Arbeitskreises „Technische Fragen der Liberalisierung"

würde bzw. selbst die Menge anpasste. Dabei würden dieselben hydraulischen Effekte auftreten. Insofern wären die Änderungen der hydraulischen Bedingungen nicht durchleitungsbedingt.

Durchleitungsbedingte hydraulische Veränderungen entstehen grundsätzlich in zwei Fällen: Entweder der Petent speist an einem anderen Punkt des Netzes ein als der Netzbetreiber oder es handelt sich um eine reine Transportdurchleitung zu einem Abnehmer, den der Netzbetreiber nicht als Kunden akquirieren könnte oder wollte. Letztlich wäre natürlich auch eine Kombination von beidem geeignet, hydraulische Veränderungen im Netz hervorzurufen.

Welches sind nun die hydraulischen Effekte, die eine Veränderung der Trinkwasserqualität verursachen können? Die maßgeblichen Parameter sind die Fließgeschwindigkeit, der Fließdruck und die Fließrichtung. Eine Umkehr der vorherrschenden Fließrichtung sowie eine Erhöhung der Fließgeschwindigkeit – insbesondere dann, wenn sie sehr schnell erfolgt – können eine verstärkte Ablösung von Belägen an den Rohrinnenwandungen bewirken[625]; hierbei handelt es sich sowohl um Korrosionsprodukte, insbesondere Metalloxide, als auch um Biofilme[626]. Umgekehrt hat eine Verlangsamung der Fließgeschwindigkeit zur Folge, dass sich verstärkt im Wasser transportierte Partikel ablagern. Der Netzbetreiber optimiert sein Netz in der Regel so, dass im gesamten Netz ein regelmäßiger Durchfluss stattfindet. Sofern sich die Aufenthaltszeiten im Rohrnetz durch eine durchleitungsbedingte Verlangsamung der Fließgeschwindigkeit in einigen Abschnitten merklich verlängern, kommt es zu einem Qualitätsverlust durch Aufkeimung, Beeinträchtigungen des Geruchs und Geschmacks sowie Bildung von Rostwasser.[627] Etwas andere Effekte können Druckveränderungen haben: Erhöht sich der Druck spürbar, besteht einerseits die Gefahr von Rohrbrüchen, Ausfall von Armaturen und Undichtigkeiten[628], mit der möglichen Folge des Eindringens von belastetem Wasser. Andererseits kommt es verstärkt zur Lösung von Luft. Dies kann zu milchigem Wasser

---

[625] DVGW-Sonderdruck: Grundsätze einer gemeinsamen Netznutzung in der Trinkwasserversorgung, Energie Wasser Praxis 9/2001, S. 2; Drinking Water Inspectorate: Information Letter 6/2000 – 11 February 2000, № 10

[626] mehr dazu unter cc)

[627] DVGW-Sonderdruck: Grundsätze einer gemeinsamen Netznutzung in der Trinkwasserversorgung, Energie Wasser Praxis 9/2001, S. 2

[628] DVGW-Sonderdruck: Grundsätze einer gemeinsamen Netznutzung in der Trinkwasserversorgung, Energie Wasser Praxis 9/2001, S. 2; Drinking Water Inspectorate: Information Letter 6/2000 – 11 February 2000, № 10; Gimbel, GWF – Wasser/Abwasser 142 (2001), Nr. 2, S. 114, 117

führen und damit Reklamationen der Kunden auslösen[629]. Sinkt hingegen der Druck plötzlich ab, besteht die Gefahr von Rückflüssen aus Häusern und Industrieanlagen sowie des Eindringens belasteten Wassers durch Risse oder defekte Hausanschlüsse[630]. Gleichzeitig kann der Versorgungsdruck unter das erforderliche Minimum sinken[631]. Damit würde gegen einen der Leitsätze der DIN 2000 verstoßen werden, der besagt, dass Wasser stets in ausreichender Menge und mit ausreichendem Druck zur Verfügung stehen soll[632]. Welche dieser Gefahren im konkreten Einzelfall bestehen, dürfte sich nur mit Hilfe einer Netzmodellierung bzw. eines Testlaufes ermitteln lassen[633].

Die einfachste Möglichkeit zur Problemvermeidung in diesen Fällen ist die Wahl geeigneter Einspeisepunkte[634], aber auch der Entnahmestellen. Gleichzeitig kann die Art und Weise der Einspeisung, etwa die Lage des Behälters oder eine adäquate Regulierung des Drucks über Pumpen bzw. Druckminderventile, unerwünschte Auswirkungen auf die Wasserqualität verhindern. Insbesondere der Betrieb des Transportnetzes ist im Hinblick auf die Durchleitung zu optimieren[635]. Einen Teil dessen bildet ein adäquater Einspeisefahrplan für den Petenten[636], um insbesondere Druck- oder Geschwindigkeitsschwankungen zu vermeiden. Der Petent wird jedoch nicht vom Netzbetreiber verlangen können, dass dieser durch die Durchleitung verursachte Stagnationszonen regelmäßig manuell spülen lässt, um Aufkeimungen u.ä. zu verhindern. Damit würde sein Begehren nicht nur übermäßig Personal binden, sondern auch erheblich in den reibungslosen Betriebsablauf eingreifen.

Als eine weitere Maßnahme käme eine bauliche Netzoptimierung in Betracht. Hierzu wurde jedoch bereits festgestellt, dass eine solche nur sehr begrenzt vom Netzbetreiber verlangt werden kann, etwa dann, wenn ein Engpass mit wenig Aufwand zu beseitigen ist[637].

Sollten die für den Netzbetreiber zumutbaren Maßnahmen so nicht vereinbart werden können oder trotz dieser Maßnahmen die angesprochenen Probleme

---

[629] interne, nicht veröffentlichte Dokumente des DVGW-ad hoc-Arbeitskreises „Technische Fragen der Liberalisierung"
[630] Gimbel, GWF – Wasser/Abwasser 142 (2001), Nr. 2, S. 114, 117
[631] Drinking Water Inspectorate: Information Letter 6/2000 – 11 February 2000, № 10
[632] DIN 2000, S. 4, Abschnitt 4.2
[633] Drinking Water Inspectorate: Information Letter 6/2000 – 11 February 2000, № 13 f.
[634] Drinking Water Inspectorate: Information Letter 6/2000 – 11 February 2000, № 10
[635] DVGW-Sonderdruck: Grundsätze einer gemeinsamen Netznutzung in der Trinkwasserversorgung, Energie Wasser Praxis 9/2001, S. 3
[636] Severn Trent Water: Network Access Code (http://www.stwater.co.uk)
[637] siehe unter 2. d)

fortbestehen, wird dem Netzbetreiber in der Regel ein Durchleitungsverweigerungsrecht zustehen, da die meisten angesprochenen Gefahren durch hydraulische Effekte erhebliche Qualitätseinbußen nach sich ziehen können bis hin zum Verstoß gegen die Trinkwasserverordnung. Sicherlich wird man im konkreten Fall unterscheiden müssen, ob bei einer dauerhaften Erhöhung der Fließgeschwindigkeit die Mobilisierung der Rohrinkrustationen nur vorübergehender Natur ist oder länger anhält. Vorübergehende Qualitätsbeeinträchtigungen treten jedenfalls regelmäßig in Verbindung mit notwendigen Wartungsarbeiten auf[638] und sind daher auch für die Abnehmer des Netzbetreibers zumutbar. Spürbare Qualitätseinbußen über einen längeren Zeitraum muss der Netzbetreiber im Interesse seiner Kunden nicht hinnehmen.

bb) Chemische Eigenschaften

Nach § 8 Nr. 1 TwVO müssen die chemischen Anforderungen des § 6 i.V.m. Anlage 2 der TwVO an die Trinkwasserbeschaffenheit nicht bei der Einspeisung, sondern bei der Entnahme durch den Kunden an den Haus- und Gebäudeanschlüssen erfüllt sein. Trinkwasser erfährt beim Transport erhebliche Beschaffenheitsveränderungen, weil es im Netz zu Interaktionen zwischen dem Wasser und den Rohrinnenwandungen kommt[639]. Hierbei laufen Korrosionsprozesse ab, bilden sich Ablagerung von Korrosionsprodukten sowie von ausgefällten Stoffen und lösen sich Partikel von bereits existierenden Deckschichten[640]. Inwiefern diese Prozesse ablaufen, ist einerseits von den hydraulischen Bedingungen[641], andererseits von der Wasserbeschaffenheit abhängig. Eine gemeinsame Netznutzung hat zwangsläufig die Versorgung in einem Netz mit Trinkwässern unterschiedlicher Herkunft zur Folge. Dementsprechend ist bei einem solchen Vorgang das DVGW-Arbeitsblatt W 216[642] zu beachten, das als allgemein anerkannte Regel der Technik i.S.v. § 4 I TwVO gilt.

α) Wasserbeschaffenheit: Begriffsdefinitionen

Die Beschaffenheit eines Wassers wird anhand der chemischen Parameter bestimmt, die für das Korrosionsverhalten des Wassers verantwortlich sind. Nach dem DVGW-Arbeitsblatt W 216 sind dies die Konzentrationen von Chlorid, organisch gebundenem Kohlenstoff, Phosphat, Sauerstoff und Sulfat

---

[638] http://www.idar-oberstein.de/stadtwerke/wasser/unterbrechung.html
[639] Drinking Water Inspectorate: Information Letter 6/2000 – 11 February 2000, № 16
[640] Mehlhorn, Liberalisierung der Wasserversorgung, GWF – Wasser/Abwasser 142 (2001), Nr. 2, S. 103, 108
[641] siehe unter aa)
[642] DVGW-Regelwerk, Arbeitsblatt W 216, Versorgung mit unterschiedlichen Trinkwässern, März 2003

sowie die Säurekapazität bis pH = 4,3[643]. Die einzelnen Parameter sind niemals konstant, sondern bewegen sich jeweils in gewissen Schwankungsbreiten. Das DVGW-Arbeitsblatt W 216 definiert für jeden einzelnen Parameter bestimmte maximale Schwankungsbreiten; sofern sich bei allen Parameterwerten die jeweilige Schwankungsbreite innerhalb des jeweiligen Toleranzbereichs befindet, spricht man von „Trinkwasser gleichmäßiger Beschaffenheit". Sollte dies bei einem Parameter nicht der Fall sein, spricht man von „Trinkwasser mit zeitlich wechselnder Beschaffenheit". Bei der Beurteilung der Kompatibilität zweier Wässer geht man nach demselben Muster vor. Befinden sich sämtliche Parameter beider Wässer mit der jeweiligen Schwankungsbreite innerhalb des Toleranzbereichs, so spricht man von „Trinkwässern gleicher Beschaffenheit", anderenfalls von „Trinkwässern unterschiedlicher Beschaffenheit".[644] Trinkwasser gleichmäßiger Beschaffenheit bzw. Trinkwässer gleicher Beschaffenheit erfordern aus korrosionschemischen Gründen keinerlei besondere Maßnahmen. Anders hingegen ist es bei der Versorgung mit Trinkwasser zeitlich wechselnder Beschaffenheit bzw. mit Trinkwässern unterschiedlicher Beschaffenheit.[645]

β) Zusammenhang zwischen Wasserbeschaffenheit und Deckschichten

Die in den Rohren befindliche Deckschicht korrespondiert grundsätzlich mit dem transportierten Wasser. Sobald sich die Wasserbeschaffenheit verändert, wird sich auch die Deckschicht den neuen Gegebenheiten anpassen. Dieser Anpassungsprozess dauert jedoch eine gewisse Zeit. Damit sich ein neues Gleichgewicht einstellen kann, ist es erforderlich, dass die Wasserqualität fortan stabil bleibt und sich nicht ständig verändert, etwa weil sich Wässer unterschiedlicher Beschaffenheit im Netz unkontrolliert mischen oder die Wasserbeschaffenheit aus anderen Gründen zeitlich wechselt.[646] Ähnliches gilt auch für das Korrosionsverhalten des Wassers. Bei einer Umstellung von hartem auf weiches Wasser erhöht sich die Korrosionsgeschwindigkeit rapide und klingt dann langsam ab. Im umgekehrten Fall, bei der Umstellung von weichem auf hartes Wasser, gibt es denselben Effekt, jedoch in wesentlich geringerem Ausmaß.[647] Während der Anpassungsphase ergeben sich nicht unerhebliche Qualitätsbeeinträchtigungen, auf die sich der Verbraucher einzustellen hat. Bei regelmäßigen Veränderungen in der Wasserbeschaffenheit – etwa durch häufige Anbieterwechsel von Abnehmern – würde aus einer zeitweiligen Belastung ein Dauerzustand werden, der für die verbleibenden Kunden nicht hinnehmbar

---

[643] DVGW-Regelwerk, Arbeitsblatt W 216, März 2003, S. 7 f.

[644] nähere Erläuterungen dazu: DVGW-Regelwerk, Arbeitsblatt W 216, März 2003, S. 7 ff.

[645] DVGW-Regelwerk, Arbeitsblatt W 216, März 2003, S. 7 u. 11

[646] Mehlhorn, Liberalisierung der Wasserversorgung, GWF – Wasser/Abwasser 142 (2001), Nr. 2, S. 103, 108 f.

[647] Gimbel, GWF – Wasser/Abwasser 142 (2001), Nr. 2, S. 114, 118 f.

wäre.[648] Aus diesen Gründen kann eine Durchleitung nur unter zwei Bedingungen durchgeführt werden: Erstens sollte in den Netzen eine gleichmäßige Wasserbeschaffenheit herrschen[649]. Und zweitens können, sofern sich die Trinkwasserbeschaffenheit durch die jeweilige Durchleitung verändert, nur längerfristige gemeinsame Netznutzungen mit relativ konstanten Einspeisungsmengen toleriert werden, um die Wasserbeschaffenheit für eine gewisse Zeit stabil zu halten. Sollten diese Bedingungen nicht erfüllt werden, so verbliebe dem Netzbetreiber ein Verweigerungsrecht wegen Unzumutbarkeit.

γ) Kalk-Kohlensäure-Gleichgewicht

Das Korrosionsverhalten des Wassers, die Intensität der Korrosionsvorgänge und der Eintrag von Korrosionsprodukten ins Trinkwasser, sowie die Stabilität der Rohrinkrustationen, die Bildung und die Abtragung schützender Deckschichten, hängen maßgeblich davon ab, ob sich das Wasser im sog. Kalk-Kohlensäure-Gleichgewicht befindet[650]. Die chemische Erklärung – vereinfacht dargestellt – ist folgende[651]: Im Wasser gelöstes Kohlenstoffdioxid reagiert mit Wasser zu Kohlensäure. Diese dissoziiert teilweise in Wasserstoffionen und Hydrogencarbonationen und in einem weiteren Schritt in Carbonationen. Der Grad der Dissoziation hängt u.a. vom pH-Wert der Lösung ab. Im Wasser befinden sich ebenfalls Calciumionen. Diese können mit den Carbonationen schwerlöslichen Kalk bilden, der ausfällt und sich an den Oberflächen festsetzt. Auf der anderen Seite kann ein Überschuss an Wasserstoffionen zur Ablösung von bereits abgesetztem Kalk, aber auch zu Korrosion führen. Beide Effekte, sowohl das Ausfällen von Kalk als auch die Kalklösekapazität, sind unerwünscht. Aus diesem Grund wird ein Gleichgewichtszustand angestrebt, in dem sich Kalk weder abscheidet noch löst. Diesen Zustand nennt man „Kalk-Kohlensäure-Gleichgewicht" oder „Zustand der Calcitsättigung". Bei welchem pH-Wert dieser Zustand erreicht ist, hängt von verschiedenen Faktoren ab, u.a. von der Temperatur, von der Calciumkonzentration, aber auch von der Konzentration anderer Stoffe. Um die Ausfällung von Calciumcarbonat (Kalk) zu verhindern, muss aus technischen Gründen ein gewisses Maß an Wasserstoffionenkonzentration vorhanden sein. Die Trinkwasserverordnung schreibt daher in Anlage 3 Nr. 18 eine Calcitlösekapazität von maximal 5 mg/l vor. Bei weichen

[648] Mehlhorn, Liberalisierung der Wasserversorgung, GWF – Wasser/Abwasser 142 (2001), Nr. 2, S. 103, 108 f.

[649] DVGW-Regelwerk, Arbeitsblatt W 216, März 2003, S. 11; Gimbel, GWF – Wasser/Abwasser 142 (2001), Nr. 2, S. 114, 116

[650] Nissing/Johannsen, in: Grohmann/Hässelbarth/Schwerdtfeger, Die Trinkwasserverordnung, 4. Auflage, S. 473 ff.

[651] Damrath/Cord-Landwehr, Wasserversorgung, S. 92 ff.; Grombach/Haberer/Merkl/Trüeb, Handbuch der Wasserversorgungstechnik, S. 24 ff.

Wässern ist dieses Kriterium erfüllt, wenn der pH-Wert über 7,7 liegt. Bei harten Wässern würde ein solcher pH-Wert schon zu Kalkabscheidung führen, so dass dort andere Messkriterien angewendet werden müssen.[652]

Eine gemeinsame Netznutzung ist grundsätzlich mit der Mischung zweier Wässer verbunden. Mischwässer haben in der Regel ein größeres Calcitlösevermögen als die Einzelwässer vor der Vermischung[653]. Aus diesem Grund gibt die Trinkwasserverordnung für Mischwasser einen höheren Grenzwert von 10 mg/l vor[654]. Sofern es sich um Trinkwässer gleicher Beschaffenheit handelt, die ihrerseits jeweils den Grenzwert von 5 mg/l Calcitlösekapazität erfüllen, besteht freie Mischbarkeit der Wässer in den Rohren, da ein Ansteigen der Calcitlösekapazität auf über 10 mg/l nicht zu erwarten ist. Bei Trinkwässern unterschiedlicher Beschaffenheit muss man unterscheiden, ob auch in Bezug auf die Säurekapazität bis pH 4,3 die Schwankungsbreiten beider Wässer den Toleranzbereich überschreiten. Ist das nicht der Fall, kann auf eine Entsäuerung verzichtet werden. Sobald jedoch der Toleranzbereich der Säurekapazität bis pH 4,3 überschritten wird oder eines der Wässer den Grenzwert der Calcitlösekapazität von 5 mg/l überschreitet, ist eine zentrale Mischung verbunden mit einer vorherigen oder nachträglichen Entsäuerung erforderlich.[655] Diese kann über eine Belüftung vor oder nach der Mischung, über die Zugabe von Kalkwasser oder Natronlauge sowie durch eine Filtration über dolomitischem Filtermaterial bzw. Calciumcarbonat nach der Mischung geschehen[656]. Der Grad der Entsäuerung hängt natürlich von den jeweiligen Beschaffenheiten sowie den Mischungsverhältnissen ab.

Schließlich kann eine Einspeisung durch den Petenten nur erfolgen, wenn sichergestellt ist, dass sich das im Netz verteilte Trinkwasser im Zustand der Calcitsättigung befindet oder es zumindest die Toleranzen der Trinkwasserverordnung nicht überschreitet. Gegebenenfalls müssen auf Kosten des Petenten[657] geeignete Maßnahmen ergriffen werden, mit denen die Einhaltung der Werte garantiert wird[658].

---

[652] eine nähere Erläuterung der Vorgänge findet sich bei: Nissing/Johannsen, in: Grohmann/Hässelbarth/Schwerdtfeger, Die Trinkwasserverordnung, 4. Auflage, S. 473 ff.
[653] Gimbel, GWF – Wasser/Abwasser 142 (2001), Nr. 2, S. 114, 118 f.
[654] Anlage 3 Nr. 18 der TwVO
[655] DVGW-Regelwerk, Arbeitsblatt W 216, März 2003, S. 12 ff.
[656] DVGW-Regelwerk, Arbeitsblatt W 216, März 2003, S. 18
[657] siehe unter V. 3. d) u. e)
[658] siehe unter ε)

δ) Sonstige Korrosionsparameter

Auch die anderen im DVGW-Arbeitsblatt W 216 genannten Korrosionsparameter (Chlorid, organisch gebundener Kohlenstoff, Phosphat, Sauerstoff und Sulfat) müssen sich auch nach einer Wassermischung innerhalb der maximalen Schwankungsbreiten halten. Sofern es sich um Trinkwässer gleicher Beschaffenheit handelt, ergeben sich diesbzgl. keinerlei Probleme. Anders ist es jedoch, wenn zwei Wässer unterschiedlicher Beschaffenheit gemeinsam in einem Netz verteilt werden sollen. In einem solchen Fall muss eine freie und unkontrollierte Mischung der beiden Wässer im Netz vermieden, müssen adäquate Gegenmaßnahmen ergriffen werden.

ε) Maßnahmen bei der Versorgung mit Trinkwasser unterschiedlicher Beschaffenheit

Für den Fall, dass Trinkwässer unterschiedlicher Beschaffenheit in einem Verteilungssystem transportiert werden sollen, sieht das DVGW-Arbeitsblatt W 216 drei unterschiedliche Möglichkeiten vor, um den damit verbundenen korrosionschemischen Problemen zu begegnen: Die Angleichung der Trinkwässer durch Aufbereitung vor der Einspeisung ins Rohrnetz, die Wassermischung sowie die Trennung in verschiedene Versorgungszonen[659].

αα) Angleichung

Eine Angleichung ist in drei Varianten denkbar: Entweder der Petent gleicht sein Wasser dem des Netzbetreibers an oder umgekehrt oder sowohl Netzbetreiber als auch der Petent gleichen ihr Wasser an. Die zuerst genannte Variante dürfte in der Praxis wohl am ehesten in Betracht kommen, denn vermutlich wird der Petent zunächst nur einzelne Kunden abwerben können. Gerade wenn das vom Petenten eingespeiste Wasser nur einen sehr kleinen Teil des im Netz transportierten Wassers ausmacht, dürfte es für den Netzbetreiber nicht zumutbar sein, für ihn aufwendigere Maßnahmen wie den Bau eines Mischbehälters oder eine Zonentrennung durchzuführen. Die Angleichung beider Wässer dürfte nur dann in Betracht kommen, wenn die Angleichung eines Wassers alleine nicht hinreicht, um Kompatibilität zu erzeugen. Dass man den Netzbetreiber dazu zwingt, allein sein Wasser anzugleichen, dürfte nur dann zumutbar sein, wenn dies technisch wesentlich einfacher ist und der Petent einen großen Wasseranteil beisteuert.

Der Angleichung sind technisch-naturwissenschaftliche Grenzen gesetzt. Zwar gibt es Teilenthärtungs- und Aufhärtungsverfahren[660], aber die Angleichung der

---

[659] DVGW-Regelwerk, Arbeitsblatt W 216, März 2003, S. 14
[660] DVGW-Regelwerk, Arbeitsblatt W 216, März 2003, S. 18

übrigen physikalisch-chemischen Parameter ist aufwendig und nicht immer möglich[661].

ββ) Wassermischung

Sofern das Durchleitungsbegehren eine gewisse Größenordnung erreicht hat, dürfte eine kontrollierte Wassermischung die adäquate Maßnahme zur Herstellung eines Wassers gleichmäßiger Beschaffenheit bzw. zur Einstellung des Kalk-Kohlensäuregleichgewichts sein. Die Mischung sollte entweder in einem dazu geeigneten Wasserbehälter oder in einer Mischkammer vorgenommen werden. Die Anlagen sollten so konstruiert sein, dass sich die Wässer allein aufgrund der Strömungsverhältnisse in der Apparatur vollständig miteinander vermischen.[662] Eine Alternative dazu wäre die Mischung im Rohr über eine definierte Wegstrecke. Hierzu müsste zunächst eine Druckanpassung über eine Druckminderanlage bzw. ein Drucksteigerungspumpwerk vorgenommen werden. Diese Methode ist nicht unproblematisch, weil damit eine hydraulische Verbindung zwischen dem Netz des Netzbetreibers besteht. U.U. kann es deshalb zu unerwünschten Druckstößen oder zu Rückflüssen in das Netz des Petenten kommen[663]. Sofern es sich um eine Hauptversorgungsleitung handelt, deren Durchfluss verbrauchsabhängig gesteuert wird, dürfte es schwierig sein, konstante Mischungsverhältnisse zur Vermeidung stark schwankender Wasserqualitäten beizubehalten, denn die Einspeisung müsste stets proportional zur aktuellen Entnahme erfolgen.[664] Insofern dürfte die Mischung in einem Behälter oder in einer Mischkammer die vorzugswürdigeren Varianten sein.

Ziel einer jeden Mischung muss es sein, ein Wasser gleichmäßiger Beschaffenheit herzustellen. Es gibt Trinkwässer unterschiedlicher Beschaffenheit, die in jedem Mischungsverhältnis ein Wasser gleichmäßiger Beschaffenheit ergeben. Dort spielt das Mischungsverhältnis keine Rolle. Wenn jedoch die unterschiedliche Beschaffenheit auf mehreren Korrosionsparametern beruht oder aber die Ausgangswässer jeweils große Schwankungsbreiten bei einzelnen Parametern aufweisen, kann nicht jedes Mischungsverhältnis ein Wasser gleichmäßiger Beschaffenheit produzieren. Wenn man einmal ein Mischungsverhältnis gewählt hat, schränkt sich der Modifikationsspielraum merklich ein. Die veränder-

---

[661] Mehlhorn, Liberalisierung der Wasserversorgung, GWF – Wasser/Abwasser 142 (2001), Nr. 2, S. 103, 108

[662] DVGW-Regelwerk, Arbeitsblatt W 216, März 2003, S. 17

[663] Dies ist einer der Gründe, warum der Zweckverband Bodenseewasserversorgung im Regelfall in Behälter seiner Abnehmer einspeist (§ 5 I der Wasserabgabeordnung der BWV, http://www.zvbwv.de).

[664] Mehlhorn, Liberalisierung der Wasserversorgung, GWF – Wasser/Abwasser 142 (2001), Nr. 2, S. 103, 111

te Mischung darf nämlich nur in solchen Verhältnissen vorgenommen werden, bei denen sich ein Wasser mit der gleichen Beschaffenheit ergibt wie nach den ursprünglichen Proportionen. Abhängig davon, wie weit sich die Schwankungsbreiten der einzelnen Parameter voneinander unterscheiden, ergibt sich ein entsprechender Spielraum zur Veränderung des Mischungsverhältnisses.[665] Bei Nichteinhaltung dieser Vorgaben würden sich erneut die angesprochenen, unerwünschten Umstellungseffekte einstellen. Daraus ergeben sich Einschränkungen für den Petenten in Bezug auf eine Steigerung der durchgeleiteten Mengen durch Abwerben von Kunden des Netzbetreibers. Eine Mischung kann also nicht unbedingt passend zu jeder beabsichtigten Durchleitungsmenge durchgeführt werden. Entweder vor oder nach der Mischung wird im Regelfall eine Entsäuerung erfolgen müssen, damit sich das Mischwasser im Zustand der Calcitsättigung befindet[666].

Ob der Bau einer Mischungsanlage im konkreten Fall für den Netzbetreiber zumutbar ist, hängt von mehreren Faktoren ab. Natürlich ist zu berücksichtigen, dass der Petent die vollen Kosten zu tragen hat[667]. Dennoch müssen das oder die Durchleitungsbegehren des Petenten eine gewisse Größenordnung erreicht haben, denn eine zusätzliche Mischung verkompliziert spürbar den Betriebsablauf. Abstrakt lässt sich die Größenordnung nur schwer beziffern. Sie ist natürlich zunächst einmal in Relation zur Gesamtmenge des im Netz transportierten Wassers zu sehen. Möglicherweise besteht aktuell jedoch schon eine hydraulische Trennung in mehrere Teilnetze, so dass man möglicherweise nicht die Gesamtmenge heranzöge, sondern nur die in dem Teilnetz verteilte Menge. Auf der anderen Seite gibt es Netze, in die an verschiedenen Punkten eingespeist wird. Folglich müsste entweder eine Mischung an sämtlichen Einspeisepunkten erfolgen oder man müsste das Netz hydraulisch trennen und nur an einer Stelle mischen[668]. Der folgende Aufwand für den Netzbetreiber wäre jedenfalls ungleich höher. Außerdem muss man immer die Alternative der Angleichung berücksichtigen. Und nicht zuletzt dürfen der mit der Mischung verbundene Aufwand – etwa für die Entsäuerung – und die etwaige Zugabe von Inhibitoren sowie die stets mit der Umstellung der Wasserqualität verbundenen Folgen nicht unberücksichtigt bleiben. Die notwendige Größenordnung zu ermitteln erfordert also eine umfassende Abwägung der genannten Faktoren anhand des konkreten Einzelfalls.

---

[665] DVGW-Regelwerk, Arbeitsblatt W 216, März 2003, S. 15 ff.
[666] siehe unter γ)
[667] siehe unter V. 3. d)
[668] mehr dazu unter γγ)

γγ) Zonentrennung

Die dritte Möglichkeit, Wässer unterschiedlicher Beschaffenheit in einem Netz zu verteilen, ist die hydraulische Trennung des Netzes in zwei oder mehr Versorgungszonen[669]. Man hat dabei nur Folgendes zu beachten: Zum einen muss das in jeder Versorgungszone verwendete Wasser auch den jeweiligen Spitzenbedarf decken können. Zwar sind Einspeisemöglichkeiten von einer Zone in die andere vorzusehen; diese können jedoch nur im Notfall verwendet werden, weil man in der Folge ein Wasser unregelmäßiger Beschaffenheit erhielte, welches die vorhandenen Beläge ablöste und damit das Wasser trübte und verfärbte. Um Endstränge mit der Gefahr der Bildung von Stagnationsbereichen an den Zonengrenzen zu vermeiden, sollten Ringleitungen ausgebildet werden.[670]

Auch bei der Zonentrennung gibt es zwei mögliche Untervarianten: Die eine ist die, dass man in der einen Zone das Wasser des Netzbetreibers und in der anderen Zone das des Petenten verteilt. Es ist schon nicht ganz unproblematisch, diese Konstellation überhaupt als Durchleitung anzusehen. Die Abnehmer sowohl des Petenten als auch des Netzbetreibers werden sich in der Regel auf beide Zonen verteilen. Ein Teil der jeweiligen Kunden hätte selbst theoretisch nie die Möglichkeit, das von seinem Lieferanten bereitgestellte Wasser zu erhalten. Dennoch kann man diesen Fall noch als Durchleitung bezeichnen, denn die hydraulische Trennung ist nicht vorgefundene Bedingung, sondern Mittel zur Ermöglichung der Durchleitung[671]. Sie erfolgt erst in Reaktion auf das Duchleitungsbegehren. Daneben ergeben sich bei dieser Variante zahlreiche praktische Probleme. Der Petent hätte nicht den Bedarf seiner eigenen Abnehmer zu decken, sondern den der Abnehmer in der von ihm mit Wasser belieferten Zone. Zwar ließen sich die Zonen im Einzelfall möglicherweise so trennen, dass der Wasserverbrauch in dieser Zone grob dem der Abnehmer des Petenten entspricht. Dies wird sich allerdings nur selten so gestalten lassen, da die Netzkonfiguration darüber entscheidet, an welchen Stellen eine hydraulische Trennung technisch möglich und sinnvoll ist. Im Ergebnis wird der Petent in nicht unerheblichem Maße entweder mehr oder weniger Wasser einspeisen als seine Kunden entnehmen. Ein nachträglicher Zonenausgleich ist aufgrund der unterschiedlichen Wasserbeschaffenheit nicht möglich. Insofern wird den Parteien nichts anderes übrig bleiben, als dass derjenige, der zu wenig Wasser eingespeist hat, die zuviel gelieferten Mengen des anderen vergüten muss [672]. Als adäquaten Preis könnte man den Wasserpreis des anderen abzüglich des

[669] DVGW-Regelwerk, Arbeitsblatt W 216, März 2003, S. 14 f.
[670] DVGW-Regelwerk, Arbeitsblatt W 216, März 2003, S. 15
[671] so auch schon unter Teil A: IV. 3.
[672] OFWAT, Access Codes for Common Carriage – Guidance, March 2002, p. 32

Netznutzungsentgelts zugrunde legen. Hierbei sollte natürlich der Preis für Großverbraucher herangezogen werden, denn in dieser Größenordnung werden sich die auszugleichenden Mengen vermutlich bewegen.

Die andere Variante ist die, dass in einer Zone nicht das reine Wasser des Petenten, sondern ein Mischwasser aus dem Wasser des Petenten und dem des Netzbetreibers vertrieben wird. Zwar entstünde ein zusätzlicher Aufwand durch Wassermischung und Zonentrennung. Allerdings könnte – im Rahmen der zulässigen Mischungsverhältnisse – die Einspeisemenge des Petenten der tatsächlichen Abnahme seiner Kunden angeglichen bzw. Fehlmengen im Nachhinein durch Wasserlieferung ausgeglichen werden.

Eine Zonentrennung ohne Wassermischung wird man aufgrund der angesprochenen Problematik mit dem Ausgleich von Fehlmengen lediglich dann in Betracht ziehen, wenn aufgrund der unterschiedlichen Wasserbeschaffenheiten nur ein sehr begrenzter Spielraum bzgl. der Mischungsverhältnisse besteht. Diese könnten entweder eine zu hohe Mindestschwelle oder aber eine Mengenbegrenzung für den Petenten darstellen. Außerdem ist bei absoluter Mischungsinkompatibilität oder bei einem zu hohen Mischungsaufwand eine Zonentrennung sinnvoll. In allen anderen Fällen könnte der Netzbetreiber sie mit Recht als unzumutbar ablehnen.

Bei großen Netzen mit mehreren Einspeisepunkten könnte jedoch eine Zonentrennung ergänzend zur Wassermischung sinnvoll sein, weil damit die Notwendigkeit entfiele, an allen diesen Stellen einen Mischbehälter zu errichten. Der Nachteil bestünde jedoch darin, dass die einheitliche Wasserqualität im gesamten Netz aufgegeben würde. Dies wiederum dürfte den Betriebsablauf verkomplizieren. Von daher wird ein derartiger Schritt nur dann in Frage kommen, wenn die Alternative, der Bau von Mischbehältern an allen Einspeisepunkten, erheblich aufwändiger wäre.

ζ) Schutz der Rohrinkrustationen

Es wurde bereits angesprochen, dass eine Ablösung der Rohrinkrustationen eine Verunreinigung des Trinkwassers in chemischer, mikrobiologischer sowie ästhetischer Hinsicht bedeutet. Derartige Ablösungen sind jedoch dann unvermeidbar, wenn sich die Wasserbeschaffenheit verändert, sei es durch eine Wassermischung oder durch eine Zonentrennung, bei der sich zumindest in einem Teil des Netzes Modifikationen ergeben. Gerade wenn über einen sehr langen Zeitraum eine bestimmte Wasserbeschaffenheit das Netz durchströmte, wird es sich bei den Verunreinigungen nicht nur um ein vorübergehendes, sondern um ein Dauerproblem handeln. Um diesen unerwünschten Effekt zu verhindern, gibt es die Möglichkeit, dem Trinkwasser sog. Inhibitoren beizumischen. Für diesen Zweck können Poly- und Orthophosphate zur Anwendung kommen, aber auch ein Silicat/Phosphat-Mischprodukt (Wasserglas)[673]. Insbesondere eingefahrene Verteilungssysteme weisen jedoch stark ausgebildete Deckschichten auf und haben damit ein hohes Sorptionsvermögen. Aus diesem Grund kann es einige Wochen dauern, bis sich der Inhibitor überall im Netz verteilt hat, weil große Mengen vorher adsorbiert wurden.[674] Insofern ist bei solchen Netzen eine gewisse Vorlaufzeit einzuplanen. Technisch nicht einfach zu lösen ist natürlich das Problem der richtigen Dosierung, die sich letztendlich nur in der Praxis exakt ermitteln lässt[675]. Diese Inhibitoren müssen dauerhaft beigemischt werden, so dass entsprechende Anlagen zu errichten sind. Sollten solche Maßnahmen aufgrund zu starker Verkrustungen nicht Erfolg versprechend sein, so wird der Netzbetreiber nicht umhinkommen, die betroffenen Leitungen zu reinigen oder auszutauschen[676]. Ob sich dann eine Durchleitung für den Petenten noch lohnte, wenn größere Erneuerungsmaßnahmen erforderlich wären, die dieser über ein erhöhtes Netznutzungsentgelt zu zahlen hätte, muss der konkrete Einzelfall zeigen.

cc) Mikrobiologische Faktoren

Für die Einhaltung der Anforderungen des § 5 Tw.VO ist es maßgeblich, dass das Wasser mikrobiologisch stabil ist, d.h. nicht zu Aufkeimungen neigt[677]. Dass dies insbesondere für das Wasser des Petenten gilt, daran hat der Netzbetreiber ein maßgebliches Interesse. Ein derartiges Wasser dürfte bei der Einspeisung – also vor der Mischung mit dem Wasser des Netzbetreibers – möglicherweise noch den Anforderungen genügen. Wenn auf einmal im Netz des Betreibers an bestimmten Stellen eine mikrobiologische Verseuchung auftritt, kann es bis zu fünf Tagen dauern, bis ein Untersuchungsergebnis vorliegt, anhand dessen sich bestimmen lässt, ob diese durch das Wasser des Netzbetreibers oder das des Petenten hervorgerufen wurde[678]. Dies liegt mitunter daran, dass bakteriologische Untersuchungen im 24 Stunden-Zyklus vorgenommen werden und zur Ermittlung des Verursachers eine Reihe von nacheinander geschalteten Untersuchungen erforderlich ist. Sollte das Wasser des Petenten diesen Anforderungen nicht genügen, ist dieses nach § 5 IV 1 TwVO vor der Einspeisung aufzubereiten. Sofern eines der Wässer darüber hinaus der

---

[673] Schumacher, Neue DELIWA-Zeitschrift, Heft 8/81

[674] Gimbel, GWF – Wasser/Abwasser 142 (2001), Nr. 2, S. 114, 119

[675] Schumacher/Wagner/Kuch, GWF – Wasser/Abwasser 129 (1988) Nr. 3, S. 146, 148

[676] Drinking Water Inspectorate: Information Letter 6/2000 – 11 February 2000, № 18

[677] DVGW-Sonderdruck: Grundsätze einer gemeinsamen Netznutzung in der Trinkwasserversorgung, Energie Wasser Praxis 9/2001, S. 3

[678] mündliche Auskunft des Laborleiters der Harzwasserwerke GmbH

Desinfektion bedarf, ist darauf zu achten, dass auch im Mischwasser die nach § 5 IV 2 TwVO erforderliche Desinfektionskapazität vorhanden ist[679].

Ein weiteres mikrobiologisches Problem hängt mit den sich an den Rohrinnenwandungen bildenden sog. Biofilmen zusammen. Als Biofilme bezeichnet man eine Ansammlung von Mikroorganismen (Zellen, organische Ausscheidungen der Zellen und anorganische Ablagerungen), die sich auf allen Oberflächen von Materialien bildet, die mit Wasser in Kontakt kommen. Das Biofilmwachstum ist abhängig von der Nährstoffkonzentration im Trinkwasser. Das die Rohre durchströmende Wasser und der Biofilm stehen in ständigem Kontakt miteinander und können sich somit ständig austauschen, weshalb von den Biofilmen Kontaminationen ausgehen können. Dies sind zum einen Flockenbildung, Verfärbungen („Rostwasser") sowie Geschmacksveränderungen und Geruchsbildung. Zum anderen bilden sie Habitate für trinkwasserhygienisch relevante Keime (Indikatorbakterien und Krankheitserreger). Problematisch dabei ist, dass Biofilme in die Korrosionsprodukte an den Rohrinnenwandungen eingewachsen sind. Sie bieten damit den in der Biofilm-Matrix gebundenen Keimen eine gute Wachstums- und Überlebensmöglichkeit, weil eine wesentlich höhere Biozid-Konzentration (Chlor, Chlordioxid, Ozon) notwendig ist, um diese abzutöten, als es für Bakterien in suspendierter Form erforderlich wäre. Ferner beeinflussen die Biofilme das Korrosionsverhalten des Wassers an den Oberflächen.[680]

Die durch Biofilme verursachten Kontaminationen treten unregelmäßig und zufällig auf[681]. Ein Wechsel in der Wasserbeschaffenheit kann zu vermehrtem Biofilmwachstum, aber auch zu vermehrtem, temporär auftretendem Eintrag von Keimen ins Trinkwasser führen. Dies gilt insbesondere dann, wenn ein Wechsel von reinem Oberflächen- bzw. reinem Grundwasser auf ein Mischwasser aus beidem erfolgt[682]. Grund dafür ist der Zusammenhang, dass Oberflächenwasser in der Regel einen höheren Gehalt an natürlichen organischen und anorganischen Inhaltsstoffen aufweist, welcher für das Wachstum der Biofilme

---

[679] Mehlhorn, Liberalisierung der Wasserversorgung, GWF – Wasser/Abwasser 142 (2001), Nr. 2, S. 103, 108

[680] Näheres zu Biofilmen bei: Szewzyk/Chorus/Schreiber/Westphal, in: Grohmann/Hässelbarth/Schwerdtfeger, Die Trinkwasserverordnung, 4. Auflage, S. 243 ff. und Flemming, Biofilme in Trinkwassersystemen – Teil I: Übersicht, GWF – Wasser/Abwasser 139 (1998), Nr. 13, S. S 65 ff.

[681] Flemming, Biofilme in Trinkwassersystemen – Teil I: Übersicht, GWF – Wasser/Abwasser 139 (1998), Nr. 13, S. S 67

[682] Drinking Water Inspectorate: Information Letter 6/2000 – 11 February 2000, № 20

und auch der darin enthaltenen Keime verantwortlich ist[683]. In der Folge können die mikrobiologischen Grenzwerte überschritten werden; zumindest aber werden andere Eintragungen für Geschmacksprobleme u.ä. sorgen[684]. Um diese unerwünschten Effekte zu vermeiden, ist eine Modellierung der beabsichtigten Durchleitung im Hinblick auf die Wasserqualität essentiell wichtig, insbesondere um ein günstiges Mischungsverhältnis zu ermitteln[685]. Hierfür stehen entsprechende Computerprogramme zur Verfügung. Als eine weitere Gegenmaßnahme kommt eine verstärkte Desinfektion in Betracht, die jedoch aufgrund der ebenfalls damit verbundenen Geschmacksprobleme[686] für den Netzbetreiber und dessen Kunden unzumutbar sein könnte[687]. Zudem können Testläufe geboten sein. Sollte der Petent mit sinnvollen Gegenmaßnahmen, erforderlichen Modellierungen und Testläufen, die er finanzieren muss, nicht einverstanden sein, oder sollten sich die Probleme nicht lösen lassen, wird der Netzbetreiber das Durchleitungsbegehren verweigern können.

c) Zumutbarkeit von Qualitätsbeeinträchtigungen ohne Grenzwertverstoß

Es wurde bereits darauf hingewiesen, dass ein Durchleitungsbegehren wegen Unzumutbarkeit zurückgewiesen werden kann und muss, wenn trotz des Ergreifens zumutbarer Maßnahmen ein Verstoß gegen die Grenzwerte der Trinkwasserverordnung die Folge wäre[688]. Auf der anderen Seiten kann es jedoch auch solche Beeinträchtigungen geben, die auch ohne Grenzwertverstoß für den Kunden gerade in ästhetischer Hinsicht objektiv oder auch nur rein subjektiv Qualitätseinbußen bedeuten.

aa) Objektive Beeinträchtigungen

α) Geschmack, Geruch, Aussehen, chemische Zusammensetzung

Durch Veränderungen in der Wasserbeschaffenheit kann es Geschmacks- und Geruchsbeeinträchtigungen geben, insbesondere durch mikrobiologische Faktoren, aber auch durch eine zusätzliche Desinfektion. Beide Komponenten sind Indikatorparameter der Trinkwasserverordnung[689]. Demnach sind Geruchs-

---

[683] interne, nicht veröffentlichte Dokumente des DVGW-ad hoc-Arbeitskreises „Technische Fragen der Liberalisierung"

[684] Drinking Water Inspectorate: Information Letter 6/2000 – 11 February 2000, № 20

[685] Drinking Water Inspectorate: Information Letter 6/2000 – 11 February 2000, № 20

[686] interne, nicht veröffentlichte Dokumente des DVGW-ad hoc-Arbeitskreises „Technische Fragen der Liberalisierung"

[687] Näheres dazu unter b) ee)

[688] siehe unter a) bb)

[689] Anlage 3 Nr. 7 u. 8

schwellenwerte festgesetzt. Der Geschmack soll „für den Verbraucher annehmbar und ohne anormale Veränderung" sein. In ähnlicher Weise steht es in der DIN 2000, die als allgemein anerkannte Regel der Technik i.S.v. § 4 I TwVO gilt: Trinkwasser muss farblos, klar, kühl sowie geruchlich und geschmacklich einwandfrei sein[690]. Allerdings kann es Geruchs- und Geschmacksbeeinträchtigungen unterhalb der gesetzlich normierten Schwelle geben. Sobald etwa eine stärkere Desinfektion erforderlich ist, verändert sich der Geschmack und teilweise auch der Geruch spürbar, ohne dass jedoch die Anforderungen der allgemein anerkannten Regeln der Technik missachtet würden. Insbesondere für Verbraucher, die vorher ein desinfektionsmittelfreies Wasser empfangen haben, könnte dies eine nicht unerhebliche Qualitätseinbuße bedeuten.

Aus ästhetischer Sicht unerfreulich sind auch Trübungen und Verfärbungen. Es wurde bereits ausgeführt, dass solche insbesondere unmittelbar nach Wechsel in der Wasserbeschaffenheit, aber auch längerfristig durch verändertes Korrosionsverhalten des Wassers auftreten kann. Selbiges gilt für hydraulische Veränderungen wie insbesondere Veränderungen der Fließgeschwindigkeit und Fließrichtung. Auch die Trübung ist ein Indikatorparameter der Trinkwasserverordnung[691], wobei allerdings der Grenzwert am Ausgang des Wasserwerks und nicht am Hausanschluss einzuhalten ist. Durchleitungsbedingte Trübungen treten jedoch erst am Hausanschluss auf, da sie auf der Interaktion zwischen transportiertem Wasser und Netz beruhen. Insofern gilt hier nur über § 4 I 2 TwVO die Bestimmung der DIN 2000, dass Wasser farblos und klar sein soll[692]. Auch ohne die gemeinsame Netznutzung verändern Monopolisten teilweise die Wasserbeschaffenheit oder die hydraulischen Verhältnisse. Die damit verbundenen Probleme im Hinblick auf Färbung und Trübung muss der Verbraucher auch ohne wettbewerbliche Durchleitung dulden. Insofern besteht kein Zweifel daran, die diese umstellungsbedingten Qualitätseinbußen in gewissem Rahmen rechtlich zulässig sind.

Schließlich kann es eine Folge der Durchleitung sein, dass sich die Konzentration an chemischen Stoffen erhöht, ohne dass die Grenzwerte der Trinkwasserverordnung dadurch überschritten werden. Hierzu gehört auch eine erhöhte Konzentration an Desinfektionsmitteln und Desinfektionsmittelresten, die durch das Verteilen oder Hinzumischen des Wassers des Petenten bedingt ist. In solchen Fällen ist das Trinkwasser zwar unbedenklich genießbar. Auch werden sich die erhöhten Stoffkonzentrationen nicht unbedingt in Geschmack, Geruch oder Aussehen niederschlagen. Dennoch mindert sich dadurch die Qualität des

---

[690] DIN 2000, S. 6 Nr. 5.1
[691] Anlage 3 Nr. 17 TwVO
[692] DIN 2000, S. 6 Nr. 5.1

Trinkwassers, weil es sich immerhin um solche Stoffe handelt, die in der Regel ab einer gewissen Konzentration gesundheitsschädlich sind. Eine solche qualitative Beeinträchtigung lässt sich jedoch nur dann feststellen, wenn es aufgrund der Durchleitung zu einem deutlichen Anstieg eines oder mehrerer Parameter kommt und sich nicht gleichzeitig andere Stoffkonzentrationen vermindern.

β) Zustimmung der Verbraucher zu Qualitätseinbußen

Nachdem die möglichen Qualitätsprobleme beschrieben wurden, die keinen Verstoß gegen die Trinkwasserverordnung darstellen, muss die Frage gestellt werden, ob der Netzbetreiber und damit dessen Abnehmer Qualitätseinbußen hinzunehmen haben, um die Konkurrenz eines Dritten zum Netzbetreiber zu ermöglichen. Das Drinking Water Inspectorate empfiehlt, dass eine gemeinsame Netznutzung dann zu unterbleiben habe, wenn sich für den Verbraucher, insbesondere den beim Netzbetreiber verbleibenden Kunden, signifikante Qualitätseinbußen einstellten, es sei denn, die Verbraucher drückten ihr Einverständnis damit aus[693]. Dieser Vorschlag wirft für die Praxis einige Probleme auf. Soll es bei jeder mit spürbaren Qualitätseinbußen verbundenen Durchleitung eine Umfrage unter allen beim Netzbetreiber verbleibenden Abnehmern geben? Wenn ja, welches Quorum genügte für eine Ablehnung? Reichte etwa schon eine widersprechende Minderheit? Im Übrigen würden vermutlich die meisten Verbraucher gegen Qualitätseinbußen stimmen, es sei denn, sie erhielten irgendwelche Vorteile für den in Kauf genommenen Qualitätsverlust, z.B. niedrigere Verbraucherpreise. Letzteres wäre nur dann der Fall, wenn der Netzbetreiber infolge einer nunmehr bestehenden Konkurrenzsituation die Verbraucherpreise spürbar senken müsste und dazu auch finanziell in der Lage wäre. Alternativ zu einer Verbraucherbefragung könnte man sich auch am tatsächlichen Verbraucherverhalten orientieren: Erklärte sich eine Vielzahl von Abnehmern in Kenntnis der qualitativen Verschlechterung zum Wechsel bereit und würden die beim Netzbetreiber verbleibenden Kunden ebenfalls vom Wettbewerb durch niedrigere Preise profitieren, so wäre von einem Einverständnis auszugehen. Auch bei dieser Variante stellte sich die Frage, welcher Anteil der Abnehmer sich mindestens wechselwillig zeigen müsste. Beide vorgeschlagenen Modelle funktionieren nur in der Theorie. Die Praxis in den bisher liberalisierten Bereichen hat gezeigt, dass sich die Wechselwilligkeit zu Beginn der jeweiligen Marktöffnung sehr in Grenzen gehalten hat. Es bedarf erst eines Bewusstseinswandels, damit man überhaupt ein preisorientiertes Verbraucherverhalten erzielt. Dies setzt aber voraus, dass ein stetiger Anbieterwechsel in Gang kommt, da anderenfalls Konkurrenten aus dem Markt aus-

---

[693] Drinking Water Inspectorate: Information Letter 6/2000 – 11 February 2000, № 17

scheiden, ehe es überhaupt zu Wettbewerb gekommen ist. Dazu könnte es aber nicht kommen, weil sich nach dem bereits Gesagten stets eine Mehrheit finden wird, die zunächst nicht auf Qualität verzichten will und damit für die Zukunft jeglichen Wettbewerb auf Kosten der Qualität ausschließt, auch wenn es möglicherweise unter den Abnehmern etliche gibt, die gegebenenfalls in der Zukunft gegen eine entsprechende Preissenkung auf Qualität verzichten würden. Insofern ist die Ermittlung des ausdrücklichen oder mutmaßlichen Willens der Abnehmer kein geeignetes Mittel zu entscheiden, ob im Einzelfall der Wettbewerb oder die Erhaltung der Wasserqualität Vorrang hat.

γ) Die Bedeutung von § 103 GWB a.F.

Nach dem für die Trinkwasserversorgung nach wie vor geltenden § 103 V 1 GWB a.F. ist bei der Frage, ob es sich um den Missbrauch einer marktbeherrschenden Stellung handelt, stets der Sinn und Zweck der Freistellung der Demarkations- und Konzessionsverträge vom Kartellverbot zu beachten. Es wurde bereits darauf hingewiesen, dass deshalb die Schaffung von Wettbewerb und die Gewährung von Durchleitungsrechten keinen generellen Vorrang vor dem Erhalt des örtlichen Monopols haben[694]. Die aktuelle Aufrechterhaltung des § 103 GWB a.F. für die Wasserversorgung liegt u.a. darin begründet, dass mit einer gemeinsamen Netznutzung erhebliche hygienische Probleme verbunden sein können[695]. Daher hat man eine Grundsatzentscheidung zugunsten von Durchleitungswettbewerb noch nicht getroffen. Wäre dies der Fall, müssten die Verbraucher möglicherweise Qualitätseinbußen hinnehmen, damit das gesetzgeberische Ziel erreicht werden könnte, Wettbewerb um Kunden in der Trinkwasserversorgungsbranche zu schaffen[696]. Aktuell räumt der Bund jedoch der Qualität Vorrang ein. Dies erkennt man nicht nur an der Beibehaltung des kartellrechtlichen Ausnahmebereichs, sondern auch am Minimierungsgebot der Trinkwasserverordnung. Auch wenn sich aus diesem kein praktikabel handhabbarer Verweigerungsgrund herleiten lässt, so ergibt sich jedoch aus dem Sinn und Zweck dieser Regelung, einen möglichst hohen Trinkwasserstandard in Deutschland zu etablieren, dass der Gesetzgeber der Trinkwasserqualität einen sehr hohen Stellenwert einräumt. Das schließt nicht aus, dass der Verbraucher umstellungsbedingte Beeinträchtigungen für einen kürzeren Zeitraum oder Veränderungen in der chemischen Beschaffenheit hinzunehmen hat. Auch verbietet die Trinkwasserverordnung den Einsatz von Desinfektionsmitteln nicht, sondern fordert ihn sogar in Einzelfällen[697]. Dennoch drückt das Mini-

---

[694] siehe unter II. 6.

[695] BT-Drs. 13/7274, S. 24; BT-Drs. 13/9720, S. 70

[696] Dies würde nur dann gelten, wenn der Gesetzgeber nicht spezielle Begleitregelungen zur Verhinderung oder Verminderung von Durchleitungen auf Kosten der Qualität erließe.

[697] § 5 IV TwVO

mierungsgebot aus, dass der Abnehmer vor vermeidbaren Beeinträchtigungen der Qualität geschützt werden soll, und durchleitungsbedingte Qualitätseinbußen sind nun einmal vermeidbar, wenn auch auf Kosten des Wettbewerbs. Insofern wird eine zu erwartende wesentliche Verschlechterung der chemischen Parameter, eine merkliche Geruchsentwicklung, eine negative Geschmacksveränderung sowie eine dauerhafte Trübung oder Verfärbung des Trinkwassers eine konkrete Durchleitung für den Netzbetreiber unzumutbar machen.

bb) Subjektive Beeinträchtigungen

Es gibt Veränderungen in der Wasserbeschaffenheit, die objektiv keine qualitative Verschlechterung darstellen. Aus subjektiver Sicht können sich jedoch aus der Beschaffenheit Eigenschaften ergeben, die für einzelne Abnehmer eine besondere Bedeutung haben.

α) Definierte Qualität für Produktionsanlagen

Es gibt Produktionsverfahren, nicht nur in der Lebensmittel- und Getränkeindustrie, sondern auch in anderen Bereichen, für die eine spezifische Wasserbeschaffenheit von großer Bedeutung ist[698]. Der Toleranzrahmen der Trinkwasserverordnung ist in diesen Fällen zu groß. Deshalb sucht man sich – sofern man keine eigenen entsprechenden Quellen erschließen kann – ein Wasserversorgungsunternehmen, welches in der Lage ist, in der gewünschten Qualität zu liefern. Aufgrund der örtlichen Gebundenheit der Versorger wird die Wasserbeschaffenheit zu einem zentralen Faktor für die Standortauswahl. Dementsprechend vereinbaren Versorger und industrieller Abnehmer bestimmte Qualitätsmerkmale und gewisse Toleranzen für die Konzentrationen einzelner Stoffe im gelieferten Trinkwasser[699]. In der Regel werden diese Unternehmen an das allgemeine Trinkwasserversorgungsnetz angeschlossen. Sollte nun ein konkretes Durchleitungsbegehren zur Folge haben, dass sich die Wasserbeschaffenheit so verändert, dass die vertraglich zwischen Netzbetreiber und industriellem Abnehmer vereinbarten Toleranzen überschritten werden, so wäre nicht nur der Netzbetreiber an der Einhaltung seines Vertrages, sondern auch der Abnehmer an der Fortsetzung der industriellen Produktion am Standort ausgeschlossen. In einer solchen Situation stellt sich die Frage, ob dem Netzbetreiber ein Recht zur Verweigerung zukommen kann.

Damit man überhaupt eine Verweigerung in Betracht ziehen könnte, müssen zwei Voraussetzungen gegeben sein: Erstens müsste die Parteien tatsächlich eine gewisse Trinkwasserbeschaffenheit vereinbart haben, und zweitens müsste

---

[698] Board (u.a.), Common carriage and access pricing – A comparitive review, p.113 f.
[699] Board (u.a.), Common carriage and access pricing – A comparitive review, p.113 f.

der Abnehmer tatsächlich auf die vereinbarte Wasserqualität angewiesen sein, um sein Produkt in der gewünschten Qualität anbieten zu können. Anderenfalls bestünde die Gefahr, dass der Netzbetreiber derartige Verträge abschließt, um eine gemeinsame Netznutzung verhindern zu können. Sofern diese Voraussetzungen gegeben sind, ist zu untersuchen, ob durch geeignete und zumutbare Maßnahmen die Wasserqualität innerhalb der vereinbarten Toleranzen gehalten werden kann. Hierbei kommen sowohl die genannten Mittel der Angleichung, der Mischung und der Zonentrennung als auch der Bau einer Direktleitung in Betracht. Sollte keine dieser Maßnahmen möglich und zumutbar sein, so muss man abwägen, ob das Interesse des Netzbetreibers an der Einhaltung des Vertrages sowie das Interesse des speziellen Abnehmers das Wettbewerbsinteresse des Petenten und die monetären Interessen von dessen Abnehmern überwiegen. Dies wird zum einen davon abhängen, wie viele Kunden den Versorger wechseln wollen. Sollte es sich nicht nur um rudimentäre Einzelfälle handeln, ist ferner zu berücksichtigen, ob der Netzbetreiber möglicherweise zu Preissenkungen bereit ist, die die aus den jeweiligen Angeboten des Petenten resultierenden Vorteile zumindest teilweise kompensieren. Bzgl. des industriellen Abnehmers muss der Vertrauensschutz als sehr schwerwiegend berücksichtigt werden. Angesichts der aktuellen Geschlossenheit der Versorgungsgebiete und mangels Grundsatzentscheidung für Wettbewerb durfte er mit Recht auf die Erfüllung des mit dem Netzbetreiber geschlossenen Vertrages vertrauen. Er hat Investitionen in seine Anlagen getätigt, die vermutlich noch nicht vollständig abgeschrieben sein werden. Gleichzeitig wäre auch danach zu differenzieren, ob es sich um ein kommunales oder kommunal beherrschtes Unternehmen handelt und nicht um ein reines Privatunternehmen. Häufig nutzen Kommunen die vorhandene Wasserqualität zur Standortwerbung, quasi als Maßnahme lokaler Wirtschaftsförderung. Auch dieses Interesse ist in die Abwägung mit einzubeziehen. So wird sich in der aktuellen Situation in der Regel ein Übergewicht der Interessen des Versorgungsunternehmens und dessen Sonderkunden ergeben. Zu einem anderen Ergebnis könnte man nur in einem vollständig liberalisierten Markt kommen.

β) Gewöhnung an bestimmte Wasserhärte

Ein weiteres Qualitätsmerkmal des Wassers bildet die Wasserhärte. Allerdings lässt sich objektiv keine Gleichung nach dem Prinzip aufstellen, je weicher oder je härter desto besser. Hartes Wasser hat den Nachteil, dass sich insbesondere in technischen Geräten, in denen eine Erhitzung des Wassers erfolgt, Kalk abscheidet und damit die Lebensdauer dieser Geräte massiv verkürzt wird[700]. Bei sehr hartem Wasser sind teilweise Enthärtungsanlagen in den Häusern erforder-

---

[700] http://www.harzwasserwerke.de

lich, um die negativen Effekte zu mildern. Dafür ist bei weichen Wässern der Mineralgehalt sehr gering. Dadurch hat das Wasser keinen Geschmack und füllt den Mineralpegel des Körpers nicht so sehr auf. Eine Aussage darüber, welches Wasser qualitativ hochwertiger ist, lässt sich nicht treffen. Es ist vielmehr eine subjektive Bewertungsfrage. Sie hängt insbesondere von der Gewohnheit des Einzelnen ab. So wird jemand, der lange mit sehr weichem Wasser versorgt wurde, sich durchaus darüber beschweren, dass sich seine Elektrogeräte auf einmal mit Kalk zusetzen, weil er nun ein sehr hartes Wasser erhält. Im umgekehrten Fall würde sich jemand möglicherweise darüber wundern, dass das Wasser keinen Geschmack mehr hat. Insofern handelt es sich bei der Wasserhärte um ein subjektives Qualitätsmerkmal.

Derartige subjektive Empfindungen dürften juristisch unbeachtlich sein[701]. Die Härte spielt für die Verträglichkeit von Trinkwasser keine Rolle. Es gibt weder einen Grenzwert noch gilt diesbzgl. das Minimierungsgebot. Die Betroffenen könnten keine Rechtsposition außer ihrer Gewohnheit geltend machen. Deshalb kann auch dem Netzbetreiber kein Verweigerungsgrund zugestanden werden.

d) Zusammenfassende Betrachtung zur Frage der Unmöglichkeit/Unzumutbarkeit

In den vorangehenden Abschnitten wurde aufgezeigt, dass mit einer gemeinsamen Netznutzung eine Vielzahl von technischen Problemen verbunden sein kann. Sofern diese Komplikationen technisch nicht beseitigt werden können, ohne dass eine Verletzung der Vorgaben der Trinkwasserverordnung droht oder der Netzbetreiber gegen die allgemein anerkannten Regeln der Technik verstößt, ist eine Unmöglichkeit der Durchleitung aus betrieblichen wie auch gleichzeitig aus rechtlichen Gründen gegeben. Sofern es sich zwar um behebbare Probleme handelt, die für den Netzbetreiber aber mit einem erheblichen Aufwand zur Lösung verbunden sind, welcher auch nicht durch ein angemessenes Entgelt ausgeglichen werden kann, liegt Unzumutbarkeit vor. Beide, sowohl die Unmöglichkeit als auch die Unzumutbarkeit, rechtfertigen eine Durchleitungsverweigerung.

Die Auswertung hat weiter ergeben, dass in den Fällen, in denen an einer anderen Stelle eingespeist wird als bisher oder in denen Wässer unterschiedlicher Beschaffenheit verteilt werden sollen, mit erheblichen Qualitätsbeeinträchtigungen zumindest in der Umstellungsphase zu rechnen ist sowie ein erheblicher Aufwand getrieben werden muss, um ein der Trinkwasserverordnung entsprechendes Wasser an den Abnahmestellen abzuliefern. Deshalb kann es in

---

[701] Board (u.a.), Common carriage and access pricing – A comparitive review, p.112

diesen Fällen nur um langfristige und stabile Durchleitungsbeziehungen gehen. Ständig wechselnde Druck- oder Mengenverhältnisse bei unterschiedlicher Wasserbeschaffenheit sind nicht ohne Folgen für die Qualität bis hin zum Verstoß gegen die Trinkwasserverordnung möglich.

4. Betriebsablauf

Der Netzbetreiber muss sicherstellen, dass sich die Durchleitung in einen geordneten Betriebsablauf einfügt[702]. Hierzu wird er einige Bedingungen stellen und Vorgaben machen müssen, an die sich der Petent zu halten hat. Sollte sich dieser den notwendigen Vorgaben widersetzen, so wird in aller Regel dem Netzbetreiber ein Verweigerungsrecht zustehen.

a) Systemkontrolle

Der Netzbetreiber bleibt als Eigentümer der Anlagen nach wie vor für sein Netz verantwortlich[703]. Das gilt zum einen in baulicher Hinsicht. Der Netzbetreiber hat seine Rohrleitungen und sonstigen Bestandteile in einwandfreiem Zustand zu halten. Zum anderen muss er dafür sorgen, dass an den Entnahmestellen stets Trinkwasser in ausreichender Menge zu ausreichendem Druck in den Anforderungen der Trinkwasserverordnung entsprechender Qualität vorliegen muss. Hierbei sind nicht nur die Anforderungen der Verbraucher zu beachten. Der Trinkwasserversorger hat auch in ausreichendem Maße und zu ausreichendem Druck Löschwasser für eine etwaige Brandbekämpfung vorzuhalten[704]. Dafür obliegt ihm nach wie vor die Kontrolle des Systems. Er reguliert den Zufluss, steuert die Wasserstände in den Speicherbehältern und regelt die Pumpen. Ebenso kontrolliert er eine etwaige Wassermischung.

b) Einspeisefahrplan

Der tatsächliche Wasserfluss wird durch die aktuelle Abnahme der Verbraucher gesteuert. Dem Netzbetreiber obliegt es, insbesondere seine Wasserspeicher so zu füllen, dass jederzeit genügend Reserven für Verbrauchsspitzen vorhanden sind. Dabei richtet sich die Steuerung nach tageszeitspezifischen Erfahrungswerten. Um Planungssicherheit bzgl. der zur Verfügung stehenden Wassermengen zu haben, wird der Netzbetreiber sinnvollerweise den Zufluss vom Petenten

---

[702] DETR, Competition in the Water Industry in England and Wales – Consultation paper, № 7.24
[703] OFWAT, Guidance on Access Codes, June 2005, p. 31
[704] Grombach/Haberer/Merkl/Trüeb, Handbuch der Wasserversorgungstechnik, S. 135 ff. u. 1008

regeln wollen[705]. Der Petent hat dementsprechend dafür zu sorgen, dass zu bestimmten Tageszeiten bestimmte Mengen bereitstehen, da sich der Netzbetreiber auf die dann vereinbarten Mengen verlassen können muss[706]. Die Mengen werden sich am prognostizierten Verbrauch der Kunden des Petenten orientieren. Eine feste Mengenvereinbarung ist zum einen deshalb erforderlich, weil der Netzbetreiber möglicherweise nicht mehr in der Lage ist, die Fehlmengen durch die eigenen Ressourcen zu decken. Zum anderen müssen bei einer Wassermischung bestimmte Proportionen eingehalten werden, damit keine unerwünschten chemischen oder mikrobiologischen Effekte auftreten. Insofern kann ein Verstoß des Petenten die Versorgungssicherheit gefährden. Da also die Einhaltung eines vom Netzbetreiber vorgegebenen Einspeisefahrplans so wichtig ist, sollte der Netzbetreiber vertragliche Sanktionen aushandeln, die im Falle einer wesentlichen Abweichung spürbare Konsequenzen für den Petenten nach sich ziehen. Dies geht von Vertragsstrafen über Haftung für Schäden infolge einer Beeinträchtigung der Versorgung bis hin zu einer außerordentlichen Kündigung des Durchleitungsvertrages.[707]

c) Ausgleich der Differenzmengen

Der Einspeisefahrplan beruht stets auf einer Prognose. Erst im Nachhinein lassen sich Abweichungen der tatsächlich abgenommenen von der vorausberechneten Menge feststellen. So sind stets Fehlmengen im Nachhinein auszugleichen. Ferner können Fehlmengen auch systembedingt sein, nämlich dann, wenn Wässer unterschiedlicher Beschaffenheit vorliegen und eine Mischung nicht in jedem Verhältnis möglich ist oder eine Zonentrennung erfolgen muss. Bei solchen systembedingten Fehlmengen kann ein Ausgleich auch im Nachhinein nicht erfolgen. Im Fall der begrenzten Mischbarkeit würde ein nachträgliches Hinzumischen erst recht die zulässigen Mengenverhältnisse überschreiten. Bei einer Zonentrennung kann nur so viel Wasser geliefert werden, wie in der Zone entnommen wird.

Sofern ein Wassermengenausgleich nicht möglich ist, sind die Fehlmengen finanziell abzugelten, und zwar nach den üblichen Tarifen. Es wurde bereits darauf hingewiesen, dass es dem Netzbetreiber nicht zuzumuten ist, regelmäßig größere Mengen des Petenten abnehmen zu müssen, nur weil die unterschiedliche Beschaffenheit des Trinkwassers dies erfordert.

---

[705] DETR, Competition in the Water Industry in England and Wales – Consultation paper, № 7.24

[706] in ähnlicher Weise: DVGW-Sonderdruck: Grundsätze einer gemeinsamen Netznutzung in der Trinkwasserversorgung, Energie Wasser Praxis 9/2001, S. 4

[707] in ähnlicher Weise: OFWAT, MD 154, 12 November 1999, Development of Common Carriage

Ein ähnliches Problem ergibt sich bzgl. der Leckage. In jedem Rohrnetz – und sei es in noch so gutem Zustand – gibt es Wasserverluste, die sich als Anteil von der Gesamtmenge darstellen lassen. Anders als in England und Wales, wo die Wasserverlustrate im Durchschnitt über 20 % liegt[708], bewegt sich in Deutschland die Wasserverlustrate um die 10 %[709]. Es reicht also nicht aus, wenn der Petent die tatsächlich von seinen Kunden dem Netz entnommenen Wassermengen einspeist. Hinzu kommt noch die auf die von seinen Kunden abgenommene Wassermenge entfallende Leckage. Hilfsweise kann auch vereinbart werden, dass der Netzbetreiber den Wasserverlust komplett deckt und der Petent seinen Anteil monetär vergütet.[710] Allerdings sollte auch sichergestellt werden, dass der Netzbetreiber einen Anstieg der Verlustrate verhindert bzw. auf ein ökonomisch sinnvolles Maß zurückführt[711]. Der Petent sollte durchaus fordern können, dass die Verlustrate für die Gesamtdauer festgeschrieben wird. Falls sich dann im Laufe der Zeit die tatsächliche Leckage erhöht, ginge dies allein zulasten des Netzbetreibers. Bei von vornherein zu hohen Verlustraten dürfte eine vertragliche Verpflichtung des Netzbetreibers, dem entgegenzuwirken, angemessen sein, da es ihm erlaubt ist, die dafür notwendigen Investitionskosten über die Netznutzungsentgelte anteilig auch an den Petenten weiterzugeben. So könnten Zielmarken vereinbart werden, die als Obergrenze für die zusätzliche Einspeisung des Petenten gelten, unabhängig davon, ob sie tatsächlich erreicht werden. Derartige Vertragsklauseln würden die notwendigen Anreize für den Netzbetreiber setzen, die Wasserverlustrate in einer ökonomisch sinnvollen Größenordnung zu halten.

d) Qualitätsmonitoring

Gerade zu Beginn einer Durchleitungsbeziehung wird der Netzbetreiber ein berechtigtes Interesse an einer regelmäßigen Beprobung in zeitlich engem Abstand haben. Dies gilt sowohl für die Kontrolle der Wasserbeschaffenheit an der Einspeisestelle als auch an den Entnahmestellen im Netz sowie nach einer etwaigen Wassermischung. Die Beprobung sollte grundsätzlich vom Netzbetreiber durchgeführt werden. Dieser ist strafrechtlich für Verstöße gegen die Trinkwasserverordnung (§ 24 TwVO i.V.m. §§ 74, 75 IfSG) sowie für Ordnungswidrigkeiten (§ 25 TwVO i.V.m. § 73 I Nr. 24 IfSG) verantwortlich. Gleichzeitig haftet er aus dem Deliktsrecht gegenüber sämtlichen Abnehmern

---

[708] BMWi, S. 29

[709] Kluge (u.a.), netWORKS-papers, Heft 2: Netzgebundene Infrastrukturen unter Veränderungsdruck – Sektoranalyse Wasser, S. 41

[710] OFWAT, Access Codes for Common Carriage – Guidance, March 2002, p. 26; Hope, Competition in Water, in: Access pricing – Comparitive experience and current developments, p. 17, 24 f.

[711] OFWAT, MD 162, 12 April 2000, Common Carriage – Statement of Principles

und auch aus Vertrag gegenüber seinen verbliebenen Kunden (§ 6 AVBWasserV). Der Netzbetreiber hat sich für die Untersuchung eines akkreditierten Labors zu bedienen. Dieser zusätzliche Aufwand gehört zu den durchleitungsbedingten Kosten und wird in das Netznutzungsentgelt einfließen.

5. Versorgungssicherheit

Der Netzbetreiber muss sicherstellen, dass stets genügend Wasser zur Verfügung steht. Insofern hat er auch zu prüfen, ob die Ressourcen des Petenten ergiebig genug sind, den Bedarf zu decken. Ein besonderes Problem könnte sich dann ergeben, wenn die Ressourcen des Petenten zu bestimmten Jahreszeiten nicht zur Verfügung stehen oder bei bestimmten Ereignissen wie Hochwasser, anhaltender Trockenheit oder Verschmutzung nicht zur Wassergewinnung herangezogen werden können. Hier stellt sich die Frage, inwiefern der Netzbetreiber verpflichtet ist, die während dieser Ereignisse fehlenden Wassermengen zu kompensieren. Allerdings dürfte das Auffüllen der Speicher aus eigenen Ressourcen betriebliche Notwendigkeit sein, da die Kunden des Petenten nach wie vor Wasser aus dem Netz entnehmen würden, es sei denn, man könnte die Kunden so lange von der Wasserversorgung abklemmen, was möglicherweise rechtlich nicht zulässig wäre. Dementsprechend sollten die Vertragspartner vereinbaren, dass der Netzbetreiber bei Ausfall der Ressourcen des Petenten die Fehlmengen zusätzlich einspeist. Um dazu in der Lage zu sein, muss der Netzbetreiber zusätzliche Kapazitäten vorhalten. Sofern dies mit Kosten verbunden ist, sind ihm diese vom Petenten zu ersetzen. Ebenso muss der Petent die Fehlmengen zu den Preisen des Netzbetreibers vergüten.[712]

Sofern ein oder mehrere Petenten dem Netzbetreiber eine spürbare Zahl von Kunden abgeworben haben, wird der Netzbetreiber seine Wasserlieferungskapazitäten aus ökonomischen Überlegungen in einem sinnvollen Maße zurückfahren. Sollten der oder die Petenten aus dem Markt ausscheiden, ist er möglicherweise nicht mehr in der Lage, die ehemaligen Kunden des oder der Petenten zu versorgen, wozu er als öffentlicher Versorgung aufgrund eines Kontrahierungszwanges jedoch verpflichtet ist[713]. Auch in England und Wales ist der Netzbetreiber verpflichtet, zumindest Haushaltskunden mit Trinkwasser zu versorgen, falls der Petent sich zurückzieht[714]. Damit er bei Ausscheiden des Petenten die zur Versorgungsübernahme notwendigen Wassermengen liefern kann, muss er schon während der Vertragsbeziehung genügend Ressourcen unterhalten, die er im Bedarfsfall verwenden kann. Da den Kosten dafür keine

---

[712] OFWAT, Access Codes for Common Carriage – Guidance, March 2002, p. 27
[713] Näheres siehe unter Teil D: VI. 3. e)
[714] OFWAT, MD 154, 12 November 1999, Development of Common Carriage

Deckungsmöglichkeiten über den Wasserverkauf gegenüberstehen, wird der Netzbetreiber sie dem Petenten aufbürden müssen. Schließlich sind diese vergeblichen Aufwendungen rein durchleitungsbedingt.[715] Als Alternative dazu könnte der Petent dem Netzbetreiber vertraglich zusichern, dass im Falle seines Ausscheidens aus dem Markt der Netzbetreiber die Wasserrechte sowie die Wassergewinnungs- und Aufbereitungsanlagen erhält, hilfsweise ein Wasserbezugsrecht. Ökonomisch wird diese Variante häufig sinnvoller sein, weil keine zusätzlichen Kosten entstehen.[716] Es muss jedoch sichergestellt sein, dass diese Rechte des Netzbetreibers auch für den Fall der Insolvenz des Petenten durchsetzbar sind. Anderenfalls wird keine andere Möglichkeit bestehen, als selbst Reserven zu bilden. Auf welche Alternative sich die Vertragspartner einigen werden, hängt mit Sicherheit von den Interessenlagen der Parteien im konkreten Einzelfall ab.

6. Haftung

Netzbetreiber und Petent werden in den Durchleitungsvereinbarungen bestimmte Haftungsregelungen vereinbaren wollen, die von den gesetzlichen Bestimmungen abweichen. Der Netzbetreiber hat ein natürliches Interesse daran, die Haftung des Petenten möglichst weit zu fassen, seine eigene hingegen stark einzuschränken, und könnte dies mit seiner Monopolmacht faktisch auch durchsetzen. Deshalb müssen ihm hierbei klare Grenzen gezogen werden. Allerdings haben die vereinbarten Bedingungen nicht nur Bedeutung für die beiden Vertragsparteien. Sie wirken sich mittelbar auch auf die Rechte der Abnehmer – sowohl die des Netzbetreibers als auch die des Petenten – und die Gestaltung der Verträge mit ihnen aus. Die gemeinsame Netznutzung darf nicht dazu führen, dass die Rechte der Kunden ausgehebelt werden. Um beurteilen zu können, welche Haftungsvereinbarungen zwischen Netzbetreiber und Petent insbesondere im Hinblick auf die Abnehmer beider Versorgungsunternehmen sinnvoll sind, muss zunächst geklärt werden, welche Konstellationen mit welchen haftungsrechtlichen Folgen auftreten können. Hierzu soll zunächst die aktuelle Rechtslage dargestellt werden, um anschließend beurteilen zu können, wie eine rechtliche Bewertung bei einer gemeinsamen Netznutzung ausfiele. Auf dieser Grundlage lässt sich abschließend bewerten, welche Haftungsregelungen Netzbetreiber und Petent untereinander festlegen können.

---

[715] OFWAT, Access Codes for Common Carriage – Guidance, March 2002, p. 11
[716] OFWAT, Access Codes for Common Carriage – Guidance, March 2002, p. 11

a) Haftungskonstellationen beim Monopol/Haftungsbeschränkungen der AVBWasserV

Eine effiziente Haftung der Wasserversorgungsunternehmen wird durch die allgemeingültigen Regelungen des BGB sichergestellt, die im Verhältnis zu Tarifkunden durch die AVBWasserV modifiziert werden. Eine untergeordnete Rolle spielen noch das Produkthaftungsgesetz und das Umwelthaftungsgesetz. In einer Monopolsituation geht es im Wesentlichen um vertragliche und deliktische Ansprüche zwischen einem Netzbetreiber und seinen Kunden. Gegebenenfalls kommen noch deliktische Ansprüche gegen einen Vorlieferanten in Frage, wenn dieser eine Versorgungsstörung schuldhaft herbeigeführt hat[717]. Beide Konstellationen unterliegen, sofern es sich um Privatkunden handelt, den Haftungsbeschränkungen von § 6 I bzw. § 6 II AVBWasserV, soweit die Schäden auf einer Unterbrechung der Wasserversorgung oder Unregelmäßigkeiten der Belieferung beruhen[718]. Unterbrechungen sind dabei nur vertraglich nicht vorgesehene Ausfälle der Wasserlieferung[719], also solche, die nicht aufgrund der in § 5 AVBWasserV vorgesehenen Leistungsbeschränkung[720] zulässig sind. Als Unregelmäßigkeiten kommen Druckschwankungen (Druckstöße, Druckabfall) sowie Beeinträchtigungen der Wasserqualität (Keimeinbruch, überhöhte Chlorierung, Verunreinigungen) in Betracht, allerdings nicht, sofern sie etwa in Folge von aus hygienischen Gründen notwendigen Spülvorgängen auftreten und damit den Rahmen der ordentlichen Vertragserfüllung nicht verlassen[721]. § 6 AVBWasserV beschränkt die Haftung der Wasserversorgungsunternehmen bzgl. Sach- und Vermögensschäden auf Vorsatz und grobe Fahrlässigkeit. Wie Strom- und Gasversorger unterliegen auch die Wasserversorgungsunternehmen schon bei geringem menschlichem Versagen erheblichen Schadensrisiken, von denen sie im Interesse einer möglichst kostengünstigen Versorgung befreit werden sollen[722]. Auf der anderen Seite kehrt § 6 AVBWasserV aber auch die Beweislastverteilung zulasten der Versorgungsunternehmen um. Diese Beschränkungen und Vorgaben gelten gemäß § 1 II AVBWasserV nicht in Lieferbeziehungen mit Industriekunden oder zwischen zwei Versorgungsunternehmen. Allerdings unterliegen auch diese Verträge bei Verwendung vorformulierter Vertragsbedingungen der AGB-Kontrolle nach § 307 BGB. Sofern der Verwender die Regelungen des § 6 AVBWasserV übernimmt, ist

---

[717] Regierungsbegründung zu § 6 AVBWasserV, BR-Drs. 196/80, S. 39 f.

[718] Ludwig/Odenthal, AVBWasserV, Köln 1981, § 6 Tz. 2 bzw. 3

[719] Ludwig/Odenthal, AVBWasserV, Köln 1981, § 6 Tz. 2

[720] Hermann/Recknagel/Schmidt-Salzer-*Schmidt-Salzer*, Kommentar zu den Allgemeinen Versorgungsbedingungen, Band II, § 5 AVBWasserV Rn. 4

[721] Ludwig/Odenthal/Hempel/Franke-*Hempel*, Recht der Elektrizitäts- Gas- und Wasserversorgung, § 6 AVBWasserV Rn. 1

[722] Regierungsbegründung zu § 6 AVBWasserV, BR-Drs. 196/80, S. 38

186

davon auszugehen, dass dies im Einklang mit der Generalklausel des § 307 BGB steht, womit nicht ausgeschlossen ist, dass eine weitergehende Haftungsbeschränkung bei entsprechendem Entgegenkommen in anderen Bereichen zulässig sein kann[723]. In der Regel verwenden die Wasserversorgungsunternehmen auch Industriekunden und anderen Versorgern gegenüber Formulare, die den Bestimmungen der AVBWasserV entsprechen, sofern der jeweilige Vertrag nicht individuell ausgehandelt wird[724].

b) Haftungskonstellationen bei gemeinsamer Netznutzung

Durch die Ermöglichung einer gemeinsamen Netznutzung verändern sich die genannten Konstellationen bzw. treten neue hinzu:

aa) Haftung des Lieferanten

Der einzelne Kunde verfügt nach wie vor über vertragliche und deliktische Ansprüche gegenüber seinem Lieferanten, ein Kunde des Netzbetreibers also gegenüber diesem, ein Abnehmer eines Petenten gegenüber dem neuen Anbieter. Die Haftungsbeschränkungen in § 6 AVBWasserV finden grundsätzlich auch in einem liberalisierten Wassermarkt Anwendung. Schließlich stützt sich die AVBWasserV – anders als die AVBEltV oder die AVBGasV – auf Art. 243 EGBGB, der den Erlass Allgemeiner Versorgungsbedingungen unabhängig von der Art und Weise erlaubt, in der Trinkwasserdienstleistungen erbracht werden, also ob durch einen Monopolisten oder durch einen Wettbewerber oder durch einen Allgemeinen Versorger[725]. Dies ist aus Gründen des Kundenschutzes bei den vorherrschenden Monopolen nach wie vor geboten.

bb) Haftung des Netzbetreibers gegenüber Kunden eines Dritten

Gerade bei denjenigen, die den Anbieter gewechselt haben, werden die Störungen in der Regel vom Netzbetreiber verursacht worden sein. Gegen diesen können sie auf jeden Fall etwaige deliktische Ansprüche geltend machen. Diese unterlägen nach dem eindeutigen Wortlaut der Norm der Haftungsbeschränkung des § 6 II AVBWasserV. Problematischer ist jedoch eine mögliche vertragliche Haftung. In der Regel dürften Netznutzungsverträge nicht zwischen dem Kunden und dem Netzbetreiber geschlossen worden sein, sondern zwischen dem Netzbetreiber und dem Lieferanten. Die erstgenannte Variante, die nach

---

[723] Ludwig/Odenthal, AVBWasserV, Köln 1981, § 6 Tz. 7
[724] Ludwig/Odenthal, AVBWasserV, Köln 1981, § 1 Tz. 5
[725] Im Stromsektor ist seit der Liberalisierung durchaus streitig, für wen die AVBEltV gilt. Näheres bei: Ludwig/Odenthal/Hempel/Franke-*Hempel*, Recht der Elektrizitäts- Gas- und Wasserversorgung, Einführung AVBEltV Rn. 128 f., 133 und § 1 AVBEltV Rn. 31

der Verbändevereinbarung Strom II plus als eine Alternative vorgesehen ist[726], hätte für den Abnehmer umsatzsteuerliche Nachteile[727]. Da zudem gerade bei Beginn einer gemeinsamen Netznutzung sehr detaillierte Verhandlungen, insbesondere über technische Details und notwendige Umbaumaßnahmen, erforderlich sind, dürfte es unabdingbar sein, dass der Petent in eigener Sache mit dem Netzbetreiber verhandelt und einen Rahmen für sämtliche seiner belieferten Kunden aushandelt[728]. Außerdem sehen weder § 19 IV Nr. 4 GWB noch die Netzzugangstatbestände des Energierechts eine Verpflichtung vor, dass die Netznutzungsverträge mit dem Kunden abgeschlossen werden müssen[729]. Deshalb dürfte das Modell des Netznutzungsvertrages zwischen Netzbetreiber und Abnehmer eher die Ausnahme sein. Allerdings verpflichtet die Verbändevereinbarung Strom II plus die Abnehmer eines Dritten zum Abschluss eines Netzanschlussvertrages mit dem Netzbetreiber[730]. Der Netzanschlussvertrag soll jedoch nur die Details der Errichtung und den Gebrauch des unmittelbaren Anschlusses des Kunden an das öffentliche Netz regeln[731]. Dem wohnt eine dauerhafte Komponente inne, so dass neben Fragen der Gewährung von Anschlusskapazitäten auch solche über Zutrittsrechte und insbesondere über die Haftung klärungsbedürftig sind[732]. Allerdings wird die in § 6 AVB-WasserV erwähnte Haftung für Unterbrechungen der Wasserversorgung und Unregelmäßigkeiten in der Belieferung nur in seltenen Fällen durch Fehlerquellen am unmittelbaren Netzanschluss ausgelöst. In der Regel passieren Rohrbrüche im Netz, oder es kommt zu Verunreinigungen bereits bei der Wassergewinnung. Der reibungslose Transport von der Einspeisung bis zum Kunden gehört jedoch keineswegs zu den vertraglichen Haupt- oder Nebenpflichten des Anschlussvertrages, sondern zu denen des Transportvertrages mit dem Petenten. Eine direkte vertragliche Haftung für Unterbrechungen und Unregelmäßigkeiten besteht gegenüber Kunden eines Dritten seitens des Netzbetreibers grundsätzlich nicht[733].

---

[726] Verbändevereinbarung über Kriterien zur Bestimmung von Netznutzungsentgelten für elektrische Energie und über Prinzipien der Netznutzung vom 13.12.2001, Ziffer 1.1

[727] Berliner Kommentar zum Energierecht-*Schütte/Höch/Schweers*, VV Strom II plus Rn. 27; Seeger, S. 366 f.

[728] für den Stromsektor: Berliner Kommentar zum Energierecht-*Schütte/Höch/Schweers*, VV Strom II plus Rn. 49

[729] Berliner Kommentar zum Energierecht-*Schütte/Höch/Schweers*, VV Strom II plus Rn. 42

[730] Verbändevereinbarung über Kriterien zur Bestimmung von Netznutzungsentgelten für elektrische Energie und über Prinzipien der Netznutzung vom 13.12.2001, Ziffer 1.1

[731] Verbändevereinbarung über Kriterien zur Bestimmung von Netznutzungsentgelten für elektrische Energie und über Prinzipien der Netznutzung vom 13.12.2001, Anlage 1, S. 3

[732] Berliner Kommentar zum Energierecht-*Schütte/Höch/Schweers*, VV Strom II plus Rn. 32

[733] a.A. für den Elektrizitätssektor: Schneider/Theobald-*de Wyl/Müller-Kirchbauer*, Handbuch zum Recht der Energiewirtschaft, § 10 Rn. 254

Möglicherweise haftet jedoch der Petent gegenüber seinem Abnehmer für vom Netzbetreiber schuldhaft verursachte Unterbrechungen der Wasserversorgung oder Unregelmäßigkeiten der Belieferung gemäß § 278 BGB. Bei der Frage, ob es sich bei dem Netzbetreiber um einen Erfüllungsgehilfen handelt, ist die Rechtsprechung des BGH[734] zum Versendungskauf zu berücksichtigen. Da der Gefahrübergang gemäß § 447 BGB bereits bei Übergabe an einen Spediteur oder Frachtführer erfolgt, haftet der Versender für deren Fehlverhalten nicht nach § 278 BGB. Würde man § 447 BGB analog auf die Situation anwenden, in der sich ein Petent eines Netzbetreibers als Transporteur des Trinkwassers bedient, so käme man auch hier zu dem Ergebnis, den Netzbetreiber nicht als Erfüllungsgehilfen ansehen zu können. Die Situation beim Versendungskauf ist jedoch mit dem genannten Problem nicht vergleichbar. Der Versender erfüllt eine Schickschuld. Das bedeutet, dass Leistungs- und Erfolgsort auseinander fallen, die Gefahr der Verschlechterung bereits bei Übergabe an den Transporteur am Leistungsort auf den Empfänger übergeht[735]. Die gemeinsame Netznutzung oder auch die Durchleitung beinhaltet dagegen die – wenn auch nur fiktive – Mitbenutzung des Transportweges von der Einspeisestelle zum Anschluss des Kunden, und nicht nur die bloße Einspeisung mit der Bitte an den Netzbetreiber um Weitertransport, wenn auch letzteres dem technischen Ablauf näher kommt. Nach dieser juristischen Konstruktion erhält der Vertragskunde des Petenten sein Wasser auch von diesem und nicht vom Netzbetreiber. Insofern handelt es sich in der Systematik des BGB um eine Bringschuld[736], weil Leistungsort nicht bereits die Einspeisestelle ist, sondern erst der Anschluss des Kunden. Leistungs- und Erfolgsort fallen dementsprechend zusammen. Dort erfolgt ebenfalls der Gefahrübergang. Deshalb fehlt es hier an der für eine analoge Anwendung des § 447 BGB erforderlichen Vergleichbarkeit der Ausgangslage.

Im Ergebnis wird der Netzbetreiber durch den Netznutzungsvertrag mit dem Petenten zu dessen Erfüllungsgehilfen i.S.v. § 278 BGB. Daraus ergibt sich die vertragliche Haftung des Petenten für sämtliche schuldhaften Handlungen des Netzbetreibers, die zu einem Schaden bei einem seiner Abnehmer führen. Diese von ihm zu begleichenden Schäden kann er wiederum nach § 280 I BGB i.V.m. dem Netznutzungsvertrag vom Netzbetreiber ersetzt verlangen. Insofern besteht für den Kunden eines Petenten keine Haftungslücke.

---

[734] BGHZ 50, 32, 35
[735] Palandt/*Putzo*, BGB, § 447 Rn. 6
[736] Definition der Bringschuld bei MünchKomm/*Krüger*, BGB, Band 2a, 4. Auflage, § 269 Rn. 6

cc) Haftung des Petenten gegenüber den Kunden des Netzbetreibers

α) Mögliche Haftungslücke

Anders ist die Rechtslage jedoch bei Schäden zu beurteilen, die ein Petent bei einem Kunden des durch eine Versorgungsunterbrechung oder Belieferungsunregelmäßigkeit schuldhaft hervorruft. Zwischen diesen Parteien besteht keinerlei direkte vertragliche Beziehung. Auch schaltet der Netzbetreiber den Petenten nicht ein, um seine Lieferpflichten gegenüber seinen Kunden zu erfüllen, im Gegenteil: Er wird gesetzlich zur Duldung der Einspeisung gezwungen. Zu einem anderen Ergebnis käme man auch nicht in den Fällen, in denen das Netzgebiet in verschiedene Zonen aufgeteilt werden muss, weil die Wässer nicht miteinander mischbar sind, und nunmehr eine Vielzahl von Kunden des Netzbetreibers das reine Wasser des Petenten erhalten[737], denn nach wie vor übernimmt der Netzbetreiber den Transport zum Kunden, bedient sich also auch nicht des Petenten.

Mangels vertraglicher Beziehung zum Petenten und aufgrund fehlender Zurechenbarkeit des Verschuldens des Petenten zum Netzbetreiber wären die Abnehmer des Netzbetreibers auf deliktische Ansprüche gegen den Petenten angewiesen. Aufgrund der in § 6 AVBWasserV vorgesehenen Beweislastumkehr bestehen bzgl. Schäden an Körper, Gesundheit und Eigentum im Ergebnis kaum Unterschiede zwischen der deliktischen Haftung aus §§ 823 ff. BGB und §§ 280 ff. BGB. Insbesondere die Verjährung ist seit der Schuldrechtsreform 2002 einheitlich in §§ 195, 199 BGB geregelt. Spürbare Differenzen ergeben sich nur bei der Haftung für reine Vermögensschäden. Allerdings greift § 823 II BGB bei solchen Schäden ein, die durch einen Verstoß gegen die Hygienevorschriften der Trinkwasserverordnung herbeigeführt worden sind, weil es sich bei diesen Normen um Schutzgesetze handelt[738].

Eine Haftungslücke ergibt sich jedoch in den Fällen, in denen etwa ein industrieller Abnehmer einen Produktionsausfallschaden erleidet, weil die Versorgung unterbrochen oder weil eine vertraglich zugesicherte Qualität – ohne Verletzung der Trinkwasserverordnung – nicht eingehalten wurde. Gegenüber seinem Lieferanten stünde ihm ein vertraglicher Anspruch zu, wenn dieser den Schaden zu vertreten hätte. Sobald die Schädigung jedoch durch das Versagen eines anderen Netznutzers – sei es ein Petent oder der Netzbetreiber – hervorgerufen worden wäre, bestünde mangels Rechtsgutverletzung und Schutznorm kein deliktischer Anspruch gegen diesen. Es existiert also möglicherweise eine Haftungslücke in den Fällen, in denen der Kunde des Netzbetreibers infolge

---

[737] siehe unter Teil C: VI. 3. b) bb) ε) γγ)
[738] BGH NJW 1983, 2935; Palandt/*Sprau*, BGB, § 823 Rn. 71

eines Versagens des Petenten einen Vermögensschaden erleidet, der nicht auf einem Verstoß gegen die Trinkwasserverordnung beruht.

β) Drittschadensliquidation oder Vertrag mit Schutzwirkung zugunsten Dritter

Die beiden aufgeführten Konstellationen lassen sich möglicherweise mit einer zivilrechtlichen Konstruktion lösen, die dafür sorgt, dass dem Abnehmer ein vertraglicher Anspruch gegen den Petenten zugebilligt wird. In Betracht kommen hierfür die Figuren der Drittschadensliquidation und des Vertrages mit Schutzwirkung zugunsten Dritter. Die Fälle sowohl der Drittschadensliquidation als auch des Vertrages mit Schutzwirkung zugunsten Dritter sind dadurch gekennzeichnet, dass der Schaden nicht beim eigentlich Anspruchsberechtigten entsteht, sondern bei einem Dritten, der jedoch keinen Anspruch hat[739]. Diese Konstellation ist auch bei dem hier problematisierten Fall gegeben. Der Netzbetreiber hätte im Falle einer vom Petenten verursachten Versorgungsunterbrechung oder einer Abweichung der Wasserqualität des vom Petenten eingespeisten Wassers von der vertraglichen Vereinbarung gegen seinen Netznutzungsvertragspartner einen Schadensersatzanspruch aus §§ 280 ff. BGB. Allerdings dürfte es bei ihm am konkreten Schaden fehlen, weil er seinem geschädigten Kunden gegenüber mangels eigenen Verschuldens nicht haften muss. Auch das Verschulden des Petenten hat er nicht gemäß § 278 BGB zu vertreten. Dem Kunden des Netzbetreibers jedoch, bei dem ein Vermögensschaden eingetreten ist, fehlte es mangels vertraglicher Beziehung zum Petenten an einem vertraglichen Haftungsanspruch.

Fraglich ist nunmehr, ob eines und, wenn ja, welches der beiden Institute in dieser Situation zum Tragen käme. Drittschadensliquidation und Vertrag mit Schutzwirkung zugunsten Dritter unterscheiden sich in ihrer Konsequenz dadurch, dass bei Ersterer der Anspruchsberechtigte den Schaden des Geschädigten liquidieren kann, jedoch den Anspruch an diesen abtreten muss, bei Letzterer hingegen der Geschädigte einen direkten Anspruch gegen den Schädiger erhält[740]. Dieser eigene vertragliche Anspruch des Geschädigten ist auch der Grund dafür, warum der Vertrag mit Schutzwirkung zugunsten Dritter vorrangig zu prüfen ist. Wesentliches Unterscheidungsmerkmal bei den Voraussetzungen ist, dass die Drittschadensliquidation den Ausgleich einer aus der Perspektive des Schuldners zufälligen Schadensverlagerung bezweckt[741]. Eine

---

[739] BGH NJW 1977, 273, 2074; Hagen, Die Drittschadensliquidation im Wandel der Rechtsdogmatik, S. 1 ff.; Esser/Schmidt, Schuldrecht, 8. Auflage, Band I, Teilband 2, § 34 IV, S. 265; Medicus, Bürgerliches Recht, Rn. 838 f.
[740] Medicus, Bürgerliches Recht, Rn. 839
[741] BGH NJW 1969, 269, 272; BGH NJW 1968, 1929, 1930

solche Zufälligkeit ist jedoch keineswegs gegeben, da in der Regel eindeutig ist, dass Versorgungsunterbrechungen oder das Hervorrufen von Unregelmäßigkeiten weniger den Netzbetreiber als vielmehr die Abnehmer treffen. Der Petent weiß im Vorhinein, dass sämtliche Absprachen mit dem Netzbetreiber, die einem reibungslosen Betriebsablauf dienen, getroffen werden, um rund um die Uhr eine qualitativ hochwertige Versorgung der Abnehmer mit Trinkwasser sicherzustellen. Es ist ebenso bekannt, dass eine Nichteinhaltung der vertraglichen Abreden dies für sämtliche Abnehmer gefährdet, gleichgültig ob Kunden des Netzbetreibers oder des Petenten. Damit nimmt der Petent bewusst eine Vermehrung der Risiken in Kauf[742]. Unter diesen Umständen liegt es nahe, einen Vertrag mit Schutzwirkung zugunsten Dritter anzunehmen.

γ) Voraussetzungen des Vertrages mit Schutzwirkung zugunsten Dritter

Das Institut des Vertrages mit Schutzwirkungen zugunsten Dritter hat – neben dem bereits beschriebenen Fehlen eines eigenen vertraglichen Anspruchs – drei Voraussetzungen[743]: Erstes Merkmal ist die Leistungsnähe. Der Dritte, also der Kunde des Netzbetreibers, müsste den Gefahren einer Pflichtverletzung durch den Petenten ebenso ausgeliefert sein wie dessen Gläubiger, der Netzbetreiber.

Das Vorliegen eines Drittschutzinteresses ist die zweite Voraussetzung. Dass Fehler bei der Einspeisung durch den Petenten viel eher Schäden bei den Abnehmern hervorzurufen vermögen als beim Netzbetreiber, darauf wurde bereits hingewiesen. Es kann also kein Zweifel daran bestehen, dass von der Einhaltung des Durchleitungsvertrages die Erfüllung der vertraglichen Verpflichtungen des Netzbetreibers abhängen und der Netzbetreiber damit ein Interesse am Schutz seiner Abnehmer durch Einbeziehung in den Netznutzungsvertrag mit dem Petenten hat.

Problematisch ist hier jedoch das dritte Merkmal der Erkennbarkeit dieses Drittschutzinteresses für den Vertragspartner, also den Petenten. Die Rechtsprechung verlangt dafür eine gewisse Überschaubarkeit des Personenkreises[744]. Allerdings ist es ausreichend, wenn sich die Zahl der Personen anhand bestimmter Kriterien bestimmen lässt und der Vertragspartner dadurch in der Lage ist, die Risiken abzuschätzen. Gerade im Bereich der Wasserversorgung ergibt sich die Schwierigkeit, dass ein Petent wohl kaum sämtliche Kunden des Netzbetreibers kennt. Jedoch wird er im Zuge der Netzzugangsverhandlungen

---

[742] wesentliches Merkmal des Vertrages mit Schutzwirkung zugunsten Dritter nach Medicus, Bürgerliches Recht, Rn. 841
[743] Medicus, Bürgerliches Recht, Rn. 844 ff.
[744] BGH NJW 1996, 2927, 2928 f.; 1985, 489 f.; 1969, 269, 272; 1968, 1929, 1931; OLG Hamm MDR 1999, 1030

die wesentlichen Netzdaten übermittelt bekommen haben. Insbesondere wird ihn der Netzbetreiber aus Eigeninteresse auf Besonderheiten – wie etwa spezielle Qualitätserwartungen seiner Kunden – informiert haben. In den übrigen Fällen dürfte eine Haftungsbeschränkung entsprechend § 6 I, II AVBWasserV vorliegen, so dass er durchaus realisieren kann, welche Haftungsrisiken mit einer Durchleitung verbunden sind.[745] Im Ergebnis haftet der Petent gegenüber Kunden des Netzbetreibers aus einem Vertrag mit Schutzwirkung zugunsten Dritter.

c) Festlegung von Haftungsregelungen im Netznutzungsvertrag

Bzgl. der Festlegung konkreter Haftungsregelungen im Netznutzungsvertrag stellen sich im Kern zwei Fragen: Inwieweit darf der Netzbetreiber seine eigene Haftung beschränken, und inwieweit kann der Petent eine Beschränkung seiner Haftung verlangen.

aa) Haftungsbeschränkung des Netzbetreibers gegenüber dem Petenten

Seeger[746] hat für die Stromwirtschaft in eindrucksvoller Weise nachgewiesen, dass eine Haftungsbeschränkung des Netzbetreibers angelehnt an § 6 AVBEltV gegenüber Forderungen des Petenten und von dessen Abnehmern durchaus zulässig ist, und seine Ansicht im Wesentlichen damit begründet, dass ebenso wie im Verhältnis zwischen Elektrizitätsversorgungsunternehmen und Abnehmern, für das die AVBEltV erlassen wurde, der Netzbetreiber vor dem hohen Gefahrenpotential geschützt werden soll, welches der Netzbetrieb mit sich bringt. Da § 6 AVBEltV § 6 AVBWasserV sowohl inhaltlich als auch bzgl. der Erwägungsgründe weitestgehend entspricht[747], dürfte sich diese Argumentation auch auf die Wasserversorgung übertragen lassen. Es ist auch in diesem Sektor kein Grund ersichtlich, warum der Netzbetreiber für Schäden abgeworbener Kunden – gleichgültig, ob unmittelbar deliktisch oder mittelbar vertraglich[748] – strenger haften soll als für solche eigener Abnehmer[749]. Dementsprechend muss sich der Petent gegenüber dem Netzbetreiber verpflichten, seinen Kunden eine entsprechende Haftungsbeschränkung im Verhältnis zum Netzbetreiber aufzuerlegen, sofern nicht § 6 II 1 AVBWasserV ohnehin anwendbar ist. Im Falle der Abweichung hätte er den Netzbetreiber dann von dessen Haftung freizustellen.

---

[745] siehe unter c) bb)
[746] Seeger, S. 376 f.
[747] Regierungsbegründung zu § 6 AVBWasserV, BR-Drs. 196/80
[748] siehe unter b) cc)
[749] so Seeger, S. 377 für den Stromsektor

bb) Haftungsbeschränkung des Petenten gegenüber dem Netzbetreiber

Seeger[750] führt weiter aus, dass für den Fall der Schädigung durch ein schuldhaftes Verhalten des Petenten der Netzbetreiber die gesetzliche Haftung ohne Beschränkung durchsetzen können müsse, weil der Einspeiser kein einem Netzbetrieb vergleichbares Gefahrenpotential aufweise. Dem ist in Bezug auf eine Schädigung des Netzbetreibers durchaus zuzustimmen. Wenn man jedoch bedenkt, dass die Einspeisung von Trinkwasser in ein Versorgungssystem auch zu Schädigungen bei sämtlichen Kunden des Netzbetreibers führen kann, für die der Petent deliktisch wie vertraglich haften muss[751], dann ergeben sich doch erhebliche Risiken. Der Petent haftet gegenüber den Kunden des Netzbetreibers aus Delikt wie auch aus Vertrag mit Schutzwirkung zugunsten Dritter. Für die vertragliche Haftung gelten die Regeln, die mit dem eigentlichen Gläubiger der Hauptforderung, in diesem Fall dem Netzbetreiber, vereinbart wurden oder aufgrund gesetzlicher Bestimmungen gelten[752]. Wenn die gesetzliche Haftung mit dem Netzbetreiber vereinbart ist, müsste der Petent auch grundsätzlich ohne Beschränkung für von ihm schuldhaft verursachte Schäden einstehen. Es ist aber nicht einzusehen, warum er gegenüber Abnehmern des Netzbetreibers strenger haften soll als der Netzbetreiber selbst gegenüber seinen Kunden haftet.

Möglicherweise greift hier jedoch zumindest bei Tarifkunden eine Haftungsbeschränkung der AVBWasserV. Zwar fände § 6 II 1 AVBWasserV hier insofern keine Anwendung, als sich die Vorschrift dem Wortlaut nach eindeutig nur auf deliktische Ansprüche bezieht. Hier könnte jedoch eine Regelungslücke vorliegen. In einem monopolistisch organisierten Wasserversorgungssektor erfolgt die Einspeisung durch ein drittes Wasserversorgungsunternehmen stets nur auf freiwilliger Basis. Der Netzbetreiber bedient sich der Wasserlieferungen durch Dritte, um seine eigenen Verpflichtungen gegenüber den Abnehmern zu erfüllen. Damit muss sich der Netzbetreiber ein etwaiges Verschulden des Lieferanten gemäß § 278 BGB zurechnen lassen. Hier greift wiederum die Haftungsbeschränkung des § 6 I 1 AVBWasserV. Für einen vertraglichen Anspruch des Kunden gegen den Vorlieferanten des Netzbetreibers ist in einem monopolistischen System damit kein Raum. Sobald jedoch ein Dritter einen Anspruch auf Durchleitung geltend macht, bestünde folglich eine Regelungslücke. Diese ließe sich durch eine analoge Anwendung des § 6 II AVBWasserV auf eine vertragliche Haftung des Durchleitungspetenten schließen. Dies gebietet die Einheit der

---

[750] Seeger, S. 376 f.
[751] Näheres unter Teil D: VII. 2. c)
[752] vgl. BGHZ 56, 269, 272 ff.; OLG Hamm MDR 1975, 930; Larenz, Schuldrecht I, 14. Auflage, § 17 II, S. 227; MünchKomm/Gottwald, BGB, Band 2a, 4. Auflage, § 328 Rn. 120, 122 m.w.N.; a.A.: Esser/Schmidt, Schuldrecht I 2, 8. Auflage, § 34 IV 2 d), S. 273

Rechtsordnung. Es ist nicht einzusehen, warum in der Beziehung des Kunden des Netzbetreibers zum Petenten eine unbeschränkte vertragliche Haftung möglich sein soll, wo doch die deliktische eingeschränkt wird, zumal auf sämtliche Haftungskonstellationen zwischen einem Tarifkunden und einem Netzbetreiber oder Petenten § 6 I oder § 6 II AVBWasserV Anwendung findet.

Es verbliebe bei einer unbeschränkten Haftung des Petenten gegenüber dem Netzbetreiber das Problem, dass jener gegenüber Industriekunden in vollem Umfang zu haften hätte, weil in diesen Fällen die AVBWasserV keine Anwendung findet. Auch bzgl. dieser Kunden dürfte der Petent keinem strengeren Haftungsmaßstab unterliegen als der Netzbetreiber. Deshalb kann der Petent grundsätzlich vom Netzbetreiber verlangen, dass dieser sich im Netznutzungsvertrag dazu verpflichtet, gegenüber seinen Sondervertragskunden eine Haftungsbeschränkung vergleichbar § 6 II AVBWasserV in den jeweiligen Wasserlieferungsverträgen festzuschreiben und für den Fall der Zuwiderhandlung den Petenten von jeder Haftung freizustellen, die über die Maßstäbe des § 6 I AVBWasserV hinausgeht. Dies wäre jedoch u.U. gegenüber denjenigen Abnehmern ungerecht, die auf eine besondere Zuverlässigkeit der Versorgung und eine definierte Wasserqualität angewiesen sind[753]. Eine strengere Haftung kann ein wirksames Mittel sein, um in dieser Beziehung eine besondere Sorgfalt des Lieferanten zu erwirken. Deshalb sollte in den Fällen, in denen der Netzbetreiber mit seinem Abnehmer eine strengere Haftung vereinbart hat, er auch von Petenten verlangen können, dass er gegenüber diesen Kunden nach denselben Maßstäben für Schädigungen einstehen muss. Allerdings ist der Netzbetreiber verpflichtet, den Petenten über diese Vertragsgestaltungen im Einzelnen in Kenntnis zu setzen, damit das Risiko, welches der Petent mit der Durchleitung eingeht, überschaubar bleibt und wirksam in den Vertrag mit Schutzwirkung zugunsten dieser Abnehmer einbezogen wird[754].

VII. Sonstige Verweigerungsgründe

1. Rechte des Netzbetreibers

Im Rahmen der Untersuchung angemessener Vertragsbedingungen wurde bereits eine Vielzahl von Parametern angesprochen, die bei Nichterfüllung seitens des Petenten einen Durchleitungsverweigerungsgrund darstellen. Die einzelnen Gründe hingen im wesentlichen mit den technisch-naturwissenschaftlichen Bedingungen der Trinkwasserversorgung sowie mit den Qualitätserwartungen der Abnehmer zusammen. Es gibt allerdings auch in Bezug auf die Wasserversorgung weitere Gründe zur Rechtfertigung einer

---

[753] siehe unter 3. c) bb) α)
[754] siehe unter b) cc)

Durchleitungsverweigerung. Hierbei handelt es sich einerseits um solche, die mit der Stellung als Inhaber eines Netzes oder einer wichtigen Infrastruktureinrichtung zu tun haben. Derartige Konstellationen treten auch im Bereich der Energieversorgung und in anderen vergleichbaren Sektoren auf. Deshalb sind die Einzelprobleme schon untersucht, so dass hier eine verkürzte Darstellung hinreichend ist. Es gibt allerdings im Hinblick auf die Fortgeltung des § 103 GWB a.F. einige Unterschiede zur Rechtslage bei Strom und Gas, die im Folgenden herausgearbeitet werden sollen.

a) Konzessionsverträge

Zunächst einmal sind nach § 103 I Nr. 2 GWB a.F. i.V.m. § 131 VI GWB n.F. nach wie vor Konzessionsverträge erlaubt. Durch einen Konzessionsvertrag gestattet eine Gebietskörperschaft einem Versorgungsunternehmen, seine Leitungen auf bzw. unter öffentlichen Wegen zu verlegen. Dies geschieht entweder über die Einräumung einer beschränkt persönlichen Dienstbarkeit[755] oder über die Erlaubnis zu einer privatrechtlichen Sondernutzung[756]. Dabei wird vereinbart, dass die Gebietskörperschaft ausschließlich dem Netzbetreiber ein solches Recht gewährt. Diese Ausschließlichkeitsbindungen würden ohne Freistellung § 1 oder § 18 GWB a.F.[757] unterliegen und wären damit verboten. Die Ausschließlichkeitsabrede darf sich jedoch nur auf die öffentliche Versorgung von Letztverbrauchern beziehen. Sie gilt weder für lediglich das Gebiet der Kommune passierende Fernleitungen noch für Leitungen zur Belieferung von Verteilerunternehmen[758].

Ein Konzessionsvertrag gilt nur inter partes; der Netzbetreiber hat lediglich einen Anspruch gegen die Kommune, dass diese keine weiteren Rohrleitungsverlegungen zur Versorgung von Letztverbrauchern auf bzw. unter ihren Wegen gestattet[759]. Zur Abwehr eines Durchleitungsbegehrens ist ein solcher Vertrag nicht geeignet. Der Netzbetreiber hat sich keineswegs gegenüber der Kommune verpflichtet, nur sein eigenes Wasser in den Rohren zu verteilen. Eine derartige Abrede wäre im Übrigen auch nicht von der Freistellung des § 103 I Nr. 2 GWB a.F. gedeckt. Es existieren insofern keinerlei Bindungen, die dritte Wasserversorger oder gar die Abnehmer in ihrer wirtschaftlichen Handlungsfreiheit einschränken könnten[760].

---

[755] MünchKomm/*Joost*, BGB, § 1090 Rn. 2

[756] Klees, Direktleitungsbau, S. 81 ff.

[757] hierzu gab es unterschiedliche Auffassungen in Literatur und Rspr. (Überblick bei Langen/Bunte-*Jestaedt*, Kartellrecht, 8. Auflage, § 103 Rn. 13 m.w.N.)

[758] Langen/Bunte-*Jestaedt*, Kartellrecht, 8. Auflage, § 103 Rn. 14

[759] Immenga/Mestmäcker-*Klaue*, GWB, § 131 Rn. 13

[760] Immenga/Mestmäcker-*Klaue*, GWB, § 131 Rn. 13; siehe auch schon II. 2. c) bb)

Die Ausschließlichkeitsbindung der Kommune könnte allenfalls mittelbare Wirkung insofern entfalten, als sie eine etwaige erforderliche Verknüpfung der Versorgungsleitungen des Petenten mit dem Netz des Konzessionsinhabers untersagen müsste. Dazu müsste es sich jedoch bei der Verknüpfungsleitung um eine Versorgungsleitung zur Letztversorgung handeln. In der Regel wird der Petent die Leitung zur Netzverknüpfung errichten, um dann mehrere Abnehmer über das Netz versorgen zu können. Hier stellt sich die Frage, ob eine derartige Leitung von ihrer Funktion her nicht eher mit einer Belieferungsleitung für den Netzbetreiber vergleichbar ist und damit keine Einrichtung zur Versorgung von Endkunden darstellt. Hiergegen ließe sich wiederum argumentieren, dass juristisch der Petent den Kunden direkt versorgt, also die Leitung sehr wohl zur Letztversorgung dient. Dieser Streit dürfte in der Praxis jedoch wenig relevant sein. Die Durchleitung erfordert nur eine einzige Netzverknüpfung. Wasserleitungen müssen außerhalb geschlossener Bebauung nicht zwingend unter der Straße liegen, sondern können über Felder verlaufen. Der Wasserversorger muss sich nur mit dem Grundstückseigentümer über die Einräumung einer Grunddienstbarkeit einigen. Da die Wassergewinnungsgebiete stets außerhalb dichter Bebauung liegen, wird es in den allermeisten Fällen eine Möglichkeit zur Netzverknüpfung abseits öffentlicher Wege geben.

b) Demarkationsverträge

Eine Demarkationsabrede gemäß § 103 I Nr. 1 GWB a.F. ist dadurch gekennzeichnet, dass sich zumindest einer der Vertragspartner gegenüber dem anderen dazu verpflichtet, in einem bestimmten Gebiet die Versorgung mit Wasser über feste Leitungswege zu unterlassen[761]. Auch hier entfaltet der Vertrag nur Wirkung inter partes, nicht jedoch gegenüber Dritten[762]. Insofern kann der Netzbetreiber zwar gegenüber seinem Vertragspartner die Durchleitung verweigern, wenn dieser sich zum Unterlassen von Wettbewerb verpflichtet hat. Dritten, nicht am Demarkationsvertrag beteiligten Versorgungsunternehmen kann ein Demarkationsvertrag jedoch nicht entgegengehalten werden.

c) Bestehende Lieferbeziehungen mit dem Petenten

Lokale Wasserversorger decken ihren Wasserbedarf vielfach ausschließlich oder zu großen Teilen durch Lieferungen eines Fernwasserversorgers. Sollte nun der Fernwasserversorger beabsichtigen, einen Kunden direkt über eine Durchleitung zu beliefern, würde er den Wasserabsatz des Netzbetreibers, der sein Wasser vertreibt, erschweren. Durch ein derartiges Verhalten verhielte er

---

[761] BGH WuW/E 1405, 1406; Langen/Bunte-*Jestaedt*, Kartellrecht, 8. Auflage, § 103 Rn. 6
[762] Immenga/Mestmäcker-*Klaue*, GWB, § 131 Rn. 13; siehe auch schon II. 2. c) bb)

sich möglicherweise widersprüchlich im Hinblick auf den Wasserlieferungsvertrag mit dem Netzbetreiber. Ein Verweigerungsgrund läge dementsprechend dann vor, wenn der Netzbetreiber durch den Lieferungsvertrag verpflichtet wäre, Wettbewerb gegenüber den Kunden des Netzbetreibers zu unterlassen[763]. *Büdenbender*[764] stellt auf zwei Merkmale ab: Erstens muss der Netzbetreiber seinen Gesamtbedarf oder einen großen Teil dessen beim Lieferanten beziehen und zweitens muss dies durch entsprechende Vertragsabsprachen gesichert sein. In der Wasserversorgungswirtschaft gibt es in der Regel nur die Alternative zwischen einer Eigenversorgung und einem bestimmten Fernwasserversorger. Insofern gibt es etwa für Ausschließlichkeitsbindungen keine zwingende Notwendigkeit. Jedoch sehen die Bezugsverträge in der Regel Mindestabnahmemengen vor, die faktisch einen ähnlichen Zweck verfolgen. *Büdenbender*[765] erkennt Mindestabnahmeverpflichtungen auch als Indiz für ein widersprüchliches Verhalten zum Liefervertrag an. Insofern dürfte dann, wenn eine solche Mindestabnahmeverpflichtung besteht, und der Netzbetreiber sein Wasser im Wesentlichen vom Fernwasserversorger bezieht, ein dem Liefervertrag widersprechendes Verhalten vorliegen, welches dem Netzbetreiber ein Recht zur Verweigerung der Durchleitung vermittelte.

Im Wasserversorgungssektor ergibt sich ein weiteres Problem daraus, dass es sich bei dem Fernwasserversorger vielfach um kein kommerzielles Unternehmen handelt, sondern um einen öffentlich-rechtlichen Zusammenschluss in der Regel von Kommunen in Form eines Wasser- und Bodenverbandes oder eines Zweckverbandes. Die lokalen Netzbetreiber sind demnach Mitglieder eines Wasserversorgungsverbandes. Das Wasserverbandsgesetz schreibt in § 6 II Nr. 2 vor, dass die Satzung die Aufgabe und Unternehmen genau umschreiben muss. Dort wird sich in der Regel der nach § 2 Nr. 11 WVG zulässige Zweck der Beschaffung und Bereitstellung von Wasser für die Mitglieder finden. Ggf. ließe sich der Zweck möglicherweise in der Satzung so verändern, dass auch eine Endkundenversorgung über Durchleitung erfolgen soll[766]. Jedoch steht ein Mitglied des Verbandes in einem öffentlich-rechtlichen Sonderrechtsverhältnis[767]. Aus diesem Sonderrechtsverhältnis ergeben sich Treuepflichten, die die Aufnahme von Wettbewerb des Verbandes gegenüber einem seiner Mitglieder verbietet. Dies gilt in ähnlicher Weise auch für kommunale Zweckverbände. Diese werden zwischen kommunalen Gebietskörperschaften geschlossen, um „bestimmte ihnen gemeinsam obliegende Aufgaben" zu erfüllen[768]. Ein Zweck-

---

[763] Seeger, S. 249
[764] Büdenbender, Schwerpunkte der Energierechtsreform 1998, Rn. 184 f.
[765] Büdenbender, Schwerpunkte der Energierechtsreform 1998, Rn. 184
[766] Näheres dazu unter Teil D: IV. 2. a)
[767] Rapsch, Wasserverbandsrecht, Rn. 136
[768] § 7 I 1 NKomZG

verband kann ferner auch Aufgaben für einzelne Verbandsmitglieder erfüllen[769]. Voraussetzung ist jedoch eine Aufgabenübertragung der Kommune. Solange die Kommune nicht explizit dem Zweckverband die Aufgabe der Trinkwasserversorgung an Letztverbraucher in seinem Hoheitsgebiet übertragen hat, darf der Zweckverband dort nicht tätig werden. Insofern sind Mitglieder von Wasser- und Boden- bzw. Zweckverbänden vor Konkurrenz durch diese geschützt.

d) Bestehende Verträge mit wechselwilligen Kunden

In der Regel wird ein Versorger mit jedem seiner Abnehmer laufende Verträge haben. Es stellt sich hier die Frage, ob der Netzbetreiber sich aufgrund einer bestehenden Lieferbeziehung mit einem Kunden auf Unzumutbarkeit berufen kann, wenn ein Dritter diesen Kunden über eine gemeinsame Netznutzung zu versorgen beabsichtigt. Ein derartiger Fall wird bei Haushaltskunden praktisch nicht vorkommen. Diese haben nach § 32 AVBWasserV eine Kündigungsfrist von nur einem Monat. Allerdings kann es bei der Belieferung von Industrieunternehmen oder Weiterverteilern durchaus langfristige Bezugsbindungen geben, da hier die AVBWasserV gem. § 1 II nicht gilt und sich gerade für diese Gruppe der Aufwand für eine Durchleitung aufgrund entsprechender Mengen für den Petenten am ehesten lohnt.

Im Bereich der Energieversorgung ist es äußerst umstritten, ob ein laufender Vertrag den Netzbetreiber berechtigt, die Durchleitung zu verweigern. Eine Ansicht[770] akzeptiert bestehende Lieferverträge als Verweigerungsgrund mit dem Argument, dass das Ziel der Schaffung von Wettbewerb nicht den Grundsatz „pacta sunt servanda" zur Disposition stellen wollte. Die Gegenauffassung[771] hingegen weist auf die Unbundlingvorschriften hin, nach denen die Unternehmen in eine Vertriebs- und in eine Netzabteilung zu trennen seien. Der Netzbetreiber dürfe sich keine Schiedsrichterfunktion anmaßen, insbesondere dann nicht, wenn er dabei die eigene Vertriebsabteilung bevorzuge. Letztere Auffassung kann im Hinblick auf die Wasserversorgung nicht überzeugen, weil dort weder eine durch den Gesetzgeber initiierte Öffnung der Märkte stattgefunden hat noch Unbundlingvorschriften existieren. Insofern gibt es für den

---

[769] § 7 I 2 NKomZG

[770] Büdenbender, Schwerpunkte der Energierechtsreform 1998, Rn. 180; Seeger, S. 248; Berliner Kommentar zum Energierecht-Säcker/Boesche, § 6 EnWG, Rn. 221; Kühne RdE 2000, 1, 3; Markert ZNER 4/1998, 3, 4; Beck, in: Schwarze, Der Netzzugang für Dritte im Wirtschaftsrecht, S. 209, 212

[771] LG Berlin ZNER 2000, 142, 144 f.; LG Hamburg RdE 2000, 231, 232; LG Dortmund ZNER 2000, 208, 209; Salje ET 1999, 768, 773; Walter/v. Keussler RdE 1999, 223, 226 f.; Schultz ET 1999, 750, 753; Giermann RdE 2000, 222, 228 f.; Theobald/Zenke NJW 2001, 797, 798

Wasserversorgungssektor kein Argument dafür, den Grundsatz „pacta sunt servanda" in Frage zu stellen.

e) Verhalten des Petenten

Auch das Verhalten des Petenten kann Anlass dafür sein, dass ein konkretes Durchleitungsbegehren für den Netzbetreiber nicht zumutbar ist. Gemeint sind Fälle, in denen der Petent bzgl. des Netznutzungsentgeltes nicht zahlungsbereit oder gar zahlungsunfähig ist. Ebenso kann es dem Petenten an der erforderlichen Zuverlässigkeit mangeln, etwa weil der Netzbetreiber sich in früheren Vertragsbeziehungen als wenig zuverlässig erwiesen hat oder gar noch Forderungen gegen ihn offen sind.[772]

f) Anpassung der eigenen Wasserpreise

Nach der früheren Rechtsprechung[773] zu § 103 V 2 Nr. 4 GWB a.F. war es bei der Interessenabwägung bzgl. eines konkreten Durchleitungsbegehrens zu berücksichtigen, wenn der Netzbetreiber sich bereit erklärt hat, den wechselwilligen Kunden zu den vom Petenten angebotenen Konditionen zu versorgen. Damit konnte den Interessen des Abnehmers genügt werden, so dass diesem gegenüber kein Monopolmissbrauch mehr vorlag. Gleichzeitig wurde man dem staatlichen Ziel einer preisgünstigen Versorgung gerecht. Diese Prämissen dürften trotz der Nichtanwendbarkeit des § 103 V 2 Nr. 4 GWB a.F. auf die Wasserversorgung im Rahmen der allgemeinen Missbrauchsprüfung zu übertragen sein, da der kartellrechtliche Rahmen der Wasserversorgung heute dem früheren der Energieversorgung gleicht. Der BGH[774] stellte zu § 103 V 2 Nr. 4 GWB a.F. fest, dass es nicht der Sinn und Zweck dieser Norm sei, Wettbewerb der Versorgungsunternehmen im Wege der Durchleitung zu eröffnen. Die Möglichkeit, geschlossene Versorgungsgebiete über Konzessions- und Demarkationsverträge abzusichern, sollte nicht beseitigt werden. Die Interessen des Leitungsinhabers an einer Durchleitungsverweigerung sollten nicht regelmäßig hinter den Wettbewerbsinteressen des Durchleitungspetenten zurücktreten müssen. Eine ähnliche Konstellation findet sich in der heutigen Rechtslage für die Wasserversorgung. Zwar zielt die Formulierung des § 19 IV Nr. 4 GWB n.F. stärker auf Wettbewerb ab als die des § 103 V 2 Nr. 4 GWB a.F.. Jedoch gibt es gemäß § 103 I GWB a.F. i.V.m. § 131 VI GWB n.F. nach wie vor die Möglichkeit, lokale Monopole über Konzessions- und Demarkationsverträge abzusichern. So kann auch für die Wasserversorgung kein grundsätzlicher

---

[772] Näheres dazu bei: Seeger, S. 251 (die Rechtslage beim Energierecht ist insofern vergleichbar)
[773] BGH WuW/E 2953, 2965; KG WuW/E OLG 5165, 5189 f.
[774] BGH WuW/E 2953, 2963

Vorrang der Durchleitung angenommen werden[775]. Wenn also der Wasserversorgungsnetzbetreiber seine Konditionen den möglichen Konditionen des Petenten anpasst, dürfte es sich um ein wichtiges Indiz für die Rechtfertigung einer Durchleitungsverweigerung handeln.

2. Interessen des Staates

a) Berücksichtigungsfähigkeit staatlicher Interessen

Bei der Prüfung des Missbrauchs einer marktbeherrschenden Stellung sind grundsätzlich nur wettbewerbsrechtliche Wertungsgesichtspunkte zu berücksichtigen. Die Berücksichtigung sonstiger staatlicher Interessen neben den Interessen der Konkurrenten bei der Abwägung ist grundsätzlich kartellrechtsfremd.[776] Allerdings normiert der Tatbestand des § 103 V 1 GWB a.F., dass im Bereich der Trinkwasserversorgung auch außerwettbewerbliche Interessen in die Abwägung mit einzustellen sind, indem er die „Berücksichtigung von Sinn und Zweck der Freistellung" vorschreibt[777]. Explizit wird die „möglichst sichere und preisgünstige Versorgung" als ein zu berücksichtigendes staatliches Ziel genannt. Damit hat der Gesetzgeber den Gesichtspunkten der Versorgungswirtschaft Vorrang vor entgegenstehenden wettbewerblichen Ordnungsprinzipien eingeräumt[778]. In Bezug auf den Wasserversorgungssektor kommen noch einige weitere Aspekt hinzu: Eine hervorragende Trinkwasserqualität dient einer gesunden Ernährung und der Vermeidung von Krankheiten. Diese Qualität zu erhalten dürfte das oberste staatliche Ziel in diesem Bereich sein. Zudem ist die Qualität sehr eng mit der Erhaltung der natürlichen Ressourcen verknüpft, enthält mithin eine sehr starke umweltpolitische Komponente. Daneben hat der Staat noch ein weiteres, eher fiskalisches Interesse: Über die Trinkwassergebühren werden neben den ressourcenerhaltenden Maßnahmen teilweise weitere Aufgaben mitfinanziert, die primär anderen Zwecken als denen der Wassergewinnung dienen. Und schließlich sind Interessen der Kommunen zu beachten, sofern diese die Trinkwasserversorgung selbst durchführen.

Ob und inwiefern diese einzelnen konkreten staatlichen Interessen im Rahmen der Abwägung zu berücksichtigen sind, wird im Folgenden zu klären sein. In jedem Fall gebietet es die Einheit der Rechtsordnung, solche Interessen des Staates grundsätzlich zu berücksichtigen, die ihre Ausprägung in einer gesetzli-

---

[775] siehe auch unter II. 4.

[776] Hohmann, S. 302 ff.; ähnlich auch Immenga/Mestmäcker-*Möschel*, GWB, § 19 Rn. 209

[777] Seeger, S. 309; Berliner Kommentar zum Energierecht/*Engelsing*, § 19 GWB Rn. 306; Immenga/Mestmäcker-*Klaue*, GWB, § 131 Rn. 12

[778] Evers, Das Recht der Energieversorgung, S. 204

chen Normierung gefunden haben[779]. Der Wortlaut des § 103 V 1 GWB a.F. mit der Formulierung „unter Berücksichtigung" macht allerdings deutlich, dass alle Interessen, die gemäß dieser Norm zu beachten sind, jeweils nur ein relatives Verweigerungsrecht darstellen. Insofern können die staatlichen Interessen im Einzelfall hintan zu stellen sein, wenn die Wettbewerbsinteressen des Petenten überwiegen. Etwas anderes kann nur dann gelten, wenn sich das staatliche Interesse in einer Norm manifestiert hat, die der Anwendung des § 19 GWB n.F. insoweit vorgeht, als diese Norm dessen Anwendbarkeit blockiert, sie also keiner Einführung in die wettbewerbsrechtliche Abwägung über § 103 V GWB bedarf. Die Erfüllung einer derartigen Norm würde einen absoluten Durchleitungsverweigerungsgrund darstellen.

b) Versorgungssicherheit und Preisgünstigkeit

Die Versorgungssicherheit und die Preisgünstigkeit werden in § 103 V 1 GWB a.F. explizit als dem Sinn und Zweck der kartellrechtlichen Freistellung entsprechende Ziele genannt[780]. Der Staat hat ein vitales Interesse an einer langfristig sicheren und bezahlbaren Trinkwasserversorgung. Bei der Frage nach der Versorgungssicherheit geht es ihm zwar auch um die technische Sicherstellung der Versorgung, also die jederzeitige Bereitstellung der zur Deckung des Trinkwasserbedarfs erforderlichen Menge zu ausreichendem Druck. Diese Komponente wurde jedoch bereits im Rahmen der Unmöglichkeit der Durchleitung ausführlich diskutiert[781], denn hierbei handelt es sich auch um ein ureigenes Interesse des Netzbetreibers, der ja schließlich eine ausreichende Versorgung seiner Abnehmer organisieren muss. Insofern bedarf es hier keines besonderen staatlichen Interesses, um ggf. eine Durchleitungsverweigerung zu rechtfertigen.

aa) „Rosinenpicken"

Der Staat dürfte seinen Fokus insbesondere darauf legen, dass eine kostengünstige und sichere Versorgung nicht aus ökonomischen Gründen gefährdet wird. Die Kerngefahr besteht durch das sog. Rosinenpicken: Ein Durchleitungspetent könnte dem lokalen Netzbetreiber die lukrativen Großkunden abwerben. Da nunmehr Überkapazitäten bei der Wassergewinnung vorhanden wären, müssten diese *stranded costs* auf die verbleibenden Kunden abgewälzt werden, sofern nicht durch anderweitiges Rationalisierungspotential dem entgegengewirkt werden könnte.[782] In einem funktionierenden Wettbewerb werden die übrigen

---

[779] Seeger, S. 310; Berliner Kommentar zum Energierecht/*Engelsing*, § 19 GWB Rn. 306
[780] Berliner Kommentar zum Energierecht/*Engelsing*, § 19 GWB Rn. 306
[781] siehe unter VI. 3.
[782] UBA, S. 67

Kunden sich einen neuen Anbieter suchen. Insofern wäre die Preisgünstigkeit der Versorgung gewahrt.[783] Im Extremfall wird der Netzbetreiber seine Tätigkeit als Wasserversorger einstellen. Infolge dessen wären die *stranded costs* nicht mehr überwälzbar. Ein privates Versorgungsunternehmen würde in die Insolvenz gehen; ein staatlicher Versorger müsste diese Verluste tragen. Die Versorgungssicherheit ist bei einem solchen Szenario grundsätzlich nicht gefährdet, weil in einem funktionierenden Wettbewerb in der Regel Dritte bereitstehen werden, das Netz zu übernehmen. Dass in einem wettbewerblich orientierten Wirtschaftssystem Konkurrenten vom Markt verschwinden, ist systemimmanent und stellt insofern keine Gefahr für die Versorgung dar.

Das tatsächliche Problem liegt jedoch in der aktuellen Struktur des Wasserversorgungsmarktes. Aufgrund der lokal orientierten Versorgungsnetze wird es nicht in jedem Fall möglich sein, dass ein Konkurrenzunternehmen sämtliche bisherigen Kunden eines Netzbetreibers versorgt. In vielen Fällen wird der Petent gar kein Interesse daran haben, alle diese Kunden zu übernehmen. Diese Abnehmer wären in der Folge zumindest den nunmehr höheren Preisen des Netzbetreibers ausgeliefert. Im Extremfall wäre letzterer gar nicht mehr in der Lage, die ihm verbleibenden Kunden rentabel zu versorgen. Dann wäre sogar die Versorgungssicherheit gefährdet, weil keineswegs gewährleistet ist, dass sich ein Dritter findet, der bereit ist, das Rohrleitungssystem zu übernehmen und die Grundversorgung sicherzustellen.

bb) Mangelnde Auslastung von Anlagen

Die Wasserversorgungsnetzbetreiber haben ihre Wassergewinnungsanlagen, Wasserwerke und Behälter so dimensioniert, dass sie für die Versorgung der Abnehmer im Netz hinreichend sind. Sofern nun ein Dritter ihm Kunden abwirbt, wird die verkaufte Wassermenge sinken. Seine Anlagen anderweitig auszulasten, indem man selbst neue Absatzmärkte in anderen Gebieten erschließt[784], kann man sich bei Fernwasserversorgern durchaus vorstellen. Bei nur lokal aktiven Unternehmen wird in den meisten Fällen das Problem bestehen, dass die Anlagen, insbesondere die Behälter, so konfiguriert sind, dass sie allein der Versorgung des Netzgebietes dienen. Eine teilweise Umwidmung ist nur schwer möglich. Der Netzbetreiber wird die Investitionskosten auf den Wasserpreis der verbliebenen Kunden abwälzen müssen.[785]

---

[783] ähnlich Horstmann, S. 99 für die Stromversorgung
[784] Vorschlag von OFWAT, MD 163, 30 June 2000, Pricing Issues for Common Carriage mit weiteren Details
[785] Hewett, Testing the waters – The potential for competition in the Water Industry, p. 20

Möglicherweise wirkt sich die Überdimensionierung auch in technischer Hinsicht negativ aus. Der Trinkwasserabsatz ist in den vergangenen Jahren dramatisch zurückgegangen. Die meisten Anlagen stammen jedoch aus einer Zeit, in der man mit steigenden Abnahmezahlen gerechnet hat. Dadurch sind Wasserwerke wie Wasserspeicher häufig überdimensioniert. Wasserwerke benötigen jedoch aus betrieblichen Gründen gewisse Mindestmengen zum Funktionieren[786], sofern die Werke nicht so aufgebaut sind, dass man einzelne Teile ohne Auswirkungen stilllegen kann. Man müsste ggf. mehr Wasser fördern und aufbereiten, als man für die Versorgung benötigt. Ein ähnliches Problem ergibt sich bei den Behältern, wenn diese nicht vom Petenten mitgenutzt werden. Sofern ein gewisser Mindestdurchfluss nicht garantiert ist, kommt es zu überlangen Standzeiten, die eine Aufkeimung zur Folge haben können[787]. Um dem zu entgehen, müsste der Betreiber zusätzlich Wasser aus dem Netz entnehmen. Letztendlich kann also eine Überdimensionierung nur über die Vergeudung von Ressourcen kompensiert werden. Diese Vergeudung werden am Ende die beim Netzbetreiber verbleibenden Kunden über den Wasserpreis zu tragen haben.

cc) Abwägung

§ 103 V 1 (i.V.m. VII) GWB a.F. lässt keinen anderen Schluss zu, dass in den Fällen, in denen ein konkretes Durchleitungsbegehren ernsthaft die Versorgungssicherheit gefährdet, nach Abwägung der staatlichen Interessen mit den Wettbewerbsinteressen des Petenten dem Netzbetreiber ein Verweigerungsrecht zustehen muss. Ähnliches gilt für die Konstellationen, in denen nur die Preisgünstigkeit der Versorgung auf dem Spiel steht. Sobald mit einem Anstieg der Verbraucherpreise über ein verträgliches Maß hinaus zu rechnen wäre, dürften die staatlichen Interessen die Wettbewerbsinteressen überwiegen. Letztendlich ist die Regelung des § 103 V 1 (i.V.m. VII) GWB a.F. also dazu geeignet, ein ökonomisch unerwünschtes Rosinenpicken zu verhindern[788].

c) Umweltverträglichkeit

Das Ziel der Umweltverträglichkeit ist in § 103 V 1 GWB a.F. nicht explizit als Ziel der Freistellung der Demarkations- und Konzessionsverträge vom Kartellverbot genannt. Im Bereich des Energierechts hat der Gesetzgeber in der Nachfolgeregelung, dem § 1 EnWG, neben der Versorgungssicherheit und der Preisgünstigkeit auch die Umweltverträglichkeit als Zweck des Energiewirtschaftsgesetzes normiert. Diese Zwecke dienten i.V.m. § 6 I 2 bzw. § 6a II 2

---

[786] Drinking Water Inspectorate: Information Letter 6/2000 – 11 February 2000, № 8
[787] Drinking Water Inspectorate: Information Letter 6/2000 – 11 February 2000, № 12
[788] so im Ergebnis auch Langen/Bunte-*Jestaedt*, Kartellrecht, 8. Auflage, § 103 Rn. 52

EnWG 1998 als relative Durchleitungsverweigerungsgründe[789]. Diese erfüllen als solche nunmehr für die Energiewirtschaft den Zweck des § 103 V 1 GWB a.F. als Korrektiv zum Durchleitungsanspruch – natürlich unter anderen rechtlichen Rahmenbedingungen.

Das Ziel des Umweltschutzes muss erst recht für die Wasserversorgung gelten. Jede wasserwirtschaftliche Maßnahme bedeutet einen Eingriff in den natürlichen Wasserkreislauf und hat damit Konsequenzen für den betroffenen Naturraum. Nicht ohne Grund werden im Rahmen der Liberalisierungsdebatte neben hygienischen Bedenken stets mögliche negative Einflüsse auf die Umwelt diskutiert[790]. Aus dieser engen Verbindung ergibt sich die Notwendigkeit, auch umweltpolitische Ziele im Rahmen der Missbrauchsprüfung mit zu berücksichtigen.

aa) Grundwasserschutz

Das Gutachten des Umweltbundesamtes sieht in einer stärkeren Wettbewerbsorientierung der Wasserversorgungswirtschaft Gefahren für den Umwelt- und Ressourcenschutz[791]. Hierbei wird nicht etwa die Ausbeutung von Grundwasservorkommen befürchtet. Dem kann der Staat durch sein Bewilligungsregime wirksam begegnen, denn die Wasserbehörden legen bei jeder Benutzungsbewilligung Höchstmengen für bestimmte Zeitabschnitte fest[792], die der Wasserversorger nur in Ausnahmefällen kurzfristig überschreiten darf. Die eigentliche Bedrohung des Grundwassers sieht das Umweltbundesamt im räumlichen sowie im zeitlichen Ausweichen[793].

α) Räumliches Ausweichen

Mit „räumlichem Ausweichen" beschreibt das UBA[794] die Befürchtung, dass bei einer stärkeren Vernetzung die Kompensationsmöglichkeiten für lokale Ausfälle steigen werden. Dafür würde man künftig solche Wasservorkommen nicht mehr nutzen, bei denen der Ressourcenschutz mit relativ hohen Kosten verbunden ist, wie zum Beispiel für Kooperationen mit der Landwirtschaft. Sollten diese Gebiete dauerhaft nicht mehr für die öffentliche Wasserversorgung genutzt werden, dienten auch die zugehörigen Schutzgebiete weder einer aktuellen noch einer künftigen Wassernutzung. Ein Wasserschutzgebiet kann aber gemäß § 19 I Nr. 1 WHG nur dann ausgewiesen bzw. aufrechterhalten

---

[789] Seeger, S. 232 ff.
[790] UBA, S. 46 ff.; BMWi, S. 52 ff.
[791] UBA, S. 46 ff.
[792] Sieder/Zeitler/Dahme-*Knopp*, WHG, § 7 Rn. 10; Broschei, LWG NW, § 24 Rn. 8
[793] UBA, S. 47 ff.
[794] UBA, S. 47 f.

werden, wenn ein konkretes künftiges Nutzungsvorhaben existiert[795], also eine erhebliche Wahrscheinlichkeit vorhanden ist, dass ein bestimmtes Wasservorhaben in absehbarer Zeit zur Trinkwasserversorgung benötigt wird[796]. Da diese Voraussetzung bei einer dauerhaften Aufgabe der Nutzung nicht mehr erfüllt wäre, müssten die Wasserbehörden in der Folge die zugehörigen Wasserschutzgebiete aufheben. Die wertvollen Grundwasservorkommen könnten für nachfolgende Generationen nicht mehr geschützt werden. Die Flächen stünden nunmehr auch für Siedlungstätigkeiten zur Verfügung, auf Kosten des Natur- und Landschaftsschutzes.[797]

β) Zeitliches Ausweichen

Eine weitere Gefahr beschreibt das UBA mit „zeitlichem Ausweichen"[798]. Maßnahmen zum Ressourcenschutz zeigen häufig erst mittel- bis langfristig Wirkung. Freiwillige Leistungen der Wasserversorger zum vorbeugenden Gewässerschutz sind – wie der Name schon suggeriert – Leistungen ohne Rechtsgrundlage, die die Unternehmen aus eigenem Antrieb vornehmen, um langfristig die für die Trinkwasserversorgung notwendigen Ressourcen zu erhalten und Trinkwasser in hoher Qualität anbieten zu können. Hierzu gehören insbesondere Kooperationen mit der Landwirtschaft, um nachhaltig den Eintrag von Nitraten und anderen wassergefährdenden Stoffen ins Grundwasser zu verhindern. Zwar sind die Landwirte häufig schon gesetzlich zu diesen Maßnahmen verpflichtet. Aufgrund existierender Vollzugsdefizite bedarf es jedoch enormer Anstrengungen der Versorgungsunternehmen, für die Einhaltung der gesetzlichen Normen zu sorgen.[799] Von diesen Maßnahmen profitieren nicht nur die Abnehmer, sondern auch die Umwelt. Bislang haben die Wasserversorgungsunternehmen diese Maßnahmen deshalb vorgenommen, weil sie nachhaltig ihre Ressourcen erhalten und deren Qualität verbessern wollten. Der Wettbewerbsdruck könnte die Unternehmen nunmehr dazu zwingen, diese kostenintensiven und erst langfristig rentierlichen Maßnahmen zu unterlassen, um nicht kurzfristig Marktpositionen gegen Wettbewerber zu verlieren oder gar vom Markt zu verschwinden[800].

---

[795] Breuer, Öffentliches und privates Wasserrecht, Rn. 858
[796] BayVGH ZfW 1997, 39, 40; BayVGH ZfW 1997, 232, 233
[797] UBA, S. 48
[798] UBA, S. 48 f.
[799] zu dem Problem der Vollzugsdefizite der Schutzgebietsverordnungen gegenüber der Landwirtschaft: Salzwedel ZfW 1992, 397, 405 ff.; Kraemer/Jäger, in: Correia/Kraemer, Eurowater, Band 1, Institutionen der Wasserwirtschaft in Europa – Länderberichte, S. 13, 163 ff.
[800] UBA, S. 48 f.

γ) Durchleitungsverweigerung als adäquates Mittel zum Grundwasserschutz

Die vom Umweltbundesamt geäußerten Bedenken sind mit Sicherheit gute Gründe, die sich in der politischen Debatte gegen eine Liberalisierung der Wasserversorgung anführen lassen. Es ist jedoch äußerst fraglich, ob dieses staatliche Umweltschutzinteresse als Rechtfertigung einer konkreten Durchleitungsverweigerung dienen kann. Es würde im Einzelfall ohnehin schwierig sein, nachzuweisen, dass ein konkretes Durchleitungsbegehren zwangsläufig zur Aufgabe bestimmter Wassergewinnungsgebiete bzw. zur Verringerung des Ressourcenerhaltungsaufwandes führte. Diese Erscheinungen dürften vielmehr Ergebnis von Wettbewerbsstrukturen im Markt allgemein sein, nicht jedoch kausale Folge eines bestimmten Konkurrenzverhältnisses. Im übrigen hat der Gesetzgeber im WHG eindeutig normiert, dass Wasserschutzgebiete nur zu den in § 19 I Nr. 1-3 genannten Zwecken eingerichtet werden dürfen. Ein weit reichender Grundwasserschutz unabhängig von konkreten Nutzungsabsichten ist nicht vorgesehen, ebenso nicht der Schutz von Natur und Landschaft. Letzteres Ziel zu erreichen ist Aufgabe nach dem Bundesnaturschutzgesetz. Auch das Argument, die Wasserversorger müssten einen hohen Aufwand für Kooperationen betreiben, damit die Landwirte die Gesetze einhalten, kann nicht überzeugen. Wenn es diese Gesetzesvollzugsdefizite tatsächlich gibt, liegt es im Interesse des Staates, diese zu beseitigen. Unter Hinweis auf staatliche Defizite die Behinderung eines Wettbewerbers legitimieren zu wollen, entspricht dem staatlichen Interesse jedoch keinesfalls und ist nicht als kartellrechtskonform zu bezeichnen.

bb) Grundsatz der ortsnahen Wasserversorgung

Der ursprünglich in einigen Landeswassergesetzen vorhandene Grundsatz der ortsnahen Wasserversorgung (z.B. § 56 I HessWG, § 43 I BWWG) wurde im Rahmen der 7. Änderung des WHG[801] in § 1a III übernommen und gilt seit der rechtlichen Umsetzung in den Ländern nunmehr im gesamten Bundesgebiet[802]. Diese Norm steht in einem gewissen Spannungsverhältnis zu einer möglichen Durchleitung eines Konkurrenten: Wenn es sich bei dem Petenten um einen Fernwasserversorger handelt, so könnte möglicherweise der lokale Netzbetreiber eine Durchleitung mit dem Argument verweigern, dass dies dem Grundsatz der ortsnahen Wasserversorgung widerspreche. Voraussetzung für eine berechtigte Verweigerung ist es allerdings, dass § 1a III WHG überhaupt einen Verweigerungsgrund im Rahmen der Prüfung des § 19 IV Nr. 4 GWB darstellt.

---

[801] 7. Änderungsgesetz zum WHG vom 18.6.2002, BGBl. I S. 1914, ber. S. 2711
[802] Czychowski/Reinhardt, WHG, § 1a Rn. 25a

α) § 1a III WHG als Verweigerungsgrund im Rahmen des § 19 IV Nr. 4 GWB

§ 103 V 1 GWB a.F. hilft für die Beantwortung der aufgeworfenen Frage ausnahmsweise nicht weiter, da die Erhaltung geschlossener Versorgungsgebiete kein Mittel dazu ist, das Prinzip ortsnaher Wassergewinnung durchzusetzen. Trotz der örtlichen Monopole gibt es gegenwärtig in einigen Regionen einen Wettbewerb zwischen Eigen- und Fremdwasserversorgung[803]. § 1a WHG soll ein Korrektiv für diesen Beschaffungswettbewerb darstellen. Insofern entspringt dieses Instrument nicht schon dem Sinn und Zweck der Freistellung des § 103 I GWB a.F.. Möglicherweise kann jedoch, da es sich um gesetzliche Regelungen handelt, ein Hineinlesen in § 19 IV Nr. 4 GWB ähnlich wie bei § 6 I 2 i.V.m. § 1 EnWG 1998 mit der Einheit der Rechtsordnung begründet werden[804]. Das Hauptargument, warum man Normen des EnWG 1998 auch bei einem Anspruch nach § 19 IV Nr. 4 GWB anwendete, war jedoch die Vermeidung von Wertungswidersprüchen zum Durchleitungsanspruch aus § 6 I 1 EnWG 1998[805]. Sowohl § 6 I 2 EnWG 1998 als auch § 6 III EnWG 1998 wurden gezielt geschaffen, um die Durchleitung aus bestimmten umweltpolitischen Gründen verweigern zu können. Die Zielrichtung bei der Schaffung des § 1a III WHG hingegen war eine völlig andere. Das Wasserhaushaltsgesetz und die Wassergesetze der Länder enthalten Umweltordnungsrecht. Dementsprechend beabsichtigte man, durch die Einführung des Prinzips der ortsnahen Wasserversorgung den vorsorgenden und flächendeckenden Grundwasserschutz zu verbessern[806]. Die dahinter stehende *ratio* ist die Annahme, dass eine Missachtung der Grundwasserbelange eher dann unterbleiben wird, wenn die daraus resultierenden Belastungen unmittelbar den Nutzer treffen[807]. Es soll zu möglichst umweltfreundlichem Verhalten motiviert werden, so dass bei künftigen Industrie- und Gewerbeansiedlungen sowie bei Großbauprojekten die Belange des Grundwasserschutzes stärker Berücksichtigung finden, und gleichzeitig eine intensive Landwirtschaft, aber auch eine Übernutzung der Wasserressourcen unterbleibt[808]. Hierbei geht es nicht nur um Umweltschutzaspekte, sondern auch um wirtschaftliche Interessen. Es wird als ungerecht empfunden, wenn man in Ballungsräumen ohne Rücksicht auf den Grundwasserschutz Industrieansiedlungen betreiben kann, dafür aber in den ländlichen „Wasserlieferantenregionen" erhebliche Belastungen der Landwirtschaft durch Wasserschutzmaß-

---

[803] Scheele, Auf dem Weg zu neuen Ufern? Wasserversorgung im Wettbewerb, Oldenburg 2000, S. 8
[804] vgl. unter a)
[805] Seeger, S. 310; Berliner Kommentar zum Energierecht/*Engelsing*, § 19 GWB Rn. 306
[806] Begründung der Fraktionen von SPD und B'90/Grüne, BT-Drs. 14/8668, S. 7
[807] Hendler/Grewing, ZUR Sonderheft 2001, 146, 148
[808] Hendler/Grewing, ZUR Sonderheft 2001, 146, 148

nahmen in Kauf zu nehmen hat[809]. Ein weiterer umweltpolitischer Aspekt war die negative Bewertung der Fernwasserversorgung[810]. So ist diese mit erheblichen Wasserverlusten und mit einem hohen Energieeinsatz verbunden. Zudem ergibt sich in der Regel die Notwendigkeit der Zugabe von Desinfektionsmitteln. Im Übrigen macht man sich von wenigen Wasservorkommen abhängig.

Sämtliche genannten Ziele sind rein ordnungspolitischer Natur. Es stellt sich nunmehr die Frage, ob vom Schutzzweck der Norm her eine Anwendung des § 1a III WHG zur Einschränkung eines Durchleitungsanspruchs aus § 19 IV Nr. 4 GWB begründbar wäre. Dies richtet sich danach, ob man dem Tatbestand irgendeine wettbewerbsregelnde Zielrichtung entnehmen kann. Dazu wäre es zunächst erforderlich, dass es sich nicht nur um eine rein innerstaatliche Norm handelte, also sie auch Wirkung gegenüber Privaten entfaltete. In § 1a III WHG ist von „öffentlicher Wasserversorgung" die Rede. Dieser Begriff erfasst jedoch keineswegs nur öffentlich-rechtlich organisierte bzw. zu 100 % im staatlichen Eigentum befindliche Versorgungsbetriebe. Mit „öffentlich" ist hier die Zugänglichkeit der Wasserversorgung für die Allgemeinheit gemeint.[811] Somit richtet sich die Norm auch an private Wasserversorger, sofern sie eine allgemein zugängliche Wasserversorgung betreiben[812]. Das Problem liegt jedoch darin, dass der Wasserbehörde keine direkte Handhabe gegeben ist, einen Verstoß gegen diesen Grundsatz durch Private direkt zu unterbinden[813]. Eine staatliche Steuerung kann hier nur mittelbar über die Möglichkeit zum Erlass und Widerruf von Erlaubnis und Bewilligung zur Gewässerbenutzung erfolgen[814]. Aus dieser fehlenden Sanktionsmöglichkeit könnte man einerseits den Schluss ziehen, der Grundsatz der ortsnahen Wasserversorgung sollte sich primär auf staatliche Betriebe beschränken. Andererseits wäre es auch möglich, die Durchleitungsverweigerung als willkommenes, wirksames Instrument zur Verhinderung einer Steigerung der Fernwasserversorgungsrate zu begrüßen, welches eine Durchsetzung des Gesetzeszwecks erleichterte. Insofern lassen sich aus dieser Tatsache keine Argumente für oder gegen eine Heranziehung als Verweigerungsgrund ableiten. Möglicherweise kann man jedoch der Entstehungsgeschichte der entsprechenden Normen einige Argumente entnehmen. Man muss berücksichtigen, dass dieses Prinzip zunächst Einzug in einige Landeswassergesetze fand. So wurde z.B. in Baden-Württemberg bereits 1995

---

[809] Kibele VBlBW 1997, 121, 123

[810] Hendler/Grewing, ZUR Sonderheft 2001, 146, 148

[811] Hendler/Grewing, ZUR Sonderheft 2001, 146, 151

[812] Czychowski/Reinhardt, WHG, § 1a Rn. 25d

[813] Breuer, Öffentliches und privates Wasserrecht, Rn. 169

[814] Begründung der Fraktionen von SPD und B´90/Grüne, BT-Drs. 14/8668, S. 7; Kotulla, WHG, § 1a Rn. 33; Siedler/Zeitler/Dahme-Knopp, WHG, § 1a Rn. 22a

beschlossen, diesen Grundsatz in das Wassergesetz aufzunehmen[815], also zu einem Zeitpunkt, als die Liberalisierung in Bezug auf Wasser noch gar nicht öffentlich diskutiert wurde. Anders hingegen war die Debattenlage im Jahr 2002, als die Änderung des Wasserhaushaltsgesetzes beschlossen wurde und der Grundsatz der ortsnahen Wasserversorgung erst wenige Tage vor der Schlussabstimmung auf Antrag der SPD und von Bündnis 90/ Die Grünen Einzug in das Wasserhaushaltsgesetz erhalten hat[816]. Einen Tag zuvor hatte der Bundestag die Entschließung „Nachhaltige Wasserwirtschaft in Deutschland"[817], die sich klar gegen eine Liberalisierung ausgesprochen hat, mit den Stimmen der SPD, der Grünen sowie der PDS gegen die Stimmen der FDP bei Stimmenthaltung der CDU/CSU angenommen[818]. Diese Entschließung stützt sich inhaltlich auf das Gutachten des Umweltbundesamtes „Liberalisierung der deutschen Wasserversorgung" aus dem Jahre 2000[819]. In diesem Gutachten skizziert das UBA ein Szenario des Wettbewerbs, in dem verstärkt auf Fernwasserversorgung umgestellt wird, wenn die Erhaltung der örtlichen Wasserressourcen zu aufwändig, insbesondere aufgrund hoher Ausgleichszahlungen zu teuer ist[820]. Diese verstärkte Kostenorientierung könne auch verstärkte Anreize bieten, Wassergewinnungsgebiete in lukratives Bauland oder für Industrie- und Gewerbeansiedlungen umzuwidmen[821]. Letztendlich wäre mit einer Entflechtung von Wirtschafts- und Naturräumen dergestalt zu rechnen, dass eine Aufteilung in solche Regionen stattfindet, die Wasser verbrauchen (hauptsächlich Ballungsgebiete mit viel Industrie und intensiver Landwirtschaft), und solche, in denen Wasser gewonnen wird[822]. Ferner wird an der Fernwasserversorgung ein höherer Energieaufwand für den Wassertransport bemängelt[823]. Die Argumentation entspricht derselben, die für das Prinzip der ortsnahen Wasserversorgung angeführt wurde. Insofern bezeichnet das UBA-Gutachten die – damals nur landesgesetzlichen – Vorrangregelungen als richtig, aber aufgrund der vielen Ausnahmeregelungen als unzureichend[824]. Wenn nun die Entschließung des Bundestages das UBA-Gutachten als Begründung anführt, und fast zeitgleich eine im Gutachten indirekt geforderte Maßnahme ergriffen wird, um den Befürchtungen der Gutachter entgegenzuwirken, so liegt es nahe, einen Zu-

---

[815] BW GBl. 1995, S. 773
[816] BT-Drs. 14/8621 vom 12.3.2002
[817] BT-Drs. 14/7177
[818] Deutscher Bundestag, Stenographische Berichte, 14. Wahlperiode, 227. Sitzung, 21.3.2002, S. 22557
[819] BT-Drs. 14/7177, S. 2
[820] UBA, S. 47 f.
[821] UBA, S. 48
[822] UBA, S. 49
[823] UBA, S. 50
[824] UBA, S. 50 f.

sammenhang zwischen der Änderung des WHG und der Entscheidung gegen die Liberalisierung der Wasserwirtschaft anzunehmen. Dies lässt sich außerdem auch an den zu Protokoll gegebenen Redebeiträgen einiger Bundestagsabgeordneter erkennen. So schneiden bei der Entschließung „Nachhaltige Wasserwirtschaft in Deutschland" die Abgeordneten *Straubinger (CDU/CSU)*[825] und *Hermann (Bündnis 90/Die Grünen)*[826] das Prinzip der ortsnahen Wassergewinnung an. Bei der Debatte über die Novelle des WHG sagt der Abgeordnete *Grill (CDU/CSU)*, dass der Vorrang der ortsnahen Wasserversorgung keineswegs vor Liberalisierung schütze[827], und erkennt damit eine innere Beziehung an. Einen derartigen Zusammenhang sieht auch die Abgeordnete *Dr. Grygier (PDS)*[828]. Insofern spricht die Gesetzgebungsgeschichte auf Bundesebene dafür, neben der umweltpolitischen Zielsetzung auch eine in die Zukunft gerichtete wettbewerbspolitische Zielsetzung zu bejahen bzw. bzgl. der bereits bestehenden Regelungen auf Landesebene eine mögliche künftige wettbewerbspolitische Bedeutung beizumessen.

Im Übrigen hat der Vorrang der ortsnahen Wasserversorgung bereits schon jetzt Einfluss auf den Wettbewerb. Es wurde schon darauf hingewiesen, dass sich auch im bestehenden System der örtlichen Monopole die Fernwasserversorger im Wettbewerb mit der ortsnahen Eigenwasserversorgung der lokalen Versorger befinden[829]. Die örtlichen Wasserversorger dürfen diese Entscheidung nun nicht mehr frei treffen, sondern sind an den Vorrang der ortsnahen Wasserversorgung gebunden. Deshalb lässt sich eine wettbewerbliche Zielrichtung bzw. ein wettbewerblicher Effekt des Vorrangs der ortsnahen Wasserversorgung nicht verneinen.

Bei der Frage, ob sich dem Vorrang der ortsnahen Wasserversorgung nunmehr ein Verweigerungsgrund herleiten ließe, muss man auch die Konsequenzen der einen wie der anderen Entscheidung bedenken. Würde man den Vorrang der ortsnahen Wasserversorgung nicht als Verweigerungsgrund anerkennen, so wäre es dem lokalen Wasserversorger unter Umständen verwehrt, Wasser zumindest teilweise von einem Fernwasserversorger zu beziehen und so ggf. den Wasserpreis zu senken oder seine Qualität zu verbessern. Auf der anderen

---

[825] Deutscher Bundestag, Stenographische Berichte, 14. Wahlperiode, 227. Sitzung, 21.3.2002, S. 22572, 22573

[826] Deutscher Bundestag, Stenographische Berichte, 14. Wahlperiode, 227. Sitzung, 21.3.2002, S. 22573, 22574

[827] Deutscher Bundestag, Stenographische Berichte, 14. Wahlperiode, 228. Sitzung, 22.3.2002, S. 22692, 22693

[828] Deutscher Bundestag, Stenographische Berichte, 14. Wahlperiode, 228. Sitzung, 22.3.2002, S. 22693, 22694

[829] siehe unter α)

Seite könnte jedoch ein Fernwasserversorger ohne Beschränkung diesem lokalen Netzbetreiber Kunden abwerben und ihn zur Durchleitung zwingen. Im Ergebnis würde dieses Prinzip dann im Endeffekt zu einem Wettbewerbsnachteil für den örtlichen Wasserversorger führen. Dies widerspräche jedoch eindeutig der Zielsetzung des § 1a III WHG.

Insofern wäre bei Erhalt des § 1a III WHG in seiner heutigen Form ein Verweigerungsgrund abzuleiten.

β) Anwendung des § 1a III WHG als Verweigerungsgrund

Wenn man den Vorrang der ortsnahen Wasserversorgung anerkennt, so ist nach wie vor unklar, unter welchen Umständen ein Grund zur Verweigerung der Durchleitung besteht.

αα) Begriff der Ortsnähe

Bei der Frage der Abgrenzung zur Fernwasserversorgung ist zunächst umstritten, ob der Begriff „ortsnah" dem Begriff „örtlich" entspricht. Dies bejahen SPD und Bündnis 90/Die Grünen in der Begründung zu ihrem Änderungsantrag zum Wasserhaushaltsgesetz[830]. Demgegenüber sehen *Chychowski/Reinhardt*[831] und *Kibele*[832] einen Unterschied zwischen den beiden Begriffen. Dieser Streit scheint jedoch rein akademischer Natur, denn nach beiden Meinungen sollen Verbundlösungen zwischen benachbarten Gemeinden nach wie vor ohne Einschränkungen möglich sein[833]. Verbundlösungen meinen allerdings einen kooperativen Zusammenschluss in Form eines Zweck- oder eines Wasser- und Bodenverbandes. Wie ist aber der Begriff „ortsnah" in einem Wettbewerbsmarkt auszulegen? Wenn Verbundlösungen zwischen benachbarten Gemeinden dem Prinzip der Ortsnähe entsprechen, dann muss folgerichtig auch die Durchleitung mit auf dem Gebiet von Nachbargemeinden gewonnenem Trinkwasser zulässig sein. Denn der Effekt für die Umwelt wäre derselbe. Mit Nachbargemeinden sind wiederum nicht nur direkte Nachbarn gemeint. Auch Zweckverbände dehnen sich weiter aus. Erst wenn sich die Quelle außerhalb der näheren Umgebung befindet, dürfte es sich um Fernwasserversorgung handeln.

---

[830] BT-Drs. 14/8668, S. 7; zustimmend: Siedler/Zeitler/Dahme-*Knopp*, WHG, § 1a Rn. 22a
[831] Czychowski/Reinhardt, WHG, § 1a Rn. 25c
[832] Kibele VBlBW 1997, 121, 124
[833] BT-Drs. 14/8668, S. 7; Kibele VBlBW 1997, 121, 124

ββ) Regel-Ausnahmeverhältnis

Bei § 1a III WHG handelt es sich um ein sog. Optimierungsgebot[834]. Die ortsnahe Wasserversorgung ist dabei die Regel, die Fernwasserversorgung die Ausnahme. Letztere ist nur dann zulässig, wenn eine besondere Rechtfertigung durch das Wohl der Allgemeinheit besteht. Im Ergebnis muss bei einer völligen oder auch nur teilweisen Versorgung mit Fernwasser eine Abwägung des Für und Wider erfolgen. In der gegenwärtigen Situation auf dem Wassermarkt muss sich ein Netzbetreiber rechtfertigen, wenn er Fernwasser beziehen will. Im Durchleitungswettbewerb wäre damit die Verweigerung gegenüber einem die Durchleitung begehrenden Fernwasserversorger die Regel. Dies mag paradox klingen, ist vom Gesetzgeber aber offenbar so intendiert.

γγ) Gründe für eine Ausnahme

Das eben beschriebene Regel-Ausnahme-Verhältnis hat zur Folge, dass sich der Netzbetreiber in der Regel auf das Prinzip der ortsnahen Wassergewinnung berufen darf, wenn die geplante Durchleitung einen höheren Fernwasseranteil zur Folge hätte. Dennoch gäbe es auch für diese Fälle Ausnahmen, in denen eine Berufung auf dieses Prinzip nicht möglich wäre. Grundsätzlich wäre nach § 1a III WHG eine Fernwasserversorgung dann zulässig, wenn eine ortsnahe Wasserversorgung zu Qualitätsmängeln führen würde[835]. Hiermit sind jedoch nur solche Qualitätsmängel gemeint, die einen Verstoß gegen §§ 1 und 2 TrinkwasserVO zur Folge haben könnten; reine „Komfort-Defizite" wie eine z.B. sehr hartes Wasser reichten nicht aus[836]. Da nicht mit Fällen zu rechnen ist, in denen gerade die von einem Dritten beabsichtigte Durchleitung den drohenden Verstoß des Netzbetreibers gegen die Trinkwasserverordnung beseitigen wird, dürfte diese Fallgruppe nicht relevant sein. Eine Ausnahme vom Vorrang der ortsnahen Wasserversorgung käme ferner dann in Betracht, wenn die ortsnahen Wasservorkommen quantitativ nicht ausreichend wären[837]. Sofern es sich jedoch bei den Durchleitungsbegehren lediglich um Abwerbungen handelt, dürfte dadurch der Wasserbedarf nicht steigen. Quantitative Mängel, die gerade in dem Moment aufträten, in dem ein Durchleitungsbegehren gestellt wird, wären sehr unwahrscheinlich. Lediglich für den Fall der reinen Transportdurchleitung könnte das Argument fehlender Wassermengen eine Verweigerung verbieten. Des Weiteren werden finanzielle Gesichtspunkte als Gründe für die Zulässigkeit einer Fernwasserversorgung angeführt. Hierzu wird jedoch festge-

---

[834] Czychowski/Reinhardt, WHG, § 1a Rn. 25c

[835] Bierwirth, Deutscher Bundestag, Stenographische Berichte, 14. Wahlperiode, 228. Sitzung, 22.3.2002, S. 22691, 22692

[836] Kibele VBlBW 1997, 121, 124

[837] Bierwirth, Deutscher Bundestag, Stenographische Berichte, 14. Wahlperiode, 228. Sitzung, 22.3.2002, S. 22691, 22692; Kibele VBlBW 1997, 121, 124

stellt, dass die finanziellen Belastungen durch eine ortsnahe Versorgung die Grenze der Unzumutbarkeit überschreiten müssten[838]. Wollte man dieses für die Perspektive des lokalen Netzbetreibers entwickelte Kriterium auf die Situation anwenden, in der ein Fernwasserversorger Durchleitung begehrt, so müsste man verlangen, dass die Durchleitung zu erheblich niedrigeren Preisen für die Abnehmer des Petenten führen würde, es mithin für diese unzumutbar wäre, beim bisherigen Netzbetreiber als Kunden zu verbleiben. Nur in derartigen Fällen stünde dem Netzbetreiber kein Verweigerungsrecht zu.

δδ) Besondere Fallkonstellationen

Eine Ablehnung wäre in jedem Fall dann ausgeschlossen, wenn der Netzbetreiber selbst – und wenn auch nur in Teilen – Fernwasserversorgung in Anspruch nähme, unabhängig davon, ob er dies im Einklang mit § 1a III WHG täte oder nicht. Letzterer Fall wäre bei Vollzugsdefiziten insbesondere gegenüber privaten Netzbetreibern durchaus denkbar. Es wäre unbillig, wenn der private Netzbetreiber selbst Fernwasserversorgung betreiben und damit den Grundsatz ortsnaher Wasserversorgung missachten könnte, dasselbe Prinzip jedoch einem Dritten Wasserversorger bei dessen Durchleitungsbegehren entgegenhalten dürfte. Zu einem anderen Ergebnis könnte man dann kommen, wenn die geplante Einspeisung des Dritten den Fernwasseranteil des Netzbetreibers überstiege. In einem derartigen Fall wäre eine Verweigerung möglich, aber nur bzgl. der über den eigenen Fernwasseranteil hinausgehenden Wassermenge. Der Dritte muss jedoch nicht zwingend ein Fernwasserversorgungsunternehmen sein, damit ihm die § 1a III WHG entsprechende landesgesetzliche Regelung entgegengehalten werden kann. Es sind durchaus Fälle denkbar, in denen der Netzbetreiber gezwungen ist, seinen Fernwasseranteil zu erhöhen, um eine adäquate Mischung mit dem Wasser des Durchleitungspetenten zu ermöglichen, damit keine Verletzung der Trinkwasservorschriften sowie keine Qualitätseinbußen erfolgen. Auch dann wäre das Prinzip der ortsnahen Wasserversorgung berührt.

cc) Anstieg des Grundwasserspiegels

Eine intensive Nutzung von Grundwasserressourcen führt regelmäßig zu einer Absenkung des Grundwasserspiegels um mehrere Meter. In den meisten Fällen wird über Jahrzehnte Wasser entnommen, so dass sich in der Zwischenzeit ein verändertes Ökosystem vorfinden lässt. In diesen Gebieten haben häufig auch Siedlungstätigkeiten stattgefunden. Wird die intensive Nutzung der Wasservorkommen zurückgefahren oder gar aufgegeben, hat dies einerseits massive Folgen für die Tier- und Pflanzenwelt. Andererseits können insbesondere

---

[838] Antrag von SPD und Bündnis 90/Die Grünen, BT-Drs. 14/8668, S. 7; Kibele VBlBW 1997, 121, 125

klimatisch bedingte Grundwasserhochstände zu Schädigungen von landwirtschaftlichem Anbau führen. Und schließlich kann vereinzelt Grundwasser in die Kellerbereiche der nunmehr in dem Bereich angesiedelten Häuser eindringen.[839] Diese Schädigungen zu verhindern, dürfte ein wesentliches Anliegen des Staates sein.

Wettbewerbsbegründende Durchleitung ist regelmäßig mit einer Verlagerung der Wasserentnahme vom Wassergewinnungsgebiet des bisherigen Lieferanten zu dem des Durchleitungspetenten verbunden. Sofern dieser Versorgerwechsel eine gewisse Größenordnung erreicht und der Netzbetreiber keine neuen Abnehmer zur Kompensation des Wasserabsatzverlustes findet, ist ein Zurückfahren der Wasserentnahme zwangsläufig. Infolge dessen kann es in Einzelfällen zu unerwünscht hohen Grundwasserständen kommen, mit den oben beschriebenen Konsequenzen. Es wäre zu überlegen, ob das staatliche Interesse an der Vermeidung der Schädigung der Ökologie und der geschaffenen Werte bei der Frage des Missbrauchs als Ziel der Freistellung i.S.v. § 103 V 1 GWB a.f. zu berücksichtigen ist.

Zunächst einmal wird man darüber überhaupt nur dann nachdenken können, wenn eine Verminderung der Förderung an entsprechend sensiblen Stellen die einzige Möglichkeit ist, die Entnahmeleistung zurückzunehmen. Selbst in diesen Fällen muss man jedoch bezweifeln, ob die Erhaltung geschlossener Versorgungsgebiete das Ziel verfolgt, einen Grundwasseranstieg zu verhindern. Denn es geht nicht um die Erhaltung eines natürlichen Zustands, im Gegenteil: Die Erreichung des natürlichen Zustands soll verhindert werden. Im Übrigen ist die Verweigerung der Durchleitung im Einzelfall nicht das adäquate Mittel, den Grundwasserstand stabil zu halten. Im Regelfall existieren noch andere beeinflussbare Parameter, die den gewünschten Erfolg herbeiführen können. So hat die Bezirksregierung Darmstadt für das Hessische Ried einen Grundwasserbewirtschaftungsplan erlassen, um die Gefahr des Grundwasseranstiegs zu minimieren[840]. Der Forschungsverbund netWORKS fordert für den Fall, dass die geschlossenen Versorgungsgebiete durch Durchleitungswettbewerb aufgehoben werden, eine verstärkte Netzkoordination unter allen Gewässerbenutzern[841]. Dies dürfte der adäquate Weg sein, einen unerwünschten Anstieg des Grundwasserspiegels zu vermeiden, und nicht die Ermöglichung der Durchleitungsverweigerung.

---

[839] Kluge (u.a.), netWORKS-papers, Heft 2: Netzgebundene Infrastrukturen unter Veränderungsdruck – Sektoranalyse Wasser, S. 48 f.
[840] Grundwasser-Bewirtschaftungsplan Hessisches Ried, Staatsanzeiger des Landes Hessen vom 24.5.1999, Nr. 21, S. 1659-1747
[841] Kluge (u.a.), netWORKS-papers, Heft 2: Netzgebundene Infrastrukturen unter Veränderungsdruck – Sektoranalyse Wasser, S. 49 f.

d) Interesse der Kommunen

aa) Wasserversorgung als kommunale Pflichtaufgabe

Während sich zahlreiche Bundesländer mit Vorschriften über die Organisationsformen in der Trinkwasserversorgung zurückhalten, schreiben einige Landeswassergesetze[842] bzw. die bayrische Gemeindeordnung[843] die Durchführung der
Wasserversorgung als kommunale Pflichtaufgabe vor. Zwar lassen die Regelungen es zu, dass sich die Kommune bei der Aufgabenerfüllung privater Dritter
bedient. Jedoch beschränkt sich dies auf sog. Betriebsführungs- oder Betreiberverträge. Die Vergabe von Konzessionen hingegen scheidet grundsätzlich aus,
weil die Kommune sich nicht der Aufgabenerfüllung entledigen kann. Eine
entsprechende Öffnungsklausel existiert im Land Rheinland-Pfalz und in
Sachsen-Anhalt[844], wobei die Kommune allerdings auf die Zustimmung der
Oberen Wasserbehörde angewiesen ist (Rheinland-Pfalz) bzw. ein vorgegebe-
nes Verfahren einhalten muss (Sachsen-Anhalt), wenn sie sich dieser Pflicht
entledigen will. Sofern ein Dritter in einem dieser Bundesländer künftig Ge-
meindemitglieder mit Trinkwasser auf dem Wege der Durchleitung versorgen
wollte, käme die betroffene Kommune in die Lage, ihre Pflichtaufgabe in Bezug
auf diesen Personenkreis nicht mehr erfüllen zu können. Hieraus ergibt sich die
Fragestellung, ob die Kommune mit dem Hinweis darauf, dass ihr die Wasserversorgung als kommunale Pflichtaufgabe obliege, einem Petenten die Durchleitung berechtigterweise verweigern könnte. Die Beantwortung hängt davon
ab, ob der Ausgestaltung als Pflichtaufgabe Außenwirkung gegenüber Dritten
beizumessen ist oder ob es sich um eine rein innerstaatliche Abgrenzung von
Rechten und Pflichten der verschiedenen Verwaltungsebenen handelt. Der
erstgenannten Auffassung wäre dann zu folgen, wenn es sich bei der Trinkwasserversorgung um eine hoheitliche Tätigkeit handelte, die keinesfalls als
gewerbliche Tätigkeit angesehen werden könnte. Hiergegen spricht zum einen
die Tatsache, dass z.B. in Nordrhein-Westfalen in größerem Maße Trinkwasserversorgung durch private Anbieter wie Gelsenwasser (früher eine e.on-Tochter)
oder RWW (ein Teil des RWE-Konzerns) seit vielen Jahren die Trinkwasserversorgung durchführen. Auch in Hessen sind die Kommunen nicht verpflichtet,
„gewerbliche oder andere Verbraucher mit hohem oder stark schwankendem
Wasserbedarf" zu versorgen[845]. Zudem haben dort die Gemeinden bis zu einer
entsprechenden Gesetzesänderung im Jahr 1989 die Wasserversorgung als

---

[842] § 54 HessWG; § 46 WG RhPf; § 146 WG LSA; § 59 Bbg WG; § 57 SächsWG; § 61
ThürWG; § 43 WG MV
[843] Art. 57 II BayGO
[844] § 46a WG RhPf; § 146a WG LSA
[845] § 54 I 5 Nr. 2 HessWG

freiwillige Selbstverwaltungsaufgabe wahrgenommen[846]. Ein weiteres Argument in diesem Zusammenhang ist die Einordnung als Betrieb gewerblicher Art im Umsatzsteuerrecht[847]. Nach § 12 II Nr. 1 UStG i.V.m. der zugehörigen Anlage wird die Wasserversorgung unabhängig von der jeweiligen Rechtsform des durchführenden Unternehmens mit einem ermäßigten Mehrwertsteuersatz von 7 % belegt. Damit handelt es sich bei der Trinkwasserversorgung eindeutig nicht um eine hoheitliche Tätigkeit. Im Übrigen ist die Zubilligung der Außenwirkung der Aufgabenzuweisung überhaupt nicht notwendig, um die lokalen Monopole abzusichern. Dazu steht den Kommunen das Instrument des Anschluss- und Benutzungszwangs zur Verfügung[848]. Aus diesen Gründen handelt es sich bei der Zuweisung der Pflichtaufgabe nur um eine innerstaatliche Norm ohne Außenwirkung. In der Folge sind die Gemeinden in den Ländern, die eine entsprechende Regelung kennen, auch nicht besser geschützt als diejenigen, bei denen sich die Kompetenz für die Durchführung der Trinkwasserversorgung aus dem kommunalen Selbstverwaltungsrecht ergibt.

bb) Anschluss- und Benutzungszwang

Im Bereich der Trinkwasserversorgung haben zahlreiche Kommunen von der Möglichkeit Gebrauch gemacht, die örtlichen Monopole über die Verhängung eines Anschluss- und Benutzungszwanges abzusichern. Dieses Instrument ist in sämtlichen Kommunalverfassungen installiert[849]. Es ermöglicht der Kommune, die Einwohner dazu zu zwingen, sich an das öffentliche Wasserversorgungsnetz anzuschließen (Anschlusszwang) und ihren gesamten Trinkwasserbedarf über dieses Netz zu decken (Benutzungszwang)[850]. Damit kann die Kommune die Benutzung anderer Einrichtungen wirksam untersagen[851]. Wenn die Kommune ihren Bürgern damit untersagen kann, ihr Wasser von Dritten zu beziehen, dann ist es nur logisch, dass sie entsprechend auch die Durchleitung zu einem Abnehmer verweigern darf, dem nach kommunalem Satzungsrecht die Wasserabnahme nicht erlaubt ist[852].

Damit ein so verstandener Anschluss- und Benutzungszwang auch seine Wirksamkeit für den einzelnen Abnehmer entfalten kann, sind zwei Voraussetzungen zu erfüllen: Die Verhängung muss durch einen öffentlichen Zweck

---

[846] Becker, Hessisches Wassergesetz, § 54 Rn. 1

[847] BFH BStBl. II 88, S.473, 475 f.

[848] mehr dazu unter bb)

[849] z.B. § 8 Nr. 2 NGO, § 9 S. 1 NWGO, Art. 24 I Nr. 2 BayGO, § 19 HessGO

[850] OVG Lüneburg OVGE 26, 414, 415

[851] Thiele, NGO, § 8 Tz. 3

[852] im Ergebnis auch BMWi, S. 15 f.

gerechtfertigt sein und der konkrete Betroffene darf sich nicht vom Anschluss-
und Benutzungszwang befreien lassen können.

α) Öffentlicher Zweck

Viele Gemeindeordnungen verlangen für die Verhängung eines Anschluss- und
Benutzungszwanges ein „öffentliches Bedürfnis"[853] oder „Gründe des öffentlichen Wohls"[854]. Die NGO geht insofern darüber hinaus, als sie in § 8 Nr. 2 ein
„dringendes öffentliches Bedürfnis" verlangt. Als ein solches ist in Bezug auf
die Trinkwasserversorgung stets die Volksgesundheit anzusehen[855]. Dies ergibt
sich in NRW direkt aus dem Gesetzestext des § 9 S.1 NWGO. Rein fiskalische
Erwägungen allein können einen Anschluss- und Benutzungszwang nicht
rechtfertigen; solche Erwägungen sind jedoch ergänzend durchaus zulässig,
wenn sich die der Erhaltung der Volksgesundheit dienende Einrichtung wirtschaftlich nur dadurch trägt, dass sich eine ins Gewicht fallende Abnehmerzahl
nicht der Solidargemeinschaft entzieht[856].

Die konkrete Rechtfertigung beruht auf der Erwägung, dass nur eine zentrale
öffentliche Trinkwasserversorgung dazu in der Lage ist, eine hygienisch
einwandfreie, einerseits rentable und andererseits zu einem erträglichen Wasserentgelt erfolgende sowie zuverlässige Versorgung der Bevölkerung zu
gewährleisten[857]. Diese Rechtfertigung steht im Einklang mit der Rechtfertigung für die aktuelle Aufrechterhaltung geschlossener Versorgungsgebiete im
Wasserversorgungssektor durch die Zulassung von Konzessions- und Demarkationsverträgen[858]. Der Ausnahmebereich des § 103 GWB a.F. wird mit noch
anzupassenden Wasserhygienevorschriften begründet, beruht ursprünglich
jedoch auf der Theorie, dass ein örtliches Monopol bei netzgebundener Versorgung die volkswirtschaftlich günstigste Struktur darstellt[859]. Der Unterschied
zwischen den Instrumenten Konzessions- bzw. Demarkationsvertrag und
Anschluss- und Benutzungszwang besteht darin, dass letzterer eine Ausschließlichkeitsbindung zum Abnehmer entfaltet, die jede Abwanderung zu anderen
Versorgern verbietet und damit eine gemeinsame Netznutzung wirksam verhindert[860]. Wenn der Bundesgesetzgeber die genannten Gründe, die ein dringendes

---

[853] § 19 II HessGO, § 9 S. 1 NWGO
[854] Art. 24 I Nr. 2 BayGO, § 20 II S. 1 Nr. 2 ThürKO
[855] Blum (u.a.), NGO, § 8 Rn. 24; Widtmann/Grasser, BayGO, Art. 24 Rn. 6
[856] BVerfGE 3, 4, 11; VGH Mannheim ESVGH 30, 40, 42 f.; Hess. VGH ESVGH 21, 126,
133; Schmidt/Kneip, HGO, § 19 Rn. 5; Widtmann/Grasser, BayGO, Art. 24 Rn. 6
[857] OVG Lüneburg OVGE 26, 414; VGH München DÖV 1988, 301; Blum (u.a.), NGO, § 8
Rn. 24
[858] siehe unter II. 2. c) aa)
[859] siehe unter Teil A: I. 2. a) u. b)
[860] siehe unter II. 2. c) bb)

öffentliches Bedürfnis darstellen, akzeptiert, dann ist das sich darauf stützende Instrument des Anschluss- und Benutzungszwanges zulässig und ein Berufen darauf stellte dementsprechend auch keinen Missbrauch einer marktbeherrschenden Stellung dar. Ein bestehender Anschluss- und Benutzungszwang ist somit stets als ein absoluter Verweigerungsgrund zu behandeln.

β) Befreiungsmöglichkeit

Die Regelungen der Gemeindeordnungen zum Anschluss- und Benutzungszwang sehen immer Ausnahmen und Beschränkungen auf bestimmte Teile des Gemeindegebietes oder bestimmte Gruppen von Grundstücken und Personen vor[861]. Einen wichtigen Ausnahmetatbestand hat allerdings der Bund in § 3 I 1 AVBWasserV geregelt. Danach können Abnehmer ihren Wasserbezug auf einen bestimmten Verbrauchszweck oder einen bestimmten Teilbedarf beschränken. Diese Norm gilt sowohl für privatrechtlich gestaltete Abnahmebeziehungen als auch gemäß § 35 I AVBWasserV für öffentlich-rechtliche. § 3 I 1 AVBWasserV bezweckt einen Ausgleich zwischen den Individualinteressen des Einzelnen und den Interessen der Allgemeinheit[862]. Er schränkt die Gestaltungsfreiheit des Satzungsgebers insofern ein, als er einer teilweisen Befreiung grundsätzlich zustimmen muss, es sei denn, dies würde für das Wasserversorgungsunternehmen zu unzumutbaren Defiziten bzw. für die übrigen Verbraucher zu unangemessen hohen Wasserentgelten führen, weil nunmehr die Fixkosten auf die übrigen Verbraucher umgelegt werden müssten[863].

Diese Regelung ist jedoch ungeeignet, in größerem Maße Durchleitungswettbewerb zu ermöglichen. Zum einen verleiht § 3 I 1 AVBWasserV nur einen Anspruch auf Benutzungsbeschränkung, nicht jedoch auf vollständige Befreiung vom Anschluss- und Benutzungszwang[864]. Die Klausel wurde vielmehr für solche Konstellationen geschaffen, in denen ein Einwohner sein Brauchwasser etwa für eine landwirtschaftliche Verwendung oder für den Garten aus einem eigenen Brunnen gewinnen oder von Dritten beziehen will, wie sie zahlreichen Gerichtsentscheidungen zugrunde gelegen haben[865]. Etwas anderes folgt auch nicht aus dem jederzeitigen Kündigungsrecht nach § 32 AVBWasserV, da sonst die landesrechtlich begründete Ermächtigung zur Verhängung des Zwanges leer

---

[861] § 8 Nr. 2 S. 2 NGO, § 19 II S. 2 u. 3 HessGO, § 9 S. 2 u. 3 NWGO, § 20 II S. 2 ThürKO
[862] BVerwG NVwZ 1986, 754, 755; OVG Koblenz NVwZ-RR 1996, 193, 194
[863] BVerwG NVwZ 1986, 754, 755; OVG Koblenz NVwZ-RR 1996, 193, 194; VGH Kassel 1997, 1049, 1050
[864] OVG Münster NVwZ 1997, 727, 728
[865] BVerwG NVwZ 1986, 754 ff.; OVG Lüneburg OVGE 26, 414 ff.; VGH Kassel NVwZ 1988, 1049 ff.; OVG Koblenz NVwZ-RR 1996, 193 ff.

liefe[866]. Es besteht also nach § 3 I 1 AVBWasserV kein Anspruch darauf, den Grundbedarf an Trinkwasser eines Haushaltes über einen anderen Anbieter zu beziehen. Eine Durchleitung von Brauchwasser hingegen scheidet aus hygienischen Gründen aus, so dass der AVBWasserV keinen Wettbewerb über gemeinsame Netznutzung bei bestehendem Anschluss- und Benutzungszwang ermöglicht.

Zum anderen gilt § 3 I 1 AVBWasserV gemäß § 1 II AVBWasserV nicht für die Deckung des Löschwasserbedarfs und auch nicht für industrielle Abnehmer[867]. Letztere dürften jedoch die Hauptinteressenten für einen Anbieterwechsel sein. Hier kommen Ausnahmen nur nach Landesrecht in Betracht. Ausnahmen können sich allerdings zwingend aus Art. 14 GG des Abnehmers ergeben[868], nämlich dann, wenn sich sonst eine unzumutbare Härte für den Betroffenen ergäbe[869]. Jedoch dienen die Ausnahmeregelungen in der Regel dazu, dass etwa Brauereien eigene Brunnen oder Mineralwasserhersteller Mineralquellen nutzen können, auf deren Qualität sie zur Produktion angewiesen sind[870]. Ähnlich ist auch die Interessenlage bei großen Industrieanlagen oder Kraftwerken, die große Mengen Kühlwasser benötigen. Hier wäre es schlichtweg unverhältnismäßig, wenn sie teuer aufbereitetes Trinkwasser aus der öffentlichen Versorgung verdunsten lassen müssten. Wenn jedoch ein industrieller Abnehmer sein Wasser zwar aus dem öffentlichen Netz beziehen will, allerdings von einem dritten Anbieter, so kann er sich nicht auf Unzumutbarkeit des Wasserbezugs aus der öffentlichen Versorgung berufen. Es besteht mithin kein Grund, ihn vom Anschluss- und Benutzungszwang zu befreien.

γ) Anschluss- und Benutzungszwang als wirksames Mittel zum Ausschluss von Wettbewerb

Die nach der aktuellen Rechtslage geltenden Ausnahmetatbestände sind nicht dazu geeignet, einen Durchleitungswettbewerb bei bestehendem Anschluss- und Benutzungszwang zuzulassen. Gleichwohl ist die Verhängung eines solchen – mitunter aufgrund der aktuellen wettbewerbsrechtlichen Situation – durchaus zulässig, so dass der Anschluss- und Benutzungszwang für die Kommunen ein wirksames Mittel darstellt, ihr Versorgungsnetz vom Wettbewerb abzuschotten. Dasselbe Recht steht in der Regel auch Zweckverbänden zu[871]. Darüber hinaus

---

[866] OVG Münster NVwZ 1997, 727, 728
[867] VGH München DÖV 1988, 301, 302
[868] OVG Münster 20 A 3158/95 vom 10.10.1996, Rn. 39 ff. (http://www.justiz.nrw.de); Blum (u.a.), NGO, § 8 Rn. 25
[869] UBA, S. 20
[870] UBA, S. 20
[871] § 28 ZweckVG, RGBl. I 1939, S. 979

ist es – insbesondere aufgrund der Gleichstellung in § 35 I AVBWasserV – unerheblich, ob das Benutzungsverhältnis öffentlich-rechtlich oder privatrechtlich ausgestaltet ist[872]. Nicht nur das: Nach der Rechtsprechung können die Kommunen auch zugunsten privatrechtlich organisierter Eigengesellschaften dieses Instrument einsetzen[873], ja sogar zugunsten von privaten Dritten[874]. Für letzteren Fall muss die Gemeinde sich insofern jedoch vertraglichen oder auf andere Weise derart Einfluss auf das Versorgungsunternehmen verschafft haben, dass das Benutzungsrecht der Einwohner gesichert ist. Im Ergebnis muss also auch für den Dritten ein Kontrahierungszwang bestehen. Die Versorgung muss zu angemessenen Benutzungsbedingungen abgewickelt werden und schließlich muss die Gemeinde im Zweifel für ein Fehlverhalten des Dritten einstehen.[875] Bei den meisten herkömmlichen Formen der Privatisierung dürften diese Möglichkeiten bestehen. So reicht eine kommunale Mehrheitsbeteiligung an einem Privatunternehmen zur Einflussnahme aus. Aber auch bei Betreiber- oder Betriebsführungsmodellen wird die Kommune in der Regel dezidiert Vorgaben über die Art und Weise der Aufgabenerfüllung gemacht haben. Selbst wenn die Gemeinde nur einen Konzessionsvertrag mit einem privaten Unternehmen abgeschlossen hat, kann sie sich auch in einem solchen Vertrag den notwendigen Einfluss gesichert haben.[876] Deshalb dürfte es kaum Fälle geben, in denen ein Rückgriff auf den Anschluss- und Benutzungszwang für die Kommune nicht möglich ist. Somit ist den Gemeinden in den meisten Fällen die Möglichkeit gegeben, die örtlichen Monopole über einen Anschluss- und Benutzungszwang abzusichern, unabhängig davon, wer in welcher Form die Versorgung durchführt.[877]

cc) Art. 28 II GG

Aus Art. 28 II GG ergeben sich für Kommunen oder kommunale Unternehmen keine weiteren Rechtfertigungsmöglichkeiten für eine Durchleitungsverweigerung. Abgesehen davon, dass die Selbstverwaltungsgarantie ohnehin nur Wirkungen gegen den Gesetzgeber oder andere Gebietskörperschaften bzw. deren Unternehmen entfalten kann, steht den Kommunen mit dem spezialgesetzlich geregelten Anschluss- und Benutzungszwang ein Instrument zur

---

[872] OVG Münster NVwZ 1997, 727, 728 unter Berufung auf: Ehlers DÖV 1986, 897, 903 u. Löwer NVwZ 1986, 793, 799

[873] OVG Münster NVwZ 1997, 727 ff.

[874] VGH Kassel DVBl. 1975, 913, 914; OVG Lüneburg OVGE 25, 345, 347 ff.

[875] VGH Kassel DVBl. 1975, 913, 914; Thiele, NGO, § 8 Tz. 3; Körner, GO NW, § 19 Tz. 1

[876] Faber, Der kommunale Anschluss- und Benutzungszwang, S. 127 ff.

[877] a.A.: Salzwedel N&R 2004, 36, 38, der bei Vollprivatisierung die Zulässigkeit der Verhängung eines Anschluss- und Benutzungszwanges verneint; ebenso: Dallhammer, in: Oldiges (Hrsg.), Daseinsvorsorge durch Privatisierung – Wettbewerb oder staatliche Gewährleistung, S. 83, 88

Verfügung, das geeignet ist, jeglichen Wettbewerb auszuschließen. Hat sie sich jedoch der Aufgabe selbst sowie sämtlicher Kontrollmöglichkeiten über das Wasserversorgungsunternehmen entäußert mit der Folge, dieses Instrument nicht mehr einsetzen zu dürfen, kann sich die Kommune auch nicht mehr darauf berufen, sie sei bei der Erfüllung ihrer Selbstverwaltungsaufgabe beschränkt[878].

e) Trinkwasserqualität

Die Einhaltung der Trinkwasserqualität liegt nicht nur im Interesse des Staates, sondern auch im Interesse des Wasserversorgungsunternehmens, weil es sich bei Nichteinhaltung der Standards der Trinkwasserverordnung ggf. gemäß § 24 I TwVO i.V.m. § 75 II, IV IfSG strafbar macht und auch andere Sanktionen zu befürchten hat. Deshalb muss der Netzbetreiber bei der Vertragsgestaltung darauf achten, dass die Qualitätsvorschriften eingehalten werden können. Sollte er mit dem Petenten diesbzgl. zu keiner Einigung kommen, ist die Durchleitung für ihn unmöglich bzw. unzumutbar[879]. Eines Rückgriffs auf die durch § 103 V 1 geschützten Interessen des Staates bedürfte es daher nicht.

---

[878] Salzwedel, in: Gesellschaft für Umweltrecht, Umweltrecht im Wandel, S. 613, 623 f.
[879] vgl. die Ausführungen unter VI. 3.

Teil D: Notwendige gesetzliche Regelungen und Anpassungen für die Einführung effektiven Wettbewerbs im Wassersektor

Auch wenn im vorangehenden Kapitel[880] festgestellt wurde, dass der Durchleitungstatbestand des § 19 IV Nr. 4 GWB grundsätzlich auf die Trinkwasserversorgung Anwendung findet, so ist in Anbetracht der zahlreichen aufgezeigten Verweigerungsmöglichkeiten, die die aktuelle Rechtslage bietet, kaum mit der Aufnahme von Durchleitungswettbewerb zu rechnen. Man denke nur etwa an die Möglichkeit der Kommunen, auch zugunsten eines privaten Dritten einen Anschluss- und Benutzungszwang festzusetzen, mit dem jeglicher Durchleitungswettbewerb ausgeschlossen werden kann. In diesem Kapitel soll daher der gesetzliche Reformbedarf aufgezeigt werden, um tatsächlich Wettbewerb im Wasserversorgungsmarkt zu implementieren.

Die Wasserversorgung unterliegt derzeit einer Vielzahl von Vorschriften aus unterschiedlichen Gesetzen und Verordnungen. In Bezug auf die Schaffung von Durchleitungswettbewerb spielt das GWB mit seinem derzeit geltenden Ausnahmebereich für die Wasserversorgung natürlich eine zentrale Rolle. Aber auch zahlreiche andere Vorschriften in ihrer aktuellen Form hätten Einfluss auf einen künftigen Durchleitungswettbewerb. Teilweise sind die Normen so angelegt, dass sie nur mit einer monopolistischen Wasserwirtschaft kompatibel sind, nicht jedoch mit einer Wettbewerbsordnung. In diesem Kapitel soll dieser rechtliche Rahmen skizziert werden. Dabei gilt es zu sondieren, welche Vorschriften einen fairen Durchleitungswettbewerb in der Wasserversorgung behindern oder einem solchen dienlich sein könnten, um den Änderungsbedarf in dem jeweiligen Rechtsgebiet aufzuzeigen. Die Implementation von Wettbewerb dürfte jedoch nicht nur die Modifikation bestehender Gesetze erfordern. Durchleitungswettbewerb – und dies haben die anderen bereits liberalisierten Sektoren wie Energie, Telekommunikation und Eisenbahn gezeigt – bedarf weiterer Instrumente als nur einer kartellrechtlichen Anspruchsnorm, damit bestehende Monopole aufgebrochen werden können. Diese notwendigen ergänzenden Regelungen werden unter dem Titel „Wasserversorgungswirtschaftsgesetz" zusammengefasst.

---

[880] siehe unter Teil C: II.

I. Kartellrecht

1. § 19 IV Nr. 4 GWB/§ 19 IV Nr. 1 GWB

§ 19 IV Nr. 4 GWB wird in einem liberalisierten Wassermarkt die zentrale Norm im Kartellrecht sein. Allerdings erfasst sie Fälle einer reinen Transportdurchleitung nicht. Diese Fälle wären jedoch in der Regel von § 19 IV Nr. 1 GWB erfasst. Es wurde bereits darauf hingewiesen, dass im Unterschied zu § 19 IV Nr. 4 GWB die Beweislast für die Rechtfertigung der Durchleitungsverweigerung nicht beim Netzbetreiber liegt, sondern der Petent die fehlende Rechtfertigung beweisen muss, und damit eine erhebliche Erschwerung der Anspruchsdurchsetzung besteht[881]. Die aktuelle Rechtslage würde insbesondere die Mitbenutzung von Fernleitungen erschweren, da Fernwasserversorger in der Regel nur lokale Unternehmen beliefern, nicht jedoch Endkunden. Insofern wäre hier der Gesetzgeber gefordert, eine Angleichung vorzunehmen. Schließlich tritt dieses Problem auch in anderen Sektoren schon jetzt auf. Letztendlich bleibt es jedoch eine politische Frage, ob der Gesetzgeber eine solche Angleichung überhaupt will. So hat man sich in England und Wales im Water Act 2003 anders entschieden und lediglich einen Anspruch auf gemeinsame Netznutzung zur Versorgung von Endabnehmern normiert[882]. Man muss jedoch berücksichtigen, dass es in England und Wales keine Trennung in Fernwasser- und lokale Versorgung gibt, sondern vielmehr beide Aufgaben in der Hand eines größeren privaten Unternehmens mit entsprechend ausgedehntem Versorgungsgebiet liegen[883]. Deshalb hat der Gesetzgeber offensichtlich kein Wettbewerbspotential für Konstellationen gesehen, für die ein Versorger erst fremde Leitungen benutzen muss, um in das Netz desjenigen Betreibers einspeisen zu können, an das der von ihm zu versorgen beabsichtigte Kunde angeschlossen ist. Die Situation in Deutschland ist jedoch eine andere. In England und Wales gibt es nur 22 Versorgungsunternehmen[884]. Bei etwa 6.600 Wasserversorgungsunternehmen in Deutschland[885] sind die Strukturen jedoch viel kleinräumiger, die Wahrscheinlichkeit damit viel höher, dass eine Transportdurchleitung notwendig wird, um das Netz, an dem der Endabnehmer angeschlossen ist, zu erreichen. Insofern wäre bei einer Marktöffnung eine Vereinheitlichung der Tatbestände für eine wettbewerbsbegründende und für eine reine Transportdurchleitung geboten. Ob der Gesetzgeber diese Vereinheitlichung jedoch im

---

[881] siehe unter Teil C: III. 6.

[882] Section 66B(1)

[883] Bailey, The business and financial structure of the Water Industry in England and Wales, p. 6 f.

[884] Bailey, The business and financial structure of the Water Industry in England and Wales, p. 4

[885] BMWi, S. 11

Rahmen des GWB durchführen oder alternativ einen besonderen Missbrauchstatbestand in einem künftigen Wasserversorgungswirtschaftsgesetz kreieren
sollte, ist noch zu diskutieren[886].

2. Streichung des Ausnahmebereichs in § 103 GWB a.F.

Das Kernproblem der aktuellen Rechtslage bildet die Fortgeltung des kartellrechtlichen Ausnahmebereichs in § 103 GWB a.F. i.V.m. § 131 VI GWB n.F..
Zwar findet § 19 IV Nr. 4 GWB unbeschadet dieser Normen Anwendung[887].
Jedoch müssen bei der Missbrauchsprüfung die Wertungen des § 103 V GWB
a.F. Berücksichtigung finden. Insofern gibt es keinen prinzipiellen Vorrang der
gemeinsamen Netznutzung, weil der Gesetzgeber noch keine Grundentschei-
dung für die Einführung von Wettbewerb im Trinkwassersektor getroffen hat[888].
Dies macht sich insbesondere bei Qualitätsfragen bemerkbar, bei denen das
Wettbewerbsinteresse hinter den Interessen einzelner Verbraucher zurückstehen
muss, auch wenn die Anforderungen der Trinkwasserverordnung eingehalten
werden[889]. Gleichzeitig liefert die Fortgeltung von § 103 V GWB a.F. eine
ganze Reihe von Verweigerungsgründen, unter anderem auch durch die Einbeziehung von staatlichen Interessen[890]. Neben der Berücksichtigung von Konzes-
sions- und Demarkationsverträgen zumindest zwischen den Vertragsparteien[891]
kann sich der Netzbetreiber der Verpflichtung zur Durchleitung dadurch
entziehen, dass er die eigenen Wasserpreise entsprechend senkt[892]. Will der
Gesetzgeber den Durchleitungsanspruch zum Regelfall machen, muss er
konsequenterweise § 131 VI GWB n.F. streichen. Sofern er die Berücksichtigung von staatlichen Interessen erhalten will, kann er entsprechende Vorschriften in einem Wasserversorgungswirtschaftsgesetz erlassen, vergleichbar etwa
der Regelung in § 6 I 2 i.V.m. § 1 EnWG 1998[893].

3. Sofortige Vollziehbarkeit von Entscheidungen der Kartellbe-
hörden

Als ein Kernproblem der effektiven Durchsetzung von Netzzugangsrechten
wird es angesehen, dass eine Beschwerde gegen eine Verfügung der Kartellbehörden im Regelfall aufschiebende Wirkung hat. Eine Anordnung der soforti-

---

[886] siehe unter VI. 1. b)
[887] siehe unter Teil C: II.
[888] siehe unter Teil C: II. 4.
[889] siehe unter Teil C: VI. 3. c)
[890] siehe unter Teil C: VII. 2.
[891] siehe unter Teil C: VII. 1. a) u. b)
[892] siehe unter Teil C: VII. 1. f)
[893] mehr dazu unter VI.

gen Vollziehbarkeit gemäß § 65 I GWB kann nur angeordnet werden, wenn ein öffentliches Interesse am Netzzugang besteht oder das Interesse des Petenten das Interesse des Betreibers überwiegt. Diese enge Regelung ist als sehr kritisch zu bewerten.[894] Der Netzbetreiber hat in jedem Fall einen klaren ökonomischen Anreiz, den Zugang zu behindern. Die nur unzureichende Möglichkeit der vorläufigen Durchsetzung von Durchleitungsansprüchen verschafft ihm die legale Möglichkeit, den Netzzugang gegebenenfalls so lange zu verzögern, bis der Petent sein wirtschaftliches Interesse an der gemeinsamen Netznutzung verliert, insbesondere wenn man bedenkt, dass der Rechtsweg zwei Instanzen vorsieht. Die gegenwärtige Gesetzeslage schafft damit ein Marktzutrittshindernis, welches potentiellen Wettbewerb schon im Keim zu ersticken in der Lage ist.[895] Die Monopolkommission hat daher schon in ihrem Hauptgutachten 1998/99[896] den Vorschlag unterbreitet, für sämtliche Fälle des § 19 IV Nr. 4 GWB das Ausnahme-Regel-Verhältnis umzukehren und die sofortige Vollziehung zum Regelfall zu machen. Dies setzt allerdings voraus, dass dieses Instrument nicht wiederum von den Petenten missbräuchlich ausgenutzt werden kann. Denn nunmehr obläge es gemäß § 65 III, IV GWB dem Netzbetreiber glaubhaft zu machen, dass ernstliche Zweifel an der Rechtmäßigkeit der angefochtenen Untersagungsverfügung bestehen oder der Sofortvollzug eine für ihn unbillige, nicht durch überwiegende öffentliche Interessen zu rechtfertigende Härte darstellt[897]. Letzteres wäre vermutlich dann der Fall, wenn der Netzbetreiber erhebliche, nur schwer rückgängig zu machende Umbaumaßnahmen durchführen müsste, um die gemeinsame Netznutzung zu ermöglichen. Um den Netzbetreiber vor ungerechtfertigten Begehren durch Petenten zu schützen, sollte der Gesetzgeber ähnlich wie beim Arrest oder der einstweiligen Verfügung nach § 945 ZPO einen Schadensersatzanspruch für den Netzbetreiber vorsehen, falls sich die Anordnung der Kartellbehörde im Nachhinein als ungerechtfertigt erweisen sollte. Damit wäre allerdings das Problem nur für wettbewerbsbegründende, nicht jedoch für reine Transportdurchleitungen gelöst, es sei denn, der Gesetzgeber würde – wie vorgeschlagen[898] – § 19 IV Nr. 4 GWB so reformieren, dass auch reine Transportdurchleitungen davon erfasst werden.

---

[894] Monopolkommission, 14. Hauptgutachten 2000/2001, Tz. 739

[895] Monopolkommission, 14. Hauptgutachten 2000/2001, Tz. 744; Koenig/Rasbach DÖV 2004, 733, 736 f.; zu demselben Problem nach dem Competition Act 1998: Hewett, Testing the waters – The potential for competition in the Water Industry, p. 18 f.

[896] Monopolkommission, 13. Hauptgutachten 1998/99, Tz. 112; ebenso Monopolkommission, 14. Hauptgutachten 2000/2001, Tz. 767

[897] Koenig/Rasbach DÖV 2004, 733, 737

[898] siehe unter 1.

II. Wasserhaushaltsgesetz/Landeswassergesetze

Das Wasserhaushaltsgesetz bzw. die Landeswassergesetze der Länder enthalten Regelungen, die für einen monopolistisch strukturierten Markt durchaus geeignet gewesen sind. Jedoch ist nunmehr die Frage zu stellen, ob sie auch für einen Markt passend sind, in dem private und öffentliche Unternehmen miteinander um Abnehmer konkurrieren. Dies wird im Folgenden zu untersuchen sein.

1. Wasserbenutzungsrechte

Ein potentielles wettbewerbliches Manko der Trinkwasserversorgung besteht darin, dass es keinen Markt für das Vorprodukt, nämlich das Rohwasser gibt[899]. Gemäß § 3 I Nr. 1 und 6 WHG gehört die Entnahme von Wasser zu den Gewässerbenutzungen. Die Benutzungserlaubnis oder -bewilligung hat keinen Preis. Ihre Erteilung richtet sich gemäß § 6 I WHG danach, ob die jeweilige Wasserentnahme eine Beeinträchtigung des Wohls der Allgemeinheit erwarten lässt, insbesondere ob die öffentliche Wasserversorgung gefährdet ist. Lediglich die Entnahme von Wasser ist in den meisten Ländern mit einer Entnahmegebühr versehen, deren Höhe landesweit festgelegt ist und sich am Verwendungszweck orientiert, nicht jedoch an der regionalen Knappheit des Gutes[900].

a) Wettbewerbshindernisse des derzeitigen Systems

Jeder Wettbewerber ist darauf angewiesen, dass ihm ausreichend Ressourcen zur Verfügung stehen, aus denen er die von ihm zu akquirieren beabsichtigten Kunden versorgen kann. In dem derzeitigen Bewilligungssystem bestehen mehrere mögliche Hindernisse, die im Einzelfall verhindern können, dass einem potentiellen Wettbewerber die notwendigen Ressourcen zur Verfügung stehen[901].

aa) Lange Laufzeiten bestehender Wasserechte

Sofern ein Wasserentnahmerecht für die Trinkwasserversorgung erforderlich ist, sind in der Regel auch die Voraussetzungen für eine Bewilligung nach

---

[899] Scheele, Auf dem Weg zu neuen Ufern? Wasserversorgung im Wettbewerb, Oldenburg 2000, S. 9; Michaelis ZögU Band 24 (2001), 432, 441; Umweltgutachten 2002, BT-Drs. 14/8792, S. 300 Tz. 666
[900] Sondergutachten des Sachverständigenrates für Umweltfragen 1998: „Flächendeckend wirksamer Grundwasserschutz", BT-Drs. 13/10196, Tz. 238 f.
[901] Scheele, Auf dem Weg zu neuen Ufern? Wasserversorgung im Wettbewerb, Oldenburg 2000, S. 10

§ 8 II WHG gegeben[902]. Die Wasserentnahmerechte werden dementsprechend für lange Laufzeiten verliehen[903]. Dabei wird die in § 8 V WHG normierte Frist von 30 Jahren häufig ausgeschöpft. Durch den Rückgang des Wasserabsatzes in den vergangenen Jahren stehen den etablierten Wasserversorgern Überkapazitäten zur Verfügung[904]. Neu am Markt auftretende Anbieter hingegen haben keine Chance, an diesen Ressourcen zu partizipieren. Dies liegt daran, dass dem Bewilligungsinhaber eine einem Eigentümer vergleichbare Stellung zukommt, die auch gegenüber Dritten wirkt[905]. Dadurch ist es kaum möglich, etwa einem neuen Anbieter Wasserrechte zuzusprechen, die sich negativ auf die Bewilligung des etablierten Versorgers auswirkten. Ein Widerruf dürfte behördlicherseits nur nach § 12 WHG erfolgen, ggf. gegen Entschädigung. Bestehende Wasserrechte können insofern durchaus ein Wettbewerbshindernis darstellen, sowohl für neue als auch für expandierende Marktteilnehmer[906]. Dies gilt jedoch nur für solche Regionen, in denen Wasserknappheit – gemessen an den Verbrauchszahlen – herrscht, also etwa in Ballungsräumen. Allerdings sind Ballungsräume häufig auf eine ergänzende Fernwasserversorgung angewiesen, so dass ein potentieller Wettbewerber auch aus einer weiter entfernt liegenden Wasserressource über Fernwasserleitungen in Konkurrenz zu den örtlichen Wasserversorgern treten könnte. Hierfür wiederum bedürfte es eines hohen Kapitaleinsatzes. Dessen Risiken wären bei unsicheren Abnahmezahlen kaum kalkulierbar, weshalb unter solchen Bedingungen keine Konkurrenz entstehen würde.

bb) Ausnutzen von Überkapazitäten für die Aufnahme von Durchleitungswettbewerb

Ob ein Unternehmen vorhandene Überkapazitäten dazu nutzen darf, außerhalb des bisherigen Versorgungsgebiets in Wettbewerb zu andern Versorgern zu treten, ist fraglich. Sofern ein Versorgungsunternehmen sein Entnahmerecht über drei Jahre erheblich unterschritten hat, kann die zuständige Behörde gemäß § 12 II Nr. 2 WHG die Bewilligung teilweise widerrufen. Maßgeblich für die Entscheidung ist dabei die Frage, inwiefern das Wasserentnahmerecht nach gegenwärtiger Beurteilung innerhalb eines für die Vorausplanung angemessenen Zeitraums nicht mehr benötigt wird[907]. Wenn der Berechtigte diesen Bedarf

---

[902] Sieder/Zeitler/Dahme-*Knopp*, WHG, § 8 Rn. 19
[903] Michaelis ZögU Band 24 (2001), 432, 441
[904] beispielhaft Hein/Neumann, GWF – Wasser/Abwasser 142 (2001), Nr. 4, S. 279, 282; zur Verwendbarkeit im Wettbewerb siehe unter bb)
[905] Kotulla, WHG, § 8 Rn. 6
[906] Scheele, Auf dem Weg zu neuen Ufern? Wasserversorgung im Wettbewerb, Oldenburg 2000, S. 10
[907] Czychowski/Reinhardt, WHG, § 12 Rn. 6c

nicht mehr nachweisen kann, etwa weil der Wasserverbrauch aufgrund des allgemeinen Trends zurückgegangen ist oder weil er bereits Kunden an andere Versorger verloren hat, verliert er durch eine Beschränkung seiner Benutzungsrechte die Möglichkeit, neue Kunden außerhalb seines Versorgungsgebietes zu gewinnen oder alte Kunden innerhalb seines Versorgungsgebietes zurückzuholen.

Des Weiteren ist durchaus fraglich, ob ein Wasserversorger seine Überkapazitäten überhaupt dazu nutzen darf, Kunden außerhalb des Gebietes zu versorgen, für das die Wasserentnahme bei Beantragung der Bewilligung gedacht war[908]. Die Erteilung einer Bewilligung nach § 8 II 1 Nr. 2 WHG erfolgt zu einem festgelegten Zweck nach einem bestimmten Plan. Für die Angabe des Zwecks genügt eine allgemein gehaltene Festlegung, wie z.B. die Entnahme zur Trinkwasserversorgung[909]. Das eine Bewilligung beantragende Versorgungsunternehmen muss allerdings in dem von ihm vorgelegten Plan bezeichnen, welches Gebiet es versorgen will, wie groß der Abnehmerkreis ist und wie er die künftige Entwicklung des Wasserverbrauchs einschätzt[910]. Bei der Einreichung dieses Planes wird der Unternehmer in der Regel sein beabsichtigtes Versorgungsgebiet so detailliert beschrieben haben, dass er gegen diesen Plan verstieße, wollte er vorhandene Überkapazitäten dazu benutzen, Trinkwasser auch in andere Orte zu liefern. Insofern stellt sich die Frage, ob ein derartiger Planverstoß zulässig wäre. Der eingereichte Plan ist durchaus dazu geeignet, den Inhalt der Bewilligung zu konkretisieren[911]. Man muss jedoch danach fragen, ob ein Abweichen von einer solchen Konkretisierung auch eine staatliche Sanktion rechtfertigte. Das Wasserhaushaltsgesetz sieht in § 12 den vollständigen oder teilweisen Widerruf der Bewilligung vor. Hier käme allenfalls ein entschädigungsloser Widerruf nach § 12 II Nr. 2 WHG in Betracht. Diese Norm erfordert, dass eine Änderung des Zwecks dazu führt, dass dieser sich nicht mehr mit dem vorgelegten Plan vereinbaren lässt[912]. Bei dem vorliegenden Problem geht es jedoch nicht um eine Zweckänderung. Es wurde bereits darauf hingewiesen, dass der Zweck nur in der Wasserversorgung besteht. Hieran ändert sich auch bei einer Gebietsausweitung nichts. Vielmehr ändert sich der Plan. Eine reine Planänderung fällt jedoch allenfalls unter § 12 II Nr. 3 WHG[913], der eine wiederholte erhebliche Ausdehnung des Benutzungsrechts erfordert. An diesem Normzu-

---

[908] Scheele, Auf dem Weg zu neuen Ufern? Wasserversorgung im Wettbewerb, Oldenburg 2000, S. 10

[909] Czychowski/Reinhardt, WHG, § 7 Rn. 17; Kotulla, WHG, § 7 Rn. 35

[910] Czychowski/Reinhardt, WHG, § 8 Rn. 37; Kotulla, WHG, § 8 Rn. 25

[911] Czychowski/Reinhardt, WHG, § 7 Rn. 17

[912] Breuer, Öffentliches und privates Wasserrecht, Rn. 649; Kotulla, WHG, § 12 Rn. 17; Sieder/Zeitler/Dahme, WHG, § 12 Rn. 27

[913] Czychowski/Reinhardt, WHG, § 12 Rn. 7

sammenhang des § 12 II Nr. 2 und 3 WHG lässt sich erkennen, dass der Gesetz-geber nur für den Fall die Sanktion des Widerrufs vorsieht, in dem Störungen für den Wasserhaushalt zu befürchten sind. Schließlich soll die Zweckbestim-mung dazu dienen, derartige Auswirkungen auf den Wasserhaushalt zu verhin-dern[914]. Insofern sind die Unternehmen nicht darin beschränkt, ihre Überkapazi-täten für die Wasserversorgung außerhalb des bisherigen Versorgungsgebietes zu nutzen.

cc) Dauer von Bewilligungsverfahren

Damit sich neu am Markt positionierende Anbieter erst einmal überhaupt das notwendige Wasser zur Verfügung haben, sind sie auf die Bewilligung von Entnahmerechten in wasserreichen Gebieten angewiesen. Das Bewilligungsver-fahren nach § 9 WHG nimmt jedoch regelmäßig mehrere Jahre in Anspruch, so dass ein Markteinstieg stark erschwert wird[915]. Die Zeitdauer ergibt sich daraus, dass die betroffenen Privatpersonen und Behörden angehört werden müssen. Hierzu gehören insbesondere diejenigen, die nach Maßgabe von § 8 III WHG und § 8 IV WHG i.V.m. den entsprechenden landesgesetzlichen Regelungen von einer Bewilligung beeinträchtigt werden könnten[916]. Ggf. ist nach § 9 S. 2 WHG zusätzlich eine Umweltverträglichkeitsprüfung durchzuführen. Es besteht allerdings nach § 9a WHG die Möglichkeit, eine vorläufige Wasserentnahme-genehmigung zu erteilen. Eine solche ist an drei Bedingungen geknüpft: Mit einer positiven Entscheidung des Antragsbegehrens kann gerechnet werden (§ 9a Nr. 1), wenn zugleich ein öffentliches Interesse oder ein berechtigtes Interesse des Unternehmers am vorzeitigen Beginn besteht (Nr. 2) und der Unternehmer sich verpflichtet, sämtliche bis zur Entscheidung verursachten Schäden zu ersetzen und bei Nichtbewilligung einen Rückbau vorzunehmen (Nr. 3). In der Regel wird – eine entsprechende Gesetzesänderung vorausge-setzt – mit der Absicht der Aufnahme von Wettbewerb im Wasserversorgungs-sektor ein berechtigtes Interesse des Unternehmens vorliegen. Gleichwohl birgt die Ausnutzung einer vorläufigen Wasserentnahmegenehmigung ein Risiko. Das Unternehmen muss erhebliche Investitionen tätigen, die für den Fall der Ablehnung der Bewilligung verloren wären. Man darf bei einem solchen Verfahren nicht vergessen, dass der zuständigen Wasserbehörde ein Bewirt-schaftungsermessen zusteht[917]. Dies ermächtigt zwar nicht zu Willkür, kann aber dennoch im Einzelfall trotz Rechtmäßigkeit aus Zweckmäßigkeitsüberle-gungen heraus zu einem ablehnenden Bescheid führen. Insofern stellt die

---

[914] Czychowski/Reinhardt, WHG, § 7 Rn. 17

[915] Scheele, Auf dem Weg zu neuen Ufern? Wasserversorgung im Wettbewerb, Oldenburg 2000, S. 10; Michaelis ZögU Band 24 (2001), 432, 441

[916] Hofmann/Kollmann, Erläuterungen zum Wasserhaushaltsgesetz, § 9 Rn. 2

[917] Breuer, Öffentliches und privates Wasserrecht, Rn. 408

aktuelle Verfahrensregelung ein Hindernis für den Markteinstieg und die Aufnahme von Wettbewerb dar.

dd) Entscheidungskriterien bei miteinander kollidierenden Bewilligungsanträgen

Der Wettbewerb um Abnehmer würde dazu führen, dass in Gebieten mit Wasserknappheit die einzelnen Anbieter auch um Wasserrechte konkurrierten. In der Folge würden regelmäßig Bewilligungsanträge mehrerer Unternehmen in einem Gewinnungsgebiet zusammentreffen. Hierbei muss es nicht zwangsläufig um die Neuerschließung einer Trinkwasserressource gehen. Auch wenn eine Wasserentnahmebewilligung ausläuft, muss in den meisten Bundesländern eine selbständige, neue Bewilligung beantragt werden[918] mit der Folge, dass nunmehr auch ein anderer Versorger zum Zuge kommen kann. Nur Rheinland-Pfalz[919] und das Saarland[920] kennen eine Verlängerung der Bewilligung ohne förmliches Verfahren.

Zunächst einmal hat die Behörde in erster Linie durch geeignete Benutzungsbedingungen und Auflagen dafür zu sorgen, dass die geplanten konkurrierenden Benutzungen nebeneinander ausgeübt werden können[921]. Sollte dies nicht möglich sein, stellt sich die Frage, nach welchen Kriterien die jeweils zuständige Wasserbehörde zu entscheiden hat, welchen der konkurrierenden Anträge sie positiv bescheidet. Dies ist im Wasserhaushaltsgesetz nicht geregelt.

α) Wohl der Allgemeinheit

Die landesgesetzlichen Normen stimmen darin überein, dass die Bedeutung oder der größte Nutzen für das Wohl der Allgemeinheit den Ausschlag gibt[922]. Allein anhand des Wohls der Allgemeinheit zu bestimmen, welches Begehren Vorrang hat, dürfte sich in Anbetracht der Tatsache, dass die konkurrierenden Begehren allesamt der Trinkwasserversorgung dienen, als äußerst schwierig erweisen. Schließlich kann es aufgrund der wettbewerbspolitischen Grundsatzentscheidung des Bundesgesetzgebers keinen Vorrang des bisherigen Monopolisten geben. Etwas anderes könnte nur dann gelten, wenn etwa ein Konkurrent die Ressource zur Versorgung weiter entfernt liegender Gebiete nutzen will und dies die Versorgung der in der Nähe angesiedelten Ortschaften gefährdete.

---

[918] Hendler ZfW 2000, 149, 151 ff.; Czychowski/Reinhardt, § 8 Rn. 79 f.

[919] § 31 I WG RhPf

[920] § 19 I SaarWG

[921] Breuer, Öffentliches und privates Wasserrecht, Rn. 426; Czychowski/Reinhardt, WHG, § 6 Rn. 50

[922] § 18 WG BW; Art. 19 BayWG; § 18 BerlWG; § 33 BbgWG; § 9 BremWG; § 80 HbgWG; § 24 HessWG; § 7 WG MV; § 9 NWG; § 28 WG NW; § 30 WG RhPf; § 18 SaarWG; § 16 SächsWG; § 10 WG LSA; § 122 WG SH; § 23 ThürWG

β) Bedeutung für die Volkswirtschaft

Die meisten Länder normieren darüber hinaus weitere Entscheidungskriterien. So sehen einige Landesregelungen vor, dass in zweiter Linie die Bedeutung für die Volkswirtschaft maßgeblich sein soll[923]. Auch dieses Kriterium hilft nicht unbedingt weiter, wenn alle Antragsteller dasselbe Gebiet mit Trinkwasser versorgen wollen. In einem wettbewerblich organisierten Markt soll im Übrigen nicht der Staat über die volkswirtschaftliche Bedeutung entscheiden, sondern der Markt selbst.

γ) Vorrang des Gewässereigentümers

Teilweise ist landesgesetzlich vorgesehen, dass dem Gewässereigentümer Vorrang gewährt werden soll[924]. Für den Wettbewerb bestünde damit der Nachteil, dass dies in der Regel dem bisherigen Versorger zugute kommen würde. Außerdem könnte ein kapitalträchtiger Interessent vorher Eigentum am Gewässer erwerben, um so den Entscheidungsprozess zu beeinflussen. Die Regelung, dem Gewässereigentümer Vorrang vor Dritten in Bezug auf die Bewilligung der Wasserentnahme zu gewähren, ist jedoch insofern zweckmäßig, als der Eigentümer – ohne auf einen Dritten oder weitere Verfahren angewiesen zu sein – Anlagen errichten und damit von seinem Entnahmerecht Gebrauch machen kann. Für die Gewässerbenutzung durch einen Dritten wäre wahrscheinlich eine Enteignung erforderlich. Ähnlich wird im Bereich des Bergrechts argumentiert[925]. Auch die Rohstoffe gewinnenden Unternehmen stehen miteinander im Wettbewerb. Dennoch ist es aus Zweckmäßigkeitserwägungen zulässig, dem Inhaber der für die Erschließung der Bodenschätze notwendigen Grundstücke Vorrang vor konkurrierenden Vorhaben zu gewähren, um Grundabtretungsverfahren zu vermeiden[926].

δ) Zeitliche Reihenfolge der Anträge

Ferner schreiben einige Landesgesetze vor, dass hilfsweise auch die zeitliche Reihenfolge der Antragstellung den Ausschlag geben kann[927]. Ein solches Kriterium wäre zwar höchst praktikabel. Jedoch könnte es dadurch leicht zu

---

[923] § 33 S. 1 BbgWG; § 9 S. 1 BremWG; § 24 HessWG; § 122 S. 1 WG SH; § 23 S. 1 ThürWG

[924] Art. 19 S. 2 BayWG; § 18 S. 2 BerlWG; § 9 S. 2 BremWG; § 80 I 2 HbgWG; § 7 S. 2 WG MV; § 30 S. 2 WG RhPf; § 18 S. 2 SaarWG; § 10 S. 2 WG LSA; § 122 S. 2 WG SH

[925] Müller/Schulz, Handbuch: Recht der Bodenschätzegewinnung, Rn 298

[926] Müller/Schulz, Handbuch: Recht der Bodenschätzegewinnung, Rn. 298

[927] Art. 19 S. 2 BayWG; § 18 S. 2 BerlWG; § 33 S. 2 BbgWG; § 9 S. 2 BremWG; § 80 I 2 HbgWG; § 24 S. 2 HessWG; § 7 S. 2 WG MV; § 30 S. 2 WG RhPf; § 18 S. 2 SaarWG; § 10 S. 2 WG LSA; § 122 S. 2 WG SH; § 23 S. 2 ThürWG

unangemessenen Benachteiligungen kommen, die großen Einfluss auf die Wettbewerbstätigkeit hätten.

ε) Vorrang des vorhandenen Unternehmens

Von dem beschriebenen System weichen die Bundesländer Baden-Württemberg[928] und Sachsen[929] ab. Dort genießt grundsätzlich das schon vorhandene Unternehmen den Vorzug. Würde man diese Regel anwenden, hätte stets der etablierte Netzbetreiber einen Vorteil. Dies jedoch widerspräche eigentlich dem Sinn und Zweck der Liberalisierung. Auf der anderen Seite muss man berücksichtigen, dass der bisherige Rechteinhaber womöglich schon in Anlagen investiert hat. Es kann sich dabei einerseits etwa um Brunnen handeln, die man allerdings in regelmäßigen Abständen ohnehin erneuern muss. Andererseits kann der Inhaber auch unter hohen finanziellen Belastungen eine Talsperre gebaut oder in der Nähe ein Wasserwerk errichtet haben. Diese Investitionen wären verloren, wenn ein Dritter nunmehr das Wasserentnahmerecht erhielte. Man muss jedoch berücksichtigen, dass der bisherige Inhaber das Datum des Auslaufens der Bewilligung kannte und dementsprechend seine Abschreibungen kalkulieren konnte. Sofern es sich um ein Bauwerk handelte, bei dem sich die Investitionen auch in einem Zeitraum von 30 Jahren nicht amortisieren können, wie z.B. eine Talsperre, hätte der Inhaber gemäß § 8 V WHG berechtigterweise eine längere Bewilligungslaufzeit als 30 Jahre beantragen können. Zudem werden solche Bauwerke, die gleichzeitig Hochwasserschutzfunktionen übernehmen, öffentlich bezuschusst. Aus diesen Gründen können getätigte Investitionen eine Bevorzugung des bisherigen Rechteinhabers nicht rechtfertigen.

ζ) Weitere Kriterien

Die Landesgesetze von Baden-Württemberg und Sachsen geben darüber hinaus noch weitere Entscheidungskriterien vor. „Die stärkere Gebundenheit eines Unternehmens an einen bestimmten Ort", wie es § 18 WG BW formuliert, würde den etablierten Netzbetreiber unangemessen bevorzugen. In einem Wettbewerbsmarkt darf die Frage der Herkunft keine Rolle spielen. Die sächsische Formulierung, die nicht auf den Ortsbezug des Unternehmens, sondern auf den Ortsbezug der Benutzung abstellt[930], kann jedoch schon ein zulässiges Kriterium sein, zumindest so lange, wie das Prinzip der ortsnahen Wassergewinnung gilt. „Die geringere Belästigung anderer" kann durchaus ein Kriterium sein, sollte jedoch nicht alleine herangezogen werden, da sich das öffentliche

---

[928] § 18 S. 2 WG BW
[929] § 16 S. 2 SächsWG
[930] vgl. § 16 S. 2 SächsWG

Wohl nicht ausschließlich auf die möglicherweise von einer Entnahme negativ betroffenen Personen bezieht. Und schließlich schreiben beide Landesgesetze vor, dass „die größere Sicherheit, welche die persönlichen und wirtschaftlichen Verhältnisse des Antragstellers für die Ausführung und den Fortbestand des Unternehmens (in Sachsen: der Benutzung) bieten", mit ausschlaggebend sein soll. Eine solche Vorgabe ist durchaus mit Wettbewerb vereinbar, da nur solche Unternehmen in der Lage sein werden, sich am Durchleitungswettbewerb zu beteiligen, die ein gewisses wirtschaftliches Potential aufweisen, damit die Versorgungssicherheit nicht gefährdet wird.

ee) Ergebnis

Das gegenwärtige System der Wasserentnahmerechtszuteilung genügt keineswegs den Anforderungen, die ein Wettbewerb im Wasserversorgungsmarkt erfordert. Kernproblem sind die langfristigen Bewilligungen für Trinkwasserversorgungsunternehmen, die einen Wettbewerb in Wasserknappheitsgebieten behindern können. Wollte man jedoch die Bewilligungsdauer gesetzlich verkürzen, so müsste man beachten, dass zumindest nach einer Auffassung die Bewilligung Eigentum i.S.v. Art. 14 GG darstellt[931]. Selbst wenn man hier anderer Ansicht seien sollte, weil die Erteilung einer Bewilligung kein Äquivalent eigener Leistung darstellt[932], so sind zumindest Vertrauensschutzgesichtspunkte zu beachten. Dies bezieht sich insbesondere auf nicht abgeschriebene Investitionen wie Brunnen, Wasserwerke, Talsperren etc.. Wenn der Gesetzgeber nicht grundsätzlich dem Rechtsinhaber Vorrang gewähren will, so muss er eine Regelung schaffen, nach der bei einem Wechsel der neue Wasserentnahmerechtsinhaber seinem Vorgänger eine angemessene Vergütung für die übernommenen Anlagen zu bezahlen hat. Die Landeswassergesetze von Baden-Württemberg[933] und Rheinland-Pfalz[934] enthalten gegenwärtig schon Entschädigungsregelungen für den Fall, dass nach Ablauf der Bewilligung der Neuinhaber die Anlagen des Alteigentümers weiterverwenden will. Andere Bundesländer hingegen sehen eine Möglichkeit zur Enteignung gegen Entschädigung für diese Anlagen vor[935]. Das Defizit dieser Regelungen, wollte man sie auf den Fall der Verkürzung der Bewilligungsfrist mit anschließendem Wechsel des Bewilligungsinhabers anwenden, liegt darin, dass eine Entschädigung nur dann zu zahlen wäre, wenn der Neuinhaber oder der Staat die Anlagen des Alteigen-

---

[931] Kotulla, WHG, § 8 Rn. 7
[932] Czychowski/Reinhardt, § 8 Rn. 2; Nüßgens/Boujong, Eigentum, Sozialbindung, Enteignung, Rn. 115
[933] § 22 III 2 WG BW
[934] § 35 II 3 WG RhPf
[935] § 21 III HbgWG; § 28 III HessWG; § 15 III WG MV; § 20 III NWG; § 21 II SächsWG; § 21 II WG LSA; § 13 II 2 WG SH; § 27 III ThürWG

tümers benötigte. Dies dürfte jedoch nicht in jedem Fall gegeben sein, so dass auch die bestehenden Regelungen in den Landeswassergesetzen das Problem der noch nicht abgeschriebenen Investitionen nicht lösen könnten. Von daher muss der Gesetzgeber eine adäquate Entschädigungsregelung treffen, wollte er die bereits gewährten Bewilligungszeiträume verkürzen.

Zudem verbliebe das Problem, dass die staatlichen Wasserbehörden bei konkurrierenden Anträgen nach dem öffentlichen Wohl zu entscheiden hätten. Damit käme ihnen eine Schiedsrichterfunktion im Wettbewerb zu. Die Wasserbehörden müssten teilweise Aufgaben einer Regulierungsbehörde übernehmen. Sofern der zuständige Gesetzgeber nicht klare, zum Wettbewerb passende Kriterien für den Fall konkurrierender Bewilligungsanträge festlegte, so bliebe dieses System für den Wettbewerb untauglich.

b) Vorschläge für eine an ökonomischen Maßstäben orientierte Zuteilung von Wasserbenutzungsrechten

Der Sachverständigenrat für Umweltfragen hat im Jahre 1998 ein Sondergutachten mit dem Titel „Flächendeckend wirksamer Grundwasserschutz" erstellt[936]. In diesem Gutachten schlagen die Verfasser eine Lenkung der Wasserentnahme durch preisliche Instrumente vor[937]. Allerdings ist diese Empfehlung nicht etwa durch die Idealvorstellung von Wettbewerb für Benutzungsrechte motiviert, sondern sie beruht auf der Überzeugung, dass nur ein Entnahmepreis, der die wahren Kosten der Benutzung widerspiegelt, zu einem nachhaltigen Erhalt der Wasserressourcen führt. Insofern soll der Vorschlag ökologischen Zwecken dienen. Zeitgleich hat es einen ähnlichen Vorstoß in England und Wales gegeben. Das damalige Department of Environment, Transport and the Regions (DETR) hat ebenfalls im Jahr 1998 einen Vorschlag unterbreitet[938], der inzwischen durch den Water Act 2003 Gesetz geworden ist.

aa) Der Vorschlag des Sachverständigenrates

Der Vorschlag des Sachverständigenrates[939] sieht eine effiziente Aufteilung des gegebenen Wasserangebots durch eine adäquate Wasserentnahmepreisbildung

---

[936] Sondergutachten des Sachverständigenrates für Umweltfragen 1998: „Flächendeckend wirksamer Grundwasserschutz", BT-Drs. 13/10196

[937] Sondergutachten des Sachverständigenrates für Umweltfragen 1998: „Flächendeckend wirksamer Grundwasserschutz", BT-Drs. 13/10196, Tz. 239

[938] DETR, The Review of the Water Abstraction Licensing System in England and Wales, June 1998

[939] Sondergutachten des Sachverständigenrates für Umweltfragen 1998: „Flächendeckend wirksamer Grundwasserschutz", BT-Drs. 13/10196, Tz. 239

vor. Dies soll zunächst über eine an regionalen Mengenzielen orientierte Preisfestsetzung durch die jeweils zuständigen Wasserbehörden geschehen. Hierbei sollen alle Entnahmerechteinhaber denselben Preis innerhalb eines Entnahmegebietes bezahlen, unabhängig vom Nutzungszweck. Eine eventuell bestehende Nutzungskonkurrenz soll durch Ausschreibung von Förderrechten gelöst werden.

bb) Regelungen im Water Act 2003

Der Water Act 2003 verfolgt dieselben Ziele wie der Vorschlag des Sachverständigenrates, nämlich ein nachhaltiger Erhalt der Wasserressourcen. Insofern werden zukünftig Wasserentnahmerechte nur noch befristet gewährt. Bestehende unbefristete Lizenzen können künftig entzogen werden, wenn dies notwendig ist, um Schaden von der Umwelt abzuwehren.[940] Sofern die Behörde im Anschluss an die Gewährung eines neuen Entnahmerechtes ein altes beschränken muss, kann die zuständige Behörde Ersatz vom profitierenden Lizenzinhaber für die Entschädigungszahlungen an den Inhaber des älteren Rechts verlangen[941]. Gleichzeitig wurde der Handel mit Wasserentnahmerechten vereinfacht[942]. Zum Beispiel können bestehende Rechte aufgeteilt und anschließend diese Teile separat verkauft werden[943]. Bei der Festsetzung der Wasserentnahmegebühren kommt der zuständigen Behörde ein gewisser Spielraum zu, wobei diese sich an den tatsächlichen Kosten der Wasserentnahme orientieren sollen[944].

Die Änderungen in England und Wales waren weniger durch den dort intendierten Wettbewerb im Wassermarkt bedingt, sondern ebenfalls vom Ziel eines nachhaltigen Ressourcenerhaltes geprägt[945]. So soll die zuständige Environment Agency auf eine effiziente Verwendung des Wassers hinwirken, indem Benutzungsrechte zeitlich beschränkt werden und zu diesem Zweck auch Lizenzen durch die Agentur zurückgekauft werden können[946]. Auf diesem Wege wird die Zahl der Entnahmelizenzen eher vermindert, anstatt dass man sie zu Wettbewerbszwecken ausweitet. Die von ihr im Falle kollidierender Benutzungsbegehren zu treffenden Entscheidungen dürfte die Environment Agency damit eher

---

[940] DEFRA, Water Bill – Regulatory Impact Assessment, Environmental and Equal Treatment Appraisals, Juli 2003, № 20 f.
[941] Section 61A
[942] Section 59A
[943] Section 59C and 59D
[944] DEFRA, Water Bill – Regulatory Impact Assessment, Environmental and Equal Treatment Appraisals, Juli 2003, № 39 ff.
[945] DEFRA, Water Bill – Regulatory Impact Assessment, Environmental and Equal Treatment Appraisals, Juli 2003, p. 8 ff.
[946] Carty, Water Law 14[2003], p. 213 ff.

weniger an wirtschaftspolitischen Zielen ausrichten. Allerdings wurde in Section 66A der Anspruch gegen den Netzbetreiber auf Belieferung mit Trinkwasser zwecks Weitervertrieb an eigene Abnehmer normiert (sog. *retail competition*). Auf diese Art und Weise ist es für neue Anbieter nicht mehr zwingend erforderlich, eigene Wasserressourcen zur Verfügung zu haben bzw. eigene Wasserwerke zu betreiben. Insofern konnte man nicht nur auf eine Normierung des Zugangsanspruchs zu bestehenden Wasserwerken der Netzbetreiber verzichten. Man musste zudem die bestehenden Wasserrechte der Versorgungsunternehmen nicht zwingend neu aufteilen, wenn auch dieser Schritt einen effektiveren Wettbewerb ermöglichen würde[947].

cc) Bewertung

Im Hinblick auf die Schaffung von Wettbewerb ist es sicherlich sinnvoll, Wasserentnahmerechte stärker zu befristen und die Möglichkeiten zum vorzeitigen Entzug zu verschärfen. Man muss jedoch auf der anderen Seite berücksichtigen, dass kein Wasserversorger mehr in Wassergewinnungsanlagen oder auch in den Gewässerschutz vor Ort investieren wird, wenn er nicht eine entsprechende Sicherheit dafür hat, dass sich seine Investitionen amortisieren. Sollte man also dementsprechende Schritte seitens des Gesetzgebers unternehmen, so ist eine adäquate Entschädigungsregelung zwingend notwendig. Dass die Entnahmeentgelte die tatsächlichen Kosten für die Ressourcenerhaltung widerspiegeln, ist primär ein ökologisch motivierter Maßnahmenvorschlag. Dies wäre jedoch in Bezug auf den Wettbewerb insofern sinnvoll, als aktuell die Bundesländer höchst unterschiedliche Entnahmeentgelte fordern[948] und dies den Wettbewerb insbesondere in Grenzregionen verzerren könnte. Der Gesetzgeber würde mit diesem Schritt gleichzeitig eine Forderung der EU-Wasserrahmenrichtlinie umsetzen, die das Kostendeckungsprinzip für die Wasserbenutzung vorsieht[949]. Die Ausschreibung von Wassergewinnungsrechten in Gebieten, die durch Wasserknappheit gekennzeichnet sind, ist aus ökonomischer Sicht sinnvoll, weil ein Marktmechanismus darüber entscheidet, welcher der konkurrierenden Benutzer den Zuschlag erhält. So wird nicht eine Wasserbehörde in die Rolle eines Regulierers gedrängt. Allerdings dürfen die Festsetzung von die tatsächlichen Kosten widerspiegelnden Entnahmegebühren und die Ausschreibung von Gewinnungsgebieten nicht dazu führen, dass sich die Trinkwasserpreise für die Verbraucher in unzumutbarer Weise erhöhen. Im Ergebnis hätte man dann das eigentliche Ziel des Wettbewerbs, nämlich eine effiziente und preisgünstigere Trinkwasserversorgung zu erreichen, verfehlt.

---

[947] Hewett, Testing the waters – The potential for competition in the Water Industry, p. 17
[948] Überblick über die verschiedenen Regelungen in den einzelnen Bundesländern unter http://www.umweltbundesamt.de
[949] siehe unter Teil E: I. 3.

2. Prinzip ortsnaher Wassergewinnung

Es wurde bereits hinreichend untersucht, dass das Prinzip der ortsnahen Wassergewinnung in einem gewissen Spannungsverhältnis zum Durchleitungswettbewerb steht, weil auch unabhängig von der Fortgeltung des § 103 V GWB a.F. ein Berufen auf § 1a III WHG eine Netzzugangsverweigerung rechtfertigen kann[950]. Da aktuell die meisten Kommunen aus eigenen, ortsnahen Quellen versorgt werden, ist zu erwarten, dass sich potentielle Konkurrenten weiter entfernt liegender Quellen, also in der Regel der Fernwasserversorgung bedienen[951]. Der Versuch im umgekehrten Fall, mit ortsnah gewonnenem Wasser die Fernwasserversorgung zu verringern, ist im Wettbewerb zwar auch denkbar, wird aber seltener auftreten. Im Ergebnis würde dies die beabsichtigte Marktöffnung konterkarieren, weil die Verweigerung Regelfall werden würde. Will der Bundesgesetzgeber tatsächlich Durchleitungswettbewerb etablieren, wird ihm nichts anderes übrig bleiben, als das Spannungsverhältnis zwischen dem umwelt- und ordnungspolitischen Ziel der ortsnahen Wassergewinnung und dem wirtschaftspolitischem Interesse an Wettbewerb und niedrigen Preisen zugunsten des letzteren dadurch aufzulösen, dass er § 1a III WHG entfernt. In der Folge wären die Landesgesetzgeber aufgefordert, ebenfalls in entsprechender Weise zu verfahren.[952]

3. Wasserversorgung als kommunale Pflichtaufgabe

Dass die Ausgestaltung der Wasserversorgung als kommunale Pflichtaufgabe nicht dazu führt, dass Dritte von der Erfüllung ausgeschlossen sind, wurde bereits im Rahmen der Durchleitungsverweigerung hinreichend erörtert[953]. Allerdings schränken diese Regelungen die Kommunen darin ein, durch geeignete Rechtsformen und Partnerschaften mit privaten Dritten den Anforderungen des Wettbewerbs gerecht zu werden. Dies gilt sowohl für die Konkurrenzfähigkeit im Wettbewerb um Kunden auf eigenem Territorium als auch für die Gewinnung neuer Kunden auf fremdem Gebiet zur besseren Auslastung der eigenen Anlagen. Inwieweit letzteres zulässig ist, wird noch zu erörtern sein[954]. Die einzig verbleibende Möglichkeit, Public-Private-Partnerships als Betriebsführer oder Betreiber einzuschalten, ist insbesondere in Anbetracht dessen, dass diese Verträge dem Vergaberecht nach § 99 GWB und den entsprechenden

---

[950] siehe unter Teil C: VII. 2. c) bb)
[951] BMWi, S. 45; UBA, S. 47 f.
[952] Hendler/Grewing, ZUR Sonderheft/2001, 146 f.
[953] siehe unter Teil C: VII. 2. d) aa)
[954] siehe unter III. 2.

Vorgaben des EU-Rechts aus der RL 2004/17/EG[955] unterliegen, ein mögliches Hindernis, zu einer aus der Sicht der betroffenen Kommune sinnvollen Organisationsform zu gelangen. Der Wettbewerb wird die Länder daher zu Modifikationen in diesem Bereich zwingen, wenn sie ihre kommunalen Unternehmen erhalten wollen.

III. Kommunalrecht

Auch das Kommunalrecht enthält mögliche Hindernisse für einen funktionierenden Durchleitungswettbewerb. In erster Linie könnte der nach den Landeskommunalverfassungen zulässige Anschluss- und Benutzungszwang die gemeinsame Netznutzung verhindern. Ein weiteres Problem stellt die Marktstruktur im Wasserversorgungssektor dar. Die meisten Unternehmen befinden sich in kommunaler Trägerschaft bzw. in kommunalem Eigentum, so dass sie möglicherweise durch das Örtlichkeitsprinzip an einer Wettbewerbsteilnahme außerhalb des Gemeindegebiets gehindert sind. Beide kommunalrechtlichen Institute wären ggf. geeignet, in bestimmten Räumen jeglichen Wettbewerb auszuschalten.

1. Anschluss- und Benutzungszwang

Es wurde bereits darauf hingewiesen, dass der Anschluss- und Benutzungszwang ein wirksames Mittel ist, jeglichen Durchleitungswettbewerb auszuschließen[956]. Wenn auch nach Streichung des § 131 VI GWB und Einführung begleitender Regelungen den Kommunen nach wie vor dieses Instrument zur Verfügung stünde, so hätten sie die Möglichkeit, jeglichen Wettbewerb im Wasserversorgungssektor auf ihrem Gebiet auszuschließen. Insofern wären grundsätzlich die Landesgesetzgeber gefordert, den Anschluss- und Benutzungszwang in Bezug auf die Trinkwasserversorgung einzuschränken. Das Recht auf kommunale Selbstverwaltung aus Art. 28 II GG könnte sie nicht daran hindern, weil der Anschluss- und Benutzungszwang ein vom Landesgesetzgeber verliehenes Instrument ist und nicht Ausfluss der Selbstverwaltungsgarantie[957]. Allerdings ist äußerst fraglich, ob alle sechzehn Bundesländer im Falle einer umfassenden Wassermarktliberalisierung des Bundes die Regelungen zum Anschluss- und Benutzungszwang tatsächlich modifizieren würden, oder ob nicht vielmehr das ein oder andere Bundesland versuchen würde, seine kommunalen Monopole zu schützen. Von daher stellt sich die Frage, inwiefern der Bundesgesetzgeber in diesem Bereich den Ländern Vorgaben machen kann,

---

[955] RL 2004/17/EG des Europäischen Parlaments und des Rates vom 31.3.2004, ABl. 2004 L 134/1

[956] siehe unter Teil B: VII. 2. d) bb)

[957] BVerwG NVwZ 1986, 754, 755; a.A.: BMWi, S. 17

indem er etwa ein noch weitergehendes Instrument als § 3 I 1 AVBWasserV zur Aufweichung des Anschluss- und Benutzungszwanges installiert. Hierbei handelt es sich allerdings um eine kompetenzielle Frage, die im Rahmen der gesetzgeberischen Zuständigkeitsprüfung geklärt werden muss[958].

Eine Gesetzesänderung könnte jedoch auch möglicherweise entbehrlich sein. Es wurde bereits darauf hingewiesen, dass die Verhängung eines Anschluss- und Benutzungszwangs ein (dringendes) öffentliches Bedürfnis erfordert[959]. Die Begründung für den Einsatz dieses Instrumentes im Bereich der Trinkwasserversorgung war die, dass nur eine zentrale Trinkwasserversorgung eine hygienisch einwandfreie, einerseits rentable und andererseits zu einem erträglichen Wassergeld erfolgende Versorgung sichern könne[960]. Es geht also um die Vermeidung von Gefahren für die Volksgesundheit, entweder direkt durch qualitativ minderwertiges Trinkwasser oder indirekt aufgrund von Unrentabilität, wenn sich viele Einwohner der Solidargemeinschaft entziehen. Beide Aspekte können jedoch auch bei einer gemeinsamen Netznutzung gewährleistet werden. Die Gefahr der Unrentabilität besteht bei einem geregelten Durchleitungswettbewerb in der Regel nicht. Der Anschluss- und Benutzungszwang wurde ursprünglich deshalb eingeführt, weil man eine Eigenversorgung der Einwohner unterbinden wollte. Hätten zahlreiche Einwohner davon Gebrauch gemacht, so wäre eine zentrale Versorgung nicht finanzierbar gewesen, weil die Fixkosten auf weniger Abnehmer hätten verteilt werden müssen[961]. Bei einem Anbieterwechsel wären die ökonomischen Folgen jedoch weitaus geringer, da der neue Anbieter ein angemessenes Netznutzungsentgelt zu zahlen hätte. Insofern würden sich die auf die verbleibenden Abnehmer des Netzbetreibers zu überwälzenden Fixkosten auf die für die Wassergewinnung und -aufbereitung notwendigen Aufwendungen beschränken. Erst wenn infolge massiver Abwanderungen dadurch für die verbleibenden Kunden untragbare Belastungen entstünden und sie gleichzeitig nicht die Möglichkeit hätten, ebenfalls den Anbieter zu wechseln, wäre die Trinkwasserversorgung aus ökonomischer Perspektive gefährdet. Es wurde jedoch bereits darauf hingewiesen, dass im Rahmen einer Liberalisierung für solche Fälle das Instrument der Universaldienstverpflichtung ähnlich dem System im Telekommunikationssektor[962] eingeführt werden könnte[963]. Dieses Instrument stellt bei Unrentabilität der

---

[958] siehe unter Teil E: II. 1. b)
[959] siehe unter Teil B: VII. 2. d) bb)
[960] OVG Lüneburg OVGE 25, 345, 349; 26, 414; VGH München DÖV 1988, 301; Blum (u.a.), NGO, § 8 Rn. 24
[961] VGH Kassel NVwZ 1988, 1049, 1050; OVG Koblenz NVwZ-RR 1996, 193, 195
[962] RL 2002/22/EG des Europäischen Parlaments und des Rates vom 7.3.2002, ABl. EG 2002 L 108/51
[963] Weiß VerwArch 90 (1999), 415, 439

Versorgung in einem bestimmten Gebiet die notwendigen Mittel über ein Ausgleichssystem bereit, in das die anderen regional tätigen Versorgungsunternehmen einzuzahlen haben, damit auch dort die Versorgung zu annehmbaren Wasserpreisen durchgeführt wird[964]. Damit wäre sichergestellt, dass die beim Netzbetreiber verbleibenden Kunden keine unzumutbaren Wasserpreise zu tragen hätten. Von daher entfällt das Argument, nur eine zentrale Trinkwasserversorgung sei zu einem rentablen Betrieb in der Lage. Auch ein Durchleitungswettbewerb kann dies leisten.

Aber auch dem Argument, eine zentrale Wasserversorgung sei erforderlich zur Erhaltung der Volksgesundheit, muss widersprochen werden. Der Bund hat, wenn er den Ausnahmebereich für die Trinkwasserversorgung in § 103 GWB a.F. abschafft, anerkannt, dass eine gemeinsame Netznutzung nicht grundsätzlich eine Bedrohung für die Volksgesundheit darstellt. Sofern die Anforderungen der Trinkwasserverordnung sowie die allgemein anerkannten Regeln der Technik eingehalten sind, genügt auch eine gemeinsame Netznutzung den nötigen Anforderungen, um einen unbedenklichen Trinkwassergenuss zu gewährleisten[965]. Im Übrigen wird der Verordnungsgeber mit Sicherheit die Regelungen der Trinkwasserverordnung im Zuge einer Liberalisierung an die Gegebenheiten anpassen. Ebenfalls wird es adäquate technische Regelwerke des DVGW geben.[966] Im Ergebnis jedenfalls dürften keine Gefahren für die Volksgesundheit durch die Ermöglichung der gemeinsamen Netznutzung zu befürchten sein. Damit entfiele bei einer Liberalisierung die Notwendigkeit für die Verhängung eines Anschluss- und Benuzungszwangs in der bisherigen Form[967].

Allerdings dürfte der Anschluss- und Benutzungszwang nicht ganz entfallen. Denn dann würde der hygienisch bedenklichen Eigenversorgung Tür und Tor geöffnet werden. Zahlreiche Abnehmer könnten sich so auch der solidarischen Finanzierung der Netzkosten entziehen. Sinnvoll wäre hingegen eine Öffnung dergestalt, dass der Abnehmer sich einen zuverlässigen Anbieter frei wählen kann, er jedoch weiterhin dazu gezwungen ist, an das öffentliche Leitungsnetz angeschlossen zu sein und das Wasser vollständig aus dem Netz zu beziehen, wenn auch rechtlich dieses Wasser von einem dritten Anbieter geliefert wird[968]. Dieses Modell entspricht in etwa dem der Kfz-Haftpflichtversicherung. Man ist verpflichtet, sich zu versichern, kann sich aber den Anbieter aussuchen. Auf

---

[964] Erläuterung unter VI. 3. e)
[965] vgl. auch Teil C: VI. 2. u. 3.
[966] mehr dazu unter V.
[967] Frenz ZHR 166 (2002), 307, 312 f. u. 320; Weiß VerwArch 90 (1999), 415, 438 f.; a.A.: Salzwedel N&R 2004, 36, 38; UBA, S. 29; BMWi, S. 38
[968] UBA, S. 30; von der Grundidee her auch: Weiß VerwArch 90 (1999), 415, 438 f.

diese Weise diente man adäquat der Volksgesundheit sowie der gerechten Lastenverteilung in Bezug auf die Kosten des Netzes, ohne jedoch den vom Bundesgesetzgeber intendierten Durchleitungswettbewerb zu behindern.

2. Örtlichkeitsprinzip

Im Rahmen der Liberalisierung der Strom- und Gasmärkte wurde sehr intensiv die Frage diskutiert, ob Energieversorgungsunternehmen, die sich in kommunalem Eigentum befinden, auch außerhalb ihres Gemeindegebietes in Konkurrenz zu Dritten treten dürfen. Hierzu wurden unterschiedliche Auffassungen vertreten. Eine herrschende Auffassung hat sich bislang noch nicht herauskristallisiert. In Anbetracht der Tatsache, dass im Bereich der Trinkwasserversorgung nur wenige, rein private Unternehmen am Markt teilnehmen, hingegen eine überwältigende Mehrheit sich zumindest mehrheitlich in kommunalem Eigentum befindet[969], hat die Beantwortung dieser Frage eine maßgebliche Bedeutung für den Wettbewerb im Wassermarkt.

Bevor die wesentlichen Positionen der Autoren vorgetragen und im Hinblick auf den Wassermarkt untersucht werden, sind ein paar grundsätzliche Überlegungen anzustellen, damit die einzelnen Argumente systematisch eingeordnet werden können. Prinzipiell sind bzgl. des Örtlichkeitsprinzips zwei Ebenen voneinander zu trennen: die verfassungsrechtliche und die einfachgesetzliche. Bei der einfachgesetzlichen Ebene geht es um die Auslegung des in den Kommunalverfassungen der Länder verankerten Örtlichkeitsprinzips. Hierbei gilt es zu bestimmen, ob und – wenn ja – inwieweit eine Gemeinde wirtschaftliche Tätigkeiten außerhalb ihres Gemeindegebietes aufnehmen darf. Auf der verfassungsrechtlichen Ebene geht es um die Frage, inwieweit das Örtlichkeitsprinzip durch Art. 28 II GG verpflichtend vorgegeben ist, ob also der Gesetzgeber das Örtlichkeitsprinzip – falls erforderlich – so modifizieren dürfte, dass die Wettbewerbsteilnahme auch außerhalb des örtlichen Rahmens zulässig wäre. Hierfür kommt es insbesondere darauf an zu klären, welche Schutzrichtung der Selbstverwaltungsgarantie beizumessen ist. Letztendlich will in diesem Fall weder der Bund noch das jeweilige Land eine gemeindliche Aufgabe übernehmen; der Bund ermöglicht es nur anderen Unternehmen, privaten wie öffentlichen, in Wettbewerb zu dem örtlich etablierten Unternehmen zu treten[970]. Im Kern ist daher die Frage zu beantworten, inwiefern Art. 28 II GG auch vor einem möglichen Ausgreifen einer Gemeinde durch ihren Versorgungsbetrieb auf das Gebiet einer anderen Gemeinde schützt. Es geht hier also um eine Drittwirkung der Selbstverwaltungsgarantie, aber weder im Bereich der Außenwirkung zu

---

[969] siehe unter Teil A: VI. 1. b)
[970] siehe unter Teil E: II. 4. b) aa)

privaten Dritten noch im Rahmen der Binnenwirkung zu den Landkreisen, sondern um die Binnenwirkung zwischen unterschiedlichen Gemeinden, die derselben Stufe im Staatsaufbau angehören, mithin um die interkommunale Schutzwirkung[971].

a) Argumente für eine enge Auslegung des Örtlichkeitsprinzips

Ein großer Teil der Literatur lehnt die Aufnahme von Wettbewerb durch ein kommunales oder kommunal beherrschtes Unternehmen außerhalb seines Hoheitsgebietes als unzulässig ab[972]. Dabei stützen sich die Autoren auf Art. 28 II GG sowie auf das in den Kommunalverfassungen der Länder verankerte Örtlichkeitsprinzip.

aa) Örtlichkeitsprinzip in den Kommunalverfassungen der Länder

Die Kommunalverfassungen der Länder weisen den Gemeinden die Regelung der örtlichen Angelegenheiten zu[973]. So lautet § 2 der GO NW wie auch der HGO (Hessen): „Die Gemeinden sind in ihrem Gebiet (...) Träger der öffentlichen Verwaltung". In § 2 NGO heißt es: „Die Gemeinden sind in ihrem Gebiet die ausschließlichen Träger der gesamten öffentlichen Aufgaben". Und in § 3 I GO Brandenburg findet sich die Formulierung: „Die Gemeinde erfüllt in ihrem Gebiet alle Aufgaben der örtlichen Gemeinschaft". Aus dem in diesen Normen verankerten Örtlichkeitsprinzip wird teilweise hergeleitet, dass sich auch eine wirtschaftliche Tätigkeit auf das Gemeindegebiet beschränken müsse. Deshalb sei die Aufnahme von Durchleitungswettbewerb im Versorgungssektor auf dem Territorium von Nachbargemeinden nicht mehr gedeckt.[974]

Wie Held[975] argumentiert, hätten sich aus diesem Grund einige Länder im Zuge der Energiemarktliberalisierung dafür entschieden, ihre Gemeindeordnungen anzupassen. Die Länder Bayern, Nordrhein-Westfalen und Thüringen haben in die Vorschriften über kommunale Unternehmen Ausnahmen vom Örtlichkeitsprinzip hineingeschrieben. So finden sich in Art. 87 II BayGO, § 107 III GO NW und § 71 IV KO Thür übereinstimmend Regelungen, nach denen eine

---

[971] grundlegend zur Drittwirkung bei Art. 28 II GG: AK GG-*Faber*, Art. 28 Abs. 1 II, Abs. 2 Rn. 50 ff.; Kühling NJW 2001, 177, 179 ff.

[972] Ehlers NWVBl. 2000, 1, 5 f.; ders. in: DVBl. 1998, 497, 503 ff.; Henneke NdsVBl 1999, 1 ff.; ders. NdsVBl. 1998, 273, 278 f.; Held, NWVBl. 2000, 201 ff.; ders. in: Henneke, Optimale Aufgabenerfüllung im Kreisgebiet, S. 181 ff.; Löwer NWVBl. 2000, 241, 243 ff.; Hill BB 1997, 425, 429; Hösch DÖV 2000, 393, 403; Lux NWVBl. 2000, 7, 9 f.

[973] Held WiVerw 1998, 264, 266

[974] Held WiVerw 1998, 264, 266; Ehlers DVBl. 1998, 497, 504; Tödtmann RdE 2002, 6, 14 f.

[975] Held, in: Henneke, Optimale Aufgabenerfüllung im Kreisgebiet, S. 181, 189 in Bezug auf Bayern

wirtschaftliche Betätigung außerhalb des Gemeindegebietes zulässig ist, sofern „die berechtigten Interessen der betroffenen kommunalen Gebietskörperschaften gewahrt sind". In Bezug auf den Strom- und Gasmarkt gelten nur solche Interessen als berechtigt, die nach den Vorschriften des EnWG eine Einschränkung des Wettbewerbs zulassen. Eine derartige Überschreitung der Gemeindegrenzen bedarf in Thüringen der Genehmigung durch die Rechtsaufsichtsbehörde; soweit die Versorgung mit Strom und Gas betroffen ist, genügt die schlichte Anzeige. Sollte sich der Bundesgesetzgeber oder die EU zur Einführung von Durchleitungswettbewerb entschließen, wäre es durchaus wahrscheinlich, dass zumindest einige Landesgesetzgeber eine vergleichbare Sondervorschrift auch für den Wasserversorgungssektor schaffen würden.

bb) Art. 28 II GG

Eine weite Auslegung des Örtlichkeitsprinzips, die eine Grenzüberschreitung zu Lasten einer anderen Kommune erlaubte, wie auch eine entsprechende landesgesetzliche Reform stießen beide an verfassungsrechtliche Grenzen. Die kommunale Selbstverwaltungsgarantie aus Art. 28 II GG erlaubte eine wirtschaftliche Betätigung schließlich nur zur Erledigung von Angelegenheiten der örtlichen Gemeinschaft[976]. Hieraus lasse sich eine verfassungsrechtliche Absicherung des Örtlichkeitsprinzips ableiten, die sich in zweierlei Hinsicht auswirken solle: Sie beschränke einerseits die ausgreifende Gemeinde in kompetenzieller Hinsicht, diene aber andererseits auch dem Schutz der vom Ausgreifen betroffenen Kommune[977].

α) Art. 28 II GG als Kompetenznorm

Die Gemeinde wirke als Teil der vollziehenden Gewalt i.S.v. Art. 20 III GG. Daher handele es sich bei Art. 28 II GG nicht nur um eine Garantienorm gegenüber dem Staat. Das Recht auf kommunale Selbstverwaltung umschreibe gleichzeitig die Kompetenzen der Gemeinde in räumlicher und sachlicher Hinsicht gegenüber Dritten.[978] Das Grundgesetz etabliere damit ein Gesamtsystem der kommunalen Selbstverwaltung, bei dem auch die Grenzziehung zwischen den Gemeinden ein konstitutives Element sei[979]. Die Notwendigkeit einer Abgrenzung folge auch aus dem Demokratieprinzip. Die jeweiligen Kommunalparlamente seien nur von der Wohnbevölkerung in ihrem Hoheitsgebiet gewählt und legitimiert. Damit verbiete sich die Regelung von Angelegenheiten

---

[976] Hill BB 1997, 425, 429; Lux NWVBl. 2000, 7, 9; Enkler ZG 1998, 328, 331 u. 336
[977] Lux NWVBl. 2000, 7, 9 f.
[978] Henneke NdsVBl. 1998, 273, 278; Lux NWVBl. 2000, 7, 9; Enkler ZG 1998, 328, 336
[979] Held, in: Henneke, Optimale Aufgabenerfüllung im Kreisgebiet, S. 181, 189

anderer Gemeinden.[980] Insofern müsse man Art. 28 II GG als Ermächtigung und auch als Beschränkung der kommunalen Selbstverwaltung auf die örtlichen Aufgaben interpretieren[981].

β) Art. 28 II GG als interkommunale Schutznorm

Der zweite Aspekt ist der Schutz vor Übergriffen anderer Gemeinden. Die Dogmatik zu Art. 28 II GG unterscheidet zwischen Örtlichkeitsprinzip im materiellen und im räumlichen Sinne[982]. Die Selbstverwaltungsgarantie erstreckt sich nicht nur auf die Abwehr von Beschränkungen gegenüber übergeordneten Behörden im Vertikalverhältnis. Sie entfaltet auch eine horizontale Wirkung gegenüber anderen Kommunen[983]. Daraus müsse nach Ansicht einiger Autoren die Schlussfolgerung gezogen werden, dass jede grenzüberschreitende Wettbewerbstätigkeit ohne oder gegen den Willen der betroffenen Kommune einen Eingriff in deren Selbstverwaltungsrecht darstellt[984]. Um eine derartigen Eingriff zu rechtfertigen, bedürfe es zum einen einer gesetzlichen Regelung[985], zum anderen müsse ein wichtiges Gemeinwohlinteresse vorliegen, wobei man etwa an die Versorgungssicherheit denken könnte[986].

γ) Konsequenzen der Argumentation

Nach den genannten Argumenten müsste das Örtlichkeitsprinzip so ausgelegt werden, dass jede Grenzüberschreitung im Leistungserbringungsbereich kompetenziell nicht gedeckt ist. Zudem verstieße jeder Übergriff ohne Zustimmung der betroffenen Kommune gegen deren Selbstverwaltungsrecht. Ein derartiger Eingriff bedürfte einer expliziten gesetzlichen Ermächtigung, die auch materiell gerechtfertigt sein müsste.

Eine gesetzliche Absicherung enthalten – wie bereits dargestellt – die Gemeindeordnungen von Bayern, Nordrhein-Westfalen und Thüringen. Auch die Verfassungsmäßigkeit dieser Regelung wird von einigen Autoren[987] in Zweifel gezogen. Diese landesgesetzlichen Regelungen stellten einen Eingriff in Art. 28 II GG dar. Da dem jeweiligen Landesgesetzgeber keine Kompetenz über das Selbstverwaltungsrecht anderer Länder zukommt, könne lediglich die

---

[980] Löwer NWVBl. 2000, 241, 244
[981] Henneke NdsVBl. 1998, 273, 278; Lux NWVBl. 2000, 7, 9
[982] Held, in: Henneke, Optimale Aufgabenerfüllung im Kreisgebiet, S. 181, 184 f.
[983] BVerwGE 40, 323, 329 f.; Kühling NJW 2001, 177, 179
[984] Ehlers NWVBl. 2000, 1, 6; Lux NWVBl. 2000, 7, 10; Held WiVerw 1998, 264, 266
[985] Ehlers NWVBl. 2000, 1, 6
[986] Lux NWVBl. 2000, 7, 10; Held WiVerw 1998, 264, 282
[987] Ehlers NWVBl. 2000, 1, 6 f.; Held WiVerw 1998, 264, 281 f.; Lux NWVBl. 2000, 7, 10; Henneke NdsVBl. 1998, 273, 278

Grenzüberschreitung innerhalb des jeweiligen Bundeslandes gerechtfertigt sein[988]. Die Formulierung, dass ein Übergriff möglich sein soll, wenn dabei die Interessen der betroffenen Gebietskörperschaft gewahrt würden, stehe zwar grundsätzlich im Einklang mit Art. 28 II GG. Jedoch gehe es nach Ansicht von *Ehlers*[989] zu weit, wenn man im Energie- und Gassektor nur die Rechtfertigungsgründe des EnWG heranziehen dürfte. Hierbei könnte der kommunale Energieversorger einer anderen Gemeinde dem eigenen kommunalen Unternehmen Kunden abwerben, was zweifelsohne nicht im Interesse der betroffenen Gemeinde liege. *Lux*[990] schlägt daher vor, dass auch im Energiebereich die betroffene Gebietskörperschaft am Entscheidungsverfahren über eine Grenzüberschreitung zu beteiligen sei und dieser zustimmen müsse. Ähnlich argumentiert *Held*[991], der das verfassungsmäßige Recht auf Selbstverwaltung der betroffenen Kommune höher gewichtet als die Interessen der übergreifenden Kommune daran, über ihr Hoheitsgebiet hinaus in Wettbewerb zu anderen Kommunen zu treten.

Im Ergebnis müsste nach Auffassung der zitierten Autoren eine weite Auslegung des Örtlichkeitsprinzips bzw. eine Anpassung der Kommunalverfassungen, wie in Bayern, NRW und Thüringen in Bezug auf den Energiesektor geschehen, im Hinblick auf Durchleitungswettbewerb in der Trinkwasserversorgung wegen Verstoßes gegen Art. 28 II GG als unzulässig abgelehnt werden.

b) Gegenargumente und kritische Würdigung

Diese sehr enge Auslegung des Örtlichkeitsprinzips wird von gewichtigen Stimmen in der Literatur bezweifelt[992]. Dabei wird insbesondere Art. 28 II GG eine andere Bedeutung zugesprochen und eine weite Auslegung des Örtlichkeitsprinzips postuliert. Die hinter dieser Argumentation liegende *ratio* ist die, dass, wenn man die Kommunen dem Wettbewerb aussetzte, diesen auch die Möglichkeit einräumen müsste, sich wettbewerbsgerecht zu verhalten, damit diese erfolgreich am Markt bestehen und ihre Aufgaben im Rahmen der Daseinsvorsorge weiterhin erfüllen könnten[993]. Eine räumliche Einschränkung des

---

[988] Ehlers NWVBl. 2000, 1, 6; Kühling NJW 2001, 177, 181

[989] Ehlers NWVBl. 2000, 1, 6

[990] Lux NWVBl. 2000, 7, 10

[991] Held WiVerw 1998, 264, 282

[992] Moraing WiVerw 1998, 233, 243 ff.; Wieland, in: Henneke, Optimale Aufgabenerfüllung im Kreisgebiet, S. 193 ff.; Britz NVwZ 2001, 380, 385 f.; Schulz BayVBl. 1998, 449 ff.; Billig ZNER 2003, 100, 103 f.; Schwintowski, Baur FS, S. 339 ff.

[993] Moraing WiVerw 1998, 233, 244 ff.; Wieland, in: Henneke, Optimale Aufgabenerfüllung im Kreisgebiet, S. 193, 197 f.; Hellermann, Örtliche Daseinsvorsorge und kommunale Selbstverwaltung, S. 157 f.

Betätigungsfeldes bedeutete eine strukturelle Benachteiligung kommunaler Unternehmen gegenüber privaten Konkurrenten, da diese nicht auf einen lokalen Markt beschränkt seien[994]. Die Kritikpunkte sollen nun im Einzelnen dargestellt und bewertet werden.

aa) Örtlichkeitsprinzip bezieht sich nur auf hoheitliche Tätigkeit

Dem Ansatz, aus Art. 28 II GG folge eine Kompetenzzuweisung nur für das Gemeindegebiet, wird grundlegend widersprochen. Diese Norm könne eine kompetenzielle Wirkung allenfalls in Bezug auf hoheitliche Tätigkeiten entfalten, weil nur hoheitliche Tätigkeit eine gesetzliche Ermächtigung voraussetze. Eine Beschränkung der wirtschaftlichen Tätigkeit könne aus der kommunale Selbstverwaltungsgarantie damit nicht abgeleitet werden, weshalb eine wirtschaftliche Tätigkeit der Kommunen immer und überall zulässig sei.[995] Die herrschende Auffassung[996] argumentiert zu Recht dagegen, dass die Unterscheidung zwischen hoheitlicher und wirtschaftlicher Tätigkeit mit der Bindungswirkung des Grundgesetzes unvereinbar ist, welche alle öffentliche Gewalt einschließlich der wirtschaftlichen Tätigkeit erfasst; dies folgt unmittelbar aus Art. 20 III GG. Insofern sind die Kommunen daran gehindert, sich selbst über den ihnen zugewiesenen Kompetenzrahmen hinaus weitere Tätigkeitsfelder zu erschließen; eine Aufgabenzuweisung kann nur durch Bund oder Land erfolgen[997].

bb) Art. 28 II GG steht gesetzgeberischer Modifikation des Örtlichkeitsprinzips nicht entgegen

Von dem Streit, ob sich das in Art. 28 II GG verankerte Örtlichkeitsprinzip auch auf wirtschaftliche Betätigungen erstreckt, ist die Frage zu unterscheiden, welche Bindungswirkungen sich daraus für den Landesgesetzgeber herleiten lassen, ob also der Landesgesetzgeber den Kompetenzrahmen der Kommunen weiter stecken kann, als es die Formulierung im Grundgesetz suggeriert. Bei Art. 28 II GG handelt es sich primär um eine Garantienorm zugunsten der

---

[994] Spannowsky RdE 1995, 135, 137; Hellermann, Örtliche Daseinsvorsorge und kommunale Selbstverwaltung, S. 212

[995] Moraing WiVerw 1998, 233, 244 f.; Wieland, in: Henneke, Optimale Aufgabenerfüllung im Kreisgebiet, S. 193, 196; mit Einschränkungen: Hellermann, Örtliche Daseinsvorsorge und kommunale Selbstverwaltung, S. 157

[996] Held WiVerw 1998, 264, 281; Lux NWVBl. 2000, 7, 9; Billig ZNER 2003, 100, 103; Britz NVwZ 2001, 380, 386; v.Mangoldt/Klein/Starck-*Tettinger*, GG, Art. 28 Rn. 171; von Münch/Kunig-*Löwer*, GG II, Art. 28 Rn. 37a; Kaltenborn WuW 2000, 488, 490 f.; Kühling NJW 2001, 177 ff.

[997] Britz NVwZ 2001, 380, 385 f.

Kommunen[998]. Da es dem Landesgesetzgeber durchaus erlaubt ist, den Kommunen weitere Aufgaben jenseits der kommunalen Selbstverwaltung zu übertragen, kommt ihm durchaus die Kompetenz zu, den im Grundgesetz verankerten Rahmen weiter auszudehnen[999].

Es verbleibt jedoch das Problem, dass eine derartige Erweiterung der Kompetenzen der einen Kommune immer mit einem Übergriff auf das Hoheitsgebiet einer anderen Kommune verbunden ist[1000]. Ob es sich jedoch hierbei stets um einen Eingriff in die kommunale Selbstverwaltung handelt, muss bezweifelt werden. Das Bundesverwaltungsgericht hat in einer Entscheidung[1001] festgestellt, dass bei Bauleitplanungen, die die Belange einer Nachbarkommune berühren, eine Abstimmung nach § 2 IV BBauG (heute § 2 II BauGB) zwingend erforderlich ist, da anderenfalls die Planungshoheit als Ausfluss der kommunalen Selbstverwaltungsgarantie aus Art. 28 II GG verletzt wäre. Diese für das Planungsrecht aufgestellten Grundsätze können jedoch nicht auf eine Wettbewerbstätigkeit übertragen werden. Eine solche ist gekennzeichnet von marktwirtschaftlicher Konkurrenz zweier Unternehmen. Planungstätigkeit hingegen ist ein Paradebeispiel für die Kollision von hoheitlichen Befugnissen.[1002] Im Übrigen baut *Ehlers* seine Argumentation gegen die Verfassungsmäßigkeit einer gesetzlichen Ausdehnung auf dem Fall auf, dass die übergreifende Gemeinde zu einem kommunalen Unternehmen in Konkurrenz tritt[1003]. Dies ist jedoch in der Energiewirtschaft gerade im ländlichen Raum überhaupt nicht mehr der Fall. Auch im Trinkwasserversorgungssektor nimmt der Grad an Privatisierung zu. Wenn jedoch eine Gemeinde sich der kommunalen Selbstverwaltungsaufgabe durch Privatisierung oder Konzessionsvergabe an einen Dritten entledigt hat, kann sie sich auch nicht mehr auf das Recht zur kommunalen Selbstverwaltung berufen[1004]. Insofern kann ein Eingriff in die kommunale Selbstverwaltung überhaupt nur in dem von *Ehlers* geschilderten Beispiel, also dann erfolgen, wenn die Durchleitung gegenüber einem kommunalen Unternehmen begehrt wird. Ferner ist zu berücksichtigen, dass der Durchleitungsanspruch in der Wasserversorgung bei Abschaffung des Ausnahmebereiches in § 103 GWB a.F. auf einer wettbewerbspolitischen Entscheidung des Bundes beruhen würde, der damit einen möglichst preisgünstigen Trinkwasserbezug ermöglichen wollte. Diese Intention des Bundesgesetzgebers dürfte zweifelsoh-

---

[998] Moraing WiVerw 1998, 233, 244; Tödtmann RdE 2002, 6, 12

[999] Britz NVwZ 2001, 380, 385 f.; Kühling NJW 2001, 177, 179

[1000] Henneke NdsVBl. 1998, 273, 278

[1001] BVerwGE 40, 323, 329 f.

[1002] Enkler ZG 1998, 328, 342; Moraing WiVerw 1998, 233, 246

[1003] Ehlers NWVBl. 2000, 1, 6

[1004] Salzwedel, in: Gesellschaft für Umweltrecht, Umweltrecht im Wandel, S. 613, 623 f.

ne einen Gemeinwohlbelang darstellen[1005]. Wenn nun ein privater Dritter die Durchleitung von einem kommunalen Versorger begehrte, so handelte es sich nicht um einen Eingriff des Dritten, denn die Gemeinde ist nicht vor wirtschaftlicher Konkurrenz geschützt[1006]. Allenfalls läge ein Eingriff des Bundes durch die Änderung des GWB und ggf. durch die Schaffung eines WVWG vor[1007]. An dieser Situation ändert sich für die betroffene Kommune auch dann nichts, wenn der Dritte kein Privater, sondern ein kommunales Unternehmen einer anderen Gemeinde wäre[1008]. Selbst wenn man auch das Ausgreifen dieser Gemeinde als zusätzlichen Eingriff wertete, so wäre dieser durch die bundesgesetzliche Regelung gerechtfertigt, solange sich das Handeln der Kommune im Einklang mit den Kompetenzvorschriften der jeweiligen Gemeindeordnung befände. Insofern wäre eine landesgesetzliche Regelung, wie sie Bayern, NRW und Thüringen für die Energieversorgung festgelegt haben, auch in Bezug auf die Wasserversorgung möglich. Dennoch sollte der Landesgesetzgeber darauf achten, dass die Bürger der jeweiligen Gemeinde nicht durch eine derartige Lockerung des Örtlichkeitsprinzips in unzumutbarer Weise mit gemeindefremden unternehmerischen Risiken belastet werden[1009].

cc) Richtiges Verständnis des Örtlichkeitsprinzips

Nach zutreffender Ansicht darf das Örtlichkeitsprinzip nicht im Sinne einer kartographischen Abgrenzung, d.h. einer räumlichen Fixierung auf das Gemeindegebiet interpretiert werden[1010]. Ein derart geordnetes Nebeneinander der Kommunen entspricht überkommenem Anstaltsdenken, folgt aber nicht zwingend aus dem Begriff der örtlichen Angelegenheiten[1011]. Nach der Definition des Bundesverfassungsgerichts[1012] gehören zu den Angelegenheiten des örtlichen Wirkungskreises „nur solche Aufgaben, die in der örtlichen Gemeinschaft wurzeln oder auf die örtliche Gemeinschaft einen spezifischen Bezug haben". Insofern ist für die Bestimmung der Örtlichkeit nicht der Ort der Auswirkung maßgeblich, sondern die örtliche Radizierung des Aufgabenzwecks[1013]. Die örtliche Radizierung kann nicht schematisch anhand einer Messlatte abgegriffen

---

[1005] Näheres dazu unter Teil E: II. 4. c)

[1006] Britz NVwZ 2001, 380, 386; Hellermann, Örtliche Daseinsvorsorge und kommunale Selbstverwaltung, S. 158

[1007] Näheres dazu unter Teil E: II. 4. b) bb)

[1008] Britz NVwZ 2001, 380, 386; Hellermann, Örtliche Daseinsvorsorge und kommunale Selbstverwaltung, S. 158

[1009] Salzwedel N&R 2004, 36, 38

[1010] Heberlein DÖV 1996, 100, 102; Schwintowski, Baur FS, S. 339, 343; Enkler ZG 1998, 328, 340

[1011] Schulz BayVBl. 1998, 449, 451

[1012] BVerfGE 8, 122, 134; 50, 195, 201

[1013] Hösch DÖV 2000, 393, 403; Schulz BayVBl. 1998, 449, 450 f.

werden, sondern es muss im Einzelfall eine differenzierende Wertung erfolgen[1014]. Dabei sind sozioökonomische Verflechtungen über Gemeindegrenzen hinaus zu berücksichtigen[1015]. Dies bringen auch die Sparkassengesetze einiger Länder zum Ausdruck, die die Errichtung von Sparkassenfilialen auf dem Gebiet eines anderen Gewährträgers per Genehmigung der Aufsichtsbehörde nach Anhörung des betroffenen Gewährträgers auch ohne dessen Zustimmung ermöglichen[1016].

Die Beantwortung der Frage, ob eine örtliche Radizierung vorliegt, richtet sich im Übrigen danach, inwiefern die Überschreitung der Grenzen von einem öffentlichen Zweck getragen wird[1017]. Für einen solchen öffentlichen Zweck reichte zweifelsohne eine Gewinnerzielungsabsicht nicht aus[1018]. Jedoch läge ein öffentlicher Zweck vor, wenn durch die Grenzüberschreitung der Rentabilität der vorhandenen kommunalen Anlagen durch bessere Auslastung gesteigert oder erhalten wird[1019]. Gleiches gilt für den Fall, dass die Kommunen Neukunden akquirieren, um so bestimmte Bezugsrechte gegenüber Dritten besser ausnutzen zu können[1020]. Diese Auffassung haben das OLG Düsseldorf in einer Entscheidung aus dem Jahr 2000[1021] und das OLG Celle in einer Entscheidung aus dem Jahr 2001[1022] bestätigt. In den vorliegenden Fällen ging es um die Bewerbung einer städtischen Entsorgungsgesellschaft bzw. einer solchen eines Landkreises im Rahmen einer Ausschreibung für die Abfallbeseitigung einer anderen Kommune. Eine Tätigkeit außerhalb der Grenzen des eigenen Hoheitsgebietes müsse dann als zulässig angesehen werden, wenn der Hauptzweck der Einrichtung nach wie vor die Aufgabenerfüllung im Gemeindegebiet sei und sich aus der grenzüberschreitenden Tätigkeit Synergieeffekte ergeben könnten, die sich günstig auf die Organisationsstruktur und die Rentabilität der gesamten Einrichtung auswirkten[1023]. Mit anderen Worten: Solange es sich um eine Annextätigkeit der sich bewerbenden Kommune handelt, die damit ihre Kapazitäten besser auslastet, spricht nichts gegen eine privatwirtschaftliche Betätigung

---

[1014] AK-GG/*Faber*, Art. 28 Rn. 37

[1015] AK-GG/*Faber*, Art. 28 Rn. 37; Schulz BayVBl. 1998, 449, 451

[1016] Enkler ZG 1998, 328, 341 unter Bezugnahme auf die Sparkassengesetze von Bayern, Hessen, NRW und Rheinland-Pfalz

[1017] Moraing WiVerw 1998, 233, 245; Schwintowski, Baur FS, S. 339, 343; Britz NVwZ 2001, 380, 386; Schulz BayVBl. 1998, 449, 452

[1018] OLG Düsseldorf NVwZ 2001, 714, 715; Schulz BayVBl. 1998, 449, 451 m.w.N.

[1019] Moraing WiVerw 1998, 233, 246; Schwintowski, Baur FS, S. 339, 343; Britz NVwZ 2001, 380, 386; Schulz BayVBl. 1998, 449, 452; Hellermann, Örtliche Daseinsvorsorge und kommunale Selbstverwaltung, S. 315

[1020] Schwintowski, Baur FS, S. 339, 343; Schulz BayVBl. 1998, 449, 452

[1021] OLG Düsseldorf NVwZ 2001, 714 ff.

[1022] OLG Celle NST-N 9/2001, 258 f.

[1023] OLG Düsseldorf NVwZ 2001, 714, 715

außerhalb der jeweiligen Grenzen[1024]. Daran ändere sich auch nichts, wenn die Ausweitung ergänzende Investitionen erforderlich mache bzw. die Kommune ihre Kapazitäten im Hinblick auf Kooperationen ausrichtet[1025].

Diese Erfordernisse dürften in Bezug auf Durchleitungswettbewerb im Wasserversorgungssektor für die kommunalen Unternehmen stets gegeben sein. Eine Kommune wird in der Regel auskömmliche Wassergewinnungsgebiete, ggf. mit entsprechend dimensionierten Wasserwerken, erschlossen haben oder (ergänzend) über Bezugsrechte bei anderen Wasserversorgern verfügen. Insbesondere wegen des in den letzten 20 Jahren stark rückläufigen Wasserabsatzes[1026] dürften hier erhebliche Reserven vorhanden sein. Da eine zusätzliche Versorgungsleistung relativ geringe Kosten pro Kubikmeter Trinkwasser verursacht – der Fixkostenanteil beträgt zwischen 80 und 90 %[1027] – würde ein erhöhter Trinkwasserabsatz für eine bessere Auslastung der Trinkwassergewinnungs- und Produktionsanlagen bzw. der Bezugsrechte sorgen und damit die Rentabilität des Unternehmens steigern. Aufgrund der Tatsache, dass der Wassertransport durch die hohe Wassermasse mit erheblichen Kosten verbunden ist, werden sich derartige Konstellationen schwerpunktmäßig im näheren Umkreis ergeben, insbesondere dann, wenn ein Wassertransport aufgrund einer günstigen Topographie ohne den Einsatz von Pumpen auskommt. In nachbarschaftlichen Verhältnissen ergäben sich auch die von *Faber*[1028] für den Ortsbezug geforderten sozioökonomischen Beziehungen. Diese setzen dem von kommunalen Unternehmen ausgehenden Durchleitungswettbewerb jedoch insoweit Grenzen, als Wettbewerb über die Gemeinden in der näheren Umgebung hinaus nicht zulässig sein dürfte. Allerdings lässt sich hier keine starre Grenze ziehen. Man wird dies von der Größe der Kommune und ihres Wasserversorgungsunternehmens abhängig machen müssen, insbesondere von dessen Leistungsfähigkeit. Letzteres Erfordernis ergibt sich auch aus den Kommunalverfassungen, die eine wirtschaftliche Betätigung der Kommunen nur im Rahmen der individuellen Leistungsfähigkeit erlauben[1029].

[1024] OLG Celle NST-N 9/2001, 258, 259
[1025] OLG Düsseldorf NVwZ 2001, 714, 715; OLG Celle NST-N 9/2001, 258, 259
[1026] Kluge (u.a.), netWORKS-papers, Heft 2: Netzgebundene Infrastrukturen unter Veränderungsdruck – Sektoranalyse Wasser, S. 29 ff.
[1027] Kluge (u.a.), netWORKS-papers, Heft 2: Netzgebundene Infrastrukturen unter Veränderungsdruck – Sektoranalyse Wasser, S. 23 (Quelle: BGW)
[1028] AK-GG/*Faber*, Art. 28 Rn. 37
[1029] vgl. etwa § 107 I 1 Nr. 2 GO NW; § 108 I 2 Nr. 2 NGO; Art. 87 I 1 Nr. 2 BayGO

dd) Bedeutung für kommunale Beteiligungen an Regionalversorgungsunternehmen

Bei der Beurteilung dessen, was örtliche Angelegenheit ist, darf auch der historisch gewachsene, ökonomisch und politische relevante Bereich der kommunalen Beteiligungen an gemischt öffentlichen Regionalversorgungsunternehmen nicht außer Acht gelassen werden[1030]. Diese Beteiligungen waren in Zeiten geschlossener Versorgungsgebiete unbestritten zulässig, wie etwa die langjährige Tradition der kommunalen Beteiligungen bei RWE zeigt[1031] oder die Beteiligung zahlreicher niedersächsischer Kommunen an den Harzwasserwerken[1032]. Das Örtlichkeitsprinzip war insofern beachtet worden, als zum einen die Beteiligung der Versorgung der Einwohner der Gemeinde diente[1033]. Zum anderen konnte man im Regelfall davon ausgehen, dass die überregionale Tätigkeit im Einverständnis mit den betroffenen Kommunen geschah; denn entweder waren diese selbst Mitinhaber oder sie haben ihr Einverständnis mit dem damit verbundenen Ausgreifen anderer Kommunen durch den Abschluss eines Konzessionsvertrages erklärt. In Zeiten des Wettbewerbs ist keine Konzession und damit keine Zustimmung mehr erforderlich, um auf einem Gebiet einer anderen Gemeinde eine Versorgungstätigkeit aufzunehmen. Sollte etwa die Liberalisierung der Versorgungsmärkte die Beteiligung an Regionalversorgungsunternehmen unzulässig machen? Dem kann nicht ernsthaft gefolgt werden. Schließlich ändert sich in Bezug auf die beteiligte Kommune der Ortsbezug keineswegs. Nach wie vor dient die Beteiligung dem öffentlichen Zweck der preiswerten und sicheren Versorgung in der Region, der auch die Gemeinde angehört. Damit sind derartige Beteiligungen nach wie vor mit dem Örtlichkeitsprinzip vereinbar.

c) Ergebnis zum Örtlichkeitsprinzip

Art. 28 II GG stünde bei einer Liberalisierung des Wassermarktes durch den Bund einer Wettbewerbsaufnahme der Kommunen außerhalb ihres Hoheitsgebietes nicht entgegen, sofern das konkrete Ausgreifen von der Gemeindeordnung des betreffenden Landes – bzw. der betreffenden Länder, wenn Landesgrenzen überschritten werden – gedeckt ist. Das in den Gemeindeordnungen verankerte Örtlichkeitsprinzip erlaubte eine grenzüberschreitende Wettbewerbstätigkeit dann, wenn die Lieferung in eine Kommune aus der näheren Umgebung erfolgen sollte und die Lieferung der Verbesserung der Auslastung der Wassergewinnungs- und -produktionsanlagen bzw. der Wasserbezugsrechte

---

[1030] Damm JZ 1988, 840, 841; Schulz BayVBl. 1998, 449, 451
[1031] Kluth, in: Peter/Rhein, Wirtschaft und Recht, S. 117, 131 ff.
[1032] http://www.harzwasserwerke.de
[1033] Kluth, in: Peter/Rhein, Wirtschaft und Recht, S. 117, 137 f.

diente. Eine darüber hinausgehende Tätigkeit auf fremdem Gemeindegebiet bedürfte einer Änderung in den jeweiligen Gemeindeordnungen durch die Länder, vergleichbar den Regelungen in Bayern, NRW und Thüringen in Bezug auf die Durchleitung von Strom und Gas.

IV. Wasser- und Bodenverbandsrecht, Zweckverbandsrecht

Sofern sich mehrere Kommunen – ggf. gemeinsam mit privaten Dritten – in öffentlich-rechtlicher Form zum Zweck der Trinkwasserbeschaffung und/oder -versorgung zusammenschließen wollen, stehen in der Regel zwei mögliche Formen zur Auswahl. Die eine Möglichkeit ist der Zusammenschluss in einem Zweckverband auf Grundlage des jeweiligen Landeszweckverbandsgesetzes. Als Alternative kann ein Wasserverband nach dem Wasser- und Bodenverbandsgesetz (WVG)[1034] gebildet werden. Dieses Gesetz ist insofern nur ein Angebotsgesetz, als die Länder gemäß § 80 WVG auch Wasserverbände auf besonderer landesgesetzlicher Grundlage errichten können, wenn dies für den konkreten Zweck eine adäquatere Lösung verspricht[1035]. Darüber hinaus haben die Bundesländer Ausführungsgesetze zum Wasserverbandsgesetz des Bundes erlassen[1036]. Die Form des Zweckverbandes sowie die Form des Wasserverbandes nach dem WVG sollen im Folgenden darauf untersucht werden, inwiefern die Regelungen der Aufnahme von Durchleitungswettbewerb entgegenstehen können.

1. Zweckverbandsrecht

Das heutige Zweckverbandsrecht fußt auf dem Reichszweckverbandsgesetz vom 7.6.1939[1037], das nach dem Krieg über Art. 123 I i.V.m. 70 GG als Landesrecht fortgegolten hat[1038]. Nach und nach haben die Flächenstaaten begonnen, eigene Gesetze über kommunale Gemeinschafts- bzw. Zusammenarbeit zu erlassen[1039]. Als letztes Bundesland hat auch Niedersachsen im Jahr 2004 das Zweckverbandsgesetz durch das Niedersächsische Gesetz über kommunale

---

[1034] BGBl. I 1991, S. 405
[1035] BVerfGE 10, 89, Leitsatz 2; Löwer, in: Achterberg/Püttner/Würtenberger, Besonderes Verwaltungsrecht I, § 12 Rn. 28 u. 39 f.
[1036] z.B. Niedersächsisches Ausführungsgesetz zum Wasserverbandsgesetz (Nds. AGWVG) vom 6. Juni 1994, Nds. GVBl. S. 238, zuletzt geändert durch Artikel 4 des Gesetzes vom 5. November 2004, Nds. GVBl. S. 417
[1037] RGBl. I 1939, S. 979
[1038] Dittmann, in: Achterberg/Püttner/Würtenberger, Besonderes Verwaltungsrecht II, § 18 Rn. 5
[1039] Rengeling, in: Püttner, Handbuch der kommunalen Wissenschaft und Praxis, Band 2, S. 385, 389

Zusammenarbeit (NKomZG) ersetzt [1040]. Diese Entwicklung hat zwar zu einer teilweisen Rechtszersplitterung geführt. Jedoch unterscheiden sich die in den Landesgesetzen verankerten Rechtsformen nicht grundlegend voneinander[1041]. Insbesondere regelte das alte Zweckverbandsgesetz zwar die Voraussetzungen für die Gründung eines Zweckverbandes, es fehlten aber nähere Bestimmungen zur inneren Organisation[1042]. Letztere sind jedoch für die folgende Betrachtung nicht von Bedeutung. In Bezug auf die Frage, wie kommunale Zweckverbände in einem Wettbewerbsmarkt auftreten dürfen, geht es allein um die Kompetenzen, die dem Zweckverband verliehen sind. Hierbei treten im Prinzip dieselben Fragen auf wie im Kommunalrecht, nämlich nach der Zulässigkeit der Verhängung eines Anschluss- und Benutzungszwangs sowie nach einer Beschränkung auf das Gebiet der Mitgliedskommunen.

a) Anschluss- und Benutzungszwang

§ 28 II ZweckVG erlaubte den Zweckverbänden, bzgl. der eigenen Einrichtungen einen Anschluss- und Benutzungszwang zu verhängen. Dabei hatten sie sich an den für Satzungen geltenden Vorschriften der Gemeindeordnungen zu orientieren. Dieses Prinzip haben auch einige Nachfolgegesetze übernommen[1043]. In anderen Ländern wird lediglich darauf verwiesen, dass bzgl. der übertragenen Aufgabe die Satzungsgewalt auf den Zweckverband übergeht[1044], worunter dann entsprechend auch die Regeln über den Anschluss- und Benutzungszwang fallen. Inhaltlich muss dasselbe gelten wie für den von den Gemeinden verordneten Anschluss- und Benutzungszwang. Den dazu gemachten Ausführungen[1045] ist insofern nichts hinzuzufügen.

b) Grenzen durch Aufgabenübertragung

Des weiteren stellt sich die Frage, ob es einem Zweckverband erlaubt wäre, sich außerhalb des Gebietes seiner Mitgliedskommunen am Wettbewerb zu beteiligen, in dem gegenüber dritten Versorgern ein Durchleitungsrecht durchgesetzt wird. Bei Zweckverbänden ist das Problem jedoch ein wenig anders gelagert als bei Kommunen selbst.

[1040] Nds. GVBl. 2004, S. 63
[1041] Rengeling, in: Püttner, Handbuch der kommunalen Wissenschaft und Praxis, Band 2, S. 385, 392
[1042] Koch NdsVBl. 2004, 150
[1043] vgl. § 5 IV GKZ BW, § 8 I HessKKG
[1044] vgl. § 5 VI GkZ SH, § 9 I GkG LSA; § 8 II 1 NKomZG; Art. 22 II BayKommZG
[1045] siehe unter III. 1.

aa) Grenzen der Aufgabenübertragung

Kommunen schließen sich in Zweckverbänden zusammen, um bestimmte Aufgaben gemeinsam zu erfüllen, zu deren Durchführung sie berechtigt oder verpflichtet sind[1046]. Daraus folgt, dass ein Zweckverband in keinem Fall Aufgaben übernehmen darf, die nicht in die Kompetenz der Mitgliedskommunen fallen[1047]. Insofern sind auch Zweckverbände an die kommunalverfassungsrechtlichen Vorschriften zum Örtlichkeitsprinzip gebunden, können also nur unter denselben Voraussetzungen wie die Mitgliedsgemeinden außerhalb des Hoheitsgebietes tätig werden[1048]. Insofern wäre Zweckverbänden die Aufnahme von Wettbewerb jenseits des Verbandsgebietes nur in der näheren Umgebung und auch nur dann erlaubt, wenn dies einer besseren Auslastung der vorhandenen Anlagen oder von Wasserbezugsrechten diente[1049]. Allerdings wird man bei der Beurteilung dessen, was man als nähere Umgebung ansieht, nicht die einzelne Kommune heranziehen können, sondern auf das Verbandsgebiet insgesamt abstellen müssen, so dass sich hieraus faktisch eine Radiuserweiterung des sozioökonomischen Raumes ergeben wird. Sollte der Landesgesetzgeber allerdings im Zuge der Wassermarktliberalisierung das Örtlichkeitsprinzip in der Gemeindeordnung in ähnlicher Weise aufgeweicht haben, wie es Bayern, NRW und Thüringen in Bezug auf die Liberalisierung im Energiesektor taten, so bestünde eine derartige Beschränkung für Zweckverbände nicht.

bb) Grenzen der Aufgabenausweitung durch den Zweckverband selbst

Sollte ein Zweckverband nunmehr vorhaben, seine Tätigkeiten auszuweiten, so ergibt sich ein weiteres Problem. Der Zweckverband wurde in der Regel damit beauftragt, den örtlichen Versorger mit Trinkwasser zu beliefern oder die gesamte Trinkwasserversorgung in den Mitgliedskommunen durchzuführen. Steht den Zweckverbänden ein eigenes Recht dahingehend zu, ihren Aufgabenbereich selbständig zu erweitern bzw. die Gebietsgrenzen seiner Mitglieder zu überschreiten oder bedarf es dazu einer ausdrücklichen Ermächtigung durch die Mitgliedskommunen? Leider ist die Beantwortung dieser Frage aufgrund der unterschiedlichen Gesetzesformulierungen in den einzelnen Bundesländern äußerst schwierig, denn sie hängt davon ab, inwieweit man den Zweckverband als Gebietskörperschaft einordnet, der ein umfassendes Recht auf kommunale Selbstverwaltung zusteht. *Gönnenwein*[1050] und *Rengeling*[1051] sind der Auffas-

---

[1046] § 1 I ZweckVG
[1047] Dittmann, in: Achterberg/Püttner/Würtenberger, Besonderes Verwaltungsrecht II, § 18 Rn. 43
[1048] siehe unter III. 2.
[1049] siehe unter III. 2. b) cc)
[1050] Gönnenwein, Gemeinderecht, S. 433

sung, dass ihnen mangels umfassenden Wirkungskreises die Gebietskörperschaftseigenschaft nicht zukomme. Dabei können sie sich auf das Schleswig-Holsteinische Gesetz über kommunale Zusammenarbeit stützen, welches in § 4 den Zweckverbänden ausdrücklich die Gebietshoheit abspricht. Dem entgegen stellt das OVG Münster[1052] anhand der Rechtslage in NRW die Eigenschaft als Gebietskörperschaft ausdrücklich fest. In § 5 II GkG NW werden Zweckverbände als Gemeindeverbände bezeichnet. Nach Art. 78 I der Verfassung für das Land Nordrhein-Westfalen haben Gemeindeverbände als Gebietskörperschaften das Recht der kommunalen Selbstverwaltung. Zu einem ähnlichen Ergebnis kann man nach der Rechtslage in Bayern kommen. Das BayKommZG weist in Art. 1 II darauf hin, dass Zweckverbänden bei der Beteiligung an der kommunalen Zusammenarbeit die gleichen Rechte zustehen, wie den ihnen angehörenden Kommunen. Hieraus folgert *Knemeyer*[1053], dass Zweckverbände in Bezug auf kommunale Zusammenarbeit den Kommunen gleichgestellt seien. Selbst wenn man jedoch die gesetzlichen Regelungen in Nordrhein-Westfalen und Bayern betrachtet, so kann man daraus nicht den Schluss ziehen, Zweckverbände hätten das Recht, sich in größerem Umfang von ihrer eigentlichen Aufgabe zu emanzipieren. Es handelt sich per Definitionem um ein Instrument der Mitglieder zur Erfüllung der von ihnen übertragenen Aufgaben[1054]. Dies bestätigen auch Art. 17 BayKommZG sowie § 6 I GkG NW, die von der Aufgabenübertragung bzw. dem Rechte- und Pflichtenübergang zur Aufgabenerfüllung sprechen. Auch in Bayern und Nordrhein-Westfalen gilt das „ultra-vires"-Prinzip, nach dem sich ein staatliches Organ nur innerhalb der ihm zugewiesenen Kompetenzen bewegen darf. Insofern kann sich ein Zweckverband keine neuen Aufgaben selbst aneignen. Allerdings ist es den Zweckverbänden nicht verwehrt, die eigenen Einrichtungen durch eine Tätigkeit außerhalb des Verbandsgebiets besser auszulasten und damit wirtschaftlicher zu betreiben. Es handelt sich insofern um Annextätigkeiten, die von der Aufgabenübertragung gedeckt sind.[1055] Eine derartige Auslegung der Aufgabenübertragung ist insoweit deckungsgleich mit der Reichweite des Örtlichkeitsprinzips.

cc) Ergebnis

Man kommt in Bezug auf die Wettbewerbstätigkeit von Zweckverbänden zu folgendem Ergebnis: Zweckverbände mit der Aufgabe der Trinkwasserversor-

---

[1051] Rengeling, in: Püttner, Handbuch der kommunalen Wissenschaft und Praxis, Band 2, S. 385, 406

[1052] OVG Münster OVGE 32,

[1053] Knemeyer BayVBl. 2003, 257, 259

[1054] Schulz BayVBl. 2003, 520, 521

[1055] Schulz BayVBl. 2003, 520, 521 f.

gung könnten außerhalb des Gebietes der Mitgliedskommunen in Wettbewerb zu dritten Versorgern über eine gemeinsame Netznutzung treten, sofern sie dabei den vom Örtlichkeitsprinzip gesetzten Rahmen nicht verließen. Sofern der Landesgesetzgeber den Kommunen eine darüber hinausgehende Wettbewerbstätigkeit erlaubte, könnten Zweckverbände den Rahmen der Annextätigkeiten nur dann verlassen, wenn die Mitgliedskommunen die Verbandssatzung entsprechend änderten.

2. Wasserverbandsrecht

a) Rechtsnatur

Bei einem Wasserverband handelt es sich um eine Körperschaft des öffentlichen Rechts (§ 1 I WVG). Die Errichtung erfolgt entweder durch einstimmigen Beschluss der Beteiligten und Genehmigung der zuständigen Behörde (§ 7 I Nr. 1) oder von Amts wegen (Nr. 3). Möglich ist aber auch ein Mehrheitsbeschluss der Beteiligten mit Genehmigung der zuständigen Behörde sowie mit Hinzuziehung der nicht einverstandenen Beteiligten (Nr. 2)[1056]. Im Gegensatz zum Zweckverband handelt es sich nicht unbedingt um einen Zusammenschluss von Gebietskörperschaften. Beteiligte können in diesem Fall sämtliche natürlichen und juristischen Personen sein, insbesondere dinglich Berechtigte, die von der Durchführung der Verbandsaufgabe einen Vorteil oder Nachteil haben oder von deren Anlagen oder Grundstücken nachteilige Wirkungen ausgehen (§ 8 i.V.m. § 4 WVG). Ein Wasserverband weist insofern eine genossenschaftliche Struktur auf[1057]. Der Status einer öffentlichen Körperschaft wurde ihm zugebilligt, damit die ihm zugewiesene Aufgabenerfüllung nicht dem Zufall privater Initiative überlassen bleibt und ihm die Aufgabenerfüllung erleichtert wird[1058]. Es handelt sich dementsprechend auch bei dem Verband selbst nicht um eine Gebietskörperschaft[1059], so dass ihm hoheitliche Befugnisse nur gegenüber seinen Mitgliedern zukommen[1060]. Dies hat zur Konsequenz, dass Wasserverbände sich nicht auf die Selbstverwaltungsgarantie berufen können, damit nur die ihnen per Gesetz zugewiesenen Aufgaben eigenverantwortlich erfüllen dürfen[1061]. Jedoch gehört gemäß § 2 Nr. 11 WVG die Beschaffung und Bereitstellung von Wasser ausdrücklich zu den Aufgaben. Hierunter fallen nicht nur der Bau und die Unterhaltung von Stauanlagen, Wassersammelbecken, Tiefboh-

---

[1056] Löwer, in: Achterberg/Püttner/Würtenberger, Besonderes Verwaltungsrecht I, § 12 Rn. 59 ff.
[1057] OVG Münster OVGE 32, 34, 36
[1058] Brüning ZfW 2004, 129, 132 f.
[1059] OVG Münster OVGE 32, 34, 36
[1060] Brüning ZfW 2004, 129, 132
[1061] Brüning ZfW 2004, 129, 137

rungen sowie regionaler Rohrleitungen, sondern auch die Wasserversorgung bis hin zum Endabnehmer[1062]. Ein Anschluss- und Benutzungszwang ist im WVG nicht vorgesehen; er kann allenfalls von den Mitgliedsgemeinden zugunsten des Wasserverbandes durchgesetzt werden.

b) Örtliche Beschränkungen

Die Tatsache, dass es sich nicht um Gebietskörperschaften handelt, bedeutet auch, dass es kein Örtlichkeitsprinzip wie bei den Kommunen gibt. Jedoch beschränken sich die Wasserverbände in der Regel selbst dadurch, dass sie in ihrer Satzung gemäß § 6 II Nr. 2 und 3 WVG die Verbandsaufgabe beschreiben sowie das Verbandsgebiet bezeichnen müssen. Sollte ein Verband in einer Gemeinde, die nicht Mitglied ist, zu dem örtlichen Wasserversorger in Konkurrenz treten, würde er sowohl das in der Satzung festgelegte Gebiet sowie seine in der Satzung festgelegten Aufgaben überschreiten. Dies ist jedoch nur über ein formelles Satzungsänderungsverfahren gemäß § 47 I Nr. 2 i.V.m. § 58 I WVG möglich[1063]. Eine solche Änderung bedarf der Genehmigung durch die Aufsichtsbehörde. Dieses Instrument der Genehmigung ist einerseits sinnvoll, weil mit einer Ausweitung auch wirtschaftliche Risiken verbunden sein können, für die die Verbandsmitglieder voll haften müssen. Davor müssen insbesondere die bei der Abstimmung unterlegenen Mitglieder geschützt werden, zumal es sich ggf. um Zwangsmitglieder handelt[1064]. Andererseits bestünde das Problem, dass nicht die Mitglieder, sondern die Aufsichtsbehörde darüber entscheiden würde, ob der Wasserverband Wettbewerb aufnehmen dürfte oder nicht. Die Aufsichtsbehörde übernähme damit faktisch eine typische Aufgabe einer Regulierungsbehörde.

c) Rechtsbeziehungen zu dem zur Durchleitung verpflichteten Netzbetreiber

Sofern die zuständige Aufsichtsbehörde eine Genehmigung erteilte, dürfte eine Ausdehnung des Verbandsgebiets zwar nichts im Wege stehen. Dies hätte allerdings die Konsequenz, dass es sich bei dem von der Durchleitung betroffenen Unternehmen um jemanden handelte, der Maßnahmen des Verbandes dulden müsste. Damit hätte dieses Unternehmen gemäß § 23 I WVG Anspruch

---

[1062] BT-Drs. 11/6764, S. 24

[1063] BVerwG ZfW 1973, 35, 36, allerdings zur Vorläuferregelung § 17 WVVO; Rapsch, Wasserverbandsrecht, Rn. 333

[1064] Gem. § 7 I WVG kann ein Wasserverband nicht nur durch einstimmigen Beschluss, sondern auch durch Mehrheitsbeschluss der Beteiligten oder gar von Amts wegen errichtet werden. Ebenso können neue Mitglieder gegen ihren Willen von Amts wegen nachträglich hinzugezogen werden (§ 23 II WVG).

auf Aufnahme in den Verband oder könnte gar gemäß § 23 II i.V.m. § 8 I Nr. 3 WVG von der Aufsichtsbehörde zur Zwangsmitgliedschaft herangezogen werden[1065]. Letzteres wäre jedoch nur im Rahmen der verfassungsmäßigen Ordnung zulässig[1066] und damit an Art. 2 I GG bei Privatunternehmen bzw. Art. 28 II GG bei kommunalen Betrieben zu messen. Hierbei ließe sich durchaus darüber streiten, ob eine Zwangsmitgliedschaft, die nur deshalb erfolgt, weil der Betroffene nach dem Wettbewerbsrecht eine gemeinsame Netznutzung zu dulden hat, nicht unverhältnismäßig wäre in Anbetracht des eigentlichen Zwecks des Wasser- und Bodenverbandsgesetzes. Jedoch könnte es durchaus im Interesse des betroffenen Unternehmens liegen, in den Verband aufgenommen zu werden. Als Vollmitglied könnte dieses Unternehmen nunmehr sämtliche mitgliedschaftlichen Rechte geltend machen, insbesondere die Benutzung der Verbandsanlagen sowie die Mitwirkung an der Willensbildung über die Verbandsversammlung (§ 47 WVG) und ggf. den Verbandsausschuss (§ 49 WVG)[1067]. Damit stünden ihm wirksame Instrumente zur Verfügung, eine weitere Konkurrenz zu seinem Unternehmen zu unterbinden, zumal zwischen der Kommune und dem Verband nunmehr gewisse gegenseitige Treuepflichten bestünden, die ein gegenseitiges Abwerben von Abnehmern verböten[1068]. In dem Moment, in dem das Unternehmen jedoch Durchleitungswettbewerb durch den Wasserverband unterbinden könnte, wäre es nicht mehr zur Duldung verpflichtet und damit kein Beteiligter mehr. Insofern bestünde dann der einzige Zweck der Mitgliedschaft darin, Wettbewerb durch den Verband auszuschalten. Im Ergebnis würde hier so eine Art Kartellbildung vonstatten gehen, und zwar hervorgerufen durch das Recht auf Durchleitung in fremden Versorgungsgebieten.

d) Finanzierung

Die zu den Fragen der Mitgliedschaft angestellten Überlegungen sind nur folgerichtig, wenn man sich die vorgesehene Finanzierung der Wasserverbände ansieht. Diese finanzieren sich gemäß § 28 WVG über Verbandsbeiträge der Mitglieder[1069] oder derjenigen, die als Eigentümer, Bergwerkseigentümer oder Unterhaltungspflichtige einen Vorteil haben. Eine Ermächtigung zur Erhebung von Wassergebühren vom Letztverbraucher besteht nicht[1070], da die Kommu-

---

[1065] Rapsch, Wasserverbandsrecht, Rn. 152 ff.
[1066] BVerfGE 10, 89, 102; BT-Drs. 11/6764, S. 28
[1067] Rapsch, Wasserverbandsrecht, Rn. 145
[1068] siehe unter Teil C: VII. 1. d)
[1069] Brüning ZfW 2004, 129, 133; Rapsch, Wasserverbandsrecht, Rn. 241
[1070] OVG Münster OVGE 32, 34, 35 ff.; Brüning ZfW 2004, 129, 133; Rapsch, Wasserverbandsrecht, Rn. 43

nalabgabengesetze der Länder eine Gebietskörperschaft erfordern[1071]. Dazu ist ein Wasserverband nicht zu rechnen. Allerdings ist umstritten, inwiefern die Wasserverbände ein Wasserentgelt auf privatrechtlicher Grundlage einzunehmen berechtigt sind. Nach Auffassung des OLG Oldenburg ist es durchaus zulässig, direkt mit dem Endverbraucher privatrechtliche Verträge abzuschließen[1072]. Allerdings stützt sich das Urteil auf die These, ein Wasserverband sei gleichzeitig ein Zweckverband. Dem muss widersprochen werden: Ein Zweckverband ist ein Gemeindeverband, der sich im Hinblick auf seine Verfassung, Art der Verwaltung und Haushaltsführung so grundlegend vom genossenschaftlich strukturierten Wasser- und Bodenverband abhebt, dass eine Anwendung des WVG auf den Zweckverband oder umgekehrt eines Landeszweckverbandsgesetzes auf einen Wasser- und Bodenverband verbietet[1073]. Wenn jedoch *Rapsch* aus dieser falschen Begründung des OLG Oldenburg den Schluss zieht, dass ein Wasserverband keinerlei Privatrechtsbeziehungen zu Endverbrauchern abnehmen dürfe, widerspricht er damit der vom Gesetzgeber verfolgten Intention, dass auch Wasserverbände Endverbraucher mit Wasser versorgen dürfen[1074]. Die vom OVG Münster[1075] propagierte Möglichkeit, dass der Verband die Wasserentgelte der jeweiligen Gemeinde als Verbandsbeiträge in Rechnung stellt und die Gemeinde dann diese Kosten den Verbrauchern aufbürdet, scheint zwar ein durchaus gangbarer Weg zu sein. Er ist jedoch relativ umständlich, weil er über einen Dritten führt. Allein aus Praktikabilitätsgründen scheint daher die Variante sinnvoller, in der der Wasserverband direkt privatrechtliche Verträge mit den Abnehmern schließt. Die Realität hat insofern die Ansicht von *Rapsch* überholt, denn viele Wasserverbände nehmen für die Trinkwasserversorgung von ihren Kunden privatrechtliche Entgelte, z.B. der Oldenburgisch Ostfriesische Wasserverband[1076] oder der Wasserverband Gifhorn[1077]. Die Übereinstimmung mit dem Wasserverbandsrecht kann auf einem Wege hergestellt werden, wie ihn z.B. der Wasserverband Peine explizit in seiner Satzung geregelt hat. Dieser rechnet die direkt von den Abnehmern gezahlten Entgelte den jeweiligen Wohnortgemeinden als Mitgliedsbeiträge zu[1078]. So kann der Verband direkt mit den Kunden abrechnen. Es bleibt aber dabei, dass er sich aus Beiträgen der Mitglieder finanziert. Eine solche Konstruktion dürfte zwar nicht unbedingt den Idealvorstellungen des Gesetzgebers entsprechen. Der Wasserverband ist aber aus Praktikabilitätsgründen darauf angewiesen, damit er die

---

[1071] so z.B. § 1 I i.V.m. § 8 KAG NW
[1072] OLG Oldenburg ZfW 1981, 123, 124; zustimmend: Kaiser ZfW 1983, 65, 71
[1073] OVG Münster OVGE 32, 34, 36
[1074] BT-Drs. 11/6764, S. 24
[1075] OVG Münster OVGE 32, 34, 40
[1076] siehe unter http://www.oowv.de/
[1077] siehe unter http://www.wasserverband-gifhorn.de/
[1078] § 10 I u. II der Verbandssatzung des Wasserverbandes Peine

ihm in § 2 Nr. 11 WVG zugewiesene Aufgabe der Versorgung bis hin zum Endverbraucher zu erfüllen vermag. Eine Finanzierung über Wasserentgelte, die nicht als Deckung von Mitgliedsbeiträgen angesehen werden können – etwa weil sie aus einer Durchleitung stammen, die gegenüber einem Nichtmitglied durchgesetzt wurde – widerspräche dem eben skizzierten Finanzierungssystem. Dies wäre in bescheidenem Rahmen vielleicht zulässig und die Entgelte könnten als sonstige Einnahmen verbucht werden. Sollte jedoch der Wasserverband in größerem Maße eine Wettbewerbstätigkeit aufnehmen wollen, wäre dies mit dem Wasser- und Bodenverbandsgesetz nicht vereinbar.

e) Notwendige Anpassungen des Wasserverbandsgesetzes

Die Untersuchungen des Wasser- und Bodenverbandsgesetzes haben gezeigt, dass die geltenden Regelungen die Aufnahme von Durchleitungswettbewerb nur in sehr begrenztem Umfang, immer in Abhängigkeit von Entscheidungen Dritter, ermöglichen. Insofern wird sich der Bundesgesetzgeber bei einer Änderung des Wettbewerbsrechts entscheiden müssen, ob er will, dass Wasserverbände am Wettbewerb bei der Trinkwasserversorgung teilnehmen. Sollte er für eine Wettbewerbsteilnahme sein, dann muss der das Wasser- und Bodenverbandsgesetz in Bezug auf die Aufgabe der Beschaffung und Bereitstellung von Wasser modifizieren. Zunächst einmal müsste er dafür sorgen, dass eine entsprechende Änderung der Satzung, die die Aufnahme von Wettbewerb außerhalb des bisherigen Verbandsgebietes ermöglichte, nicht von einer Zweckmäßigkeitsentscheidung der Aufsichtsbehörden abhinge. Eine Verweigerung der Genehmigung sollte nur dann zulässig sein, wenn der Wasserverband untragbare wirtschaftliche Risiken einginge. Hier böte sich eine Formulierung ähnlich § 108 I 2 Nr. 2 NGO an, dass die künftig beabsichtigte Wettbewerbsteilnahme „nach Art und Umfang in einem angemessenen Verhältnis zur Leistungsfähigkeit" des Verbandes stehen muss. Auf diese Weise würde man auch bei der verbandsinternen Willensbildung unterlegene Mitglieder vor negativen wirtschaftlichen Folgen schützen.

Als zweite Maßnahme sollte der Gesetzgeber klarstellen, dass es sich bei der Durchleitung des Wassers eines Wasserverbandes nicht um eine Duldung von Maßnahmen des Verbandes i.S.v. § 23 I bzw. § 8 I Nr. 3 WVG handelt. In der Folge wäre das durchleitende Unternehmen weder zum Verbandsbeitritt berechtigt, noch könnte es zur Mitgliedschaft herangezogen werden.

Nicht zuletzt sollte der Gesetzgeber klarstellen, dass der Verband auch berechtigt ist, privatrechtliche Entgelte von Dritten für konkrete Leistungen zu beziehen. Dies würde sicherstellen, dass der Wasserverband direkt privatrechtliche Beziehungen zu seinen Abnehmern aufbauen kann, auch wenn diese nur über eine Durchleitung durch ein fremdes Netz versorgt werden könnten, da in diesem Fall eine Anerkennung der Entgelte als indirekte Mitgliedsbeiträge ausscheiden würde.

V. Trinkwasserhygienevorschriften

In Bezug auf die angemessenen Vertragsbedingungen in der Relation Petent – Netzbetreiber ist bereits darauf hingewiesen worden, welche wichtige Rolle die Trinkwasserhygienevorschriften spielen[1079]. Schwerpunktmäßig geht es dabei um die Regelungen der Trinkwasserverordnung. Die Rechtsgrundlage dafür findet sich im Infektionsschutzgesetz sowie im Lebensmittel- und Bedarfsgegenständegesetz. Gleichzeitig verweist sie auf die allgemein anerkannten Regeln der Technik, zu denen DIN-Vorschriften und DVGW-Regelwerke gehören. Sämtliche dieser Normen sind aktuell auf einen Monopolbetrieb ausgerichtet. Deshalb ist zu untersuchen, inwiefern sie mit einem Durchleitungswettbewerb im Wasserversorgungssektor vereinbar wären.

1. Verantwortlichkeit für die Trinkwasserqualität/Überwachungspflichten

Adressat von Ge- und Verboten der Trinkwasserverordnung ist stets der „Unternehmer oder sonstige Inhaber einer Wasserversorgungsanlage". Ihm obliegt gemäß § 4 II und § 11 III TwVO die Einhaltung der chemischen und mikrobiologischen Anforderungen. Der 4. Abschnitt der TwVO regelt dessen Untersuchungspflichten. Ebenso ist er Adressat bzw. Duldungspflichtiger von Maßnahmen des Gesundheitsamtes nach den 5. Abschnitt. Und schließlich ist der „Unternehmer oder sonstige Inhaber einer Wasserversorgungsanlage" möglicher strafrechtlich Verantwortlicher nach § 24 I TwVO i.V.m. § 75 II, IV IfSG. „Wasserversorgungsanlagen" definiert die TwVO in § 3 Nr. 2 a) als „Anlagen einschließlich des dazugehörenden Leitungsnetzes, aus denen auf festen Leitungswegen an Anschlussnehmer pro Jahr mehr als 1.000 m³ Wasser für den menschlichen Gebrauch abgegeben wird". Als „Inhaber von Wasserversorgungsanlagen" gelten die Personen, die als Verantwortliche ein Wasserversorgungsunternehmen betreiben[1080]. Die Verantwortung des jeweiligen Inhabers erstreckt sich von der Entnahme bis zu dem Punkt im Leitungsnetz, an dem die Abnahme durch einen Dritten erfolgt[1081]. Dabei muss Dritter nicht unbedingt ein Endverbraucher sein; es kann sich vielmehr auch um ein weiterverteilendes Wasserversorgungsunternehmen handeln. Inhaber von Wasserversorgungsanlagen sind daher nicht nur Verantwortliche von solchen Unternehmen, die direkt

---

[1079] siehe unter Teil C: VI. 3.

[1080] Mehlhorn, in: Grohmann/Hässelbarth/Schwerdtfeger, Die Trinkwasserverordnung, S. 59

[1081] BR-Drs. 721/00, S. 54

den Verbraucher beliefern, sondern auch vorgeschaltete Trinkwasserlieferanten. In einer Wettbewerbssituation ist der Petent ein solcher Vorlieferant. Sowohl der Netzbetreiber als auch der Durchleitungspetent sind damit verantwortlich für die Einhaltung der mikrobiologischen und chemischen Anforderungen und nach § 14 TwVO zu regelmäßigen Untersuchungen der maßgeblichen Parameter verpflichtet. Die Untersuchungshäufigkeit ergibt sich aus Anlage 4. Grundsätzlich erfolgt die Beprobung nach § 8 Nr. 1 TwVO an den Zapfstellen, die der Entnahme von Wasser für den menschlichen Gebrauch dienen. Betreiber von Verteilungsnetzen können für bestimmte Parameter die Proben auch im Netz oder in den Aufbereitungsanlagen entnehmen[1082]. In Bezug auf die Wasserqualität unterscheidet sich die herkömmliche Konstellation, in der der Netzbetreiber einen Teil seines Wassers von einem Dritten bezieht, nicht wesentlich von der neuen Situation, in der ein Petent den Zugang zu dem Netz eines anderen erzwingt. Insofern dürften die bestehenden Kontrollpflichten und Befugnisse prinzipiell ausreichen. Jedoch darf man nicht vergessen, dass die meisten Wasserversorgungsunternehmen staatlich sind bzw. sich zumindest mehrheitlich in staatlichem Eigentum befinden oder es sich um etablierte Privatunternehmen handelt, denen der Gesetzgeber im allgemeinen viel Vertrauen entgegenbringt. Im Zuge einer Liberalisierung würden neue Akteure auf dem Markt auftreten, deren Zuverlässigkeit sich erst noch erweisen müsste. Gerade in Bezug auf die Qualität des „Lebensmittels Nr. 1" spielt auch das subjektive Empfinden der Verbraucher eine Rolle, ganz zu schweigen von dem möglichen Misstrauen der etablierten Wasserversorger. Nicht zuletzt wird eine Liberalisierung zu häufigeren Wechseln der Wasserlieferanten führen und damit eine sich in regelmäßigen Abständen verändernde Wasserbeschaffenheit zur Folge haben. Alle diese Aspekte muss der Bundesverordnungsgeber bei der Einführung von Durchleitungswettbewerb in Rechnung stellen. Deshalb sollte er, auch um Streitigkeiten bei der Vertragsanbahnung zwischen Petent und Netzbetreiber zu vermeiden, für die Zeit nach einer neuen Durchleitungsvereinbarung häufigere Kontrollen sowohl vor der Einspeisung als auch an den Entnahmestellen im Netz anordnen, um die zugesagte Beschaffenheit des eingespeisten Wassers sowie die Qualität des Mischwassers, welches die Kunden erreicht, genau überprüfen zu können. Gleichzeitig wäre eine Verpflichtung sinnvoll, dass bei jeder Vereinbarung zur gemeinsamen Netznutzung die Gesundheitsämter über die wesentlichen Parameter in Kenntnis zu setzen sind[1083], damit sich im Zweifelsfall die praktische Möglichkeit zum Einschreiten ergibt.

[1082] Anlage 4 TwVO

[1083] Für England/Wales empfiehlt die Regulierungsbehörde die regelmäßige Information an das Drinking Water Inspectorate (OFWAT, Guidance on Access Codes, June 2005, p. 17 f.).

Ein wirksames Mittel, sowohl den Petenten als auch den Netzbetreiber zu einer regelmäßigen Kontrolle der Trinkwassertauglichkeit des Produktes anzuhalten, ist die Strafandrohung des § 24 I TwVO i.V.m. § 75 II, IV IfSG. Hiernach wird bestraft, wer als Inhaber einer Wasserversorgungsanlage vorsätzlich oder fahrlässig ein Wasser als Wasser für den menschlichen Gebrauch abgibt oder anderen zur Verfügung stellt, welches nicht den mikrobiologischen und chemischen Anforderungen der Trinkwasserverordnung genügt. Es können sich also Petent und Netzbetreiber strafbar machen. Insofern müssen an dieser Norm keine Veränderungen vorgenommen werden.

Gleiches gilt auch für die Kontrollbefugnisse des Gesundheitsamtes aus den §§ 18 ff. TwVO. Diese könnten auch gegenüber einem Petenten geltend gemacht werden.

2. Neue Qualitätsmaßstäbe

Die in den Anlagen zur Trinkwasserverordnung aufgeführten Grenzwerte spiegeln nur Mindestanforderungen wieder. Sollte sich im Zuge der Marktöffnung ein reger Durchleitungswettbewerb etablieren, wird es in vielen Fällen zu objektiven Qualitätsverschlechterungen, zumindest im Hinblick auf einzelne Parameter, kommen. Im Rahmen der Diskussion angemessener Vertragsbedingungen ist darauf hingewiesen worden, dass das Minimierungsgebot aus § 6 III TwVO an sich kein geeignetes Instrument ist, um beurteilen zu können, ob eine bestimmte Verschlechterung einzelner Parameter nunmehr einen Verstoß gegen die Trinkwasserverordnung darstellt oder nicht[1084]. Gleichwohl deutet das Minimierungsgebot in Zusammenhang mit der aktuell fortbestehenden Möglichkeit zum Schutz geschlossener Versorgungsgebiete durch Konzessions- und Demarkationsverträge aus § 103 GWB a.F. darauf hin, dass der Bundesgesetz- und Verordnungsgeber qualitative Verschlechterungen unterbinden möchte, weshalb spürbare Qualitätseinbußen nach der gegenwärtigen Rechtslage eine Durchleitungsverweigerung durch den Netzbetreiber rechtfertigen würden[1085]. Sollte der Gesetzgeber im Zuge einer Liberalisierung § 103 GWB a.F. außer Kraft setzten, so muss die Frage, ob spürbare Qualitätseinbußen einen Verweigerungsgrund darstellen, neu bewertet werden. Es empfiehlt sich daher für den Gesetzgeber, geeignete Kriterien zu entwickeln, unter welchen Umständen eine Zunahme unerwünschter mikrobiologischer, chemischer oder sonstiger Parameter auch ohne Überschreitung der Grenzwerte eine unerwünschte Qualitätsbeeinträchtigung darstellt, die im Einzelfall höher zu gewichten ist als das Wettbewerbsinteresse des Petenten. Solche Kriterien müssten in die Trinkwasserver-

---

[1084] siehe unter Teil C: VI. 3. a) cc)
[1085] siehe unter Teil C: VI. 3. c) aa) γ)

ordnung, möglicherweise in Verbindung mit einer detaillierten Anlage, einfließen, um im Vorhinein Rechtsunsicherheiten zu vermeiden. Eine etwaige
Regulierungsinstanz, aber auch die Gerichte wären überfordert, sollten sie
technische Maßstäbe entwickeln. Ihre Aufgabe ist es vielmehr, wettbewerbsrechtliche Konflikte zu lösen. Insofern müsste der Verordnungsgeber in diesem
Punkt eine Reform der Trinkwasserverordnung anstreben.

3. Technische Standards

In der Wasserversorgungswirtschaft hat es sich bewährt, dass die Trinkwasserverordnung nur Wasserqualitätsanforderungen, Verfahrensvorschriften sowie
mögliche Sanktionen regelt, es hingegen dem zuständigen Fachverband, der
Deutschen Vereinigung des Gas- und Wasserfaches, überlässt, die technischen
Fragen, etwa wie man Wasserversorgungsanlagen errichtet und betreibt, die
diese Trinkwasserqualität für den Verbraucher garantieren, in eigenen Regel-
werken zu klären. Dieses Verfahren bietet sich gerade auch in Bezug auf die
komplexen technischen Erfordernisse einer gemeinsamen Netznutzung im
Trinkwasserversorgungssektor an. Zwar ist das bestehende Arbeitsblatt W 216
zur Mischung von Trinkwässern ein wichtiger Baustein. Jedoch fehlen noch
Regelungen insbesondere zu der Wahl geeigneter Einspeisepunkte zur Vermeidung von Fließrichtungsänderungen, zu der Stabilisierung der Rohrinkrustationen bei Veränderungen der Wasserbeschaffenheit sowie zu der Verhinderungen
von biologischen Einträgen aus den sich ebenfalls an den Innenwandungen
befindenden Biofilmen ins Trinkwasser. Hierbei ist insbesondere zu berücksichtigen, dass sich aufgrund des ständig möglichen Versorgerwechsels durch
einzelne Kunden häufiger Veränderungen in der Beschaffenheit des Wassers
ergeben können. Zu diesen Problemen dürfte teilweise noch intensive For-
schungsarbeit begleitend zu ersten gemeinsamen Netznutzungen erforderlich
sein[1086], weil die angesprochenen Probleme im Monopolbetrieb in der Form
nicht aufgetreten sind. Bei der Ausarbeitung der aus den Forschungsarbeiten
hervorgehenden Empfehlungen wird sich einer der Vorteile des Verweises auf
die allgemein anerkannten Regeln der Technik zeigen, nämlich der Umstand,
dass sich technische Regeln ständig weiterentwickeln können, ohne die ein-
schlägigen Rechtsvorschriften ändern zu müssen[1087]. Gerade aus der Anfangsphase der Ermöglichung gemeinsamer Netznutzung wird man zahlreiche
wesentliche neue Erkenntnisse gewinnen können, die eine zügige Überprüfung
des bestehenden Regelwerkes erfordern werden.

[1086] BMWi, S. 51
[1087] Schwerdtfeger, in: Grohmann/Hässelbarth/Schwerdtfeger, Die Trinkwasserverordnung,
S. 15, 22

4. Trinkwasserimporte

Eine Marktöffnung in Deutschland hätte zur Folge, dass sich auch ausländische Unternehmen mit Ressourcen jenseits der Grenzen am Wettbewerb beteiligen oder inländische Unternehmen ihr Wasser aus dem Ausland beziehen. Hierbei stellt sich die Frage, ob das importierte Wasser den Standards der Trinkwasserverordnung oder nur den teilweise weniger strengen Anforderungen des Herkunftslandes genügen muss. Eine Antwort auf diese Frage findet sich im Lebensmittel- und Bedarfsgegenständegesetz (LMBG).

Wasser ist ein Lebensmittel i.S.v. § 1 LMBG, weshalb dieses Gesetz Anwendung auf die Trinkwasserversorgung findet. Gemäß § 47 I 1 LMBG haben aus dem Ausland eingeführte Lebensmittel den lebensmittelrechtlichen Anforderungen in Deutschland zu genügen. Eine Ausnahme gilt für Erzeugnisse aus den Mitgliedstaaten der EU oder aus anderen Staaten des Europäischen Wirtschaftsraumes (EWS). Diese dürfen nach § 47a I 1 LMBG auch dann eingeführt werden, wenn sie den lebensmittelrechtlichen Anforderungen des Herkunftslandes genügen, es sei denn, sie entsprechen nicht bestimmten zum Schutz der Gesundheit erlassenen Rechtsvorschriften (§ 47a I 2 Nr. 2 LMBG). Die Trinkwasserverordnung gehört zweifelsohne zu diesen dem Schutz der Gesundheit dienenden Vorschriften. Sie stützt sich nicht nur auf diverse Normen des LMBG, sondern auch auf die §§ 37 III und 38 I IfSG[1088]. Sämtliche konkreten Grenzwerte bzw. Anforderungen können prinzipiell allein auf das Infektionsschutzgesetz gestützt werden, weil die betreffenden Parameter entweder selbst gesundheitlich relevant oder zumindest geeignet sind, im Fall von Abweichungen mit einer gewissen Wahrscheinlichkeit gesundheitlich relevante Belastungen des Trinkwassers anzuzeigen[1089]. Dies geht auch schon aus der Regierungsbegründung hervor, die die Verordnungsermächtigung im Wesentlichen in § 38 I IfSG sieht[1090]. Damit dienen die Qualitäts- und Hygienevorschriften der Trinkwasserverordnung dem Schutz der Gesundheit. Zudem verweist auch § 24 TwVO auf die Straftatbestände § 74 und § 75 II, IV IfSG, § 25 TwVO auf den Ordnungswidrigkeitstatbestand des § 73 I Nr. 24 IfSG, so dass eine Einspeisung in deutsche Netze nur möglich ist, wenn auch die Anforderungen der Trinkwasserverordnung eingehalten werden. Eine solche Auslegung ist auch mit der Trinkwasserrichtlinie der EU[1091] vereinbar, auf der die Trinkwasserverordnung beruht. Nach Art. 5 der Richtlinie legen die Mitgliedstaaten die chemischen, mikrobiologischen sowie die Indikatorparameter fest; die in Anhang I festge-

---

[1088] Präambel der Trinkwasserverordnung

[1089] Schwerdtfeger, in: Grohmann/Hässelbarth/Schwerdtfeger, Die Trinkwasserverordnung, S. 15, 19

[1090] BR-Drs. 722/00, S. 45 ff.

[1091] Richtlinie 98/83/EG des Rates vom 3.11.1998, ABl. 1998 L 330/32

setzten Werte stellen hingegen nur den Mindestqualitätsstandard dar. Es ist insofern auch europarechtlich zulässig, wenn die Bundesrepublik Deutschland in einigen Merkmalen höhere Qualitätsanforderungen stellt als andere Nationen und auch aus einem anderen Mitgliedsstaat importiertem Wasser diese Qualität abverlangt.

VI. Wasserversorgungswirtschaftsgesetz

Das Kartellrecht setzt grundsätzlich die Existenz eines funktionsfähigen Wettbewerbs voraus[1092]; ein Eingriff ist nur im Einzelfall erforderlich, wenn ein Unternehmen in unzulässiger Weise eine marktbeherrschende Stellung missbraucht. In den Sektoren, in denen bislang netzgebundene Dienste erbracht wurden – wie Elektrizität, Gas, Telekommunikation, Eisenbahn, Wasser – bestanden bzw. bestehen gesetzlich geschützte natürliche Monopole. Um diese aufzulösen, bedarf es auf den jeweiligen Sektor zugeschnittener Regelungssysteme, die die jeweiligen Monopolisten wirksam kontrollieren und die Märkte öffnen[1093]. Diesen Weg ist die EU und dementsprechend der deutsche Gesetzgeber bei der Liberalisierung der Energie, Telekommunikations- und Eisenbahnmärkte gegangen. Gerade im Bereich der Telekommunikation hat der EU-Gesetzgeber inzwischen über 20 Richtlinien erlassen, die zu einer schrittweisen Öffnung der Märkte geführt haben. Infolge des im Jahr 2002 erlassenen Richtlinienpakets[1094] musste das erst 1996 neu geschaffene Telekommunikationsgesetz im Jahr 2004 vollständig reformiert werden. Auch das im Jahr 1998 komplett erneuerte Energiewirtschaftsgesetz[1095] wurde zum 12.7.2005 völlig umgestaltet und an die Richtlinien 2003/54/EG[1096] und 2003/55/EG[1097] angepasst. Für den Eisenbahnsektor existiert seit 1994 das Allgemeine Eisenbahngesetz, welches u.a. die Öffnung des Schienennetzes der Deutschen Bahn für Drittanbieter vorsieht. Alle diese Vorschriften enthalten nicht nur einen auf den jeweiligen Sektor zugeschnittenen Netzzugangs- und einen Zusammenschaltungstatbestand; sie verfügen über zahlreiche begleitende Regelungen, die für die Auflösung bisheriger Monopole und die Herbeiführung von Chancengleichheit für Wettbewerber unerlässlich sind.

[1092] BT-Drs. 13/3609, S. 37 u. 43; Holznagel/Enaux/Nienhaus, Grundzüge des Telekommunikationsrechts, S. 35

[1093] Holznagel/Enaux/Nienhaus, Grundzüge des Telekommunikationsrechts, S. 35; Martenczuk/Tomaschki RTkom 1999, 15 ff.

[1094] bestehend aus den RL 2002/19/EG (ABl. EG Nr. L 108, S. 7), RL 2002/20/EG (ABl. EG Nr. L 108, S. 21), RL 2002/21/EG (ABl. EG Nr. L 108, S. 33), RL 2002/22/EG (ABl. EG Nr. L 108, S. 51), RL 2002/58/EG (ABl. EG Nr. L 201, S. 37)

[1095] BGBl. I 2005, S. 1970

[1096] ABl. EG Nr. L 176, S. 37

[1097] ABl. EG Nr. L 176, S. 57

In vergleichbarer Weise ist auch der Gesetzgeber in England und Wales in Bezug auf den Wassermarkt vorgegangen. Es hat sich gezeigt, dass die Anwendung der *essential-facilities-doctrine* trotz begleitender Tätigkeit einer Regulierungsbehörde nicht ausreichend war, Durchleitungswettbewerb zu etablieren. So hat es bislang zwar einige Beschwerden über unangemessene Netznutzungsentgelte gegeben. Zu einer tatsächlichen gemeinsamen Netznutzung auf der Grundlage des Competition Act 1998 ist es jedoch nicht gekommen.[1098] Deshalb war der Gesetzgeber gezwungen, durch spezielle Regelungen die Marktöffnung zu forcieren und hat mit dem Water Act 2003 einen Rechtsrahmen geschaffen, der die gemeinsame Netznutzung zum Zwecke der Belieferung von gewerblichen Abnehmern erlaubt. Ferner ist ein Wettbewerb über die Einschaltung von Zwischenhändlern intendiert. So haben lizenzierte Wasserversorger einen Anspruch auf Belieferung mit Trinkwasser zum Zwecke der Versorgung eines Großkunden.[1099]

Die Entwicklungen auf den Energie-, Telekommunikations- und Eisenbahnmärkten sowie auf dem englisch-walisischen Wassermarkt haben gezeigt, dass eine gesetzlich initiierte Marktöffnung zwingend erforderlich ist, wenn man funktionierenden Wettbewerb durch eine gemeinsame Netznutzung einführen will. Der Bund bzw. – soweit sie zuständig sind – die Länder werden gezwungen sein, nicht nur das Kartellrecht und die anderen den Wassersektor berührenden Vorschriften anzupassen. Es ist zudem der Erlass von spezifischen Regelungen erforderlich, die hier unter dem Arbeitstitel „Wasserversorgungswirtschaftsgesetz" geführt werden. Es geht dabei primär um Fragen des Netzzugangs und der Möglichkeit zur Zugangsverweigerung. Sehr eng damit verwoben sind die Fragen der Regulierung und der gerichtlichen Durchsetzung des Zugangsanspruchs. Nicht minder wichtig sind die begleitenden Regelungen zu den Bedingungen der Durchleitung, insbesondere zu den Netznutzungsentgelten. Aber auch die Sicherstellung einer sicheren und preisgünstigen Versorgung für alle Kunden spielt eine Rolle. Und schließlich müssen auch eventuelle Haftungsfragen noch geklärt werden. Hierbei sollen insbesondere Instrumente als Vorbilder dienen, die sich in den bereits liberalisierten Branchen Energie, Telekommunikation und Eisenbahn bewährt haben. Anders als in England und Wales sollte man in Deutschland die wesentlichen Parameter nicht über Empfehlungen einer Regulierungsbehörde festlegen. Das Wesentlichkeitsprinzip gebietet es, dass die maßgeblichen Entscheidungen durch ein formelles Gesetz oder eine Rechtsverordnung, gestützt auf Art. 80 GG, getroffen werden[1100]. Es würde allerdings den Rahmen dieser Arbeit sprengen, wollte man einen detail-

---

[1098] siehe unter Teil A: II. 2.
[1099] siehe unter Teil A: II.
[1100] so Büdenbender RdE 2004, 284, 297 für den Energiesektor

lierten Gesetzentwurf oder gar spezifische Verordnungen für den Fall der Liberalisierung entwerfen. Ziel dieses Kapitels kann es daher nur sein, den Normsetzungsbedarf für die Liberalisierung des Wassermarktes grob zu skizzieren und die wesentlichen Strukturen aufzuzeigen.

1. Netzzugangsanspruch

a) Netzzugangstatbestand

Zentrales Element der Gesetze, die mit dem Ziel der Auflösung eines netzgebundenen natürlichen Monopols erlassen worden sind, bildet der Netzzugangstatbestand. Er enthält in der Regel die gesetzliche Verpflichtung eines jeglichen Netzbetreibers, einem jeden in dem jeweiligen Sektor tätigen Unternehmen diskriminierungsfrei Zugang zu seinem Netz zu gewähren[1101]. Eine Ausnahme bildet hier nur das Telekommunikationsgesetz. Sämtliche Formen des Netzzugangs von Telekommunikationsunternehmen – abgesehen vom Fall der Zusammenschaltung[1102] – können nur gegenüber Betreibern öffentlicher Telekommunikationsnetze, die über „beträchtliche Marktmacht" verfügen, erzwungen werden (§ 21 I TKG)[1103]. Diese Verpflichtung besteht darüber hinaus nur dann, wenn die Regulierungsbehörde den konkreten Betreiber zur Ermöglichung des Netzzuganges verpflichtet. Das Telekommunikationsgesetz folgt an dieser Stelle der Zugangsrichtlinie der EU aus dem Jahr 2002[1104], die in Art. 8 i.V.m. Art. 12 eine entsprechende nationalstaatliche Regelung verlangt.

aa) Gesetzliche oder behördliche Verpflichtung

Im deutschen Recht war eine § 21 I TKG in etwa vergleichbare Konstruktion durchaus bekannt. So bedurfte der Missbrauch einer marktbeherrschenden Stellung nach § 22 IV, V GWB a.F. einer Feststellung durch die zuständige Kartellbehörde, um eine Verpflichtung wie die zur Unterlassung oder zur Schadensersatzleistung zu begründen. Allerdings ist mit der 6. GWB-Novelle der Missbrauchstatbestand des § 19 GWB n.F. als Verbotstatbestand konstruiert worden, aus dem sich i.V.m. § 33 GWB n.F. auch ohne vorherige Feststellung der Behörde ein zivilrechtlicher Anspruch ergibt[1105]. Die Ursache für diese nunmehr andersartige Regelungsstruktur in § 21 I TKG liegt in den Eigenheiten

[1101] § 14 I 1 AEG; §§ 6 I 1, 6a II 1 EnWG 1998; § 20 I 1 EnWG 2005
[1102] § 16 TKG normiert entsprechend Art. 5 Abs. 1 Unterabs. 1 lit. a) RL 2002/19/EG eine Zusammenschaltungspflicht für sämtliche Betreiber von Telekommunikationsanlagen unabhängig von deren Marktstellung.
[1103] so schon § 35 I 1 TKG 1996
[1104] RL 2002/19/EG des Europäischen Parlaments und des Rates vom 7.3.2002, ABl. EG 2002 L 108/7
[1105] BT-Drs. 13/9720, S. 35 f.

des Telekommunikationssektors begründet. So besteht in diesem Bereich aufgrund des technischen Fortschritts die Möglichkeit, dass in naher Zukunft auf anderen technischen Wegen als über die üblichen Leitungsnetze der ehemaligen nationalen Monopolisten ein Wettbewerb um Kunden geführt werden kann, wie z.B. über Mobilfunk[1106] oder Kabelnetze[1107]. Um die hierfür erforderlichen technischen Vorrichtungen zu installieren, sind jedoch mitunter erhebliche Investitionen erforderlich, die möglicherweise nicht getätigt würden, wenn auch bzgl. dieser sich in Aufbau befindenden Systeme ein Anspruch auf Mitnutzung bestünde. Dementsprechend weist der EU-Normgeber im 19. Erwägungsgrund zur Zugangsrichtlinie[1108] zwar darauf hin, dass die Verpflichtung zur Gewährung des Infrastrukturzugangs ein angemessenes Mittel des Wettbewerbs sein kann. Jedoch solle eine den Wettbewerb kurzzeitig belebende Zugangsverpflichtung nicht dazu führen, „dass die Anreize für Wettbewerber zur Investition in Alternativeinrichtungen, die langfristig einen stärkeren Wettbewerb sichern, entfallen"[1109]. Die Situation im Energiebereich, im Eisenbahnsektor und auf dem Wasserversorgungsmarkt ist dagegen eine völlig andere. Die Perspektive der Duplizierbarkeit der bestehenden Netze durch technischen Fortschritt besteht hier keineswegs. Das ist auch der Grund dafür, warum im Wasserversorgungssektor bzgl. des für die Durchleitung räumlich und sachlich relevanten Marktes stets eine marktbeherrschende Stellung vorliegt[1110]. Aus diesem Grund hat wohl auch der englisch-walisische Gesetzgeber bei der Schaffung eines Netzzugangstatbestands für die Wasserversorgung davon abgesehen, die Marktbeherrschung als Tatbestandsmerkmal zu normieren[1111]. Aus diesen Gründen wäre ein Netzzugangstatbestand entsprechend den Vorbildern im EnWG bzw. AEG, der für jeden Fall einen gesetzlichen Zugangsanspruch normiert, die adäquatere Lösung.

bb) Diskriminierungsverbot

Die Netznutzungstatbestände erhalten ferner das Verbot der Diskriminierung eines Netznutzungspetenten[1112]. Alternativ kann dieses Prinzip in einer gesonderten Norm geregelt sein[1113]. Dementsprechend sollte sich dieser Grundsatz auch in einem WVWG wieder finden. Schließlich ist es für einen Wettbewerb

---

[1106] z.B. O2 Genion (http://www.o2online.de)

[1107] Angebote von Kabel Deutschland (http://www.kabeldeutschland.de)

[1108] RL 2002/19/EG des Europäischen Parlaments und des Rates vom 7.3.2002, ABl. EG 2002 L 108/7

[1109] vgl. hierzu auch Scherer K&R 2002, 329, 341

[1110] siehe unter Teil C: III. 3.

[1111] Section 66B Water Industry Act 1991 in der Fassung des Water Act 2003

[1112] §§ 6 I 1, 6aII 1 EnWG 1998, § 20 I 1 EnWG 2005, § 14 I 1 AEG

[1113] § 19 TKG

durch gemeinsame Netznutzung unerlässlich, dass der Netzbetreiber einen Wettbewerber so behandelt wie sich selbst und auch zwischen verschiedenen Wettbewerbern keine Ungleichbehandlung vornimmt, insbesondere in Bezug auf die Netznutzungsentgelte[1114]. Dies schließt jedoch Ungleichbehandlungen nicht gänzlich aus. Es entspricht einem allgemeinen kartellrechtlichen Prinzip, dass das Diskriminierungsverbot unter dem Vorbehalt der sachlichen Rechtfertigung steht; in begründeten Fällen darf der Netzbetreiber durchaus vom Grundsatz abweichen[1115]. In Anbetracht der sehr komplexen technischen Probleme[1116] wird in der Regel keine Durchleitung der anderen gleichen. Dennoch spielt auch hier das Prinzip der Gleichbehandlung eine maßgebliche Rolle, um sicherzustellen, dass die Unterschiede stets sachlich begründet sind und mögliche Abweichungen im Einzelfall in einem gewissen Rahmen gehalten werden.

cc) Mindestmenge

Es stellt sich darüber hinaus die Frage, ob man zumindest das erste Begehren eines bestimmten Petenten gegenüber einem bestimmten Netzbetreiber nicht an eine Mindestdurchleitungsmenge knüpfen soll. Dies würde dem möglichen Einwand Rechnung tragen, dass die für die Herstellung eines Netzanschlusses notwendigen Umbaumaßnahmen sich erst ab einer gewissen Durchleitungsmenge rentieren dürften. Auf diesem Wege ließen sich zahlreiche Streitigkeiten darüber, ob im konkreten Fall eine zu geringe Menge vorliegt, vermeiden. Auf der anderen Seite kann jedoch der notwendige Aufwand von Fall zu Fall stark variieren. So wären gerade dann hohe Kosten zu erwarten, wenn Mischungs- oder Aufbereitungsmaßnahmen ergriffen werden müssten. Die Zumutbarkeit etwa der Errichtung einer Mischungsanlage oder gar der Zonentrennung dürfte insbesondere vom Verhältnis der im Netz verteilten zu der durchzuleiten beabsichtigten Wassermenge abhängen. Eine sinnvolle, allgemeingültige Grenze ließe sich insofern kaum ziehen, gerade weil sie hier massive Unverhältnismäßigkeiten zur Folge hätte. Wählte man die Mindestmenge zu niedrig, führte dies zu unverhältnismäßigem Aufwand bei zahlreichen Netzbetreibern. Wählte man sie zu hoch, behinderte dies den Wettbewerb. Es muss deshalb den zuständigen Behörden und Gerichten überlassen bleiben, im Einzelfall die Unverhältnismäßigkeit einer zu geringen Durchleitungsmenge festzustellen.

Auch die in England und Wales nach dem Water Act 2003 für einen Versorgerwechsel erforderliche prognostizierte Mindestabnahmemenge von

---

[1114] OFWAT, MD 163, 30 June 2000, Pricing Issues for Common Carriage; Mellor, Water Law 14[2003], p. 194, 208
[1115] Gersdorf ZHR 168 (2004), 576, 603
[1116] siehe unter Teil C: VI.

50.000 m³/Jahr[1117] ist kein adäquates Vorbild. Die dortige Regierung führt als Argument für diese Regelung an, dass Haushaltskunden von einem Einheitspreis profitierten, unabhängig davon, wie aufwendig die Wassergewinnung und -aufbereitung in der jeweiligen Region ist, wohingegen die Großkunden ihre Tarife individuell aushandelten. Bei letzteren sei es mithin einfacher, Wettbewerb zu etablieren.[1118] Das Argument des Einheitspreises kann in Deutschland aufgrund der Tatsache, dass die Versorgung hauptsächlich von kommunalen Unternehmen mit individuellen Preisen übernommen wird, keine Gültigkeit beanspruchen. Das Kernproblem liegt jedoch darin, dass die Netzbetreiber auf mögliche Konkurrenz bei Großabnehmern insofern reagieren werden, als sie für diese Kundengruppe die Preise senken wird, um ein Abwandern dieser für sie so wichtigen Kunden zu verhindern. Konsequenterweise müssten sie dann die Preise für die Kunden erhöhen, die keine Möglichkeit haben, den Anbieter zu wechseln. Letztendlich würde man durch eine solche Konstruktion Kosten von den Großverbrauchern auf die Kleinkunden überwälzen.[1119] Das Ziel einer Marktöffnung ist aber nicht eine Umverteilung der Kosten von einer Kundengruppe auf die andere, sondern eine Preissenkung für alle durch Effizienzsteigerungen, auch und gerade infolge von Innovationen und Kreativität[1120]. Außerdem ist in Anbetracht des erheblichen Grades an Eigenversorgung bei der deutschen Industrie[1121] das Wettbewerbspotential dieser Verbrauchergruppe viel zu gering, als dass sich damit ein auch nur annähernd ein intensiver Wettbewerb etablieren ließe. Will man jedoch eine effektive Kontrolle der lokalen Monopole durch Wettbewerb erreichen, muss man das mögliche Wettbewerbspotential voll ausschöpfen. Folglich muss man auch für die größte Abnehmergruppe, nämlich die Haushaltskunden, Wettbewerb etablieren, zumal nicht ersichtlich ist, dass die gemeinsame Netznutzung zur Versorgung von Großkunden signifikant weniger komplex wäre und dementsprechend die Kosten auf einem merklich niedrigeren Niveau lägen.[1122] Wenn man dennoch politisch nur eine schrittweise Marktöffnung durch die Vorgabe von Mindestmengen erreichen wollte, die man durchaus damit begründen könnte, dass sich die Wasserversorgungsunternehmen an die neuen Rahmenbedingungen gewöhnen müssten, dann muss diese Grenze nach einem vorher festgelegter Zeitplan stufenweise sinken,

---

[1117] Section 17D(2) i.V.m. 17A(3)(b) Water Industry Act 1991 in der Fassung des Water Act 2003

[1118] Mellor, Water Law 14[2003], p. 194, 208

[1119] Rowson, The Design of Competition in Water, p. 5 f.; Mellor, Water Law 14[2003], p. 194, 208; Hewett, Testing the waters – The potential for competition in the Water Industry, p. 22

[1120] Mellor, Water Law 14[2003], p. 194, 209; Hewett, Testing the waters – The potential for competition in the Water Industry, p. 22

[1121] BMWi, S. 12

[1122] Scott, Competition in water supply, p. 8

damit innerhalb weniger Jahre eine volle Marktöffnung herbeigeführt werden kann[1123].

dd) Anspruch auf Nebenleistungen

Der aus dem Missbrauchstatbestand des § 19 IV Nr. 4 GWB resultierende Anspruch beinhaltet nicht nur die gemeinsame Benutzung der Rohrleitungen. Damit ein tatsächlicher Durchleitungswettbewerb erfolgen kann, muss der Petent einige weitere Leistungen in Anspruch nehmen können. Dazu gehört zunächst einmal die Netzverknüpfung, die bei der Trinkwasserversorgung mit nicht unerheblichen Problemen behaftet ist[1124]. Aber auch die Mitbenutzung von in das Netz integrierten Nebenanlagen wie Wasserspeicher, Pumpwerke etc. ist für eine funktionierende Versorgung unerlässlich[1125]. Darüber hinaus gibt es weitere Leistungen, die entweder die Wettbewerbsmöglichkeiten erweitern oder aber für einen reibungslosen Betriebsablauf sinnvoll sind. Nicht alle dieser Dienste, die vom Netzbetreiber zu erbringen wären, lassen sich aus der *essential-facilities-doctrine* herleiten, wie z.B. der Zugang zu Wasserwerken oder die Mitnutzung von Anlagen ohne gleichzeitige Benutzung des Netzes[1126]. Teilweise ergeben sich auch Schwierigkeiten in der Abgrenzung. Der Gesetzgeber sollte hier klarstellend eingreifen und die wesentlichen Nebenleistungen normieren.

Für den Gesetzgeber als regelungstechnische Orientierung bietet sich die RL 2001/14/EG[1127] zum Eisenbahnsektor an. Zwar schreibt diese Richtlinie keinen Netzzugang vor; sie regelt jedoch die Netzzugangsbedingungen, falls sich ein Land für eine Marktöffnung entschieden hat[1128]. Art. 5 i.V.m. Anlage II RL 2001/14/EG normiert diejenigen Leistungen, die der Netzbetreiber gegenüber dem Netzzugangspetenten zu erbringen hat. Dabei wird differenziert nach einem Mindestzugangspaket, das in jedem Fall gewährt werden muss (Art. 5 I 1 i.V.m. Anlage II Nr. 1), dem Zugang zu Serviceeinrichtungen, der nur dann verweigert werden kann, wenn vertretbare Alternativen unter Marktbedingungen vorhanden sind (Art. 5 I 2 i.V.m. Anlange II Nr. 2), der Gewährung von Zusatzleistungen, die der Netzbetreiber nur dann auf Antrag erbringen muss, wenn er solche Leistungen anbietet (Art. 5 II i.V.m. Anlage II Nr. 3), und

---

[1123] Hewett, Testing the waters – The potential for competition in the Water Industry, p. 22
[1124] siehe unter Teil C: VI: 2. u. 3.
[1125] siehe unter Teil C: IV. 1. b)
[1126] siehe unter Teil C: IV. 2.
[1127] RL 2001/14/EG des Europäischen Parlaments und des Rates vom 26.2.2001, ABl. EG 2001 L 75/29
[1128] Gersdorf ZHR 168 (2004), 576, 596

schließlich dem Erbringen von Nebenleistungen, zu denen keinerlei Verpflichtung besteht (Art. 5 III i.V.m. Anlage II Nr. 4).

Eine ähnliche Kategorisierung in vier Stufen könnte der Gesetzgeber auch bzgl. des Zugangs zu Nebenleistungen der Wasserversorgung vornehmen. Der folgende Katalog und die zugehörige Einordnung stellen lediglich einen Vorschlag dar, der keinen Anspruch auf Vollständigkeit und Richtigkeit erhebt:

α) Kategorie 1: zwingend zu gewährende Leistungen

Zu jeder Durchleitung gehört zunächst einmal die Netzverknüpfung, die ggf. mit einer kontrollierten Mischung und Aufbereitung verbunden ist[1129]. Der Durchleitungspetent müsste gegenüber dem Netzbetreiber einen Anspruch auf Bau und Betrieb dieser Anlagen haben. Zudem ist die Eröffnung des Zugangs zu Anlagen wie Wasserspeicher und Pumpwerken stets erforderlich, da anderenfalls ein bedarfsgerechter Transport zum Kunden nicht möglich wäre. Ferner misst der Netzbetreiber den Verbrauch, auch von den Kunden des Petenten, damit eine Bilanzierung der Wassermengen erfolgen kann. Ebenso kontrolliert er die Wasserqualität. Der Petent hätte ein berechtigtes Interesse an der Mitteilung dieser Daten, zumindest sofern sie für seine Abnehmer relevant wären, so dass auch entsprechende Informationspflichten bestünden.

β) Kategorie 2: zu gewährende Leistungen, sofern keine Alternative besteht

Aus ökonomischer, aber auch aus technischer Sicht könnte es teilweise durchaus sinnvoll, im Falle der Zonentrennung sogar systembedingt notwendig sein, dass die Unterschiedsmengen zwischen Einspeisung des Petenten und der Entnahme seiner Kunden nicht real ausgeglichen werden, sondern der Petent die vom Netzbetreiber bereitgestellten Mengen bezahlt[1130]. Insofern gehört die Bereitstellung von Fehlmengen zu den Leistungen, die der Netzbetreiber zu erbringen hat, wenn es keine mögliche und zumutbare Alternative gibt.

Die Frage, ob auch ein Anspruch auf Mitbenutzung der Wasserwerke bestehen soll, kann nur der Gesetzgeber beantworten. Die britische Wettbewerbsbehörde OFT (Office of Fair Trading) und die Regulierungsbehörde für den Wassersektor OFWAT (Office of Water Services) haben dies aus ökonomischer Sicht durchaus für sinnvoll befunden[1131], wenn auch der Gesetzgeber dieser Ansicht im Water Act 2003 nicht gefolgt ist. Jedenfalls normiert Section 66B Water

---

[1129] siehe unter Teil C: VI. 3.

[1130] siehe unter Teil C: VI. 4. c)

[1131] OFWAT and OFT, Competition Act 1998 – Application in the Water and Sewerage Sectors, 31 January 2000, № 4.16

Industry Act 1991[1132] keinen Anspruch auf Zugang zu Wasserwerken[1133]. Letztendlich stellt sich ein ähnliches Problem wie im Eisenbahnsektor bzgl. des Rollmaterials. Auch bei Lokomotiven und Wagons handelt es sich nicht um wesentliche Infrastruktureinrichtungen. Allerdings sind neue Wettbewerber zu Beginn einer Liberalisierungsphase auf Rollmaterial der etablierten Bahnen angewiesen.[1134] Der deutsche Gesetzgeber könnte sich deshalb im Wassersektor dafür entscheiden, eine Mitbenutzungsverpflichtung für Wasserwerke zu normieren, der sich der Betreiber nur dann entziehen könnte, wenn für den Petenten vertretbare Alternativen unter Marktbedingungen vorhanden wären. Hierbei müsste allerdings – anders als bei der Frage der Duplizierbarkeit im Rahmen der *essential-facilities-doctrine*[1135] – die subjektive Leistungsfähigkeit ohne Einschränkung der Maßstab sein, da anderenfalls ein Anspruch in kaum einem denkbaren Fall bestünde[1136].

γ) Kategorie 3: freiwillige Leistungen mit Diskriminierungsverbot

Sollte der Gesetzgeber sich gegen einen generellen Zugang zu Wasserwerken entscheiden, so wäre es sinnvoll, dem Betreiber doch zumindest entsprechend der dritten Kategorie (Art. 5 II RL 2001/14/EG) ein Diskriminierungsverbot aufzuerlegen, sofern er die Einrichtung für Dritte eröffnet hat. Dies würde in jedem Fall zur Einhaltung des Diskriminierungsverbots aus § 20 I GWB beitragen.

Es kann durchaus Situationen geben, in denen der Petent zusätzliche Wassermengen vom Netzbetreiber benötigt, damit er seinen Versorgungspflichten nachkommen kann. Hierbei geht es zum einen um Ausgleichsmengen für Wasserverluste, die der Petent grundsätzlich entsprechend seinem Anteil an der insgesamt im Netz angenommenen Menge zusätzlich einspeisen muss. Zum anderen kann er auf den Zukauf angewiesen sein, um einen Großkunden sicher versorgen zu können. Dies gilt insbesondere dann, wenn seine Wasserressourcen zu bestimmten Jahreszeiten bei bestimmten Wetterbedingungen nicht zur Verfügung stehen, etwa während längerer Trockenheit im Sommer oder bei Hochwasser.[1137] Auf diese Leistungen, die eher einer Lieferverpflichtung entsprechen, dürfte mit Sicherheit kein Anspruch bestehen. Allerdings sollte der

[1132] Water Industrie Act 1991 in der Fassung des Water Act 2003
[1133] OFWAT, Guidance on Access Codes, June 2005, p. 9
[1134] Monopolkommission, 14. Hauptgutachten 2000/2001, Tz. 821
[1135] siehe unter Teil C: III. 4. a) bb)
[1136] siehe unter Teil C: IV. 2.
[1137] OFWAT, Access Codes for Common Carriage – Guidance, March 2002, p. 26 ff.; Grombach/Haberer/Merkl/Trüeb, Handbuch der Wasserversorgungstechnik, S. 227

Gesetzgeber auch hier den Netzbetreiber explizit mit dem Diskriminierungsverbot für den Fall belegen, dass er solche ergänzenden Leistungen anbietet.

Ferner dürften teilweise auch die Übernahme der Rechnungserstellung oder des Inkasso durch den Netzbetreiber im Interesse des Petenten liegen. Ein Anspruch darauf dürfte jedoch nicht bestehen.

δ) Kategorie 4: rein freiwillige Leistungen

Die Mitbenutzung von Pumpanlagen und Wasserspeichern ohne gleichzeitige Netzbenutzung dürfte hingegen für einen Dritten eher uninteressant sein, weshalb der Gesetzgeber diese Fälle zweifellos als Nebenleistungen definieren könnte, auf die keinerlei Anspruch besteht. Es ist hier überaus fraglich, ob diese Fälle erwähnenswert wären. Ebenfalls in Kategorie 4 könnten Planungs- oder Wartungsleistungen des Netzbetreibers für die Anlagen des Petenten eingeordnet werden.

b) Verweigerungsgründe

Sowohl nach den §§ 6 I 2, 6a II 2 EnWG 1998 als auch nach § 20 II 1 EnWG 2005 kann der Netzbetreiber eine Durchleitung verweigern, wenn er nachweist, dass die geplante gemeinsame Netznutzung aus betriebsbedingten oder sonstige Gründen unmöglich oder unzumutbar ist. Dies entspricht weitgehend der Formulierung in § 19 IV Nr. 4 GWB. Es konnte bereits dargelegt werden, dass die in § 19 IV Nr. 4 GWB vorgesehenen Verweigerungsmöglichkeiten den Netzbetreiber grundsätzlich in die Lage versetzen, seine Interessen an der Integrität des Netzes und einer guten Trinkwasserqualität wahren zu können[1138]. Insofern bietet sich auch eine entsprechende Formulierung der Verweigerungsgründe für den Netzzugangstatbestand in einem Wasserversorgungswirtschaftsgesetz an. Dies gilt insbesondere für den Fall, dass sich der Gesetzgeber dafür entscheidet, auf den Missbrauchstatbestand des § 19 GWB zurückzugreifen, um möglichen Widersprüchen zwischen WVWG und GWB vorzubeugen. Man muss jedoch berücksichtigen, dass mit der vorgeschlagenen Streichung des Ausnahmebereichs in § 103 GWB a.F. zahlreiche Verweigerungsmöglichkeiten wegfallen[1139]. Insbesondere sollten gerade in der Wasserversorgungswirtschaft auch staatliche Interessen eine Verweigerung begründen können. Schließlich berühren gerade Auswirkungen auf den Wasserhaushalt unmittelbar die Interessen vieler Menschen in den Wasserentnahmeregionen. Man denke nur etwa an die Landwirtschaft. Zudem muss man bedenken, dass das Trinkwasser Lebensmittel Nr. 1 ist und es zudem zu hygienischen Zwecken eingesetzt wird. Die

---

[1138] siehe unter Teil C: VI. und VII.
[1139] siehe unter I. 2.

oben zitierten Regelungen im alten und neuen EnWG nehmen auf die in § 1 EnWG normierten Ziele Bezug. Nach § 1 EnWG 1998 sind dies „eine möglichst sichere, preisgünstige und umweltverträgliche leitungsgebundene Versorgung mit Elektrizität und Gas im Interesse der Allgemeinheit". In § 1 I EnWG 2005 wird dieser Katalog ergänzt um die Verbraucherfreundlichkeit und Effizienz. Gleichzeitig führt § 1 II EnWG 2005 das Ziel der Sicherstellung eines wirksamen und unverfälschten Wettbewerbs ein, so dass im Ergebnis stets eine Abwägung zwischen den in Absatz 1 und den in Absatz 2 genannten Zielen zu erfolgen hat. Aufgrund der vielen staatlichen Interessen, die im Wassersektor einen Verweigerungsgrund darstellen können, wäre es durchaus sinnvoll, diese im EnWG 2005 vorgegebene Konstruktion, dass die Interessen des Staates an einer sicheren, preisgünstigen, verbraucherfreundlichen, effizienten und umweltfreundlichen Versorgung eine Durchleitungsverweigerung rechtfertigen, wenn sie das Interesse an einem wirksamen und unverfälschten Wettbewerb überwiegen. Gleichwohl sollte der Katalog der staatlichen Interessen bei der Wasserversorgung um zwei weitere wesentliche Punkte erweitert werden. Dies wäre zum einen eine angemessene Steuerung des Wasserhaushalts, quasi als Sonderfall der Umweltfreundlichkeit. Zum anderen sollte auch das Ziel der Erhaltung der Volksgesundheit oder – etwas moderner formuliert – der Gesundheit der Verbraucher in eine entsprechende Norm aufgenommen werden, um der Bedeutung des Trinkwassers für die Ernährung und Hygiene des Menschen gerecht zu werden.

Neben der angesprochenen Orientierung am EnWG sollten jedoch noch einige weitere Besonderheiten der Trinkwasserversorgung bei der Formulierung der Verweigerungsmöglichkeiten Niederschlag in entsprechenden Vorschriften finden. So sollte klargestellt werden, dass eine Verweigerung dann gerechtfertigt ist, wenn bei einem konkreten Durchleitungsvorhaben die Nichteinhaltung der Trinkwasserverordnung zu befürchten ist. Eine entsprechende Verweisung wäre insbesondere dann sinnvoll, wenn die Trinkwasserverordnung in der vorgeschlagenen Weise an die Bedürfnisse des Wettbewerbs angepasst würde[1140]. Damit hätte man gleichzeitig die trinkwasserhygienischen Probleme einer gemeinsamen Netznutzung bewältigt.

Zudem ist bereits das Problem der rein subjektiven Qualitätsbeeinträchtigungen genannt worden. Es wurde dazu bereits ausgeführt, dass, solange sich der Gesetzgeber nicht klar für eine Marktöffnung entschieden hätte, der Netzbetreiber eine konkrete Durchleitung dann ablehnen dürfte, wenn die einem Kunden vertraglich zugesicherte Qualität deshalb nicht mehr eingehalten werden könnte

---

[1140] siehe unter V.

und dieser auf die beschriebene Qualität angewiesen wäre[1141]. Mit der Abschaffung des § 103 GWB a.f. hätte er sich allerdings für eine Marktöffnung entschieden. Insofern müsste die Frage erneut bewertet werden, ob eine subjektive Qualitätsbeeinträchtigung eine Durchleitungsverweigerung rechtfertigte. Hier dürfte es dem Gesetzgeber obliegen, sich politisch zu entscheiden, ob er in solchen Fällen den berechtigten Interessen der Vertragspartner oder dem Wettbewerb den Vorrang gewähren wollte.

Ein Wechsel in der Beschaffenheit des Trinkwassers kann zahlreiche umstellungsbedingte Probleme wie Trübungen oder mikrobielle Belastungen mit sich bringen. Deshalb sollten Wechsel so selten wie möglich vollzogen werden, Durchleitungsbeziehungen möglichst langfristig eingegangen werden.[1142] Wollte man hieraus konkrete Maßstäbe ableiten, so gelangte man zu der Frage, ob ein Netzbetreiber ein Durchleitungsbegehren mit der Begründung ablehnen könnte, dass durch eine seit kurzem begonnene Durchleitungsbeziehung die Wasserqualität vorübergehend gemindert worden sei und durch eine mit dem Begehren verbundene, erneute zeitweilige qualitative Verschlechterung für die Abnehmer nicht hinnehmbar wäre. Aus der Sicht des Verbraucherschutzes wird man dem Einwand des Netzbetreibers folgen müssen. Jedoch dürfte der Gesetzgeber nicht umhin kommen zu definieren, welche Zeitspanne zwischen zwei Veränderungen der Beschaffenheit unzumutbar und welche zumutbar wäre. Dabei müsste ebenfalls berücksichtigt werden, wie viele der Abnehmer überhaupt von den vorübergehenden Verschlechterungen betroffen wären. An dieser Stelle handhabbare Kriterien zu entwickeln, dürfte Aufgabe des Gesetzgebers sein, weil es letztendlich auch seinen Interessen diente.

2. Durchsetzung des Durchleitungsanspruchs

Ob sich mit dem Recht zum Netzzugang auch tatsächlich ein Wettbewerb im Wassermarkt etablieren würde, hängt entscheidend davon ab, wie wirksam dieses Recht durchgesetzt werden kann. Grundsätzlich gibt es zwei Wege der Durchsetzung: einen behördlichen und einen zivilgerichtlichen. In Bezug auf die behördliche Durchsetzung wird sich zunächst die Frage stellen, ob es sinnvoll ist, für den Wassermarkt eine Regulierungsbehörde einzurichten oder es bei den Missbrauchskontrollbefugnissen des Kartellamtes und der Klagemöglichkeit zu belassen. Sollte sich der Gesetzgeber für eine Regulierung entscheiden, werden die Ausgestaltung der Aufgaben und Befugnisse einer Regulierungsbehörde eine wichtige Rolle spielen. Zudem wäre noch zu klären, ob es nach dem Verfassungsrecht eine bundeseinheitliche Regulierungsbehörde

---

[1141] siehe unter Teil C: VI. 3. c) bb) α)
[1142] siehe unter Teil C: VI. 3. d)

geben könnte oder die Länder ebenfalls Regulierungsaufgaben an eigene Behörden übertragen können müssten.

a) Behördliche Durchsetzung

Eine behördliche Eingriffsmöglichkeit weist in der Regel den Vorteil auf, dass der Amtsermittlungsgrundsatz gilt[1143], also im Unterschied zu einer Zivilklage der Petent nicht sämtliche anspruchsbegründenden Tatsachen beweisen muss[1144]. Gerade wenn es erforderlich sein sollte, dass staatlicherseits die Bedingungen der Privatrechtsbeziehung zwischen Netzbetreiber und Petent gestaltet werden müssen, dürften die Gerichte mangels fachlicher Kompetenz überfordert sein[1145]. Insofern wird außer Frage stehen, dass neben die Klagemöglichkeit die Eingriffsermächtigung einer Behörde treten muss. Allerdings darf man nicht übersehen, dass bereits nach § 19 IV Nr. 4 i.V.m. § 32 GWB eine nachträgliche kartellbehördliche Missbrauchskontrolle möglich wäre.

aa) Vorbilder in anderen liberalisierten Märkten

Im EnWG 1998 hat man auf die Einrichtung einer mit entsprechenden Kompetenzen ausgestatteten Regulierungsbehörde verzichtet und auf die Kompetenzen der Kartellbehörden im Zusammenhang mit den neben dem EnWG anwendbaren §§ 19, 20 GWB verwiesen. Die Regelung angemessener Vertragsbedingungen überließ man den jeweils zuständigen Interessenverbänden im Wege der Einigung auf Verbändevereinbarungen. Dieses System erwies sich insbesondere im Hinblick auf das Vorgehen gegen überhöhte Netznutzungsentgelte als wenig effektiv[1146]. Ein anderer Weg wurde von vornherein im Telekommunikationssektor beschritten. Die Regulierungsbehörde war nach § 33 II TKG 1996 befugt, auch den Netzzugangsanspruch aus § 35 I TKG 1996 durchzusetzen[1147]. Diese Kompetenz besteht gemäß § 25 TKG nach der Neufassung fort. Auch die Rechtslage im Energierecht ist im Wandel. Die §§ 30 I Nr. 1, II und 31 EnWG 2005 verleihen der mit diesem Gesetz erweiterten ehemaligen Regulierungsbehörde für Telekommunikation und Post Anordnungsbefugnisse, mit denen sie das Recht auf gemeinsame Netznutzung zu angemessenen Bedingungen effektiv durchsetzen und damit tatsächlichen Wettbewerb ermöglichen kann. Allerdings

---

[1143] § 57 I GWB; § 128 I TKG; § 78 I EnWG 2005
[1144] Monopolkommission, 14. Hauptgutachten 2000/2001, Tz. 738
[1145] Monopolkommission, 14. Hauptgutachten 2000/2001, Tz. 753
[1146] Die Monopolkommission (14. Hauptgutachten 2000/2001, Tz. 869 ff.) schlägt insoweit die Einführung einer Entgeltregulierung vor, weil ihrer Auffassung nach das vom Bundeskartellamt angewendete Vergleichsmarktkonzept daran scheiterte, dass das Netznutzungsentgeltniveau insgesamt zu hoch war.
[1147] OVG Münster MMR 1998, 98 f.

bestehen diese Befugnisse im Rahmen eines spezialgesetzlichen Missbrauchs-tatbestands[1148]. Im Bereich des Eisenbahnrechts bestand schon nach § 14 IIIa 1 AEG 1994[1149] die Möglichkeit für das Eisenbahnbundesamt, den Netzzugangs-anspruch durchzusetzen. Nach § 14c I AEG 2005 ist diese Befugnis auf die neue Regulierungsbehörde, die sog. „Bundesnetzagentur für Elektrizität, Gas, Telekommunikation, Post und Eisenbahnen", übergegangen. Die Regulierungs-behörde wurde dabei mit einer Reihe von neuen Kompetenzen ausgestattet (§§ 14b-14f AEG 2005). In allen angesprochenen Sektoren besitzt die Regulie-rungsbehörde die Möglichkeit, über wesentliche Vertragsbedingungen bereits *ex ante* zu entscheiden[1150].

bb) Regulierung ja oder nein?

Eine wesentliche Kernfrage, die sich der Gesetzgeber zu stellen haben wird, ist die, ob er eine nachträgliche Missbrauchskontrolle nach § 19 IV Nr. 4 i.V.m. § 32 GWB durch die Kartellbehörden für ausreichend hält, um eine Marktöff-nung vorzunehmen. Nach Ansicht der Monopolkommission[1151] weist die allgemeine Missbrauchskontrolle bzgl. der gemeinsamen Benutzung einer wesentlichen Einrichtung einige Schwächen auf. So fehlen dem Kartellrecht detaillierte Vorgaben für eine Kostenanalyse. Ebenso werden die Unternehmen nicht zu einer getrennten Buchführung – separat für den Netzbetrieb einerseits und Produktion und Vertrieb andererseits – wie beim Unbundling verpflichtet. Auch die technischen Modalitäten, insbesondere die Qualitätssicherung, kann eine Kartellbehörde mit den herkömmlichen Methoden nur unzureichend beurteilen. Außerdem besteht nicht die Möglichkeit, Anreizsysteme zur Steige-rung der Effizienz der einzelnen Unternehmen zu entwickeln. Diese Probleme lassen sich auch nicht durch korporatistische Lösungen wie z.B. die Verbände-vereinbarungen im Strom- und Gassektor lösen, weil diese letztendlich nur einen Interessenausgleich zwischen Petenten und Netzbetreibern suchen, nicht jedoch unbedingt die Interessen Dritter wie der Verbraucher oder des Staates im Blick haben. Auf der anderen Seite sieht die Monopolkommission[1152] jedoch auch, dass nicht für jeden Fall der *essential-facilities-doctrine* eine Regulierung sinnvoll ist. Eine solche sei nur in solchen Anwendungsbereichen adäquat, bei denen es um stetige und zentrale branchenspezifische Netzzugangsprobleme gehe, nicht jedoch in Fällen, in denen die Zugangsbedürfnisse stärker partikulä-rer Natur sind. Das Problem bei der Trinkwasserversorgung liegt darin, dass

---

[1148] Baur RdE 2004, 277, 279

[1149] eingeführt seit 1.7.2002 (Zweites Gesetz zur Änderung einsenbahnrechtlicher Vorschrif-ten, Art. 1 Nr. 10, BGBl. I 2002, S. 2191, 2193)

[1150] §12 TKG; § 29 I EnWG 2005; § 14e AEG 2005

[1151] Monopolkommission, 14. Hauptgutachten 2000/2001, Tz. 740-745 und 757-764

[1152] Monopolkommission, 14. Hauptgutachten 2000/2001, Tz. 886

281

man im Vorhinein noch gar nicht sagen kann, in welcher Häufigkeit es in diesem Sektor überhaupt zu einer gemeinsamen Netznutzung kommen wird. Gerade die besonderen hydraulischen und trinkwasserhygienischen Probleme einer gemeinsamen Netznutzung verbieten geradezu schematische Lösungen. Insofern könnte es auch für diesen Sektor u.U. zumindest in der Anfangsphase angebracht sein, die Instrumente der Missbrauchskontrolle zu verfeinern und anhand konkreter Fälle eine Spruchpraxis zu entwickeln.[1153] Zudem darf man nicht außer Acht lassen, dass die Regulierung hohe Kosten verursacht. Bzgl. der einzelnen Regulierungsinstrumente sollte man stets Kosten und möglichen Nutzen analysieren.[1154]

Wenn man jedoch staatlicherseits den Wassermarkt für tatsächlichen Wettbewerb öffnen will, damit in möglichst vielen Netzbereichen Wettbewerb stattfinden kann, wird die reine Missbrauchskontrolle nicht ausreichen. Der Inhaber einer wesentlichen Einrichtung hat schließlich ein natürliches Interesse daran, Dritte von der Mitbenutzung fernzuhalten; er wird seine Monopolmacht mit viel Phantasie in diesem Sinne nutzen[1155]. Will der Staat effektiv Zugangsmöglichkeiten schaffen, muss er aktiv werden und gezielt in die privatrechtlichen Beziehung zwischen Netzbetreiber und Petenten eingreifen, die Bedingungen und Entgelte vorgeben[1156]. Gerade auch die Gremien der EU haben in Bezug auf die Liberalisierung sowohl des Telekommunikations- als auch des Energiesektors deutlich gemacht, dass eine behördliche Regulierung den Netzzugang zu angemessenen Bedingungen und Preisen sicherstellen und damit für einen effektiven Wettbewerb sorgen soll[1157]. Die behördliche Regulierung des Netzzugangs zählt insofern zu einem Standardinstrument bei der Öffnung monopolistisch strukturierter Märkte. Sie dürfte deshalb auch als wesentlicher Baustein der Liberalisierung des Wasserversorgungssektors unverzichtbar sein.

cc) Übertragung von Regulierungsaufgaben

α) Übertragung der Regulierung auf die Bundesnetzagentur

Wenn im Rahmen einer Marktöffnung eine Regulierung erfolgen soll, stellt sich zunächst die Frage, wer für die Übernahme dieser Aufgabe am geeignetsten ist. Grundsätzlich kämen hierfür die Kartellbehörden in Betracht. Man muss jedoch berücksichtigen, dass sich die angestrebte Regulierung aufgrund ihres interven-

---

[1153] Hewett, Testing the waters – The potential for competition in the Water Industry, p. 17
[1154] Hewett, Testing the waters – The potential for competition in the Water Industry, p. 24
[1155] Monopolkommission, 14. Hauptgutachten 2000/2001, Tz. 880
[1156] Monopolkommission, 14. Hauptgutachten 2000/2001, Tz. 802
[1157] Erwägungsgrund 6 RL 2002/19/EG (Zugangsrichtlinie); Erwägungsgrund 15 RL 2003/54/EG (Beschleunigungsrichtlinie Elektrizität); Erwägungsgrund 13 RL 2003/55/EG (Beschleunigungsrichtlinie Erdgas)

tionistischen Charakters grundlegend von der wettbewerbspolitischen Aufgabe der Kartellbehörden unterscheidet[1158]. Während diese sich grundsätzlich auf Verbote beschränkt, die Gestaltung jedoch weitestgehend den privaten Akteuren überlässt, greift jene direkt in die privatrechtlichen Beziehungen zwischen Netzbetreibern und Petenten ein, indem sie die Bedingungen des Netzzuganges vorgibt[1159]. Um auch dem Einzug von regulatorischem Denken in die Wettbewerbsbehörden vorzubeugen, ist eine institutionelle Trennung erforderlich. Gleichwohl birgt die Schaffung einer eigenen Regulierungsbehörde nur für den Wassermarkt, wie in England und Wales mit der Einrichtung von OFWAT geschehen, wiederum das Risiko eines sog. *„regulatory capture"*. Dieses Phänomen beschreibt die Möglichkeit der Monopolisten, in unangemessener Weise ihre Interessen gegenüber der Regulierungsbehörde durchzusetzen, weil sie als homogener Kreis leicht eine wirksame Lobby bilden können. Durch langjährigen engen Kontakt zwischen Behörde und Regulierten kommt es zudem zu einer schleichenden Einflussnahme auf die Mitarbeiter der Behörde.[1160] Deshalb wäre es durchaus sinnvoll, nicht eine eigene Regulierungsbehörde zu gründen, sondern diese Aufgabe der „Bundesnetzagentur für Elektrizität, Gas, Telekommunikation, Post und Eisenbahnen" anzugliedern[1161]. Auf diese Weise könnte auch das Wissen aus den schon liberalisierten Sektoren für die Wasserversorgungsbranche nutzbar gemacht werden.

β) Kompetenzen von Landesregulierungsbehörden

In dem Zusammenhang stellt sich auch die Frage, ob es in einem föderalistisch organisierten Staat wie der Bundesrepublik Deutschland nicht sinnvoll wäre, den Ländern gewisse Regulierungsaufgaben zukommen zu lassen[1162]. Möglich wäre eine § 48 GWB vergleichbare Regelung, die dem Bundeskartellamt – in einem WVWG also der Bundesnetzagentur – die Regelungsbefugnis nur für die Fälle gibt, in denen die Wirkung des wettbewerbsbeschränkenden Verhaltens über das Gebiet eines Landes hinausreicht. Aufgrund der aktuellen Struktur auf dem Wassermarkt würden in der Folge allenfalls ein Teil der Fernwasserversorger, nämlich die Unternehmen, deren Leitungsnetz die Grenzen eines Bundeslandes überschreitet, unter die Administration der Regulierungsbehörde des Bundes fallen. Ihr fehlte es damit an den notwendigen Referenzfällen. Auch eine Regelung, die die Fernwasserversorgung der Bundesadministration unterstellte, würde aufgrund der lokal orientierten Netzstrukturen die meisten Unternehmen der Regulierung durch die Landesbehörden überlassen. Da zu

---

[1158] Monopolkommission, 14. Hauptgutachten 2000/2001, Tz. 797
[1159] Monopolkommission, 14. Hauptgutachten 2000/2001, Tz. 802
[1160] Monopolkommission, 14. Hauptgutachten 2000/2001, Tz. 796
[1161] so auch Salzwedel N&R 2004, 36
[1162] Büdenbender RdE 2004, 284, 298 f.

Beginn der Liberalisierung ohnehin nur mit wenig Wettbewerb zu rechnen ist, gäbe es auch bei dieser Aufgabenabgrenzung zu wenige Referenzfälle für den Bund, um eine einheitliche Marktordnung durchzusetzen.

Das neue EnWG sieht die Zuständigkeit einer Landesregulierungsbehörde für Unternehmen vor, die weniger als 100.000 Kunden unmittelbar oder mittelbar versorgen und deren Netz keine Landesgrenze überschreitet (§ 54 II EnWG 2005). Eine vergleichbare Regelung wäre auch für den Wasserversorgungssektor denkbar. Allerdings sollte die Kundengrenze geringer sein als im Strom- und Gasbereich, weil die Unternehmen in der Regel wesentlich kleiner sind. Zumindest sollten die Großstadtnetze sämtlichst der Regulierung durch eine Bundesbehörde unterfallen, um genügend Referenzmärkte für einheitliche Entscheidungen zu schaffen. Dementsprechend sollte der Grenzwert so gewählt werden, dass eine Stadt ab einer Größe von 100.000 Einwohnern nicht mehr der Regulierung durch eine Landesbehörde unterläge. Daneben sollte zwingend vorgeschrieben werden, dass die Regulierungsaufgabe für den Wassersektor den bestehenden Landesregulierungsbehörden für den Energiebereich übertragen wird, um auch auf Länderebene eine Bündelung von Kompetenzen bei gleichzeitiger Unabhängigkeit von den Landeskartellbehörden zu ermöglichen.

γ) Kompetenzen von Umwelt- und Gesundheitsbehörden

Insbesondere für die Bundesregulierungsbehörde ergibt sich noch ein weiteres Problem. Im Gegensatz zu den anderen liberalisierten Sektoren kann eine gemeinsame Netznutzung in der Trinkwasserversorgung zu ökologischen sowie zu trinkwasserhygienischen Problemen führen. Eine Regulierungsbehörde ist jedoch immer noch eine Wettbewerbsbehörde. Den naturwissenschaftlich-technischen Sachverstand wird sich ein Regulierer bei den zuständigen Umwelt- und Gesundheitsbehörden – letztere sind zuständig für die Einhaltung der Trinkwasserverordnung – einholen müssen. Bei den regulierungsbehördlichen Entscheidungen müssten die Stellungnahmen dieser Fachbehörden die gebotene Berücksichtigung finden. Sicherlich könnten ökologische Bedenken zugunsten von Wettbewerbsinteressen in beschränktem Umfang „weggewogen" werden. Allerdings wäre es kaum vorstellbar und gegenüber der Öffentlichkeit nicht zu vermitteln, sollte die Regulierungsbehörde entgegen trinkwasserhygienischer Bedenken der Gesundheitsbehörde Maßnahmen treffen. Aufgrund dieses erheblichen Einflusses findet eine Vermischung von ökonomischer und ökologisch-hygienischer Regulierung statt[1163]. In England und Wales hat man neben OFWAT zwei zentrale Behörden geschaffen, die für die Kontrolle des Wasser-

---

[1163] Robinson, Moving to a competitive market in water, in: Robinson, Utility Regulation and Competition Policy, p. 44, 55

versorgungssektors zuständig sind[1164]: Dies ist zum einen das *Drinking Water Inspectorate*, zuständig für die Trinkwassergüte. Diese Behörde hat auch Richtlinien für die technischen und trinkwasserhygienischen Fragen der gemeinsamen Netznutzung herausgegeben[1165]. Zum anderen handelt es sich um die *Environment Agency*, die für die Nutzung und Erhaltung der Wasserressourcen zuständig ist. In Deutschland hingegen ergäbe sich hierbei ein Problem durch den Föderalismus: Sowohl die Umwelt- als auch die Gesundheitsbehörden sind – unabhängig davon, ob sie Bundes- oder Landesrecht exekutieren – Landesbehörden. Das Wasserhaushaltsgesetz des Bundes ist nur ein Rahmengesetz. Die Wasserbehörden der Länder führen daher Landesrecht aus, stehen also nicht unter der Rechtsaufsicht des Bundes. Die Gesundheitsämter handeln ebenfalls als Landesbehörden in eigener Angelegenheit[1166], unterliegen damit nur einer Rechtsaufsicht des Bundes, nicht jedoch der Fachaufsicht. Zudem sind sie in der Regel bei den Landkreisen angesiedelt[1167]. Dementsprechend häufig sind mehrere Landkreise für die Überwachung eines Fernwasserversorgers zuständig. Lediglich das Umweltbundesamt kann inhaltliche Vorgaben für die Vorbeugung, Erkennung und Verhinderung der Weiterverbreitung von durch Wasser übertragbaren Krankheiten machen (§ 40 IfSG). In der Folge könnte die Regulierungsbehörde des Bundes vor dem Problem stehen, dass bestimmte Konstellationen von gemeinsamen Netznutzungen von den Fachbehörden jeweils unterschiedlich gesehen werden, wodurch die Bundesnetzagentur faktisch zu unterschiedlichen Entscheidungen bei vergleichbaren Sachverhalten gezwungen wäre, nur weil sich die Versorgungsnetze in verschiedenen Ländern befinden und damit den Zuständigkeiten von unterschiedlichen Umwelt- oder Gesundheitsbehörden unterliegen. Denn die Landesbehörden hätten immer noch Mittel an der Hand, das Vorhaben zu unterbinden. So könnten die Wasserbehörden Bewilligungen einschränken oder nicht verlängern. Gesundheitsämter könnten den Versorgungsbetrieb untersagen. Eine Steuerung könnte seitens des Bundes nur über Empfehlungen des Umweltbundesamtes gemäß § 40 IfSG erfolgen. Andere Eingriffsmöglichkeiten hat der Bund in diesem Bereich nicht. Es bliebe abzuwarten, ob einzelne Landesbehörden in der Praxis Maßnahmen treffen werden, die die Entscheidungen der Bundesnetzagentur konterkarieren.

[1164] BMWi, S. 27

[1165] Drinking Water Inspectorate: Information Letter 6/2000 – 11 February 2000

[1166] Bachmann, Aufbau und Funktion des Öffentlichen Gesundheitswesens, in: Bachmann (u.a.), Das Grüne Gehirn – Der Arzt des öffentlichen Gesundheitswesens, A 4 S. 10

[1167] Bachmann, Aufbau und Funktion des Öffentlichen Gesundheitswesens, in: Bachmann (u.a.), Das Grüne Gehirn – Der Arzt des öffentlichen Gesundheitswesens, A 4 S. 14

dd) Aufgaben einer Regulierungsbehörde

Die Aufgaben einer Regulierungsbehörde werden bestimmt durch den Regulierungsgegenstand (Was wird reguliert?) sowie durch die Regulierungsmethode (Wie wird reguliert?).

α) Regulierungsgegenstand

Das zentrale Element der Marktöffnung bildet der Netzzugangstatbestand. Es obliegt der Regulierungsbehörde sicherzustellen, dass dieses Recht eines Konkurrenten nicht in ungerechtfertigter Weise verweigert wird. Außerdem wacht sie über die Modalitäten der gemeinsamen Netznutzung, damit ein Netzbetreiber nicht auf diesem Wege einen Wettbewerber behindern kann. Hierbei geht es um Fragen des Netzanschlusses, der Netznutzungsentgelte und der sonstigen Vertragsbedingungen wie z.B. Ausgleich von Fehlmengen oder hygienische Anforderungen[1168].

β) Regulierungsmethode

Es gibt prinzipiell zwei verschiedene Regulierungsmethoden. Die eine Methode basiert auf der Genehmigung oder Festsetzung einzelner Vertragsbedingungen, insbesondere von Netznutzungsentgelten, im Voraus[1169]. Der Vorteil hierbei liegt darin, dass die Regulierungsbehörde Informationen über die Kostenstruktur des Unternehmens bereits im vorab erhält und darauf basierend ein Modell zur Preisbestimmung festlegen kann. Bei sachgerechter behördlicher Prüfung scheint damit die Forderung unangemessener Netznutzungsbedingungen und -entgelte ausgeschlossen. Daher ist ein Genehmigungsverfahren insbesondere für Netztarife aus Gründen der Rechtssicherheit grundsätzlich vorzugswürdig[1170]. In §§ 30 ff. TKG wurde deshalb ein solches Verfahren für die Netznutzungstarife etabliert. Auch das neue EnWG sieht zunächst die *ex ante*-Genehmigung von Netznutzungsentgelten vor (§ 23a EnWG 2005), bis die Bundesregierung eine Anreizregulierung[1171] entwickelt und mit Zustimmung des Bundesrates eine entsprechende Verordnung nach § 21a VI EnWG 2005 erlassen hat.

Das Problem einer solchen einzelfallbezogenen *ex ante*-Regulierung ist allerdings der enorme administrative Aufwand[1172], der in Anbetracht von ca. 6.600 Wasserversorgungsunternehmen, von denen die wohl überwiegende Zahl für

---

[1168] ähnlich Baur RdE 2004, 277, 278 für den Energiesektor
[1169] Monopolkommission, 14. Hauptgutachten 2000/2001, Tz. 772, 774
[1170] Eder/de Wyl/Becker ZNER 2004, 3, 7
[1171] Näheres dazu siehe unter 3. b) bb)
[1172] Büdenbender RdE 2004, 284, 288 f.

eine absehbare Zeit nicht mit Interessenten für eine gemeinsame Netznutzung zu rechnen hätte, nicht mehr als verhältnismäßig und auch nicht mehr als von einer zentralen Regulierungsbehörde zu bewältigen eingestuft werden kann[1173]. Deshalb empfiehlt sich für den Wasserversorgungssektor die sog. Methodenregulierung. Hierbei gibt die Regulierungsbehörde nur Methoden vor, die die Netzbetreiber bei der Berechnung der Netznutzungsentgelte sowie bei der Formulierung von Vertragsbedingungen zu beachten haben. Eine Kontrolle der Einhaltung der Vorgaben im Einzelfall erfolgt allerdings nur *ex post*. Diesen Weg ist man in England und Wales mit dem Water Act 2003 gegangen[1174]. Dort kommt OFWAT die Aufgabe zu, Empfehlungen für eine gemeinsame Netznutzung zu geben[1175], aber auch im Einzelfall *ex post* zu überprüfen, ob ein Netzbetreiber einem Petenten zu Unrecht den Zugang verweigert hat[1176] oder Vertragsbedingungen oder Netznutzungsentgelte verlangt, die nicht den Empfehlungen oder den Bestimmungen des Water Act 2003 entsprechen[1177].

Das skizzierte Modell der *ex ante*-Methodenregulierung gepaart mit einer wirksamen *ex post*-Kontrolle des Einzelfalls dürfte sich letztendlich aus den genannten Praktikabilitätsgründen am besten für den Wasserversorgungsmarkt eignen. Allerdings verbietet sich eine Regelung wie in England und Wales, die die Modalitäten weitestgehend der Regulierungsbehörde überträgt, für Deutschland. Die Wesentlichkeitstheorie des Bundesverfassungsgerichts[1178] dürfte eine solche Regelungstechnik ausschließen. Der parlamentarische Gesetzgeber muss zentrale Regelungen selbst treffen[1179]; die wesentlichen Eingabegrößen für die Entgeltbestimmung sowie die wichtigen Konkretisierungen des Netzzugangs müssen zumindest in einer Rechtsverordnung festgelegt werden[1180].

Regelungstechnisches Vorbild hierfür könnte das neue Energiewirtschaftsrecht sein. Die Bundesregierung hat basierend auf § 24 EnWG 2005 mit Zustimmung des Bundesrates vier Rechtsverordnungen (StromNZV, StromNEV, GasNZV, GasNEV) erlassen, in denen die Modalitäten der gemeinsamen Netznutzung geregelt und Vorgaben für die Entgeltberechnung sowie die anderen Vertragsbedingungen gemacht werden. Die Ermächtigung zur *ex post*-Kontrolle im

---

[1173] Nach der Ansicht von *Eder/de Wyl/Becker* ZNER 2004, 3, 7 war die Zahl von über 1.600 Netzbetreibern einer der Gründe, warum der Gesetzgeber im Energiesektor auf eine *ex ante*-Regulierung verzichtet hat.

[1174] Section 66D Water Industry Act 1991 in der Fassung des Water Act 2003

[1175] Section 66D(4)-(6)

[1176] Section 66D(1)

[1177] Section 66D(7) [bzgl. der Entgelte i.V.m. Section 66D(3)]

[1178] BVerfGE 77, 170, 230 f.; 61, 260, 275; 49, 89, 126

[1179] Eder/de Wyl/Becker ZNER 2004, 3, 6

[1180] Büdenbender RdE 2004, 284, 299

Einzelfall ergibt sich aus § 29 EnWG 2005. Diese Norm verliert auch durch § 23a EnWG 2005 nicht ihre Bedeutung, weil sich die *ex ante*-Überprüfung allein auf die Netznutzungsentgelte, nicht jedoch auf die sonstigen Bedingungen bezieht. Eine derartige Regelungstechnik, also die Festlegung von Modalitäten durch Rechtsverordnung, gepaart mit der Ermächtigung zum Einschreiten der Regulierungsbehörde im Nachhinein, bietet sich auch für den Wassersektor an.

ee) Rechtsfolgen einer Anordnung

Wenn die Regulierungsbehörde den Netzzugang effektiv durchsetzen will, reicht es nicht aus, nur ein missbräuchliches Verhalten zu untersagen. Sie muss die Möglichkeit haben, die Inhalte der privatwirtschaftlichen Vereinbarungen zu beeinflussen, indem sie die angemessenen Vertragsbedingungen festlegt. Anderenfalls kann der Netzbetreiber nach dem *trial and error*-Prinzip immer wieder versuchen neue Hürden für den Durchleitungspetenten aufzubauen. Dies hat frühzeitig das OLG Düsseldorf erkannt. In der sog. Puttgarden II-Entscheidung, in der es um eine Missbrauchsverfügung des Bundeskartellamtes ging, die dem Betreiber des Fährhafens von Puttgarden auferlegte, einem Konkurrenten die Mitbenutzung der Hafenanlagen zu gestatten, hat es festgestellt, dass der Unterlassungsanspruch, der sich aus dem Netzzugangstatbestand des § 19 IV Nr. 4 GWB i.V.m. § 32 GWB ergibt und ein Verbot der Zugangsverweigerung darstellt, tatsächlich ein Gebot zur Zugangsgewährung ist[1181]. Das Gericht begründet seine zutreffende Auffassung[1182] mit der ständigen Rechtsprechung des BGH[1183], wonach ausnahmsweise auch die Verpflichtung zu einem Verhalten ausgesprochen werden darf, wenn die gebotene Handlung die einzige tatsächliche Möglichkeit darstellt, einen Kartellrechtsverstoß zu beenden. Diese sich im Rahmen der *essential-facilities-doctrine* ergebende Notwendigkeit, ein konkretes Verhalten auferlegen zu können, wurde im Telekommunikationssektor schon vorher erkannt. Bereits § 33 II 1 TKG 1996 verlieh der Regulierungsbehörde für Telekommunikation und Post die Befugnis, einem Anbieter, der seine Marktmacht missbräuchlich ausnutzte, ein konkretes Verhalten auferlegen zu können. Dies haben das TKG 2004 in § 42 IV 2 und das neue EnWG 2005 in § 30 II 2 u. 3 übernommen. Eine vergleichbare Vorschrift sollte auch in einem WVWG von daher nicht fehlen.

Das OLG Düsseldorf hat weiter festgestellt, dass die Behörde, wenn sie ein konkretes Verhalten auferlegt und damit sehr weitgehend in die Privatautono-

---

[1181] OLG Düsseldorf WuW/E DE-R 569, 577 f.
[1182] so auch Monopolkommission, 14. Hauptgutachten 2000/2001, Tz. 730; Bechtold, GWB, § 19 Rn. 92
[1183] BGH WuW/E 2906, 2908); BGH WuW/E 2951, 2952; BGH WuW/E 2990, 2992

mie des Inhabers der wesentlichen Einrichtung eingreift, den Bestimmtheits-
grundsatz aus § 37 I VwVfG zu beachten hat[1184]. Der von einer behördlichen
Verfügung Betroffene solle erkennen können, was von ihm verlangt werde.
Deshalb müsse der Verwaltungsakt für den Adressaten so vollständig, klar und
unzweideutig sein, dass er sich in seinem Verhalten danach richten könne.
Wenn man diesen Prämissen zustimmt, muss sich die Bestimmtheit bei Zu-
gangsfragen auf drei wesentliche Komponenten beziehen: das Netznutzungsentgelt[1185], die erforderlichen Vorkehrungen[1186] sowie die sonstigen angemessenen Vertragsbedingungen. In der vorliegenden Puttgarden II-Entscheidung ging
es um die Mitbenutzung eines Fährhafens, die nicht unerhebliche Umbaumaßnahmen zur Folge gehabt hätte. Derartige Probleme dürften sich auch bei den
meisten Durchleitungskonstellationen in der Wasserversorgung ergeben, weil
zunächst einmal eine Netzverknüpfung, möglicherweise gepaart mit einer
Neuoptimierung des Netzes, erfolgen muss. Das OLG Düsseldorf hat zum einen
gefordert, dass das Bundeskartellamt verbindlich und definitiv vorgeben müsse,
welche Umbaumaßnahmen vom Einrichtungsinhaber vorzunehmen seien[1187].
Gleichzeitig habe es festzulegen, welche der bestehenden Kosten zu welchen
Anteilen auf den Petenten übergewälzt und inwiefern Umbaukosten dem
Petenten auferlegt werden können[1188]. Genau diese Fragen sind auch für eine
gemeinsame Netznutzung eines Wasserversorgungssystems von Belang.
Deshalb wird die Regulierungsbehörde im konkreten Einzelfall diese Parameter
vorgeben müssen, wenn sie im Rahmen der Missbrauchskontrolle dem Netz-
betreiber ein bestimmtes Verhalten auferlegen will.

ff) Verfahrensfragen

α) Rechtsmittel

Wie bei Anordnungen der Kartellbehörden muss auch gegen Anordnungen der
Regulierungsbehörde der Rechtsweg offen stehen. Allerdings ist der deutsche
Gesetzgeber bei der Liberalisierung des Telekommunikationssektors wie auch
bei der Reform des EnWG unterschiedliche Wege gegangen. In § 137 TKG
wurde der Klageweg zu den Verwaltungsgerichten eröffnet, wobei letztendlich
nur das Verwaltungsgericht Köln in erster Instanz zuständig ist[1189]. Eine Beru-
fungsmöglichkeit gegen den Netzzugang betreffende Entscheidungen der
Regulierungsbehörde nach § 132 TKG besteht gemäß § 137 III TKG nicht
mehr, nur noch die Revision zum Bundesverwaltungsgericht ist zulässig. Diese

---

[1184] OLG Düsseldorf WuW/E DE-R 569, 572 f.
[1185] OLG Düsseldorf WuW/E DE-R 569, 573 ff.
[1186] OLG Düsseldorf WuW/E DE-R 569, 579 ff.
[1187] OLG Düsseldorf WuW/E DE-R 569, 580
[1188] OLG Düsseldorf WuW/E DE-R 569, 573 f.
[1189] Holznagel MMR 2003, 513 f.

Abspaltung des Rechtsweges gegenüber kartellrechtlichen Netzzugangsentscheidungen ist durchaus kritisiert worden[1190]. Die Begründung für die Wahl des Verwaltungsrechtswegs liegt wohl darin, dass am Verwaltungsgericht Köln mittlerweile angeeignetes Fachwissen und auch verfügbare Kapazitäten vorhanden sind[1191]. Letztendlich hat der Gesetzgeber bei der Reform des Energierechts 2005 diesen Weg nicht weiterverfolgt, sondern – entsprechend dem im GWB vorgesehenen Rechtsweg – die Zuständigkeit für Beschwerden dem Oberlandesgericht (§ 75 EnWG 2005), die Zuständigkeit für eine anschließende Rechtsbeschwerde dem Bundesgerichtshof zugewiesen (§ 86 EnWG 2005). Auch diese Entscheidung ist auf Kritik gestoßen. *Becker*[1192] meint, aufgrund der eindeutigen Zuordnung der staatlichen Regulierung zum öffentlichen Recht könne effektiver Rechtsschutz nur durch Gerichte gewährt werden, die die notwendige Fachkompetenz besäßen. Die Zivilrichter seien trotz kartellrechtlicher Erfahrungen dazu weniger geeignet.

Für den Wassermarkt könnte man also mit guten Gründen sowohl für den Kartellrechtsweg als auch für den Verwaltungsrechtsweg plädieren. Das langfristige Ziel muss es jedoch in jedem Fall sein, einen einheitlichen Instanzenzug für sämtliche Netzzugangsprobleme zu schaffen, um unterschiedliche Auslegungen zu vermeiden[1193]. Eine derartige Zusammenführung kann es aufgrund der Tatsache, dass in jedem Fall die Kartellbehörden für Anordnungen nach der Auffangnorm des § 19 IV Nr. 4 i.V.m. § 32 GWB zuständig bleiben werden, nur im Kartellrechtsweg geben. Außerdem werden trotz der Regulierung zivilrechtliche Streitigkeiten zwischen Petenten und Netzbetreibern vor den ordentlichen Gerichten ausgetragen[1194]. Der BGH als letzte Instanz sowohl des gewöhnlichen Zivilrechtsweges als auch von Beschwerden gegen Entscheidungen der Kartell- bzw. der Regulierungsbehörden könnte insofern die Einheitlichkeit der Rechtsprechung herstellen. Deshalb sollte der Gesetzgeber bei Streitigkeiten über Anordnungen nach dem WVWG diesen Rechtsweg vorschreiben.

β) Sofortige Vollziehbarkeit

Der Gesetzgeber hat sowohl im Telekommunikationssektor als auch im Bereich der Strom- und Gasversorgung festgelegt, dass Klagen (§ 137 I TKG) bzw.

[1190] Monopolkommission, 14. Hauptgutachten 2000/2001, Tz. 809; Möschel/Haug MMR 2003, 505, 508
[1191] Holznagel MMR 2003, 513 f.
[1192] Becker ZNER 2004, 130, 132
[1193] Monopolkommission, 14. Hauptgutachten 2000/2001, Tz. 809; Möschel/Haug MMR 2003, 505, 508
[1194] Holnagel/Werthmann ZNER 2004, 17, 20

Beschwerden (§ 76 I EnWG 2005) gegen Anordnungen der Regulierungsbehörde keine aufschiebende Wirkung haben. Will der Netzbetreiber eine sofortige Vollziehung verhindern, muss er die Anordnung der aufschiebenden Wirkung nach § 80 V 1 Alt. 1 VwGO bzw. § 76 II EnWG 2005 beantragen. Diese Regelungen basieren auf Vorgaben der EU, die das In-Kraft-Bleiben von Entscheidungen der Regulierungsbehörde bis zu einer anderweitigen Entscheidung der zuständigen Beschwerdeinstanz verpflichtend festschreibt[1195]. Die Gründe dafür, warum Anordnungen gegenüber einem Inhaber einer wesentlichen Einrichtung sofort vollziehbar sein sollten, wurden bereits ausführlich dargelegt[1196]. Deshalb sollte auch ein WVWG die sofortige Vollziehbarkeit von Anordnungen der Regulierungsbehörde vorsehen.

b) Durchsetzung vor den Zivilgerichten

Die andere Möglichkeit, einen Netzzugangsanspruch geltend zu machen, ist der Weg über eine Zivilklage. Deshalb handelt es sich bei den Netzzugangstatbeständen in der Regel zugleich um zivilrechtliche Ansprüche gegen den Netzbetreiber. Dies galt schon für §§ 6 I 1, 6a II 1 EnWG 1998[1197] und wird im neuen EnWG durch § 32 I klargestellt. Selbige Funktion erfüllte § 40 im TKG 1996[1198]. § 14 I 1 AEG 1994 sowie § 14 I 1 AEG 2005 sind direkt als Anspruchsnormen formuliert worden. Insofern wäre es angebracht, auch im Wasserversorgungssektor den Durchleitungstatbestand als zivilrechtlichen Anspruch auszugestalten, um auch ohne behördliches Einschreiten eine Klage zu ermöglichen. Allerdings kann ein gerichtliches Verfahren die behördliche Regulierung niemals ersetzen. Die Entwicklung der Rechtsprechung zur *essential-facilities-doctrine* in den USA hat gezeigt, dass die Gerichte nie konkrete Netzzugangsbedingungen vorgegeben haben[1199]. Deshalb sehen auch § 44 I 1 TKG und § 32 I 1 EnWG 2005 im Zivilverfahren lediglich einen Schadensersatz- und Unterlassungsanspruch bzw. Beseitigungsanspruch vor, doch nicht die Möglichkeit, ein konkretes Verhalten aufzuerlegen, etwa Netznutzungsentgelte

---

[1195] Art. 4 I 4 RL 2002/21/EG des Europäischen Parlaments und des Rates vom 24.4.2002, ABl. EG 2002 L 108/33; Art. 23 VI 2 RL 2003/54/EG des Europäischen Parlamentes und des Rates vom 26.6.2003, ABl. 2003 L 176/37; Art. 25 VI 2 RL 2003/55/EG RL 2003/55/EG des Europäischen Parlaments und des Rates vom 26.6.2003, ABl. 2003 L 176/57

[1196] siehe unter I. 3.

[1197] Hierbei war allerdings umstritten, ob es sich um einen Verhandlungsanspruch, einen Kontrahierungszwang oder einen direkten Netzzugangsanspruch handelte (Überblick bei Schneider/Theobald-*Theobald/Zenke*, Handbuch zum Recht der Energiewirtschaft, § 12 Rn. 5 ff.).

[1198] Im neuen TKG ist gerichtlich der Netzzugang nur über den Missbrauchstatbestand des § 42 i.V.m. § 44 zu erreichen.

[1199] Monopolkommission, 14. Hauptgutachten 2000/2001, Tz. 753

oder ähnliches vorzugeben. Insofern sind die Kompetenzen der Gerichte geringer als die der Kartellbehörden, wie sie in der Puttgarden II-Entscheidung[1200] skizziert wurden. Dies ist auch ein Grund, warum die gerichtliche Durchsetzung die Arbeit einer Regulierungsbehörde nicht ersetzen, sondern lediglich ergänzen kann.

Wie in § 139 TKG bzw. § 104 II EnWG 2005 – jeweils in Verbindung mit § 90 GWB – vorgesehen, kann sich die Regulierungsbehörde an den zivilgerichtlichen Verfahren beteiligen. Für die Wasserversorgung wird es insbesondere aufgrund der erheblich höheren technischen Komplexität unabdingbar sein, die Regulierungsbehörde, die über wesentlich mehr Erfahrung verfügen dürfte als die Zivilrichter, in die Verfahren miteinzubeziehen. Insofern sollte das WVWG die Gerichte zur Hinzuziehung und die Regulierungsbehörde zur Teilnahme verpflichten, nicht nur die Möglichkeit dazu eröffnen.

3. Notwendige Begleitregelungen

Um eine tatsächliche Marktöffnung durchsetzen zu können, bedarf es nicht nur der Schaffung eines Netzzugangstatbestandes. Gleichzeitig ist es auch erforderlich, einen Rahmen an Verpflichtungen für die Marktakteure zu kreieren, der einen funktionierenden Durchleitungswettbewerb ermöglichen, gleichzeitig aber eine den Qualitätsanforderungen genügende Versorgung von Bevölkerung und Industrie sicherstellen soll. Dabei spielt zunächst einmal die Frage eine Rolle, welche Akteure sich überhaupt am Wettbewerb beteiligen können sollen. Das schwierigste Problem bei bislang allen Unternehmungen, natürliche Monopole aufzulösen, stellt die Berechnung der Netznutzungsentgelte dar, wobei insbesondere die Transparenzvorschriften relevant sind. Und nicht zuletzt wird zu klären sein, wer im Zweifelsfall die Versorgung von den Verbrauchern übernimmt, deren Versorgung unter Marktbedingungen wirtschaftlich unattraktiv geworden ist. Daneben ergibt sich noch eine Reihe weiterer Verpflichtungen, die für angemessene Vertragsanbahnungs- und -durchführungsbedingungen sorgen sollen.

a) Lizenzierung

Um die Qualität und Sicherheit der Trinkwasserversorgung garantieren zu können, ist es sinnvoll, dass sich nur solche Unternehmen am Wettbewerb beteiligen können, die gewisse Voraussetzungen erfüllen. Wer den Netzzugang im Wassersektor begehrt, muss selber über die notwendigen Erfahrungen, technischen Fähigkeiten sowie einen ausreichenden finanziellen Hintergrund

---

[1200] OLG Düsseldorf WuW/E DE-R 569 ff.

verfügen[1201]. Die englisch-walisischen Wasserversorgungsunternehmen haben im Zuge der Liberalisierung durch den Competition Act 1998 angeregt, dass der Gesetzgeber ein Lizenzierungsverfahren für neu auf dem Markt auftretende Wasserversorger einführt[1202]. Nach dem Water Industry Act 1991 war ein solches Verfahren nur für Inhaber eines Versorgungsnetzes vorgesehen[1203]. Der Gesetzgeber ist mit dem Water Act 2003 dieser Anregung gefolgt und hat die Lizenzierung zur Voraussetzung des Netzzugangs gemacht[1204]. In Anbetracht der Bedeutung der Trinkwasserqualität für die menschliche Gesundheit sollte der Gesetzgeber in Deutschland im Falle der Marktöffnung ein vergleichbares Verfahren einführen. Gleichwohl darf die Ausgestaltung dessen nicht dazu führen, dass potentielle Wettbewerber in unnötiger Weise vom Markt ferngehalten werden[1205].

Vorbilder für die Anforderungen an die Zuverlässigkeit und Leistungsfähigkeit finden sich z.B. im EnWG 2005: Gemäß § 4 I EnWG 2005 bedarf die Aufnahme des Netzbetriebes in der Strom- oder Gasversorgung der Genehmigung, die Versorgung von Haushaltskunden über Durchleitung ohne eigenes Netz dagegen gemäß § 5 EnWG 2005 nur der Anzeige. In beiden Fällen muss jedoch der Versorger die „personelle, technische und wirtschaftliche Leistungsfähigkeit und Zuverlässigkeit" mitbringen, da ihm ansonsten die Genehmigung verweigert (§ 4 II 1 EnWG 2005) bzw. die Aufnahme der Versorgung (§ 5 S. 3, 4 EnWG 2005) untersagt werden kann. Aufgrund der angesprochenen hohen Qualitätsanforderungen dürfte es jedoch nicht genügen, wenn der Durchleitungspetent die beabsichtigte gemeinsame Netznutzung nur anzeigt. Insofern sollte sich der Gesetzgeber eher an § 6 AEG 1994 orientieren. Nach § 6 I 1 Nr. 1 AEG 1994 bedarf jede Eisenbahnverkehrsleistung der Genehmigung. Der Antragsteller muss gemäß § 6 II AEG 1994 die notwendige persönliche Zuverlässigkeit und finanzielle Leistungsfähigkeit besitzen sowie über die erforderliche Fachkunde verfügen. An diese Vorschrift angelehnt sollte der Gesetzgeber auch das Genehmigungserfordernis für die gemeinsame Netznutzung im Bereich der Trinkwasserversorgung normieren.

[1201] OFWAT, MD 162, 12 April 2000, Common Carriage – Statement of Principles

[1202] OFWAT, MD 158, 28 January 2000, Common Carriage

[1203] Section 6 ff. Water Industry Act 1991; OFWAT, MD 162, 12 April 2000, Common Carriage – Statement of Principles

[1204] Sections 17A-17R Water Industry Act 1991 in der Fassung des Water Act 2003

[1205] so zum Telekommunikationssektor: Scherer K&R 2002, 329; insoweit aufnehmend: Art. 3 RL 2002/20/EG des Europäischen Parlaments und des Rates vom 7.3.2002, ABl. EG 2002 L 108/21

b) Netznutzungsentgelte

Die Grundsätze der Netznutzungsentgeltberechnung wurden bereits ausführlich dargestellt[1206]. Gleichwohl werden sich durch eine gesetzlich begleitete Marktöffnung einige Veränderungen im Detail ergeben. Insbesondere hat der Gesetzgeber die Chance, von mehreren in Frage kommenden Methoden eine ihm geeignet erscheinende auszuwählen. Ebenso kann er der Regulierungsbehörde Instrumente an die Hand geben, die bei der Schaffung von Wettbewerb nützlich sind.

aa) Kostenermittlungsmethoden

Prinzipiell gibt es drei Möglichkeiten, die die Kosten zu berechnen, die die Kalkulationsgrundlage für die Netznutzungsentgelte bilden: das Subtraktionsverfahren, eine Orientierung an den durch die Durchleitung entstehenden Zusatzkosten und die anteilige Umlegung der Netzkosten[1207].

α) Subtraktionsverfahren

Beim Subtraktionsverfahren wird das Netznutzungsentgelt so kalkuliert, dass vom Endverbraucherpreis des Netzbetreibers die vermiedenen Kosten (für Wassergewinnung, -aufbereitung und -vertrieb) abgezogen, die entstehenden Zusatzkosten jedoch addiert werden[1208]. Es wurde bereits darauf hingewiesen, dass ein solches System aufgrund der Tatsache, dass mögliche Ineffizenzen sowie *stranded costs* des Netzbetreibers auf den Petenten übergewälzt werden können, nur unter zwei Voraussetzung sinnvoll ist: Zum einen müsste der Gesetzgeber durch ein begleitendes Price-Cap-Verfahren bzgl. der Verbraucherpreise Ineffizienzen beseitigen. Zum anderen ließe sich die Überwälzung von *stranded costs* auf den Petenten dann rechtfertigen, wenn sich der Gesetzgeber dafür entscheiden würde, in einem ersten Schritt die Märkte nur zur Belieferung von Großabnehmern zu öffnen, weil anderenfalls diese Kosten auf die Kunden des Netzbetreibers abgewälzt werden müssten, die keine Möglichkeit hätten, vom Wettbewerb zu profitieren.[1209] Sollten diese zwei Voraussetzungen nicht gegeben sein, wäre diese Kostenermittlungsmethode unter Wettbewerbsgesichtspunkten nicht haltbar.

[1206] siehe unter Teil C: V.
[1207] vgl. Teil C: V. 1. c) bb) unter Hinweis auf OFWAT, Access Codes for Common Carriage – Guidance, March 2002, p. 21 ff.; OFWAT, MD 163, 30 June 2000, Pricing Issues for Common Carriage
[1208] OFWAT, Access Codes for Common Carriage – Guidance, March 2002, p. 22
[1209] siehe unter Teil C: V. 1. c) bb)

β) Zusatzkosten

Die Preiskalkulation könnte sich auch an den langfristigen Zusatzkosten orientieren. Eine solche Methode schreibt z.B. Art. 7 RL 2001/14/EG[1210] für den Eisenbahnsektor als Regel vor. Allerdings ist zu berücksichtigen, dass der Richtliniengeber mit dieser Regelung zu einer besseren Kapazitätsauslastung der Fahrwege beitragen wollte[1211]. Sofern es sich im Rahmen der Wasserversorgung jedoch um eine wettbewerbsbegründende Durchleitung handelte, wird es jedoch weniger um die Ausweitung der verteilten Wassermenge gehen, sondern nur um eine Umschichtung. Das mit der Liberalisierung verfolgte Ziel ist – anders als im Eisenbahn- oder im Telekommunikationssektor – nicht eine Ausweitung des Verbrauchs. Dies würde die jahrelangen Bemühungen für einen effizienten Umgang mit Wasser zunichte machen. Mit einer Mengenausweitung bezogen auf den konkreten Netzbetreiber wäre nur im Falle einer reinen Transportdurchleitung zu rechnen. Sollte jedoch der Gesetzgeber für diese Fälle die Preisbildung auf Grundlage der Zusatzkosten vorschreiben, würde er den Netzbetreiber dazu zwingen, dass er seine eigenen Kunden relativ stärker mit den Netzkosten belastet als andere Netznutzer und dessen Kunden. In Anbetracht der Tatsache, dass es sich bei der Pflicht zur Öffnung der Netze für andere um eine ausgleichspflichtige Inhaltsbestimmung i.S.v. Art. 14 I 2 GG handelte[1212], dürfte eine Kompensation lediglich der Zusatzkosten nicht hinreichend und damit unverhältnismäßig sein. Insofern muss der Gesetzgeber den Netzbetreibern einen höheren Ausgleich für die gemeinsame Netznutzung zugestehen.

γ) Anteilige Umlegung der Netzkosten

Letztendlich die einzig sinnvolle Regelung dürfte eine solche sein, die dem Vollkostendeckungsprinzip entspricht, also eine anteilige Umlegung der Kosten für den Netzbetrieb vorsieht. Dies hat sich auch im Energiesektor durchgesetzt[1213], ebenso im deutschen Eisenbahnsektor, wo der deutsche Verordnungsgeber in § 5 II EIBV[1214] von der Ausnahmeregelung des Art. 8 RL 2001/14/EG Gebrauch gemacht hat. Der Gesetzgeber sollte sich an diesen Regelungen auch im Wassersektor orientieren.

[1210] RL 2001/14/EG des Europäischen Parlaments und des Rates vom 26.2.2001, ABl. EG 201 L 75/29

[1211] Erwägungsgründe 12 und 25 RL 2001/14/EG

[1212] Papier, Die Regelung von Durchleitungsrechten, S. 49; Schmidt-Preuß RdE 1996, 1, 6 f.; Seeger, S. 199

[1213] vgl. § 21 II EnWG 2005

[1214] Eisenbahninfrastrukturverordnung vom 17.12.1997, BGBl. I 1997, S. 3153

bb) Vergleichsmaßstäbe für Kosten einer effizienten Leistungserbrin-gung/Price-Cap-Verfahren

Bereits aus dem Kartellrecht ist bekannt, dass nicht die tatsächlichen Kosten für die Berechnung der Netznutzungsentgelte maßgeblich sind, sondern die Kosten einer effizienten Leistungserbringung[1215]. Das neue EnWG sieht hierzu grundsätzlich ein von der Regulierungsbehörde durchgeführtes Vergleichsverfahren vor (§ 21 III EnWG 2005), welches durch die Netzentgeltverordnungen Strom (§§ 22 ff.) und Gas (§§ 21 ff.) näher ausgestaltet wird. Da die einzelnen Netze jeweils einer Netzebene nur schwer miteinander zu vergleichen sind, etablieren § 24 StromNEV und § 23 GasNEV ein sog. Strukturklassenmodell. Danach werden die einzelnen Netze nach der Absatzdichte[1216] und der Lage in West- oder Ostdeutschland bestimmten Klassen zugeordnet, wobei man davon ausgeht, dass dann die Kostenstrukturen der einer Klasse zugeordneten Netzbetreiber miteinander vergleichbar sind. Prinzipiell wäre eine derartige Methode auch für die Trinkwasserversorgung denkbar. In diesem Sektor reichten jedoch die beiden genannten Kriterien sicherlich nicht aus, um eine adäquate Vergleichbarkeit herzustellen. Letztendlich muss ein Regulierer bei seinen Bewertungen auch die tatsächlichen Netzkosten in Rechnung stellen[1217]. So spielen geographische und geologische Faktoren aufgrund der hohen Masse des Wassers eine nicht unerhebliche Rolle, weil diese bestimmen, inwieweit der mit hohen Energiekosten verbundene Einsatz von Pumpen notwendig ist oder entfallen kann, wenn die Versorgung im freien Gefälle erfolgt[1218]. Ein weiteres, aktuelles Problem bei der Wasserversorgung ist die Überdimensionierung der Netze. Die Dimensionen eines Wasserversorgungsnetzes werden mit Blick auf die kommenden Jahrzehnte festgelegt. Entgegen der Prognosen in den siebziger Jahren hat seit 1980 der Wasserverbrauch insbesondere durch geringeren Wasserdurchsatz der Haushaltsgeräte wie Wasch- und Spülmaschinen stetig abgenommen. In den Jahren von 1991 bis 2001 ist der Pro-Kopf-Verbrauch um beinahe ein Achtel zurückgegangen. Auch die Abnahme durch Industrieunternehmen sowic Kraftwerke ließ merklich nach.[1219] So wird z.B. in der Produktion bei VW das Wasser mehrfach verwendet[1220]. Aufgrund des Bevölkerungsrückgangs ist für die Zukunft ein weiterer Rückgang zu erwarten. Noch dramatischer stellt

---

[1215] Immenga/Mestmäcker-*Möschel*, GWB, § 19 Rn. 204

[1216] Quotient aus Gesamtentnahme eines Jahres und der versorgten Fläche (§ 2 II 1 StromNEV bzw. § 22 III 1 GasNEV)

[1217] OVG Münster MMR 2001, 548, 550

[1218] so z.B. bei den Harzwasserwerken (Harzwasserwerke, Speichern – Aufbereiten – Transportieren, Kap. 5 u. 7)

[1219] Kluge (u.a.), netWORKS-papers, Heft 2: Netzgebundene Infrastrukturen unter Veränderungsdruck – Sektoranalyse Wasser, S. 29 ff.

[1220] Schumacher/Grieger, Wasser, Boden, Luft, S. 35 ff.

sich die Lage in Ostdeutschland dar. Aufgrund der Bevölkerungswanderung von Ost nach West stehen zahlreiche Plattenbausiedlungen leer oder mussten teilweise abgerissen werden. So sind z.B. in Erfurt die Wasserleitungen teilweise derart überdimensioniert, dass sie regelmäßig durchgespült werden müssen[1221], also unter Einsatz von Personal Ablassventile geöffnet werden, so dass das Trinkwasser in die Kanalisation oder Gräben abfließt. Täte man dies nicht, bestünde aufgrund zu langer Standzeiten des Wassers in den Rohren die Gefahr von Aufkeimungen. Insgesamt ging der Wasserverbrauch in den ostdeutschen Bundesländern von 1991 bis 2001 um 30 bis 40 % zurück[1222]. Die durch die Überdimensionierung bedingten Kosten allein dem Netzbetreiber und damit dessen verbliebenen Abnehmern aufbürden zu wollen, wäre aus Billigkeitsgründen nicht zulässig. Deshalb müssten auch diese Faktoren für einen nicht unerheblichen Übergangszeitraum in die Kriterien zur Bildung von Strukturklassen mit einfließen.

Eine weitere Möglichkeit, die Netzbetreiber zu Kosten- und damit zu Preissenkungen zu motivieren, ist das sog. *Price-Cap-* oder Anreizverfahren. Ein solches Verfahren kennt sowohl das Telekommunikationsrecht (§§ 32 Nr. 2, 34 TKG) als auch das neue Energierecht (§ 21a EnWG 2005). Das Prinzip besteht darin, dass man zu Beginn die Kosten einer effizienten Leistungserbringung feststellt. Für die Dauer der Regulierungsperiode wird nun ein Preisindex festgesetzt, der nicht überschritten werden darf. Dieser Index wird gebildet aus der für die Regulierungsperiode zu erwartenden Preissteigerungsrate für die benötigten Inputs abzüglich des zu erwartenden Produktivitätsfortschritts.[1223] Da bei einem solchen System immer die Gefahr besteht, dass Kostensenkungen und damit Gewinnerhöhungen durch Qualitätsminderungen erreicht werden, ist auf eine strikte Vorgabe von Qualitätszielen zu achten[1224].

Im Energiesektor werden die aktuellen Kosten eines Unternehmens in beeinflussbare und in nicht beeinflussbare Kosten eingeteilt (§ 21a IV 1 EnWG 2005). Nicht beeinflussbare Kosten sind solche, die auf dem Netzbetreiber nicht zurechenbaren strukturellen Unterschieden in der Versorgungsstruktur beruhen sowie Konzessionsabgaben und Betriebssteuern (§ 21a IV 2 EnWG 2005). Der Preisindex – hier mit „Effizienzvorgaben" tituliert – bezieht sich hingegen nur auf die übrigen, beeinflussbaren Kosten (§ 21a IV 5 EnWG 2005). Die Effizienzvorgaben für eine Regulierungsperiode werden auf der Grundlage eines Effizienzvergleichs erstellt, der unter Berücksichtigung „der bestehenden

---

[1221] Fritz Vorholz, Grüne Hoffnung, Blaues Wunder, Die Zeit vom 21.10.04, S. 30, 31
[1222] Kluge (u.a.), netWORKS-papers, Heft 2: Netzgebundene Infrastrukturen unter Veränderungsdruck – Sektoranalyse Wasser, S. 31
[1223] Monopolkommission, 14. Hauptgutachten 2000/2001, Tz. 782
[1224] Monopolkommission, 14. Hauptgutachten 2000/2001, Tz. 784

Effizienz des jeweiligen Netzbetriebs, objektiver struktureller Unterschiede, der inflationsbereinigten gesamtwirtschaftlichen Produktivitätsentwicklung, der Versorgungsqualität und auf diese bezogener Qualitätsvorgaben sowie gesetzlicher Regelungen" abgefasst wird (§ 21a V 1 EnWG 2005), wobei ein Ausgleich für die allgemeine Geldentwertung vorzusehen ist (§ 21a IV 6 EnWG 2005). Die Vorgaben können sich sowohl auf einzelne Unternehmen als auch auf Gruppen von Unternehmen beziehen (§ 21a V 1 EnWG 2005). Sie müssen so gestaltet sein, dass ein Netzbetreiber durch ihm mögliche und zumutbare Maßnahmen die vorgegebenen Effizienzziele erreichen und übertreffen kann (§ 21a V 4 EnWG 2005). Als Sanktion bei Qualitätsverstößen kann die Regulierungsbehörde die Preisobergrenzen absenken (§ 21a V 3 EnWG 2005).

Das *Price-Cap*-Verfahren ist aus ökonomischer Sicht sowohl für den Durchleitungspetenten als auch für den Netzbetreiber sinnvoll. Einerseits garantiert es die Weitergabe von Effizienzvorteilen an die Netznutzer. Auf der anderen Seite kann der Netzbetreiber zusätzliche Rationalisierungsanstrengungen in Form höherer Gewinne verbuchen.[1225] Ein derartiges Verfahren kann auch für die Wasserversorgung adäquat sein, insbesondere wenn man gleichzeitig ein *Price-Cap*-Verfahren für die Wasserpreise einführt, wie es in England und Wales seit der Privatisierung im Jahr 1989 der Fall ist[1226]. Eine Aufspaltung in beeinflussbare und nicht beeinflussbare Kosten wäre hier ebenfalls zu begrüßen, wenn man auf diese Weise die strukturellen Unterschiede sowie für eine nicht unerhebliche Übergangszeit die vorhandenen Überkapazitäten aus dem Preisindex herausrechnen könnte. Insbesondere die Qualitätsvorgaben werden im Bereich der Trinkwasserversorgung eine besondere Rolle spielen, weil die durch den Wettbewerb möglichen Preissenkungen nicht zu einer qualitativen Verschlechterung führen dürfen. Hier wird eine regelmäßige Überwachung durch die Gesundheitsämter für eine Einhaltung der Standards der Trinkwasserverordnung, insbesondere des – vermutlich dann in modifizierter Form vorliegenden – Minimierungsgebotes sorgen.

cc) Vorgaben für Preiskomponenten

Es wurde bereits ausführlich diskutiert, dass im Rahmen der Trinkwasserversorgung die Netznutzungsentgelte sich sowohl an den Durchflussmengen als auch an den für die Kapazität entscheidenden Höchstmengen orientieren können[1227]. Es wäre durchaus sinnvoll, wie auch im Strom- und Gasbereich Näheres in einer Verordnung zu regeln, um etwaigen Rechtsstreitigkeiten

---

[1225] Monopolkommission, 14. Hauptgutachten 2000/2001, Tz. 783
[1226] Bailey, The business and financial structure of the Water Industry in England and Wales, p. 9
[1227] siehe unter Teil C: V. 3. a)

vorzubeugen. Diese Regeln dürften von der Struktur her vergleichbar sein mit §§ 16, 17 StromNEV bzw. §§ 13 ff. GasNEV.

Die Frage, ob bei der Durchleitung durch Fernversorgungsnetze auch entfernungsabhängige Tarife berechnet werden dürfen, hängt davon ab, ob der Gesetzgeber im Zuge der Marktöffnung, wie empfohlen[1228], das Prinzip der ortsnahen Wassergewinnung streicht oder nicht. Sollte er dies tun, so gäbe es keine Rechtfertigung mehr dafür, die als wenig wettbewerbsförderlich einzustufenden entfernungsabhängigen Tarife für zulässig zu halten[1229]. Zur Klarstellung sollte in die entsprechende Netzentgeltverordnung Wasser auch ein entsprechender Passus aufgenommen werden. Ob die Netzbetreiber dann einen einheitlichen Briefmarkentarif verlangen oder ein Entry-Exit-System wie in der Gasversorgung jetzt vorgeschrieben[1230] etablieren, sollte zunächst ihnen überlassen bleiben. Es ist *ex ante* nur schwer vorherzusehen, welches der beiden Systeme für die einzelnen Netze geeigneter wäre. Allerdings sollte auch diesbzgl. die Regulierungsbehörde die Kompetenz zum Eingreifen bekommen, wenn sich im konkreten Fall herausstellen sollte, dass der Netzbetreiber ein bestimmtes System nur deshalb auswählt, um die Durchleitung für einen bestimmten oder bestimmte Konkurrenten zu verteuern.

c) Unbundling/Entflechtung

Voraussetzung für eine kostenorientierte Netznutzungsentgeltberechnung ist eine genaue und transparente Zuweisung der Kosten zum Netzbetrieb. Um dies zu gewährleisten, existieren in den bisher liberalisierten Sektoren sog. Unbundling- oder Entflechtungsvorschriften. Dieses Instrument flankiert die Regulierung des Netzzugangs durch eine virtuelle oder strukturelle Trennung der Netzbereiche von den übrigen Geschäftsbereichen eines vertikal integrierten Unternehmens. Das Ziel besteht darin, einen diskriminierungsfreien Zugang zu gewährleisten sowie Quersubventionierungen und damit Wettbewerbsverzerrungen zu verhindern.[1231]

aa) Notwendigkeit buchhalterischer Entflechtung

Unbundling erfordert zumindest die buchhalterische Trennung der Konten für die Bereiche der Leistungserbringung und des Netzbetriebs in derselben Weise, wie sie dies tun müssten, wenn die beiden Tätigkeitsbereiche von separaten Unternehmen ausgeführt würden. Derartige Forderungen hat es bzgl. des

---

[1228] siehe unter II. 2.
[1229] vgl. unter Teil C: V. 3. b)
[1230] § 15 GasNEV
[1231] Koenig/Rasbach DÖV 2004, 733, 734

englisch-walisischen Wassermarktes gegeben[1232], wenn auch bislang dort noch keine Umsetzung erfolgte. Entsprechende Regelungen finden sich bereits für andere Sektoren in den §§ 9 II, 9a II EnWG 1998, gestützt auf die europarecht-lichen Vorgaben der Elektrizitäts-[1233] und Erdgasbinnenmarktrichtlinie[1234], sowie in § 9 I AEG 1994. Die in diesen Normen gestellten Anforderungen dürften auch die Mindestanforderungen einer Entflechtungsregelung in einem WVWG darstellen. Gleichwohl muss man berücksichtigen, dass mitunter sehr kleine Wasserversorgungsunternehmen existieren, die aufgrund ihrer geogra-phischen Lage und der Größe des Versorgungsgebietes keinen attraktiven Markt bedienen, bei denen ein konkretes Durchleitungsbegehren mithin nicht zu erwarten ist. Für diese Unternehmen würde diese Pflicht einen unzumutbaren Aufwand darstellen. Der Gesetzgeber sollte insofern eine Mindestkundenzahl festlegen, ab der die Verpflichtung zur getrennten Buchführung greift[1235][1236]. Anders als etwa bei der Stromversorgung kann jedoch aufgrund der unter-schiedlichen Versorgungsstruktur der Wettbewerb regionsspezifisch variieren. Zunächst wird nur in einigen Gebieten überhaupt Konkurrenz über ein Durch-leitungsmodell entstehen[1237]. Die Größe ist daher nicht allein ein maßgebliches Kriterium, sondern die Frage, ob bzgl. eines konkreten Versorgungsgebietes ein gewisses Wettbewerbspotential besteht. In Fällen, in denen aufgrund der geographischen Lage oder anderer besonderer Umstände mit Konkurrenz zu rechnen ist oder eine konkrete Anfrage vorliegt, könnte der Regulierungsbehör-de die Kompetenz eingeräumt werden, den betreffenden Netzbetreiber zu einer getrennten Buchführung zu verpflichten. In Anbetracht dessen, dass der Ge-setzgeber es im Telekommunikationsbereich sogar dem Regulierer überlässt, eine Zugangsverpflichtung anzuordnen (§ 21 TKG), dürfte es sich auch hierbei um einen gangbaren Weg handeln, der adäquate, auf den Einzelfall abgestimmte Lösungen ermöglicht. Alternativ könnte man auch eine generelle Verpflichtung für alle Unternehmen mit entsprechender Befreiungsmöglichkeit durch die Regulierungsbehörde für die Versorgungsgebiete vorsehen, in denen kein Wettbewerb zu erwarten ist.

[1232] Robinson, Moving to a competitive market in water, in: Robinson, Utility Regulation and Competition Policy, p. 44, 56 f.; Scott, Competition in water supply, p. 14

[1233] Art. 14 III RL 96/92/EG des Europäischen Parlaments und des Rates vom 19.12.1996, ABl. 1997 L 27/20

[1234] Art. 13 III RL 98/30/EG des Europäischen Parlaments und des Rates vom 22.6.1998, ABl. 1998 L 204/1

[1235] Scott (Competition in water supply, p. 14) fordert ein rechnerisches Unbundling zunächst auf jeden Fall für große Versorgungsunternehmen in England und Wales.

[1236] Regelungstechnisch könnte sich der deutsche Gesetzgeber an § 7 II EnWG 2005 orientie-ren.

[1237] Deutsche Bank Research, S. 9; BMWi, S. 45

bb) Notwendigkeit gesellschaftsrechtlicher Entflechtung

Die Gremien der EU gehen inzwischen offensichtlich nicht mehr davon aus, dass eine Entflechtung bei der Buchführung hinreichend ist, um eine Bevorzugung der eigenen Vertriebsabteilung effektiv zu verhindern und einen funktionierenden Wettbewerb zu ermöglichen. Jedenfalls haben sie im Eisenbahnsektor in Art. 4 II RL 2001/14/EG[1238] festgeschrieben, dass die Entscheidung über das Ob und Wie der Gewährung des Netzzugangs von einem Betreiber oder einer Stelle wahrgenommen werden muss, die rechtlich, organisatorisch oder in seinen/ihren Entscheidungen von dem die Dienstleistung erbringenden Unternehmen unabhängig sein muss. Die Umsetzung der Richtlinie findet sich nunmehr in § 9a I AEG wieder[1239], wonach das für die Netzzuteilung zuständige Unternehmen eine eigene Gesellschaft sein muss (§ 9a I Nr. 1), die nicht von einem Eisenbahnunternehmen über einen Beherrschungsvertrag von einem Eisenbahnunternehmen abhängig ist (Nr. 2)[1240]. Die Entscheidungsunabhängigkeit soll über eine strikte Trennung des Personals (Nr. 3), das Verbot von Weisungen durch Dritte (Nr. 4) und unternehmensinterne Richtlinien (Nr. 5) sowie über eine unterschiedliche Besetzung der Aufsichtsräte (Nr. 6) gewährleistet werden[1241]. Dieser Katalog orientiert sich an Regelungen der Beschleunigungsrichtlinien der EU im Elektrizitäts-[1242] und im Gassektor[1243]. So schreiben Art. 10 und 15 RL 2003/54/EG und Art. 9 und 13 RL 2003/55/EG vergleichbare Maßnahmen für den Strom- und Gassektor vor, verzichten jedoch ebenfalls auf eine eigentumsrechtliche Trennung[1244]. Entsprechenden Inhalts sind auch die diese Vorgaben umsetzenden §§ 6-8 EnWG 2005 angelegt. Allerdings ist ein gesellschaftsrechtliches Unbundling erst ab einer Grenze von 100.000 Kunden vorgesehen (§ 7 II EnWG 2005). Eine gesellschaftsrechtliche Einflussnahme ist ebenso in begrenztem Umfang erlaubt, sofern es der Wahrnehmung der berechtigten Interessen des Konzerns dient (§ 8 IV 2 EnWG 2005). Der Hintergrund dafür, dass diese Vorschriften über eine reine buchhalterische Trennung zum Zwecke der Kostenermittlung hinausgehen, sind die dabei immer noch verbleibenden Möglichkeiten, über geschickte Kostenzuordnung und das Stellen

---

[1238] RL 2001/14/EG des Europäischen Parlaments und des Rates vom 26.2.2001, ABl. 2001 L 75/29
[1239] Drittes Gesetz zur Änderung einsenbahnrechtlicher Vorschriften, Art. 1 Nr. 8, BGBl. I 2005, S. 1138, 1140 f.
[1240] Gersdorf ZHR 168 (2004), 576, 592
[1241] Drittes Gesetz zur Änderung einsenbahnrechtlicher Vorschriften, Art. 1 Nr. 8, BGBl. I 2005, S. 1138, 1140 f.
[1242] RL 2003/54/EG des Europäischen Parlamentes und des Rates vom 26.6.2003, ABl. 2003 L 176/37
[1243] RL 2003/55/EG des Europäischen Parlamentes und des Rates vom 26.6.2003, ABl. 2003 L 176/57
[1244] Art. 10 I 2, 15 I 2 RL 2003/54/EG, Art. 9 I 2, 13 I 2 RL 2003/55/EG

bestimmter Bedingungen Dritte im Vergleich zum eigenen Vertrieb zu diskriminieren. Dem versucht man durch personelle und organisatorische Separierung vorzubeugen.

Im Hinblick auf eine funktionierende Konkurrenzsituation wären die im Energie- und Eisenbahnbereich normierten Vorschriften auch im Wassermarkt mit Sicherheit wettbewerbsförderlich. Für den englisch-walisischen Wassermarkt fordern einige Autoren bereits ein gesellschaftsrechtliches Unbundling[1245]. Man darf jedoch nicht vergessen, dass die Marktstruktur im deutschen Wasserversorgungssektor eine andere ist. Hier gibt es etwa 6.600 Versorger[1246], im Strom- und Gasbereich dagegen nur 1.700[1247]. Dementsprechend größer sind die einzelnen Unternehmen. In England und Wales existieren sogar lediglich 22 Wasserversorgungsunternehmen[1248]. Und im deutschen Eisenbahnsektor gibt es praktisch nur die Deutsche Bahn Netz AG, die über ein wirklich relevantes Netz verfügt. Insofern ist wie in § 7 II EnWG 2005 eine Mindestgrenze von 100.000 Kunden einzuziehen. Darüber hinaus ist im Wassersektor zumindest anfänglich mit nur wenigem lokal begrenzten Wettbewerb zu rechnen[1249], so dass sich der erhebliche Aufwand nur in wenigen Fällen lohnen würde. Man muss nämlich berücksichtigen, dass eine organisatorische Trennung bestehende Synergien der vertikalen Integration auflöst und dadurch Kostensteigerungen hervorruft. Unter anderem bedeutet gesellschaftsrechtliche Trennung auch geteilte Verantwortung. Um negativen Auswirkungen auf die Wasserqualität sowie die Versorgungssicherheit effektiv zu begegnen, ist ein erheblicher Abstimmungsbedarf erforderlich.[1250] Deshalb sollte man es möglicherweise auch an dieser Stelle dem Regulierer überlassen, ob er für ein konkretes Unternehmen bestimmte organisatorische oder personelle Entflechtungen für angebracht hält.

d) Missbrauchstatbestand/Missbrauchsaufsicht

Der Netzzugangsanspruch wurde aus der *essential-facilities-doctrine* abgeleitet, welche eine besondere Fallgruppe des Missbrauchs einer marktbeherrschenden

---

[1245] Robinson, Moving to a competitive market in water, in: Robinson, Utility Regulation and Competition Policy, p. 44, 56 ff.; Scott, Competition in water supply, p. 14 f.; Mellor, Water Law 14 [2003], p. 194, 210
[1246] Kluge (u.a.), netWORKS-papers, Heft 2: Netzgebundene Infrastrukturen unter Veränderungsdruck – Sektoranalyse Wasser, S. 15
[1247] Büdenbender RdE 2004, 284, 285
[1248] Bailey, The business and financial structure of the Water Industry in England and Wales, p. 10
[1249] Deutsche Bank Research, S. 9; BMWi, S. 45
[1250] Mellor, Water Law 14 [2003], p. 194, 211

Stellung beschreibt[1251]. Dementsprechend spielt der Missbrauchstatbestand eine wesentliche Rolle bei der Marktöffnung. Hierbei ist man in Deutschland zwei unterschiedliche Wege gegangen: Im EnWG 1998 (§§ 6 I 6 u. 6a II 6 i.V.m. § 130 III GWB) sowie im AEG (§ 14 IIIa 2, V 4 AEG 1994[1252] bzw. § 14b II 1 AEG 2005) hat man den Missbrauchstatbestand des § 19 GWB für parallel Anwendbar erklärt[1253]. Im Strom- und Gassektor war dies deshalb erforderlich, weil das alte EnWG keine behördliche Durchsetzungsmöglichkeit vorsah[1254].

In England und Wales können die Versorgungsunternehmen ebenfalls prinzipiell auf den Missbrauchstatbestand des Competition Act 1998 zurückgreifen. Dies gilt allerdings nur für die Fälle, die der Water Act 2003 nicht als *lex specialis* verdrängt.[1255] So kann man z.B. an den Fall reiner Transportdurchleitungen denken, den der Water Act 2003 nicht regelt.

Den anderen Weg ist der Gesetzgeber im Bereich der Telekommunikation gegangen. Auch wenn die Formulierung des § 2 III TKG eigentlich auf die parallele Anwendbarkeit des GWB schließen lässt, so ist doch der in § 33 TKG 1996 bzw. § 42 TKG n.F. geregelte Missbrauchstatbestand *lex specialis* zu § 19 GWB[1256]. Im Wortlaut eindeutig hingegen ist § 111 I, II Nr. 1 EnWG 2005, der eine Anwendbarkeit der §§ 19, 20 GWB bzgl. des Netzzugangs ausschließt. Der allgemeine Missbrauchstatbestand des § 30 I 2 Nr. 1 EnWG 2005 sieht dementsprechend einen Missbrauch schon dann, wenn entgegen dem Netzzugangsanspruch aus § 20 EnWG 2005 eine Durchleitung nicht gewährt wird. Mit diesen spezialgesetzlichen Missbrauchstatbeständen geht auch die Zuständigkeit des Kartellamtes für die Missbrauchskontrolle auf die Regulierungsbehörde über[1257]. Auch die zivilrechtliche Durchsetzung wird in diesem Fall nicht mehr durch § 33 GWB sichergestellt, sondern es existieren ebenfalls spezialgesetzliche Normen, die einen Schadensersatz- und einen Unterlassungsanspruch beinhalten[1258].

In diesem Zusammenhand stellen Doll/Rommel/Wehmeier[1259] in Anbetracht der TKG-Novelle 2004 die berechtigte Frage danach, ob überhaupt neben einem

---

[1251] siehe unter Teil B: I.
[1252] eingeführt seit 1.7.2002 (Zweites Gesetz zur Änderung einsenbahnrechtlicher Vorschriften, Art. 1 Nr. 10, BGBl. I 2002, S. 2191, 2193)
[1253] Immenga/Mestmäcker-*Möschel*, GWB, § 19 Rn. 223 für EnWG bzw. Rn. 221 für AEG
[1254] siehe unter a) dd)
[1255] Mellor, Water Law 14 [2003], p. 194, 210
[1256] BT-Drs. 13/3609, S. 36; Immenga/Mestmäcker-*Möschel*, GWB, § 19 Rn. 222
[1257] § 33 II 1 TKG 1996; § 42 IV TKG n.F.; § 30 II EnWG 2005
[1258] § 40 TKG 1996; § 44 I TKG n.F.; § 32 EnWG 2005
[1259] Doll/Rommel/Wehmeier MMR 2003, 522, 524

besonders ausformulierten Netzzugangstatbestand ein Missbrauchstatbestand erforderlich ist, wenn eine umfassende Befugnis zur Zugangsanordnung besteht. Bei genauer Betrachtung stellt sich heraus, dass auch in den anderen Liberalisierungsgesetzen mit Ausnahme des AEG (§ 14 IIIa 1 AEG 1994 bzw. § 14c I AEG 2005) die Zugangsverpflichtung an sich keine Befugnis zur behördlichen Anordnung des Zugangs darstellt. § 37 TKG 1996 sieht nur eine Schlichtung durch die Regulierungsbehörde für den Anspruch auf Zusammenschaltung als besonderen Zugangsanspruch vor. Für die Durchsetzung des Zugangsanspruchs wird § 33 TKG 1996 herangezogen. Für die behördliche Durchsetzung des Zugangsanspruchs im alten Energierecht dient ebenso § 19 GWB als Rechtsgrundlage. Und auch im neuen Energierecht stellt die Zugangsverweigerung einen Missbrauch der marktbeherrschenden Stellung dar, aus dem der Regulierungsbehörde die Anordnungsbefugnis erwächst[1260]. Letztendlich formulieren die Zugangstatbestände nur eine Verpflichtung mit dem Ziel, einen Missbrauch zu verhindern, der wiederum – falls er dennoch erfolgt – durch eine entsprechende behördliche Zugangsanordnung beseitigt werden könnte. Das neue TKG weicht ebenfalls nur unmerklich von dieser Struktur ab, da der Missbrauchstatbestand (§ 42 TKG) nach der Gesetzesbegründung nur weiter ist als der Zugangstatbestand (§ 21 TKG)[1261] und damit auch der Missbrauchstatbestand im Zweifel Anwendung fände. Aus allen diesen Vorbildern lässt sich folgender Schluss ziehen: Auch wenn ein besonderer Netzzugangstatbestand normiert wurde, spielt der Missbrauchstatbestand dennoch die zentrale Rolle bei der behördlichen Durchsetzung des Netzzugangs, und zwar unabhängig davon, ob es einen spezialgesetzlichen Missbrauchstatbestand gibt oder auf den allgemein gültigen § 19 GWB zurückgegriffen wird.

Im Ergebnis verbleiben dem Gesetzgeber für eine adäquate Lösung bezogen auf den deutschen Wassermarkt zwei Alternativen: Entweder man lässt den Missbrauchstatbestand des § 19 GWB unberührt oder man normiert einen eigenen Missbrauchstatbestand im WVWG. Die erstere Variante beließe die Kontrollbefugnisse bei den Kartellbehörden, hätte jedoch den Nachteil, dass bzgl. der reinen Transportdurchleitung nach § 19 IV Nr. 1 GWB nach wie vor eine andere Beweislastverteilung gelten würde als bei der Durchleitung nach § 19 IV Nr. 4 GWB[1262]. Sofern sich der Gesetzgeber im Rahmen des GWB nicht zu einer Vereinheitlichung durchränge[1263], wäre es sinnvoller, einen eigenen Missbrauchstatbestand im WVWG zu normieren. Als Vorbild böte sich hier § 30 I EnWG 2005 an, wonach jeder Verstoß gegen die Zugangsgewährungs-

---

[1260] § 30 I 2 Nr. 1, II EnWG 2005
[1261] BT-Drs. 15/2316, S. 71
[1262] siehe unter Teil C: III. 6.
[1263] Vorschlag dazu unter I.

pflicht einen Missbrauch darstellt. Schaffte man einen besonderen Missbrauchs-tatbestand, so wäre es nur konsequent, der Regulierungsbehörde neben der Aufgabe der Prüfung der Zugangsbedingungen auch die Kompetenz zur Miss-brauchskontrolle zu übertragen. Wenn eine Regulierungsbehörde existierte, die den Netzzugang und die damit verbundenen Fragen regelte, handelte es sich – im Vergleich zu den Kartellbehörden – um die sachnähere Behörde, um Missbräuche auf dem Wassermarkt abzustellen[1264]. Gleichzeitig diente eine derartige exklusive Aufgabenübertragung der Vermeidung von unübersichtli-chen Doppelzuständigkeiten und einer sich möglicherweise widersprechenden Auslegungspraxis durch unterschiedliche Behörden[1265]. Ein Negativbeispiel gibt insofern das AEG ab[1266], welches die Netzzugangsregulierung dem Eisen-bahnbundesamt(§ 14 IIIa 1, V 1 AEG 1994) bzw. der neuen Regulierungsbe-hörde (§§ 14b-14f AEG 2005) zuweist, jedoch die Missbrauchskontrolle den Kartellbehörden überlässt (§ 14 IIIa 2, V 2 AEG 1994 bzw. § 14b II 1 AEG 2005), wenn auch gegenseitige Informationspflichten bestehen (§ 14 IIIa 3-5 AEG 1994; § 14b II 2-4 AEG 2005). Außerdem kann nur wieder betont werden, dass es Aufgabe der Kartellbehörden ist, existierenden funktionsfähigen Wett-bewerb zu sichern; der Auftrag einer Regulierungsbehörde besteht allerdings darin, Wettbewerb dort erst zu schaffen, wo bislang Monopole herrschten[1267]. Deshalb sollte man eher einen eigenen Missbrauchstatbestand im WVWG mit Kontrolle durch die Regulierungsbehörde etablieren.

e) Anschluss- und Versorgungspflicht/ Universaldienstverpflichtung

Ein Unternehmen, welches für den Lebensbedarf wichtige Güter oder Leistun-gen öffentlich anbietet, darf grundsätzlich einen Vertragsabschluss nur aus sachlich berechtigten Gründen verweigern, wenn dem Kunden keine andere Möglichkeit zur Bedarfsdeckung zur Verfügung steht[1268]. Dies folgt jedenfalls dann aus den Grundsätzen des Vertragsrechts, wenn ein Unternehmen der Daseinsvorsorge ein Monopol oder eine marktbeherrschende Stellung inne-hat[1269]. Dasselbe gilt auch für staatliche Unternehmen. Allerdings folgt der Anspruch bei öffentlich-rechtlich verfassten Unternehmen aus dem Gleichbe-handlungsgrundsatz des Art. 3 I GG[1270]. Insofern bedarf es keiner sondergesetz-lichen Regelung, um sicherzustellen, dass jeder Haushalt – einmal abgesehen

---

[1264] so für den Telekommunikationssektor: BT-Drs. 15/2316, S. 71
[1265] Baur RdE 2004, 277, 279
[1266] Monopolkommission, 14. Hauptgutachten 2000/2001, Tz. 833
[1267] Holznagel/Enaux/Nienhaus, Grundzüge des Telekommunikationsrechts, S. 35
[1268] Palandt/*Heinrichs*, BGB, Einführung vor § 145 Rn. 10
[1269] Larenz/Wolf, Allgemeiner Teil des Bürgerlichen Rechts, 9. Auflage, § 34 Rn. 33
[1270] Ludwig/Odenthal/Hempel/Franke-*Hempel*, Recht der Elektrizitäts-, Gas- und Wasserver-sorgung, Einführung AVBWasserV Rn. 139

von Häusern fernab jeder Siedlungen – die Möglichkeit hat, an das öffentliche Wasserversorgungsnetz angeschlossen zu werden. Die Zuweisung der Wasserversorgung als gemeindliche Pflichtaufgabe, wie sie in zahlreichen Landeswassergesetzen bzw. der bayrischen Gemeindeordnung existiert, vermittelt im Übrigen kein subjektiv-öffentliches Recht auf Versorgung mit Trinkwasser[1271].

Würde eine Marktöffnung zu einer Auflösung der marktbeherrschenden Stellung des Netzbetreibers führen, entfiele dementsprechend der Kontrahierungszwang zwischen dem Wasserversorger und den Bewohnern des Netzgebietes. Um dennoch die Versorgung der allermeisten Verbraucher mit Leistungen der Daseinsvorsorge sicherzustellen, sind vom deutschen, vom europäischen, aber auch vom englisch-walisischen Gesetzgeber verschiedene Modelle entwickelt worden.

Das Telekommunikationsrecht kennt die Figur der Universaldienstleistungen. Um in den Gebieten, in denen eine Versorgung mit Telekommunikationsdienstleistungen wirtschaftlich uninteressant ist, auch im Wettbewerb eine Grundversorgung sicherzustellen, hat der EU-Gesetzgeber die Universaldienstrichtlinie[1272] erlassen. Nach den in der Folge erlassenen Vorschriften des TKG sind sämtliche Telekommunikationsunternehmen ab einer gewissen Marktmacht dazu verpflichtet, für den Fall, dass in einem Gebiet die Universaldienstleistungen nicht ausreichend und angemessen erbracht werden, die Sicherstellung dieser Dienstleistungen zu besorgen (§ 80 TKG). Nach § 81 TKG hat die zuständige Regulierungsbehörde die Möglichkeit, eines dieser Telekommunikationsunternehmen zu der Sicherstellung der Grundversorgung zu verpflichten. Sollte ein finanzieller Ausgleich erforderlich sein, so erfolgt dieser über ein Umlageverfahren sämtlicher verpflichteter Telekommunikationsunternehmen (§§ 82, 83 TKG). Ein ähnliches Verfahren bietet sich prinzipiell auch für die Wasserversorgung an[1273]. Der Vorteil liegt in einer gerechten Verteilung der Kosten für eine wirtschaftlich unrentable Versorgung auf eine Vielzahl von Anbietern. Gleichwohl muss man berücksichtigen, dass für den Telekommunikationssektor die Gefahr gesehen wurde, insbesondere in geographisch ungünstig gelegenen, dünn besiedelten Gebiete könnten die Bedürfnisse der Endnutzer im Wettbewerb nicht zu adäquaten Preisen befriedigt werden[1274]. Diese Annah-

---

[1271] VG Magdeburg, Beschluss vom 1.9.1997 – B 1 K 433/97 –, R+S – Recht und Steuern im Gas- und Wasserfach 1997, S. 42, 43; Ludwig/Odenthal/Hempel/Franke-*Hempel*, Recht der Elektrizitäts-, Gas- und Wasserversorgung, Einführung AVBWasserV Rn. 137

[1272] RL 2002/22/EG des Europäischen Parlaments und des Rates vom 7.3.2002, ABl. EG 2002 L 108/51

[1273] BMWi, S. 47

[1274] Erwägungsgrund 7 RL 2002/22/EG des Europäischen Parlaments und des Rates vom 7.3.2002, ABl. EG 2002 L 108/51; Scherer K&R 2002, 385

men gelten für den Wassermarkt nur sehr bedingt. In diesem Sektor ist die Versorgung in ländlichen Gebieten nicht zwangsläufig teurer als in Städten. Sicherlich ergeben sich in dicht besiedelten Gebieten Dichteeffekte im Netz. Dies wird in der Wasserversorgung auf dem Lande jedoch dadurch ausgeglichen, dass in der Regel genügend Trinkwasser aus der näheren Umgebung gewonnen werden kann und man es nicht über Fernleitungen heranschaffen muss wie in den meisten Ballungsräumen[1275]. Zudem ist keine Vernetzung mit anderen Orten erforderlich, und die Netzkosten im Ort werden nach wie vor durch die Netznutzungsentgelte gedeckt. Die Tatsache, dass selbst sehr kleine Kommunen aktuell in der Lage sind, eine Wasserversorgung zu betreiben, zeigt, dass in der Regel nicht mit dem Problem zu rechnen ist, dass in einigen Ortschaften die Wasserversorgung eingestellt wird, nur weil Wettbewerb herrscht. Wenn ein Gebiet tatsächlich wirtschaftlich uninteressant ist, dann muss man dort auch keine Konkurrenz befürchten, die das bisherige örtliche Monopol beseitigt. Insofern dürfte nicht die Gefahr bestehen, dass ein bestehender Wasserversorger sich aus einem wirtschaftlich eher uninteressanten Gebiet zurückzieht.

In der englischen und walisischen Wasserwirtschaft existiert die Figur des *supplier of last resort*[1276]. Es gibt die grundsätzliche Pflicht des Netzbetreibers, sämtliche Haushalte innerhalb seines Gebietes im Zweifel die Versorgung mit Trinkwasser zu offerieren[1277], und zwar zu bezahlbaren Preisen auch in ländlichen Gegenden sowie für sozial Schwache[1278]. Insofern ist der Netzbetreiber verpflichtet, bei Ausfall des Petenten die Wasserversorgung auch für einen Teil von dessen Kunden aufrecht zu erhalten. Um praktisch auch die notwendigen Ressourcen zur Verfügung zu haben, sind zwei Modelle denkbar: Der Netzbetreiber könnte in seinen Wassergewinnungsgebieten Reserven aufrechterhalten, so dass er innerhalb kürzester Zeit in der Lage wäre, die Versorgung zu übernehmen. Für diese Leistung entstehen natürlich Kosten, so dass er dafür ein zusätzliches Entgelt verlangen könnte[1279]. Die Alternative wäre, dass sich der Petent für den Fall des Ausscheidens als Lieferant dem Netzbetreiber gegenüber verpflichtet, diesem seine Wassergewinnungsgebiete zu überschreiben. Letzteres wäre vermutlich ökonomisch für den Petenten am sinnvollsten. Der Netz-

---

[1275] UBA, S. 46 f.; Mehlhorn, Liberalisierung der Wasserversorgung, GWF – Wasser/Abwasser 142 (2001), Nr. 2, S. 103, 105 f. (insb. Bild 3)

[1276] OFWAT, MD 163, 30 June 2000, Pricing Issues for Common Carriage

[1277] Section 52 Water Industry Act 1991; OFWAT, MD 154, 12 November 1999, Development of common carriage

[1278] Hewett, Testing the waters – The potential for competition in the Water Industry, p. 22 f.

[1279] OFWAT, Access Codes for Common Carriage – Guidance, March 2002, p. 11

betreiber dürfte sich einem entsprechenden Angebot des Petenten grundsätzlich nicht in den Weg stellen.[1280]

In der deutschen Energiewirtschaft existiert analog dazu die sog. Anschluss- und Versorgungspflicht gem. § 10 EnWG 1998. Sie ist jedoch bislang nicht mit Ausgleichszahlungen durch die Durchleitungspetenten verbunden. Dies dürfte insbesondere in der Stromwirtschaft jedoch daran liegen, dass der Netzbetreiber im Zweifelsfall ohne Probleme den erforderlichen Strom hinzukaufen könnte, denn innerhalb des europäischen Verbundnetzes gibt es erhebliche Überkapazitäten.

Unabhängig davon, ob die Anschluss- und Versorgungspflicht aus der Monopolstellung folgt oder sondergesetzlich bestimmt wird, können sich für die Netzbetreiber durch den Wettbewerb zwei Probleme ergeben:

Zum einen muss ein Netzbetreiber für den Fall, dass ein ihm abgeworbener Kunde wieder zurückkehrt oder ein konkurrierender Anbieter aus dem Markt austritt, die notwendigen Ressourcen vorhalten, um die Versorgung übernehmen zu können. Es ist durchaus fraglich, inwiefern er dem Petenten die Vorhaltung von Reservemengen für den Fall, dass er die Versorgung sicherstellen muss, in Rechnung stellen kann. Mit Sicherheit hängt dies auch immer von der Frage ab, welchen Umfang die Wasserlieferungen des Petenten haben. Es ist nämlich zu berücksichtigen, dass in den vergangenen 25 Jahren der Wasserverbrauch um etwa 20 % zurückgegangen ist, so dass aktuell die Versorgungsunternehmen ohnehin noch über erhebliche Überkapazitäten verfügen. Könnten sie die weitere Vorhaltung dem Petenten in Rechnung stellen, besteht sogar die Gefahr, dass sie ihm ihre *stranded costs* aufbürden. Im Übrigen darf der Netzbetreiber auch nicht vorgehaltene Mengen sowohl als Reservemengen bei zeitweiligem Ausfall der Ressourcen des Petenten sowie als Reservemengen zur Sicherstellung der Anschluss- und Versorgungspflicht doppelt in Rechnung stellen. Für die Zukunft kann nicht ausgeschlossen werden, dass gerade in den Fällen, in denen ein Petent große Mengen durchleitet, dem Netzbetreiber zusätzliche Kosten in erheblichem Umfang entstehen werden. Dann wäre natürlich eine Umlegung der Kosten auf die Netznutzungsentgelte oder die bedingte Überschreibung der Ressourcen des Petenten zulässig.

Zum anderen kann es sein, dass dem Netzbetreiber so viele Kunden verloren gehen, dass er seine Wassergewinnungsanlagen nicht mehr rentabel betreiben kann. Hier könnte ein System zumindest teilweise Abhilfe schaffen, welches im neuen EnWG etabliert wurde. Die Anschluss- und Versorgungspflicht wurde

---

[1280] OFWAT, Access Codes for Common Carriage – Guidance, March 2002, p. 11

insofern modifiziert, als den Netzbetreiber nur noch eine Anschlusspflicht trifft (§§ 17, 18 EnWG 2005). Die Grundversorgung der Haushaltskunden obliegt jedoch nach § 36 II 1 EnWG 2005 dem Unternehmen, welches die meisten Haushaltskunden in einem Versorgungsgebiet beliefert. Wenn ein neuer Anbieter mehr Kunden versorgen würde als der Netzbetreiber, so träfe ihn die Pflicht, sämtliche Haushalte zu versorgen. Der Netzbetreiber könnte in seiner Funktion als Versorgungsunternehmen prinzipiell ohne negative Folgen aus dem Markt ausscheiden, es sei denn, der größte Anbieter wäre nicht in der Lage, die Versorgung sämtlicher beim Netzbetreiber verbliebenen Kunden zu einem adäquaten Preis zu decken. Sollte ein solches Szenario drohen, hätte der Netzbetreiber jedoch einen Grund, die Durchleitungsbegehren zurückzuweisen, weil dadurch eine preisgünstige Trinkwasserversorgung nicht mehr sichergestellt werden könnte[1281]. Das System des neuen EnWG wäre ebenfalls wirkungslos, wenn der Netzbetreiber noch die meisten Haushaltskunden versorgte. Dann dürfte er nicht aus dem Markt ausscheiden. Da auch in diesem Fall die Preisgünstigkeit in Gefahr wäre, stünde ihm auch in diesem Fall ein Durchleitungsverweigerungsgrund zur Seite, womit eine derartige Situation verhindert werden könnte.

Letztendlich kann die preisgünstige Versorgung der Verbraucher mit einer Anschluss- und Versorgungspflicht, so wie sie eben skizziert wurde, in einigen Fällen sichergestellt werden. Deshalb wäre ein entsprechendes Instrument in ein WVWG mit aufzunehmen. Dennoch kann es zu Konstellationen kommen, in denen die Durchleitungsverweigerung als schärfstes Instrument zur Verhinderung von Konkurrenz die einzige Möglichkeit ist, die Interessen vieler Haushaltskunden zu sichern. Insofern stellt eine Anschluss- und Versorgungspflicht alleine kein wirksames Instrument dar, eine preiswerte und sichere Versorgung sämtlicher Haushaltskunden zu garantieren.

f) Rückstellungsbildung

Im Rahmen der Erörterung zu den Netznutzungsentgelten im Rahmen von § 19 IV Nr. 4 GWB wurde bereits darauf hingewiesen[1282], dass die gemeinsame Netznutzung den Bau von besonderen Anlagen wie Mischbehältern erforderlich machen kann, die nach einem Beenden der gemeinsamen Netznutzung überflüssig werden. Dies gilt insbesondere dann, wenn die Durchleitung Modifikationen am Netz zur Folge hatte, die aufgrund der nunmehr fehlenden Einspeisung des Petenten zurückgebaut werden müssen, um das Netz aus hydraulischer Sicht zu optimieren und lange Standzeiten in den Rohren zu vermeiden. Hierzu dürften

---

[1281] siehe unter Teil C: VII. 2. b)
[1282] siehe unter Teil C: V. 3. d) bb)

nicht unerhebliche Investitionen erforderlich sein, die allein vom Petenten verursacht wurden. Damit diese Kosten auch bei unfreiwilligem Ausscheiden des Petenten aus dem Markt etwa durch Insolvenz nicht beim Netzbetreiber „hängen bleiben", könnte der Gesetzgeber eine Sicherungsverpflichtung einbauen. Der Petent müsste entweder Rückstellungen für diesen Fall bilden oder aber eine sichere Bürgschaft eines Dritten beibringen.

g) Standardangebot für Zugangsleistungen/network access code

Im Zuge der Marktöffnung in England und Wales durch den Competition Act 1998 hat die zuständige Regulierungsbehörde für den Wassermarkt OFWAT den Unternehmen aufgegeben, Prinzipien für eine gemeinsame Netznutzung zu entwickeln[1283], die in die Erstellung standardisierter Vertragsbedingungen, sog. network access codes, einmünden sollen[1284]. Inhaltlich sollten sich diese Standardangebote der Unternehmen an den Empfehlungen der Regulierungsbehörde orientieren[1285], insbesondere an der Access Code Guidance aus dem Jahr 2002[1286]. Auch nach dem Water Act 2003 sollen die Netzbetreiber network access codes nach den neuen Empfehlungen der Regulierungsbehörde bereitstellen[1287]. Diese sollen Angaben darüber enthalten, wie Durchleitungsbegehren behandelt und welche standardisierten Netznutzungspreise verlangt werden[1288].

In ähnlicher Weise sind die Veröffentlichungsverpflichtungen im neuen EnWG gehalten. Nach § 20 I 1 EnWG 2005 haben die Versorgungsunternehmen die Netzzugangsbedingungen einschließlich Musterverträge und Entgelte im Internet zu veröffentlichen. Im Einzelnen werden die zu veröffentlichenden Daten durch § 21 GasNZV für den Erdgassektor näher konkretisiert. Unter anderem muss der Netzbetreiber die von ihm angebotenen Dienstleistungen beschreiben (§ 21 II Nr. 1 GasNZV) und Geschäftsbedingungen formulieren (§ 21 II Nr. 2 GasNZV). Einen etwas anderen Mechanismus wählt die StromNZV in § 28. Die Verordnung übernimmt die bisher aus § 23 TKG 2004 bekannte Figur des Standardangebotes. Danach kann die Regulierungsbehörde den Netzbetreiber anweisen, innerhalb einer bestimmten Frist ein Standardangebot zu veröffentlichen. Voraussetzung ist jedoch, dass für den Netzzugang

[1283] OFWAT, MD 154, 12 November 1999, Development of Common Carriage
[1284] OFWAT, MD 162, 12 April 2000, Common Carriage – Statement of Principles
[1285] OFWAT, MD 154, 12 November 1999, Development of Common Carriage; OFWAT, MD 158, 28 January 2000, Common Carriage; OFWAT, MD 162, 12 April 2000, Common Carriage – Statement of Principles; OFWAT, MD 163, 30 June 2000, Pricing Issues for Common Carriage
[1286] OFWAT, Access Codes for Common Carriage – Guidance, March 2002
[1287] OFWAT, Consultation on Access Code Guidance, October 2004, p. 11
[1288] OFWAT, Consultation on Access Code Guidance, October 2004, p. 11

eine „allgemeine Nachfrage" besteht (§ 23 I TKG). Die Nachfrage gilt dann als „allgemein", wenn eine Mehrzahl von Zugangsberechtigten die Zugangsleistung begehrt[1289]. Im Rahmen der Anordnung kann die Regulierungsbehörde dem Netzbetreiber Vorgaben zu einzelnen Bedingungen machen (§ 23 III 3 TKG bzw. § 28 I 3 StromNZV). Dies gilt unabhängig davon, ob der Betreiber überhaupt kein oder ein nur unzureichendes Standardangebot veröffentlicht hat[1290]. Nach Prüfung der vorgelegten Standardangebote kann sie auch Veränderungen vornehmen, soweit Vorgaben nicht umgesetzt wurden (§ 23 IV 1 TKG bzw. § 28 III 1 StromNZV), und Mindestlaufzeiten vorgeben (§ 23 IV 2 TKG bzw. § 28 III 2 StromNZV). Nach § 23 V 1 TKG kann die Regulierungsbehörde das Unternehmen auch verpflichten, eine bereits bestehende Netzzugangsvereinbarung zum Standardangebot zu erklären.

Inhaltlich handelt es sich bei dem Standardangebot im rechtsgeschäftlichen Sinn nur um eine *invitatio ad offerendum*, weil sich der Netzbetreiber im Zweifel nicht endgültig binden möchte[1291]. Gleichwohl muss es so umfassend sein, dass es von den Netznutzungspetenten ohne weitere Verhandlungen angenommen werden kann (§ 23 III 4 TKG bzw. § 28 I 4 StromNZV).

Wollte man eine Verpflichtung zur Veröffentlichung von standardisierten Netzzugangsbedingungen auch für den Wasserversorgungssektor einführen, so muss man sich zunächst entscheiden, ob man eine allgemeine Verpflichtung für alle Netzbetreiber einführt, wie es die Regulierungsbehörde für England und Wales vorsieht, oder ob man – entsprechend den Regelungen im TKG und der StromNZV – nur eine individuelle Verpflichtung auf Anweisung des Regulierers einführen möchte. Bei der englisch-walisischen Lösung ist zu berücksichtigen, dass es dort nur 22 Wasserversorgungsunternehmen gibt[1292], die aufgrund ihrer Größe allesamt für eine gemeinsame Netznutzung in Fragen kommen. In Deutschland hingegen, mit ca. 6.600 Versorgern, besteht bei einem Großteil aufgrund der strategischen Lage überhaupt kein Interesse an einer Durchleitung[1293]. Da es sich bei 2/3 der Unternehmen zudem noch um sehr kleine Betriebe handelt, die maximal 3.000 Einwohner versorgen[1294], wäre eine Verpflichtung zur Erstellung eines komplizierten und umfangreichen Standardvertragswerks ohne konkretes Wettbewerbspotential für das Versorgungsgebiet schlichtweg unverhältnismäßig. Insofern könnte es durchaus sinnvoll sein,

---

[1289] Steinwärder MMR 2005, 84, 86

[1290] so explizit § 23 III 5 TKG

[1291] Steinwärder MMR 2005, 84, 86

[1292] Bailey, The business and financial structure of the Water Industry in England and Wales, p. 10

[1293] Deutsche Bank Research, S. 9 u. 15

[1294] BMWi, S. 11

individuell durch den Regulierer festzulegen, ob Standardbedingungen erarbeitet werden müssen oder nicht. Maßgebliches Kriterium sollte wie im Telekommunikationssektor die allgemeine Nachfrage sein. Gleichwohl kann das System des Standardangebotes nicht eins zu eins übernommen werden. Im Wasserversorgungssektor spielt es zunächst eine wichtige Rolle, ob das vom Petenten eingespeiste Wasser mit dem des Netzbetreibers kompatibel ist. Anderenfalls wäre eine Vielzahl von genau auf die beiden Wasserqualitäten abgestimmten Maßnahmen erforderlich, so dass damit ein Standardangebot insbesondere im Hinblick auf die mit der Durchleitung verbundenen Kosten sehr wenig Aussagekraft besäße. Auch die Frage, wo die Netze miteinander verknüpft werden sollen, hängt davon ab, wo die Wasserquellen bzw. die Leitungen des Petenten liegen. Schließlich sollen die Kosten der Netzverknüpfung möglichst gering gehalten werden. Der Petent wird daher den kürzesten und topographisch günstigsten Leitungsweg wählen wollen, um hohe Investitions- und Transportkosten zu vermeiden, die im Wasserversorgungssektor einen größeren Anteil ausmachen, als im Bereich der Stromversorgung oder der leitungsgebundenen Telekommunikation. Der für den Petenten günstigste Anschlusspunkt kann jedoch in der Folge Umbaumaßnahmen am Leitungsnetz des Netzbetreibers notwendig werden lassen, so dass auch in diesem Punkt ein Standardangebot kaum Vorteile brächte. Diese beiden Beispiele machen deutlich, dass im Wasserversorgungssektor ein Standardangebot nur begrenzten Nutzen stiften kann. Insofern dürfte sich der Anspruch, das Standardangebot müsse so umfassend sein, dass es von den einzelnen Nachfragern ohne weitere Verhandlungen angenommen werden könne[1295], im Wasserversorgungssektor als illusorisch erweisen. Es wird stets eine auf die konkrete Durchleitung abgestimmte Vereinbarung geben müssen[1296]. Dennoch sollte der Gesetzgeber nicht darauf verzichten, der Regulierungsbehörde die Möglichkeit zur Verpflichtung eines Wasserversorgungsunternehmens zur Veröffentlichung von Standardbedingungen i.S.v. AGB zu geben[1297], weil dadurch in einigen Bereichen die Vertragsanbahnung zwischen Netzbetreiber und Durchleitungspetenten durchaus erleichtert würde. Auch wenn immer Nachverhandlungen im Detail erfolgen müssten, so dürfte sich dennoch der Anbahnungsprozess merklich verkürzen.

h) Zeitdauer der Vertragsanbahnung

Bei der Diskussion der technischen Rahmenbedingungen hat sich herausgestellt, dass es unter Umständen erhebliche Probleme bei der Durchleitung zu

---

[1295] vgl. § 23 III 4 TKG und § 28 I 4 StromNZV (BGBl. I 2005, S. 2243)

[1296] Board (u.a.), Common carriage and access pricing – A comparitive review, p.112

[1297] wie in § 21 II Nr. 2 GasNZV (BGBl. I 2005, S. 2210), allerdings verpflichtend nur nach Anordnung durch die Regulierungsbehörde

bewerkstelligen gilt. Dies bezieht sich zum einen auf mögliche hydraulische Effekte, aber auch auf mikrobiologische oder chemische Belastungen, die infolge einer gemeinsamen Netznutzung entstehen können.[1298] Es wurde bereits darauf hingewiesen, dass bestimmte Konstellationen einer sehr genauen Machbarkeitsprüfung bedürfen, weshalb eine schematische Festlegung des Vertragsanbahnungsprozesses, wie sie OFWAT vorgenommen hat[1299], inadäquat wäre[1300]. Damit jedoch verhindert wird, dass die Netzbetreiber durch ein überlanges Verfahren die Konkurrenten behindern, sollte der Gesetzgeber zumindest zeitliche Obergrenzen setzen. Hierbei wäre allerdings danach zu differenzieren, wie kompliziert sich die Ermöglichung der gemeinsamen Netznutzung darstellt, ob also intensive Studien oder gar Testläufe erforderlich sind oder größere Umbaumaßnahmen getätigt werden müssten. Deshalb sollte der Gesetzgeber eine Zeitdauer für Standardfälle ohne Komplikationen vorsehen, die der Netzbetreiber in begründeten Fällen, abgestuft nach der Schwere der zu lösenden Probleme, bis zu einer bestimmten Obergrenze überschreiten darf.

i) Erbringung von Ausgleichsleistungen

Es wurde bereits darauf hingewiesen, dass eine genaue Synchronisierung zwischen Einspeisung durch den Petenten und die Abnahme durch dessen Kunden technisch nicht möglich ist, weil die individuelle Verbrauchskurve nie genau vorhergesagt werden kann[1301]. Grundsätzlich werden entsprechende Differenzen im Nachhinein ausgeglichen. Sofern dies im Einzelfall nicht möglich wäre, müssten die entsprechenden Fehlmengen einander angemessen vergütet werden. Der Gesetzgeber hat für den Strom- und Gassektor diesbzgl. festgelegt, dass die zu zahlenden Entgelte sachlich gerechtfertigt, transparent und nichtdiskriminierend sein müssen und nicht ungünstiger sein dürfen, als sie innerhalb von Unternehmen bzw. Konzernen zur Verrechnung angewendet werden (§ 23 S. 1 EnWG 2005). Sie sind auf der Grundlage einer rationellen Betriebsführung kostenorientiert festzulegen und entsprechend zu veröffentlichen (§ 23 S. 2 i.V.m. § 21 II EnWG 2005). Eine vergleichbare Regelung wäre der Klarstellung halber auch für die Trinkwasserversorgung anzustreben, um auch hier unangemessene Preise zu verhindern.

j) Sanktionen

Netzbetreiber, die gegen seine Zugangsverpflichtungen und andere damit zusammenhängende Pflichten verstoßen, sichern damit in der Regel zumindest

---

[1298] siehe unter Teil C: VI. 2. und 3.
[1299] OFWAT, Guidance on Access Codes, June 2005, p. 14 ff.
[1300] siehe unter Teil C: VI. 1.
[1301] siehe unter Teil C: VI. 4. c)

bedingt ihr örtliches Monopol. Den dabei erzielten Monopolgewinn erhielten sie damit zu Unrecht. Deshalb sehen § 43 TKG und § 33 EnWG 2005 als Sanktion eine Abschöpfung dieses Vorteils durch die Regulierungsbehörde vor, wenn der Rechtsverstoß vorsätzlich oder fahrlässig erfolgt ist.

4. Wettbewerb durch Zwischenhändler

Der Gesetzgeber sollte zeitgleich darüber nachdenken, ob er, wie im Telekommunikationssektor oder wie in England und Wales mit dem Water Act 2003 geschehen[1302], den Wettbewerb durch Zwischenhändler dadurch ermöglicht, dass er einen Lieferungsanspruch gegenüber einem Monopolisten normiert[1303]. Dies würde es insbesondere neuen Anbietern erleichtern, in den Markt einzutreten, und somit den Wettbewerb beleben, da diese nicht über die notwendigen Wasserressourcen sowie Aufbereitungsmöglichkeiten verfügen. Mithin wäre es nicht mehr erforderlich, für Petenten einen Zugangsanspruch zu den Wasserwerken der etablierten Versorger zu schaffen, da sie aufbereitetes Wasser aus deren Quellen beziehen könnten, wodurch sich technische Probleme beseitigen ließen. Auch wenn neue Wettbewerber dadurch ebenfalls nicht mehr unbedingt auf eigene Quellen angewiesen wäre, so sollte man aufgrund der Tatsache, dass sich der Festsetzung des Einkaufspreises ähnliche Probleme ergeben wie bei der Bestimmung der Netznutzungsentgelte, nicht darauf verzichten, Chancengleichheit bei der Gewährung von Wasserbenutzungsrechten zwischen alten und neuen Anbietern herzustellen[1304][1305].

5. Monitoring

Die in diesem Abschnitt unterbreiteten Vorschläge können letztendlich nur zu Beginn einen adäquaten Rahmen für die Liberalisierung des Wasserversorgungssektors bilden. Ob sich die einzelnen Instrumente bewähren und die Auflösung der Versorgungsmonopole beseitigen helfen, muss sich in der Praxis beweisen. Hierzu müssen Erfahrungen gesammelt und vor allem dokumentiert werden. Deshalb wäre es durchaus sinnvoll, wenn der Gesetzgeber – ähnlich der Regelung in § 35 EnWG 2005 – die Regulierungsbehörde dazu verpflichtete, eine umfassende Datensammlung über den Fortgang des Wettbewerbs zu erstellen, damit der Gesetzgeber die von ihm geschaffenen Instrumente auf einer fundierten Datenbasis auf ihre Wirksamkeit hin überprüfen kann.

[1302] Section 66A und 66C Water Industry Act 1991 in der Fassung des Water Act 2003
[1303] Näheres siehe unter Teil A: III. 3. c)
[1304] siehe unter II. 1.
[1305] Hewett, Testing the waters – The potential for competition in the Water Industry, p. 17

Teil E: Normsetzungskompetenzen

Die Untersuchung im vorherigen Kapitel hat einen erheblichen Reformbedarf in einer Vielzahl von Gesetzen und Verordnungen aufgezeigt, wenn man das Ziel der Implementierung von Wettbewerb im Wassermarkt verfolgt. Gegenwärtig handelt es sich dabei um Gesetze und Verordnungen des Bundes und der Länder. Daraus ergeben sich Probleme bei der Abgrenzung der Kompetenzen. Man kann davon ausgehen, dass aufgrund der Kartell- und Wirtschaftsrechtskompetenzen des Bundes eine Initiative zur Liberalisierung von diesem ausgehen würde. Dieser wäre jedoch möglicherweise aus eigener Kraft gar nicht in der Lage, die notwendigen Rahmenbedingungen in entsprechender Weise zu setzen, sondern wäre auf ein kooperatives Verhalten der Länder angewiesen. Daher ist zunächst zu klären, inwieweit den jeweiligen Staatsgebilden die Normsetzungskompetenz für den jeweiligen Bereich zusteht. Ferner muss untersucht werden, ob die Einführung von Durchleitungsrechten mit dem materiellen Verfassungsrecht in Einklang gebracht werden könnte. Bevor jedoch die innerdeutschen verfassungsrechtlichen Fragen geklärt werden, darf man nicht außer Acht lassen, dass möglicherweise eine Initiative zur Einführung von Durchleitungswettbewerb auch von der Europäischen Union ausgehen könnte. Sollte es eine entsprechende europäische Regelung geben, würden die verfassungsrechtlichen Probleme innerhalb Deutschlands an Bedeutung verlieren, weil sowohl der Bund als auch die Länder zur Umsetzung der Vorgaben verpflichtet wären. Ebenso gibt es bereits aktuell existierende Vorgaben aus dem europäischen Sekundärrecht, die eventuell den Spielraum des Bundes und der Länder einschränken könnten. Inwiefern die EU durch bestehendes Sekundärrecht den Spielraum der deutschen Gesetzgebungsorgane eingeschränkt hat bzw. noch zu schaffendes Sekundärrecht einschränken kann, soll zunächst geklärt werden.

I. Vorgaben der EU

Dieses Kapitel beschäftigt sich mit zwei Fragen: Zunächst soll untersucht werden, ob die EU Normen erlassen kann, die die Schaffung von Durchleitungswettbewerb verpflichtend für ganz Europa einführen könnten. In einem zweiten Schritt geht es um die bereits bestehenden Vorgaben aus dem europäischen Wasserrecht, die bei jedweder nationalen Gesetzgebung einzuhalten wären.

1. Kompetenznormen im EG-Vertrag

Die Rechtsetzung der EU bzw. der EG beruht auf dem Prinzip der begrenzten Einzelzuständigkeit, welches besagt, dass nur dann eine Rechtsetzungskompetenz vorliegt, wenn eine ausdrückliche Rechtsgrundlage für den vorzunehmenden Rechtsakt in einem der Verträge besteht[1306]. Hierfür kommen unterschiedliche Regelungen in Betracht.

a) EG-Wettbewerbsrecht

Zunächst könnte man an die Verordnungs- und Richtlinienkompetenz zum Erlass von Wettbewerbsregelungen aus Art. 83 EG denken. Im Gegensatz etwa zu den Rechtsangleichungsvorschriften, welche die Harmonisierung nationalen Rechts zum Gegenstand haben, dient Art. 83 EG der Anwendung und Durchsetzung von Gemeinschaftsrecht[1307]. Deshalb darf eine auf diese Norm gestützte Verordnung oder Richtlinie lediglich die Wettbewerbsregeln aus Art. 81 und 82 EG konkretisieren, nicht jedoch ausweiten oder ergänzen[1308]. Für die Schaffung neuer Wettbewerbstatbestände liefert diese Norm keine Rechtfertigung. Es wurde bereits ausführlich erläutert, dass sich aus Art. 82 EG gerade kein Netzzugangsanspruch für den Wassermarkt ergibt[1309]. Deshalb kann Art. 83 EG als Ermächtigungsgrundlage nicht in Betracht kommen.

Bei der Liberalisierung des Telekommunikationssektors hat die EU-Kommission einige Richtlinien auf Art. 86 III EG gestützt[1310]. *Ehlermann*[1311] hat angenommen, die Energiemarktliberalisierung könne auch über eine auf diese Norm gestützt Richtlinie erfolgen. Gleiches vertritt nun *Laskowski*[1312] für eine Wassermarktliberalisierung mit der Herleitung, dass in vielen EU-Ländern die Wasserversorgung derzeit von Unternehmen i.S.v. Art. 86 II EG wahrgenommen werde. Man muss hierbei jedoch berücksichtigen, dass es sich bei Art. 86 II um eine Ausnahmevorschrift handelt, die dazu dient, andere, sozialpolitische Ziele mit denen eines fairen Wettbewerbs in Einklang zu bringen[1313]. Damit jedoch eine Ausnahmevorschrift greift, müsste zunächst einmal über-

---

[1306] Oppermann, Europarecht, § 6 Rn. 62

[1307] EuGH Slg. 1991, I-1223, Rn. 24 - Telekommunikationsrichtlinie Endgeräte; Immenga/Mestmäcker-*Ritter*, EG-Wettbewerbsrecht II, Art. 87 Rn. 13; Callies/Ruffert-*Jung*, EUV/EGV, Art. 83 EGV Rn. 39

[1308] von der Groeben/Schwarze-*Schröter*, Art. 83 EG Rn. 6 f.; Mestmäcker, VEnergR Bd. 61, S. 39, 47

[1309] vlg. unter Teil B

[1310] Endgeräte-RL 88/301/EWG, ABl. 1988 L 131, S. 73; Telekommunikationsdienste-RL 90/388/EWG, ABl. 1990 L 192, S. 10; Satelliten-RL 94/46/EG, ABl. 1994 L 268, S.15; Kabel-TV-RL 95/51/EG, ABl. 1995 L 256, S. 49; Mobilfunk-RL 96/2/EG, ABl. 1996 L 20, S. 59; Wettbewerbs-RL 96/19/EG, ABl. 1996 L 74, S. 13; Pöcherstorfer ZUR Sonderheft 2003, 184, 187; Calliess/Ruffert-*Jung*, EUV/EGV, Art. 86 EGV Rn. 61

[1311] Ehlermann EuZW 1992, 689, 690 ff.

[1312] Laskowski ZUR 2003, 1, 9

[1313] Immenga/Mestmäcker-*Mestmäcker*, EG-Wettbewerbsrecht II, Art. 37, 90 D. Rn. 1

haupt ein Verstoß gegen die Regel vorliegen. Die Regel bildet in diesem Fall Art. 86 I EG. Ein Tatbestandsmerkmal dieser Norm bildet der Verstoß gegen eine andere Vertragsnorm; von daher kann Art. 86 I EG immer nur in Verbindung mit einer anderen Vertragsnorm wie z.B. Art. 81 oder 82 EG gesehen werden[1314]. Art. 86 I EG unterscheidet sich von den Art. 81 und 82 EG wiederum dadurch, dass die Normadressaten nicht die Unternehmen direkt sind, sondern die Nationalstaaten, denen es obliegt, bei der Gewährung ausschließlicher Rechte an Unternehmen die Regelungen des EG-Vertrages einzuhalten[1315]. Art. 86 III EG hat allein den Zweck, für die Wirksamkeit der Absätze 1 und 2 zu sorgen[1316]. Im Falle der Wassermarktliberalisierung liegt in der Durchleitungsverweigerung weder ein Verstoß gegen Art. 81 oder 82[1317] noch gegen sonst irgendeine Norm des EG-Vertrages vor. Folglich kommt auch kein Verstoß gegen Art. 86 I EG in Betracht, erst Recht nicht gegen die Ausnahmevorschrift des Absatzes 2. Deshalb scheidet Art. 86 III EG als Ermächtigungsnorm für eine Liberalisierung des Wassermarktes aus.

b) Rechtsangleichungsvorschriften

Die Rechtsangleichung kann auf verschiedene Normen des EG-Vertrages gestützt werden. Der Grundtatbestand findet sich in Art. 94. Sofern die Rechtsangleichung die Ziele des Art. 14, also die Verwirklichung des Binnenmarktes verfolgt, findet der speziellere Art. 95 Anwendung. Ferner existieren Sondervorschriften für die einzelnen Grundfreiheiten.

Sowohl die Elektrizitäts-[1318] als auch die Erdgasbinnenmarktrichtlinie[1319] werden auf Art. 55 i.V.m. Art. 47 II, auf Art. 47 II sowie auf Art. 95 EG gestützt[1320]. Das bedeutet, dass der EU-Gesetzgeber nicht nur die Warenverkehrsfreiheit, sondern auch die Dienstleistungsfreiheit und die Niederlassungsfreiheit als Begründung für die Rechtsangleichung herangezogen hat.

[1314] Calliess/Ruffert-*Jung*, EUV/EGV, Art. 86 EGV Rn. 7
[1315] Grabitz/Hilf-*Pernice/Wernicke*, Das Recht der Europäischen Union II, Art. 86 EGV Rn. 4; Immenga/Mestmäcker-*Mestmäcker*, EG-Wettbewerbsrecht II, Art. 37, 90 B. Rn. 51 ff.; von der Groeben/Schwarze-*Hochbaum/Klotz*, Art. 86 EG Rn. 2
[1316] Immenga/Mestmäcker-*Mestmäcker*, EG-Wettbewerbsrecht II, Art. 37, 90 E. Rn. 1
[1317] vgl. unter Teil B
[1318] RL 96/92/EG des Europäischen Parlaments und des Rates vom 19.12.1996, ABl. 1997 L 27/20
[1319] RL 98/30/EG des Europäischen Parlaments und des Rates vom 22.6.1998, ABl. 1998 L 204/1
[1320] Es wird durchgehend die aktuelle Artikelbezeichnung verwendet.

Im Gegensatz zur Lieferung von Strom, bei der die Einordnung als Ware oder als Dienstleistung durchaus problematisch erscheint[1321], lässt sich die Lieferung von Wasser aufgrund der Körperlichkeit des Transportgutes eindeutig als Warenlieferung charakterisieren. Insofern käme auf jeden Fall Art. 95 EG als Grundlage für den Erlass einer entsprechenden Richtlinie in Betracht. Eine Dienstleistung könnte ähnlich wie bei Strom lediglich darin zu sehen sein, dass der Netzbetreiber dafür verantwortlich ist, dass sich stets genug Wasser unter ausreichendem Druck in den Rohrleitungen befindet. Allerdings ist zu bedenken, dass Art. 55 i.V.m. Art. 47 II EG nur dann erfüllt ist, wenn die Rechtsangleichung das Ziel hat, den freien Dienstleistungsverkehr zu erleichtern. Eine Richtlinie, die jedoch lediglich einen Anspruch auf Netznutzung gewährt, eröffnet nicht zugleich die Freiheit, auch Systemdienstleistungen zu erbringen. Diese Aufgabe käme nach wie vor dem jeweiligen Netzbetreiber zu. Die Einführung eines Netzzugangsanspruchs bei der Wasserversorgung kann somit nicht auf Art. 55 i.V.m. Art. 47 II EG gestützt werden. Ferner könnte man die Frage aufwerfen, ob auch die Niederlassungsfreiheit betroffen ist, mithin eine Anwendung des Art. 47 II EG in Betracht kommt. Maßgeblich dafür, ob die Voraussetzungen für eine gesetzgeberische Maßnahme nach Art. 95 bzw. 47 II EG vorliegen, ist die Verfolgung der in diesen Normen festgesetzten Ziele mit der Gesetzesinitiative mit den zulässigen Mitteln.

aa) Ziel des Art. 95: Verwirklichung des Binnenmarktes i.S.v. Art. 14 EG

Art. 14 EG beinhaltet den Auftrag der schrittweisen Verwirklichung des gemeinsamen Binnenmarktes. Sämtliche auf Art. 95 EG gestützte Rechtsangleichungsmaßnahmen müssen sowohl bzgl. der Intention der Normsetzer Rat und Europäisches Parlament (subjektiv) als auch objektiv das Ziel der Verwirklichung des gemeinsamen Binnenmarktes verfolgen[1322]. In erster Linie lässt sich eine solche Intention dann bejahen, wenn durch die Rechtsangleichungsmaßnahme die effektive Ausübung der Grundfreiheiten gewährleistet werden soll[1323]. Dies setzt voraus, dass zu beseitigen beabsichtigte Handelshemmnisse tatsächlich bestehen und von gewissem Gewicht sind[1324]. Alternativ zum Ziel der Gewährleistung der Grundfreiheiten kann eine Rechtsangleichung gem.

[1321] vgl. zur Diskussion bei Strom: Seeger, a.a.O., S. 64

[1322] Streinz/*Leible*, EUV/EGV, Art. 95 EGV Rn. 14

[1323] Dauses/*von Danwitz*, Handbuch des EU-Wirtschaftsrechts, B. II, R. 101; Streinz/*Leible*, EUV/EGV, Art. 95 EGV Rn. 15

[1324] Dauses/*von Danwitz*, Handbuch des EU-Wirtschaftsrechts, B. II, R. 102; Streinz/*Leible*, EUV/EGV, Art. 95 EGV Rn. 16

Art. 95 EG auch erfolgen, um spürbare Wettbewerbsverzerrungen zu beseitigen[1325].

Der Wassermarkt ist in allen Ländern der EU mit Ausnahme von England und Wales durch geschlossene Versorgungsgebiete gekennzeichnet. In diesem Rahmen gibt es unterschiedliche Ausgestaltungen. So wird z.B. in den Niederlanden die Trinkwasserversorgung mit 15 öffentlich-rechtlich organisierten Betrieben sichergestellt. In Deutschland ist die Wasserversorgung mit Ausnahme einiger großer Fernwasserversorger noch stark kommunal geprägt. Allerdings hat die Finanznot der Städte und Gemeinde in vielen Fällen dazu geführt, dass Anteile an den örtlichen Versorgungsunternehmen an große Versorgungskonzerne verkauft worden sind. In Frankreich hingegen haben die meisten Kommunen im Rahmen von Ausschreibungen die Wasserversorgung an große privatrechtlich organisierte Wasserversorgungsunternehmen delegiert. Dort findet also *Wettbewerb um den Markt* statt, der im Ergebnis ein aus drei Großkonzernen bestehendes Oligopol hervorgebracht hat[1326]. Einen Durchleitungswettbewerb gibt es aufgrund des Competition Act 1998 seit 1.5.2000 in England und Wales, jedoch bislang größtenteils nur auf dem Papier. Deshalb hat der Water Act 2003 die Rechte zur gemeinsamen Netznutzung explizit normiert. Die Ergebnisse bleiben noch abzuwarten.[1327]

Fazit: Es gibt faktisch keinen Durchleitungswettbewerb bei der Wasserversorgung innerhalb der Mitgliedstaaten. Damit findet erst Recht keine Anbieterkonkurrenz über die innereuropäischen Grenzen hinweg statt. Somit kann man nicht von bestehenden Wettbewerbsverzerrungen durch die unterschiedlichen Staaten sprechen. Es gibt schlichtweg keinen Wettbewerb. Allerdings könnte man sämtliche nationalstaatlichen Regelungen, die die geschlossenen Versorgungsgebiete manifestieren und keine gemeinsame Netznutzung nach der *essential-facilities-doctrine* ermöglichen, als Handelshemmnisse auffassen, weil dadurch jeglicher grenzüberschreitender Warenverkehr mit dem Gut Wasser unterbunden wird. Durch die Einführung von Durchleitungswettbewerb bekämen Wasserversorger die Möglichkeit, Kunden aus fremden Versorgungsgebieten mit Wasser zu beliefern, indem sie in das Netz des örtlichen Versorgers Wasser in entsprechender Menge einspeisten. Infolgedessen könnten Wasserversorger über ihr eigenes Versorgungsnetz hinaus Trinkwasser anbieten, die Kunden könnten sich den für sie günstigsten Anbieter frei auswählen. Die geschlossenen Versorgungsgebiete würden aufgebrochen. Dementsprechend könnten sowohl

---

[1325] Streinz/*Leible*, EUV/EGV, Art. 95 EGV Rn. 18; Dauses/*von Danwitz*, Handbuch des EU-Wirtschaftsrechts, B. II, R. 104
[1326] siehe unter Teil B: IV. 2. c)
[1327] siehe unter Teil A: II.

nationale Unternehmen wie auch solche aus verschiedenen Staaten miteinander um die günstigsten Bedingungen konkurrieren. Die bestehenden nationalen wie internationalen Handelshemmnisse wären dadurch beseitigt, ein grenzüberschreitender freier Handel mit Trinkwasser theoretisch möglich. Entsprechende Rechtssetzungsmaßnahmen dienten also dem Ziel der Verwirklichung des Binnenmarktes.

bb) Ziel des Art. 47 II: Erleichterung der Aufnahme und Ausübung selbständiger Tätigkeiten

Gemäß Art. 43 EG umfasst die Niederlassungsfreiheit die Aufnahme selbständiger Erwerbstätigkeit und die Gründung von Unternehmen, aber auch die Gründung von Agenturen, Zweigniederlassungen und Tochtergesellschaften.

Das Durchleitungsrecht an sich erleichtert es nicht, ein eigenes Versorgungsnetz zu installieren oder andere Versorgungsnetze bei entsprechendem Angebot zu übernehmen. Nur wenn man gleichzeitig Wettbewerb um den Markt einführte, etwa indem man die jeweils zuständigen staatlichen Stellen dazu verpflichtete, den Netzbetrieb in regelmäßigen Abständen europaweit auszuschreiben, würde auch die Freiheit zur Niederlassung im Bereich der Trinkwasserversorgung gewährleistet. Allerdings setzt die Durchleitung eine Verknüpfung der bislang isoliert bestehenden lokalen bzw. regionalen Wassernetze voraus. Ein Netzzugangsanspruch ohne die Möglichkeit zu freiem Leitungsbau zumindest zur Verknüpfung verschiedener Netze wäre im Ergebnis zwecklos. Beispielsweise wird ein französischer Wasserversorger, der in Deutschland zu einem dort ansässigen Netzbetreiber in Konkurrenz treten will, in der Regel erst sein Netz oder seine Wassergewinnungsanlage mit dem des deutschen Anbieters verknüpfen müssen. Dazu muss er auf deutschem Gebiet eine Wasserleitung erstellen. Nun ist fraglich, ob allein der Betrieb von Wasserleitungen in einem anderen Land bereits eine Ausübung der Niederlassungsfreiheit wäre. Merkmal einer Niederlassung ist in der Regel eine feste Einrichtung, die nicht nur vorübergehend, sondern auf Dauer besteht[1328]. Als feste Einrichtung ist jedoch eine Wasserleitung mit Sicherheit einzuordnen. Zudem lässt auch der hohe Kapitaleinsatz, der mit dem Bau einer solchen Leitung verbunden ist, darauf schließen, dass sie für mehrere Jahre gebaut sein wird. Allerdings ist eine Wasserleitung weder primäre Niederlassung (Hauptsitz) noch eine Tochtergesellschaft, Agentur oder Zweigniederlassung. Eine derartige Einrichtung wird im allgemeinen zumindest mit einem Bürobetrieb in Verbindung gebracht[1329], der für den Betrieb einer Wasserleitung in einem Nachbarland nicht unbedingt erforderlich wäre. Damit jedoch im System der Grundfreiheiten keine Freiheitslü-

---

[1328] von der Groeben/Schwarze-*Tietje/Troberg*, Art. 43 EG Rn. 7
[1329] von der Groeben/Schwarze-*Tiedje/Troberg*, Art. 43 EG Rn. 36

cken auftreten, ist hier eine weite Auslegung des Begriffes der Niederlassung i.S.v. Art. 43 I Satz 1 EG geboten. Mithin muss es für die Ausübung dieser Freiheit ausreichend sein, dass auch „Hilfsstützpunkte" oder „subsidiäre Betriebsteile" in einem anderen Mitgliedsstaat der EU errichtet werden[1330]. Grundsätzlich werden davon Einrichtungen wie z.B. Lagerhäuser erfasst. Allerdings wird man darüber hinaus verlangen müssen, dass die Einrichtung auf Teilnahme am Wirtschaftsleben im Ansiedlungsstaat gerichtet ist[1331]. Da die Wasserleitung zweifelsohne der Versorgung der Bevölkerung mit Trinkwasser im Ansiedlungsstaat dienen würde, wäre diese Voraussetzung ohne Zweifel gegeben, so dass man die Betroffenheit der Niederlassungsfreiheit deshalb hier konstatieren müsste.[1332] Darüber hinaus müsste die Verfügbarkeit der Wasserressourcen ebenso in dem Sinne liberalisiert werden, dass theoretisch jedes Wasserversorgungsunternehmen, auch wenn es kein Netz besitzt, ein Wasservorkommen nutzen darf, um Trinkwasser über fremde Netze zu verkaufen. In diesem Fall müsste er sogar Brunnen, ggf. auch Wasseraufbereitungsanlagen errichten dürfen. Hiervon wäre ohne Zweifel auch die Niederlassungsfreiheit berührt. Neben der Warenverkehrsfreiheit wäre somit auch die Niederlassungsfreiheit betroffen.

cc) Mittel: Angleichung der Rechts- und Verwaltungsvorschriften

Art. 95 EG bestimmt die Angleichung der Rechts- und Verwaltungsvorschriften als Mittel, um den Binnenmarkt zu verwirklichen. In Art. 47 II EG findet sich hingegen ein etwas anderer Wortlaut. So ist da von „Richtlinien zur Koordinierung von Rechts- und Verwaltungsvorschriften" die Rede. Allerdings werden die Begriffe „Koordinierung" und „Angleichung" synonym gebraucht[1333], so dass beide Normen - sowohl Art. 95 als auch Art. 47 II EG - die Rechtsangleichung als Mittel festlegen. Dementsprechend müsste es sich bei der europaweiten Einführung von Durchleitungswettbewerb um eine Rechtsangleichung handeln.

Über den Begriff der „Rechtsangleichung" und dessen Grenzen ist im Zusammenhang mit der Einführung von Netznutzungsansprüchen bei Strom und Gas intensiv diskutiert worden. Unstreitig ist insofern, dass eine Rechtsangleichung nur dann möglich ist, wenn die betroffene Materie zumindest in einem Mit-

---

[1330] von der Groeben/Schwarze-*Tiedje/Troberg*, Art. 43 EG Rn. 39

[1331] Streinz, EUV/EGV, Art. 43 EGV Rn. 16 ff.; von der Groeben/Schwarze-*Tiedje/Troberg*, Art. 43 EG Rn. 39

[1332] so im Ergebnis auch Scholz/Langer, Europäischer Binnenmarkt und Energiepolitik, S. 181

[1333] Callies/Ruffert-*Bröhmer*, Art. 47 EGV Rn. 10; von der Groeben/Schwarze-*Tiedje/ Troberg*, Art. 47 EG Rn. 43 ff.

gliedsstaat geregelt ist oder in absehbarer Zeit geregelt werden soll[1334]. Daran, dass sämtliche EU-Staaten Regelungen zur Wasserversorgung erlassen haben besteht jedoch kein Zweifel. Für Deutschland sei hier auf die §§ 103, 103a und 105 GWB a.f. verwiesen. Einige Autoren[1335] haben darüber hinaus argumentiert, dass eine Rechtsangleichung etwas anderes sei als eine Rechtsneuschöpfung. Eine solche Rechtsneuschöpfung sei es jedoch, wenn man die Zielrichtung nationaler Normen, anstatt sie zu waren und zu verstärken, ins Gegenteil verkehrte[1336]. Ferner bestehe bei der Einführung von Durchleitungswettbewerb die Gefahr, dass unter dem Deckmantel der Rechtsangleichung Wirtschaftslenkung betrieben werde, und zwar in einem Sektor, für den der EU keine Kompetenz verliehen worden sei. Dies laufe auf eine faktische Änderung des EG-Vertrages hinaus[1337].

Die Gegenmeinung stellt demgegenüber fest, Rechtsangleichung bedeute nicht, dass es für jede Harmonisierungsregelung eine nationale Vorschrift geben müsse, die dieser entspreche[1338]. Vielmehr sei der EU die Kompetenz zum Erlass einer sachlich befriedigenden Lösung gegeben. Gerade die Aufgabe, den Binnenmarkt zu realisieren und damit nationale Regelungen zu beseitigen, die eine intensive Beschränkung des Binnenmarktes darstellten, machten es unerlässlich, neue Regelungskonzepte zu entwickeln[1339].

Selbst wenn man den Argumenten der zuerst angeführten Meinung folgte, ergäbe sich das Problem, dass zwar aktuell in fast allen EU-Ländern kein Durchleitungswettbewerb stattfindet. Jedoch sieht die Rechtslage in England und Wales einen solchen Wettbewerb vor. Reichte es nach dieser Ansicht aus, um von einer Angleichung zu sprechen, wenn man eine Lösung vorsähe, die nur in einem sehr kleinen Teil der EU gälte, die große Mehrheit der EU jedoch eine andere Grundsatzentscheidung getroffen hätte? Kann es darauf ankommen, wie viele EU-Staaten eine von der geplanten Rechtslage abweichende Grundsatzentscheidung getroffen haben? Man wird hier wohl eher annehmen müssen, dass auch die Veränderung fast aller Rechtsordnungen auf ein Modell hin, welches nur in einem Mitgliedsstaat betrieben wird, vom Wortsinn des Begriffes „Rechtsangleichung" erfasst sein dürfte. Im Übrigen wäre es auch widersinnig, der EU den Auftrag zur Schaffung eines gemeinsamen Binnenmarktes zu geben, wenn man es gleichzeitig den Mitgliedstaaten ermöglichte, die Kompe-

---

[1334] Jarass, Europäisches Energierecht, S. 65; Steinberg/Britz DÖV 1993, 313, 316

[1335] Scholz/Langer, Europäischer Binnenmarkt und Energiepolitik, S. 215 ff.; Steinberg/Britz DÖV 1993, 313, 315 f.

[1336] Steinberg/Britz DÖV 1993, 313, 315 f.

[1337] Scholz/Langer, Europäischer Binnenmarkt und Energiepolitik, S. 215 ff.

[1338] Jarass, Europäisches Energierecht, S. 66

[1339] Jarass, Europäisches Energierecht, S. 66

tenz der Gemeinschaft dadurch zu entziehen, dass (fast) alle Mitgliedstaaten ihre Märkte in Teilbereichen abschotteten. Deshalb muss es der EU möglich sein, auch entgegen einzelstaatlichen Grundentscheidungen eine gemeinsame Regelung zu verabschieden, wenn jene ein Handelshemmnis bedeuteten. Dass eine neu geschaffene Regelung der EU immer einen Kompromiss zwischen den Interessen der Einzelstaaten darstellen und damit notwendigerweise immer eine Rechtsneuschöpfung zumindest in der detaillierten Ausgestaltung sein wird, ist unvermeidbare Folge einer gewollten Harmonisierung. Insofern ist im Ergebnis der Gegenmeinung zu folgen. Die europaweite Einführung eines Durchleitungswettbewerbs im Wassermarkt wäre mithin als Rechtsangleichung anzusehen, weshalb Art. 95 und 47 II EG als Rechtsgrundlagen in Betracht kommen.

c) Umweltschutzvorschriften

Maßnahmen, die den umweltpolitischen Zielen des Art. 174 EG dienen, können auf der Grundlage des Art. 175 EG erlassen werden. Art. 175 II lit. b 2. Spiegelstrich erlaubt den Erlass von „Maßnahmen, die die mengenmäßige Bewirtschaftung der Wasserressourcen berühren oder die Verfügbarkeit dieser Ressourcen mittelbar oder unmittelbar betreffen". Davon erfasst werden nur Maßnahmen hinsichtlich der quantitativen Aspekte der Nutzung des Wassers, nicht jedoch solche, die die Verbesserung und den Schutz der Wasserqualität zum Gegenstand haben; im zweiten Halbsatz wird zudem die Nachhaltigkeit der Wasserbewirtschaftung geschützt[1340]. Bei der Einführung von Durchleitungswettbewerb ist zu erwarten, dass sich Veränderungen in Bezug auf die Nutzung der Wasserressourcen ergeben werden. Es würde sowohl mengenmäßige Veränderungen bei der Wasserentnahme bzw. -förderung aus bestimmten Wasservorkommen geben, aber auch die Neuerschließung wie den Verzicht auf Weiterförderung. Insofern würde einerseits die mengenmäßige Bewirtschaftung der Wasservorkommen berührt. Andererseits wäre bei Übernutzung bestimmter Wasservorkommen in bestimmten Regionen die Verfügbarkeit der Ressourcen möglicherweise beeinträchtigt, somit also mittelbar betroffen. Damit erfüllt die Normierung eines Netzzugangsanspruches auch die Voraussetzungen für den Erlass von Maßnahmen nach Art. 175 II EG.

d) Auflösung des Konkurrenzverhältnisses

Die Zuständigkeit der Organe der EU ließe sich somit inhaltlich auf drei verschiedene Normen stützen. Art. 47 II EG bildet grundsätzlich einen Spezialfall zu Art. 95 EG. Dies kann man an der Formulierung „soweit in diesem Vertrag

---

[1340] Streinz/*Kahl*, EUV/EGV, Art. 175 EGV Rn. 24

nichts anderes bestimmt ist" erkennen[1341]. Allerdings ist im konkreten Fall zu beachten, dass Art. 47 II nur einen kleinen Bereich der Schaffung eines europaweit zu installierenden Durchleitungswettbewerbs erfasst. Der Schwerpunkt liegt vielmehr auf der Gewährleistung des freien Warenverkehrs. Insofern ist Art. 47 II EG nur bzgl. eines Teilaspekts spezieller. Dementsprechend besteht zwischen diesen Normen in diesem Fall keine allgemeine Spezialität, sondern horizontale Konkurrenz. Daraus resultiert grundsätzlich die Pflicht, den Rechtsakt auf sämtliche Bestimmungen zu stützen[1342]. Bei Art. 47 II und 95 ist dies ohne Probleme möglich, da das Normsetzungsverfahren nach Art. 251 EG erfolgt.

Etwas anders stellt sich jedoch der Sachverhalt im Verhältnis zwischen den eben behandelten Normen und den Umweltschutzvorschriften dar. Art. 175 II EG normiert ein eigenes Verfahren, welches eines einstimmigen Ratsbeschlusses bedarf. Insofern tritt zwischen Art. 47 II und 95 einerseits und Art. 175 II andererseits eine verfahrensmäßige Inkompatibilität auf. Nach der Rechtsprechung des EuGH[1343] wie auch nach der h.L.[1344] richtet sich die maßgebliche Rechtsgrundlage in solchen Fällen nach dem Hauptzweck, also dem sachlichen Schwerpunkt der Maßnahme. Die Heranziehung einer Norm ist dann unzulässig, wenn der darin normierte Zweck nur nebenbei erreicht werden soll[1345]. Werden mehrere Ziele gleichberechtigt verfolgt, so bilden die jeweiligen Kompetenznormen gemeinsam die Rechtsgrundlage[1346].

Um die in Frage kommenden Kompetenznormen voneinander abzugrenzen, ist es erforderlich, die potentiellen Motive des EU-Gesetzgebers zu ermitteln. Einen Anhalt dafür kann das Grünbuch zu Dienstleistungen von allgemeinem Interesse der EU-Kommission bieten[1347]. Die Kommission wirft darin die Frage nach weiteren Rechtsharmonisierungen mit dem Ziel weiterer Liberalisierungen durch eine Rahmenrichtlinie für sämtliche Dienstleistungen von allgemeinem

---

[1341] von der Groeben/Schwarze-*Tiedje/Troberg*, Art. 47 EG Rn. 45

[1342] EuGH Slg. 1988, 5545, 5561, Rn. 11; 1991, I-2867, 2900 f., Rn. 17; Dauses/*vonDanwitz*, Handbuch des EU-Wirtschaftsrechts, B. II, S. 43

[1343] EuGH Slg. 1991, I-2867, 2900 f., Rn. 16 ff.; 1993, I-939, 968, Rn. 19

[1344] Calliess/Ruffert-*Calliess*, EUV/EGV, Art. 175 EGV Rn. 17; Geiger, EUV/EGV, Art. 175 EGV Rn. 7; Streinz/*Kahl*, EUV/EGV, Art. 175 EGV Rn. 73

[1345] EuGH Slg. 1993, I-939, 968, Rn. 19

[1346] Streinz/*Kahl*, EUV/EGV, Art. 175 EGV Rn. 80; Calliess/Ruffert-*Calliess*, EUV/EGV, Art. 175 EGV Rn. 17

[1347] EU-Kommission, Grünbuch zu Dienstleistungen von allgemeinem Interesse, KOM(2003) 270

Interesse – ergänzt durch sektorspezifische Ergänzungsregelungen – auf[1348]. In diesem Zusammenhang werden insbesondere die Marktverzerrungen und die Rechtsunsicherheit im Wassersektor kritisiert[1349]. Die EU-Kommission führt ferner an, dass die Normierung eines Netzzugangsanspruches auch in weiteren netzgebundenen Versorgungsbereichen erfolgen soll, um den Abbau von Monopolstrukturen zu erreichen und damit „den Kunden größere Auswahlmöglichkeiten, eine bessere Qualität und niedrigere Preise" bieten zu können[1350].

Gerade durch das letzte Argument wird deutlich, dass es der Kommission um die Freiheit sowohl der Konsumenten als auch der Unternehmen im Bereich der Versorgung mit der Ware Trinkwasser geht, also eine Erweiterung der Warenverkehrsfreiheit den Kern der Überlegungen bildet.

Auch im Grünbuch findet sich keine Passage über Folgen für Wasserressourcen. Diese Thematik wurde gerade erst durch die Wasserrahmenrichtlinie[1351] umfassend behandelt. Somit sind mittelbare Folgen für die Wasserressourcen keineswegs als Hauptzweck der Schaffung von Durchleitungswettbewerb anzusehen. Konsequenzen für diesen Bereich des Umweltschutzes werden nur marginal berührt. Mithin ließe sich eine Richtlinie, die einen umfassenden Durchleitungswettbewerb ermöglichen soll, allenfalls auf Art. 95 und 47 II EG stützen.

2. Berücksichtigung des Subsidiaritätsprinzips aus Art. 5 II EG

In Art. 5 II EG ist das sog. Subsidiaritätsprinzip normiert. Es besagt, dass der EU trotz Einzelermächtigung die Kompetenz zum Ergreifen von Maßnahmen nur dann zukommt, „sofern und soweit die Ziele der in Betracht gezogenen Maßnahme auf Ebene der Mitgliedstaaten nicht ausreichend erreicht werden können und daher wegen ihres Umfangs oder ihrer Wirkung besser auf Gemeinschaftsebene erreicht werden können". Damit wird festgelegt, dass eine einzelstaatliche Regelung grundsätzlich Vorrang hat[1352].

[1348] EU-Kommission, Grünbuch zu Dienstleistungen von allgemeinem Interesse, KOM(2003) 270, Nr. 37 ff.
[1349] EU-Kommission, Grünbuch zu Dienstleistungen von allgemeinem Interesse, KOM(2003) 270, Nr. 83 i.V.m. Fn. 47
[1350] EU-Kommission, Grünbuch zu Dienstleistungen von allgemeinem Interesse, KOM(2003) 270, Nr. 70
[1351] RL 2000/60/EG des Europäischen Parlaments und des Rates vom 23.10.2000, ABl. 2000 L 327/1
[1352] Callies/Ruffert-*Callies*, Art. 5 EGV Rn. 1

326

a) Anwendbarkeit des Subsidiaritätsprinzips

Das Subsidiaritätsprinzip gilt nur dann, wenn es sich bei den Ermächtigungsnormen nicht um ausschließliche Rechtsetzungskompetenzen der EU handelt. In Bezug auf Art. 95 EG wird vertreten, dass die Kompetenz zur Regelung des Binnenmarktes allein der EU zukomme und es sich deshalb um eine ausschließliche Rechtsetzungskompetenz handelte[1353]. Diese Ansicht verkennt jedoch, dass die Binnenmarktkompetenz eine Regelung sämtlicher Sachmaterien erlaubt, sofern Folgewirkungen für den Binnenmarkt eintreten[1354]. Eine derartig weite Ermächtigung der EU ohne die Einschränkung der Subsidiarität dürfte nicht im Interesse der Vertragsstaaten liegen. Insofern ist Art. 95 als konkurrierende Kompetenznorm anzusehen[1355]. Art. 47 II EG dürfte aufgrund der Tatsache, dass jedes Mitgliedsland eigene Regelungen über die Ausübung gewerblicher Tätigkeiten erlassen hat, unproblematisch als konkurrierende Kompetenznorm gelten. Somit findet das Subsidiaritätsprinzip hier Anwendung.

b) Notwendigkeit einer europäischen Regelung

Das Subsidiaritätsprinzip aus Art. 5 II EG hat eine wesentliche Konkretisierung durch das Subsidiaritätsprotokoll des Amsterdamer Vertrages[1356] erfahren, welches auf dem Gesamtkonzept für die Anwendung des Subsidiaritätsprinzips des Europäischen Rates vom 11./12. Dezember 1992 in Edinburgh[1357] beruht. Das Subsidiaritätsprotokoll gilt gemäß Art. 311 EG als Bestandteil des Vertrages und ist insofern gültiges Primärrecht der EU[1358]. Bzgl. einer Maßnahme der EU wird verlangt, dass sie transnationale Aspekte aufweisen muss, die durch die Mitgliedstaaten nicht zufrieden stellend geregelt werden können[1359]. Ein Tätigwerden auf Gemeinschaftsebene müsste wegen seines Umfangs oder seiner Wirkungen im Vergleich zu Maßnahmen auf der Ebene der Mitgliedstaaten deutliche Vorteile mit sich bringen[1360]. Die Beurteilung dessen hat auf qualitativen oder – soweit möglich – auf quantitativen Kriterien zu beruhen[1361]. Den genannten Prüfungsmaßstab hat sich auch die deutsche Bundesregierung in

---

[1353] GA Léger, Schlussanträge in der Rs. C-233/94, EuGH Slg. 1997, I-2411, 2426 f., Tz. 80 ff.; GA Fennelly, Schlussanträge in der Rs. C-376/98, EuGH Slg. 2000, I-8423, 8479 ff., Tz. 131 ff.; Schwartz, AfP 1993, 409, 413 f.
[1354] Jarass, Europäisches Energierecht, S. 75
[1355] Callies/Ruffert-*Kahl*, Art. 95 EGV Rn. 7
[1356] ABl. 1997 C 340/105
[1357] Bulletin EG 12-1992, S. 7, 13 ff. Tz. I.15. ff.
[1358] zur Rechtsqualität von Protokollen vgl. Streinz/*Kokott*, EUV/EGV, Art. 311 EGV Rn. 5
[1359] ABl. 1997 C 340/105 Nr. 5
[1360] ABl. 1997 C 340/105 Nr. 5
[1361] ABl. 1997 C 340/105 Nr. 4

ihrem „Prüfraster für die Subsidiaritäts- und Verhältnismäßigkeitsprüfung durch die Bundesressorts" in der Fassung vom 7.7. 1999[1362] zu eigen gemacht. Mit den genannten Leitlinien geht auch die Entscheidung des EuGH zur Tabakwerbeverbotrichtlinie[1363] konform. Das Gericht hat in seinem Urteil[1364] festgestellt, dass aus den Art. 100a, Art. 66 sowie 57 II EGV (heute: Art. 95, 55 und 47 II EG) keine allgemeine Kompetenz zur Regelung des Binnenmarktes folge, da dies dem in Art. 3b EGV (heute: Art. 5 EG) niedergelegten Grundsatz der beschränkten Einzelermächtigung widerspreche[1365]. Diese Normen könnten dann nicht als Rechtsgrundlage herangezogen werden, wenn die Richtlinie nur geringfügige Wettbewerbsverzerrungen beseitigen soll, weil anderenfalls dem EU-Gesetzgeber keine Grenzen gesetzt würden[1366]. Deshalb müsse eine auf Art. 95, 55 und 47 II EG gestützte Richtlinien zur Beseitigung spürbarer Verzerrungen des Wettbewerbs beitragen[1367].

Letztendlich weisen sowohl das Subsidiaritätsprotokoll als auch das zitierte Urteil des EuGH darauf hin, dass das Subsidiaritätsprinzip in Bezug auf Regelungen zum Binnenmarkt nur dann eingehalten worden ist, wenn die europaweite Regelung deutliche und spürbare Vorteile in qualitativer und quantitativer Hinsicht gegenüber einzelstaatlichen Regelungen im Hinblick auf das Ziel der Schaffung eines gemeinsamen Marktes aufweist.

Ob eine gesetzgeberische Maßnahme der EU, die auf eine europaweite Einführung von Durchleitungswettbewerb im Wasserversorgungssektor abzielte, mit dem Subsidiaritätsprinzip in Einklang zu bringen wäre, muss demnach deutlich bezweifelt werden. Die Schaffung des Binnenmarktes ist zwar mit Sicherheit eines der Kernziele der europäischen Gemeinschaft und damit als sehr gewichtig einzustufen. Jedoch müsste in der Konsequenz des eben Festgestellten grenzüberschreitender Durchleitungswettbewerb mit Trinkwasser zumindest in gewissem Maße zu erwarten sein. Im Bereich des Wassermarktes ergibt sich dabei eine etwas andere Ausgangssituation als etwa im Strommarkt. Im Gegensatz zu Elektrizität verfügt Wasser über eine hohe Masse, die es aufwendig macht, Wasser zu transportieren. Eine Beförderung über weite Strecken wird nur dann rentabel sein, wenn auch die Lageenergie des Wassers genutzt werden kann, und es nicht die gesamte Strecke mit hohem Energieeinsatz gepumpt werden muss. Es kommt hinzu, dass auch die Wasserqualität auf einem langen Transportweg leidet. Insofern sind Ideen dahingehend, dass man wasserarme

---

[1362] BT-Drs. 14/4017, S. 11 f.
[1363] RL 98/43/EG des Europäischen Parlaments und des Rates vom 6.7.1998, ABl. 1998 L 213/9
[1364] EuGH Slg. 2000, I-8419 - Tabakwerbeverbot
[1365] EuGH Slg. 2000, I-8419, 8524, Tz. 83 u. 87 - Tabakwerbeverbot
[1366] EuGH Slg. 2000, I-8419, 8530, Tz. 107 - Tabakwerbeverbot
[1367] EuGH Slg. 2000, I-8419, 8530, Tz. 108 - Tabakwerbeverbot

Regionen in Südeuropa z.B. aus den Alpen versorgt, eher utopischer Natur, zumal das Hauptproblem in der Finanzierung eines solchen Projektes liegen dürfte. Auf die Qualitätsprobleme im Zusammenhang mit der Mischung unterschiedlicher Wässer wurde bereits ausdrücklich hingewiesen[1368]. Die bestehenden Versorgungssysteme sind lokal oder regional ausgerichtet. Eine Verknüpfung der bestehenden Netze besteht in der Regel nicht. Aufgrund dieser Ausgangslage nehmen selbst Liberalisierungsbefürworter an, dass sich ein Durchleitungswettbewerb nur auf regionaler Ebene etablieren würde[1369]. Auch in England und Wales, wo im Jahre 2000 die Märkte geöffnet wurden, hat sich bislang noch kein wirklicher Durchleitungswettbewerb etablieren können. Ob sich dies im Zuge der Umsetzung des Water Act 2003 ändern wird, bleibt abzuwarten. Jedenfalls hat der britische Gesetzgeber eine Marktöffnung nur für England und Wales beschlossen, eine für das gesamte Vereinigte Königreich geltende Regelung jedoch offensichtlich nicht für notwendig erachtet. Auch dies spricht nicht für die Notwendigkeit einer europaweit einheitlichen Einführung von Durchleitungswettbewerb. Zwar existiert durchaus die Chance, dass auch in Grenzregionen eine Verknüpfung der Netze erfolgte, die den Verbrauchern eine günstigere Versorgung mit Trinkwasser ermöglichte. So gibt es bereits im Grenzgebiet zwischen Nordrhein-Westfalen und den Niederlanden grenzüberschreitende Wasserlieferungen und es sind weitere Kooperationen geplant[1370]. Jedoch handelt es sich nur um punktuelle Aktivitäten, da die Möglichkeiten der Zusammenarbeit durch die geographische Lage sehr begrenzt sind[1371]. Das Potential von grenzüberschreitendem Wettbewerb ist umso geringer. Aufgrund dieser aktuellen wirtschaftlichen Rahmendaten mangelt es im Wassermarkt an einer möglichen Beeinträchtigung des zwischenstaatlichen Handels[1372]. Die Binnenmarktrelevanz ist also äußerst gering. Von deutlichen und spürbaren qualitativen sowie quantitativen Vorteilen einer europaweit einheitlichen Regelung gegenüber nationalstaatlichen Lösungen kann deshalb keine Rede sein. Ein derartiger Eingriff in die Souveränität der Mitgliedsstaaten, der die Mitgliedstaaten dazu zwänge, ihre Wassermarktstrukturen vom reinen Monopolbetrieb auf freien Durchleitungswettbewerb umzustellen, könnte gegenwärtig nicht gerechtfertigt werden. Insofern zwingt das Subsidiaritätsprinzip die EU aktuell dazu, sich jeglicher gesetzgeberischer Maßnahmen in Bezug auf die Implementation von Wettbewerb im Wasserversorgungsmarkt zu enthalten.

[1368] siehe insbesondere unter Teil C: VI.

[1369] Deutsche Bank Research, S. 9

[1370] Günther UPR 1998, 425

[1371] Günther UPR 1998, 425, 427

[1372] Pöcherstorfer ZUR 2003, 184, 189

3. Bestandsaufnahme des aktuellem europäischem Sekundärrechts und notwendige Änderungen im Hinblick auf die Ermöglichung von Wettbewerb

Auch wenn festgestellt wurde, dass die EU keine Gesetzgebungskompetenz besitzt, europaweiten Durchleitungswettbewerb einzuführen, existieren doch umfangreiche Regelungen, die sich mit Wasser an sich, insbesondere auch mit seiner Funktion als Trinkwasser auseinandersetzen. Einerseits müssen sich sämtliche Neuregelungen, die der Bund oder die Länder im Hinblick auf eine Liberalisierung des Wassermarktes erlassen, an den Vorgaben dieser Richtlinien messen, um keinen Verstoß gegen europäisches Recht zu begehen. Andererseits setzen EU-weit geltende Reglungen insbesondere zum Trinkwasser- und Gewässerschutz einen Rahmen für jede wettbewerbliche Tätigkeit über Landesgrenzen der Mitgliedstaaten hinweg. Insofern ist durchaus die Frage danach zu stellen, welchen Einfluss bestehende Regelungen auf den Wettbewerb haben können und welche Modifikationen für einen fairen Konkurrenzbetrieb sinnvoll wären.

Neben speziellen immissionsschutzrechtlichen Vorschriften, die sich mit Abwasser oder der Einleitung gefährlicher Stoffe befassen, gibt es explizit für die Sicherung der Trinkwasserqualität einen umfassenden rechtlichen Rahmen. Dieser beschäftigt sich nicht nur mit dem Trinkwasser selbst. Damit überhaupt eine hohe Trinkwasserqualität erreicht werden kann, muss eine nachhaltige Wasserpolitik bereits beim Ressourcenschutz ansetzen. Dieser umfassende rechtliche Schutz wurde ursprünglich durch folgende drei Richtlichtlinien gewährleistet[1373]: Die Richtlinie über die Qualität von Wasser für den menschlichen Gebrauch von 1980[1374] normiert europaweite Standartanforderungen an das Trinkwasser. Die Richtlinie über die Qualitätsanforderungen an Oberflächenwasser für die Trinkwasserversorgung in den Mitgliedsstaaten[1375] sowie die Richtlinie über den Schutz des Grundwassers gegen Verschmutzung durch bestimmte gefährliche Stoffe[1376] sorgen dagegen für einen umfassenden Schutz der Trinkwasserressourcen.

In den letzten Jahren wurde dieses System verändert und der Schutz des Trinkwassers intensiviert. Zunächst wurde die Richtlinie über die Qualität von Wasser für den menschlichen Gebrauch im Jahr 1998 komplett neu gefasst[1377]. Eine Neuerung des Systems ergab sich aber erst durch den Erlass der Wasser-

---

[1373] Kloepfer, Umweltrecht, 3. Auflage, § 13 Rn. 13
[1374] RL 80/778/EWG des Rates vom 15.07.1980, ABl. 1980 L 229/11
[1375] RL 75/440/EWG des Rates vom 16.06.1975, ABl. 1975 L 194/34
[1376] RL 80/68/EWG des Rates vom 17.12.1979, ABl. 1980 L 20/43
[1377] RL 98/83/EG des Rates vom 03.11.1998, ABl. 1998 L 330/32

rahmenrichtlinie (WRRL) im Jahr 2000[1378]. Dieses Werk soll als Grundlage der europäischen Wasserpolitik dienen. In Art 5 bis 8 der WRRL wird insbesondere das Oberflächenwasser unter besonderen Schutz gestellt. Diese Regelungen ersetzen ab 2007 komplett die Richtlinie über die Qualitätsanforderungen an Oberflächenwasser für die Trinkwasserversorgung in den Mitgliedsstaaten (Art. 22 I WRRL). Der Grundwasserschutz hingegen ist in der WRRL nur in Grundzügen geregelt. Gleichzeitig werden Rat und Europäisches Parlament in Art. 17 I WRRL dazu verpflichtet, eine Richtlinie zur Verhinderung und Begrenzung der Grundwasserverschmutzung zu erlassen. Das Verfahren befindet sich allerdings noch im Entwurfsstadium[1379]. Da Erlass und Umsetzung einer Richtlinie in der Regel Zeit brauchen, gilt die Richtlinie über den Schutz des Grundwassers gegen Verschmutzung durch bestimmte gefährliche Stoffe bis 2013 fort.

Diese rechtlichen Rahmenbedingungen dienen gemäß Art. 4 WRRL zwar primär umweltpolitischen Zielen. Sie sind jedoch auch für einen europäischen Durchleitungswettbewerb relevant: Für einen Wettbewerb mit Trinkwasser ist es entscheidend, dass das Wasser in etwa dieselbe Qualität hat. Wäre dies nicht gewährleistet, so würden die Einzelstaaten mit einer besseren Qualität sich entweder gänzlich gegen den jeglichen grenzüberschreitenden Wettbewerb sperren oder durch besondere nationale Anforderungen solche Hürden einbauen, die es einem Wettbewerber aus einem Land mit geringeren Qualitätsanforderungen sehr schwer wenn nicht sogar unmöglich machen würde, in diesen nationalen Markt einzudringen. Ein langfristig angelegtes Programm zur Verbesserung der für die Trinkwasserversorgung genutzten Ressourcen, wie es in den beiden Richtlinien zum Schutz von Grund- bzw. Oberflächenwasser normiert wurde, schafft europaweit eine generelle Anhebung und Angleichung der Qualität des dann gewonnenen Trinkwassers. Die Trinkwasserrichtlinie sorgt noch dazu für ein qualitativ anspruchsvolles Mindestniveau. Insofern waren der Erlass und die Umsetzung dieser drei Richtlinien, natürlich verbunden mit den oben erwähnten Veränderungen, Voraussetzung für eine gewisse Einheitlichkeit der Trinkwasserqualität im europäischen Raum. Ob die bislang erfolgten Maßnahmen ausreichen, von einem europaweit einheitlichen Wasser zu sprechen, muss allerdings noch bezweifelt werden. Da jedoch nationale Hürden für den Markteintritt nur dann beseitigt werden können, wenn diese Voraussetzung erfüllt ist, sind weitere Anstrengungen der Mitgliedstaaten erforderlich. Wann in der gesamten EU ein hinreichend hoher Standart erreicht

---

[1378] RL 2000/60/EG des Europäischen Parlaments und des Rates vom 23.10.2000, ABl. 2000 L 327/1
[1379] Entwurf der RL unter KOM(2003) 550

ist, dass keine Widerstände mehr in solchen Ländern mit einem hohem Schutz-
niveau auftreten, ist eine politische Frage.

Neben den speziellen umweltpolitischen Maßnahmen findet sich mit Art. 9
WRRL eine Vorschrift, die die Mitgliedstaaten bis 2010 dazu verpflichtet, das
Kostendeckungsprinzip bei den Wasserpreisen als Leitlinie zu handhaben.
Dabei sollen nicht nur die Produktionskosten in den Wasserpreis einfließen,
sondern auch die Kosten zu Erhaltung der Umwelt und der Ressourcen. In
Art. 9 I WRRL i.V.m. Anlage III wird die Internalisierung der umwelt- und
ressourcenbezogenen Kosten in Verbindung mit der Wahrung des Verursacher-
prinzips als Grundsatz vorgeschrieben. Die Mitgliedstaaten werden verpflichtet,
ab 2010 von den Wassernutzern einen „angemessenen Beitrag" „zur Deckung
der Kosten der Wasserdienstleistungen" zu verlangen. Die Anlage III zur
WRRL schreibt dabei vor, welche Kosten in die Wasserpreisbildung einzufließen haben. Man muss berücksichtigen, dass diese Norm primär zum Umwelt-
und Ressourcenschutz eingefügt wurde. Insofern soll die Internalisierung der
umwelt- und ressourcenbezogenen Kosten in erster Linie dazu dienen, den
tatsächlichen Wasserpreis zu ermitteln, so dass einerseits durch die Trinkwasserversorgung Mittel zur Erhaltung der Ressourcen erwirtschaftet werden,
andererseits aber auch ein Anreiz zum sparsamen Umgang mit Wasser besteht[1380]. Diese Norm hätte durchaus auch Einfluss auf einen Durchleitungswettbewerb. Hierbei kann jedoch der Auffassung, es handele sich hierbei im
Ergebnis um die Vorgabe von Mindestpreisen, die im Falle des Eintritts von
Wettbewerb einen wirksamen Konkurrenzkampf durch produktbezogene
Preissenkungen unterbänden[1381], in Anbetracht des konkreten Regelungsinhal-
tes nicht gefolgt werden. Zum einen lässt die Formulierung „angemessener
Beitrag" den Mitgliedstaaten sehr viel Spielraum zu bestimmen, wie viel etwa
der Verursacher von Wasserverschmutzung zum Ressourcenschutz beizutragen
hat und welcher Anteil an den Kosten in den Wasserpreis mit einfließen soll.
Insofern gibt es kein Preisdiktat. Zum anderen ist fairer Wettbewerb zwischen
den Mitgliedstaaten nur dann möglich, wenn keine verdeckten Subventionen
gezahlt werden. Um dies sicherzustellen, müssen die Wasserversorgung sowie
die Abwasserentsorgung in jedem Land die Kosten für die Erhaltung der
Wasserressourcen erwirtschaften. Nur dann erfolgt eine vollständige und
international vergleichbare Kosteninternalisierung. Dazu dient Art. 9 WRRL.
Im Übrigen ist das Kostendeckungsprinzip betriebswirtschaftliche Notwendigkeit. Dies gilt mit Ausnahme von sog. Kampfpreisen, die jedoch nach dem

---

[1380] Europäische Union, SCADPlus: Die Preisgestaltung als politisches Instrument zur
Förderung eines nachhaltigen Umgangs mit Wasser
(http://europa.eu.int/scadplus/leg/de/lvb/l28112.htm)
[1381] Pöcherstorfer ZUR Sonderheft 2003, S. 184, 189

UWG eine wettbewerbswidrige Handlung darstellen können. Insofern stünde Art. 9 WRRL nicht einem fairen Wettbewerb entgegen. Im Gegenteil: Diese Regelung ist ein wichtiger Baustein auf dem Weg zu einer europäischen Wettbewerbsordnung im Wassermarkt[1382].

Ein akuter Änderungsbedarf besteht in diesem Punkt nicht. Gleichwohl ließe sich darüber nachdenken, ob nicht der den Mitgliedstaaten eingeräumte Spielraum bei der Festlegung der „angemessenen Beiträge" eingeengt werden sollte, um jegliche Subventionierung des Trinkwasserpreises zu vermeiden. Nach der Regelung des Art. 9 WRRL besteht dadurch noch Spielraum, dass ein Land die Kosten der Ressourcenerhaltung z.B. überwiegend auf den Abwasserpreis aufschlägt, der nach wie vor monopolistisch organisiert sein wird. Ebenso wird das Kostendeckungsprinzip aktuell noch dadurch aufgeweicht, dass die Mitgliedstaaten soziale, ökologische und wirtschaftliche Auswirkungen der Kostendeckung sowie die geographischen und klimatischen Gegebenheiten der betreffenden Region Rechnung tragen dürfen[1383]. Insbesondere die wirtschaftlichen und sozialen Auswirkungen eignen sich besonders dazu, Abweichungen vom Kostendeckungsprinzip zu begründen[1384]. Des Weiteren besteht ein gewisser Spielraum bei der Internalisierung der Umwelt- und Ressourcekosten, weil man bei der Werterfassung noch vor ungelösten Problemen steht[1385]. Diese Gestaltungsmöglichkeiten sind durchaus dazu geeignet, gerade den grenzüberschreitenden Wettbewerb zu verzerren. Durch eine engere Fassung der Norm und detailliertere Vorgaben sollte dies ausgeschlossen werden.

Auch wenn in Deutschland im Unterschied zu anderen Ländern der EU schon teilweise Wasserentnahmegebühren erhoben werden, ist damit keineswegs sichergestellt, dass diese auch dem Kostendeckungsprinzip entsprechen; aktuell jedenfalls sind die Grundwasserabgaben geringer als die Ausgleichszahlungen an die Landwirtschaft für Einnahmeausfälle infolge gewässerschützender Maßnahmen[1386]. Mit Ausnahme weniger Länder dürften sie kaum einen Anreiz

---

[1382] Europäische Union, SCADPlus: Die Preisgestaltung als politisches Instrument zur Förderung eines nachhaltigen Umgangs mit Wasser (http://europa.eu.int/scadplus/leg/de/lvb/l28112.htm); im Ergebnis auch Rumpf, EU-Magazin 7-8/2002, S. 24, 25

[1383] Art. 9 I 3 WRRL

[1384] Hansjürgens/Messner, in: von Keitz/Schmalholz, Handbuch der EU-Wasserrahmenrichtlinie, S. 293, 297

[1385] Hansjürgens/Messner, in: von Keitz/Schmalholz, Handbuch der EU-Wasserrahmenrichtlinie, S. 293, 304 ff.

[1386] Hansjürgens/Messner, in: von Keitz/Schmalholz, Handbuch der EU-Wasserrahmenrichtlinie, S. 293, 317 ff.

zum Wassersparen setzen[1387]. Insofern dürfte eine Reform, wie sie der Sachverständigenrat für Umweltfragen vorgeschlagen hat, bei dem die Entnahmegebühr sich an den tatsächlichen Ressourcenerhaltungskosten und damit an der regionalen Wasserknappheit orientiert[1388], ein wichtiger Schritt sein, die Forderungen von Art. 9 WRRL umzusetzen.

II. Kompetenzen des Bundes und Vereinbarkeit mit verfassungsmäßig verbürgten Rechten

Mangels Regelungskompetenz der EU kann eine Liberalisierung nur durch den Bund vorgenommen werden. Mögliche Kompetenztitel wären Art. 74 I Nr. 11, 16 und 17 sowie Art. 75 I 1 Nr. 4 GG. In materieller Hinsicht wären die einzelnen gesetzgeberischen Maßnahmen insbesondere an Art. 28 II GG zu messen, weil die Kommunen zu überwiegenden Teilen als Wasserversorgungsunternehmen fungieren oder zumindest mit Mehrheit am örtlichen Wasserversorger beteiligt sind[1389]. Daneben stellen sich noch weitere Fragen nach der Zulässigkeit der Schaffung einer Regulierungsbehörde des Bundes sowie nach der Verordnungsermächtigung für die Trinkwasserverordnung.

1. Gesetzgebungskompetenz aus Art. 72, 74, 75 GG

Die Gesetzgebungszuständigkeiten des Bundes sind in den Art. 70 ff. GG geregelt. Es gilt das Enumerationsprinzip, d.h. der Bund darf nur solche Materien regeln, die ihm ausdrücklich im Grundgesetz zugewiesen sind; ansonsten sind gem. Art. 70 I GG die Länder zuständig[1390]. Dementsprechend müsste es eine oder mehrere Grundgesetznormen geben, die dem Bund die Gesetzgebungskompetenz verleihen, die vorgeschlagenen Gesetzesänderungen und Gesetzesneuschaffungen vorzunehmen.

[1387] Buckland/Zabel, in: in: Francisco Nunes Correia/R. Andreas Kraemer, Eurowater, Band 2, Dimensionen Europäischer Wasserpolitk – Themenberichte, Berlin (u.a.) 1997, S. 175, 188
[1388] siehe unter Teil D: II. 1. b) aa) und cc)
[1389] Selbstverständlich wäre aufgrund der Tatsache, dass auch einige rein private Unternehmen auf dem Wasserversorgungsmarkt tätig sind, der Vollständigkeit halber eine Prüfung anhand von Art. 14 und Art. 12 GG durchzuführen. Hierzu kann jedoch auf die umfassende Darstellung in Bezug auf Durchleitungsrechte im Energiesektor von Hans-Jürgen Papier (Die Regelung von Durchleitungsrechten, Köln (u.a.) 1997) verwiesen werden. In Bezug auf den Wassersektor sind nicht wesentlich andere Ergebnisse zu erwarten. Ferner könnte man eine mögliche Verletzung von Art. 20a und Art. 2 II GG untersuchen. Eine entsprechende Darstellung findet sich jedoch schon bei Nicole Weiß (Liberalisierung der Wasserversorgung, Frankfurt am Main 2004, S. 190 ff.).
[1390] Hesse, Gründzüge des Verfassungsrechts der BRD, 20. Auflage, S. 104, Rn. 235 (§ 7 II 1)

a) Änderung des GWB

Dem Bund steht mit Art. 74 I Nr. 16 GG die Gesetzgebungskompetenz für das Kartellrecht zu[1391]. Insofern kann der Bund ohne weiteres die vorgeschlagenen Änderungen des GWB vornehmen, insbesondere den Ausnahmetatbestand des § 131 VI GWB n.F. i.V.m. § 103 GWB a.f. streichen.

b) Erlass eines Wasserversorgungswirtschaftsgesetzes

Die Regelungsbefugnis des Bundes zum Erlass eines Wasserversorgungswirtschaftsgesetzes könnte sich aus der Kompetenz für das Recht der Wirtschaft aus Art. 74 I Nr. 11 GG ergeben. Dieser Begriff umfasst „alle das Wirtschaftliche und die wirtschaftliche Betätigung als solche regelnde Normen, die sich in irgendeiner Form auf die Erzeugung, Herstellung und Verteilung von Gütern des wirtschaftlichen Bedarfs beziehen"[1392]. Auch wenn die Wasserversorgungswirtschaft – im Gegensatz zur Energiewirtschaft – nicht im Klammerzusatz explizit erwähnt wird, kann eine Regelung dieses Sektors dennoch auf Art. 74 I Nr. 11 GG gestützt werden, weil die Aufzählung nicht abschließend ist[1393]. Selbst wenn man mit der Gegenansicht[1394] der Auffassung wäre, die Aufzählung sei abschließend, so müsste man die einzelnen Beispiele weit auslegen, so dass sich mit Sicherheit die Wasserversorgung unter einen der Begriffe subsumieren ließe. Der Vorprüfungsausschuss des Bundesverfassungsgerichts hat jedenfalls in einem Beschluss bzgl. der Verfassungsmäßigkeit von § 35 AVBWasserV explizit festgestellt, dass das Recht der Wirtschaft auch eine wirtschaftliche Betätigung erfasst, die sich auf die Verteilung von Trink- und Brauchwasser als einem der elementarsten Güter des wirtschaftlichen Bedarfs in einem dicht besiedelten Land bezieht, und zwar unabhängig von der Rechtsform, in der die Betätigung stattfindet[1395]. Dasselbe gilt damit auch für den Fall, dass die öffentliche Wasserversorgung in öffentlich-rechtlicher Form unter Erhebung von Benutzungsgebühren durchgeführt wird[1396]. Auf den Kompetenztitel des Rechts der Wirtschaft können sich nach ständiger Rechtsprechung des Bundesverfassungsgerichts auch Gesetze stützen, die ordnend und lenkend in das Wirtschaftsleben eingreifen[1397], so dass auch eine wirtschaft-

---

[1391] Dreier/*Stettner*, GG, Art. 74 Rn. 76

[1392] BVerfGE 8, 143, 148 f.

[1393] Dreier/*Stettner*, GG, Art. 74 Rn. 54; AK-GG/*Bothe*, Art. 74 Rn. 21

[1394] von Münch/Kunig-*Kunig*, GG III, Art. 74 Rn. 41; Maunz/Dürig-*Maunz*, GG, Art. 74 Rn. 135; Jarass/Pieroth-*Pieroth*, GG, Art. 74 Rn. 22

[1395] BVerfG NVwZ 1982, 306, 307

[1396] BVerfG NVwZ 1982, 306, 307

[1397] BVerfGE 4, 7, 13; 55, 274, 309; 67, 256, 275; 82, 159, 179 f.

liche Regulierung zur Auflösung gesetzlicher Monopole vergleichbar dem EnWG 2005 möglich wäre.

Zum Erlass der AVBWasserV konnte sich der Bund ferner auf Art. 74 I Nr. 17 GG stützen, weil die Gestaltung der Bedingungen der Bevölkerung mit Trink- und Brauchwasser auch der Förderung der landwirtschaftlichen Erzeugung und der Sicherung der Ernährung dient[1398]. Dieselben Zwecke würde auch das skizzierte WVWG verfolgen, so dass sich hierfür ergänzend Art. 74 I Nr. 17 GG heranziehen ließe.

Allerdings könnten sich möglicherweise die vorgeschlagenen Vorschriften des WVWG auch unter den Begriff des „Wasserhaushalts" in Art. 75 I Satz 1 Nr. 4, 3. Alt. GG subsumieren lassen. Im Gegensatz zu Art. 74 GG verleiht Art. 75 GG dem Bund bzgl. der dort aufgezählten Materien lediglich eine Rahmenkompetenz. Damit dürfen in der Regel keine direkt geltenden Normen erlassen werden, sondern nur solche, die der Ausfüllung durch Gesetze der Länder fähig und bedürftig sind[1399]. Insofern enthält Art. 75 GG eine andere Rechtsfolge für den Gesetzgeber als Art. 74 GG.

Der Begriff Wasserhaushalt entspricht dem Begriff „Wasserwirtschaft"[1400]. Inhaltlich geht es dabei um die Regelung der menschlichen Einwirkungen auf das Oberflächen- und Grundwasser, um eine „haushälterische Bewirtschaftung des in der Natur vorhandenen Wassers nach Menge und Güte"[1401]. Dementsprechend ist Wasserwirtschaft nicht gleichzusetzen mit der Trinkwasserversorgungswirtschaft. Allerdings ist nicht zu bestreiten, dass die Schaffung von Durchleitungswettbewerb im Wassermarkt Verschiebungen im Hinblick auf den Gewinnungsort und die jeweilige Gewinnungsmenge zur Folge hätte, da einige Wasseranbieter mit ihren Quellen nun auch neue zusätzliche Kunden zu versorgen hätten, andere Versorger wiederum ihre Trinkwasserproduktion und damit auch die Rohwasserentnahme aufgrund der Abwanderung von Kunden absenken müssten. Dennoch geht es bei der Gesetzgebungskompetenz für den Wasserhaushalt schwerpunktmäßig um den natürlichen Wasserkreislauf. Diese Norm ist eine naturschützende Regelung. Das WVWG hingegen soll eine neue Marktordnung im Trinkwasserversorgungssektor etablieren. Deshalb ist Art. 75 I Satz 1 Nr. 4, 3. Alt. GG hier nicht einschlägig.

[1398] BVerfG NVwZ 1982, 306, 307
[1399] BVerfGE 4, 115, 129; 36, 193, 202; 38, 1, 10; Dreier/*Stettner*, GG, Art. 75 Rn. 6
[1400] BVerfGE 15, 1, 15
[1401] BVerfGE 15, 1, 14 f.

c) Änderung des WHG

Eine Gesetzgebungskompetenz des Bundes für die vorgeschlagenen Modifikationen des Wasserrechts kann sich nur aus Art. 75 I Satz 1 Nr. 4, 3. Alt. GG ergeben. Im Kern geht es um die drei Themen „Bewilligungsregime", „Prinzip der ortsnahen Wassergewinnung" und „Wasserversorgung als kommunale Pflichtaufgabe". Damit jeweils die Gesetzgebungskompetenz bejaht werden kann, muss die vorgeschlagene Regelung nicht nur unter den Begriff „Wasserhaushalt" subsumierbar sein – der Begriff des „Wasserhaushalt" deckt dabei nicht sämtliche Facetten des Wasserrechts ab[1402]. Sie müsste gleichzeitig noch als Rahmenregelung identifiziert werden können und dementsprechend ausfüllungsfähig und ausfüllungsbedürftig sein[1403].

aa) Modifikation des Bewilligungsregimes

Zweifelsohne gehören sämtliche Fragen, die mit der Entnahme von Trinkwasser zusammenhängen, zum Wasserhaushalt. Prinzipiell sind von daher sämtliche Fragen in Bezug auf das System der Benutzungsbewilligungen von der Kompetenznorm gedeckt[1404]. Allerdings wäre im Einzelnen fraglich, ob es sich noch um eine Rahmenregelung handelte. Bei Rahmengesetzen darf der Bund den Gesetzgebungsgegenstand nicht voll ausschöpfen, also nicht bis in alle Einzelheiten ordnen, sondern er muss dem Land die Möglichkeit lassen, die Materie entsprechend den besonderen Verhältnissen des Landes ergänzend zu regeln. Dabei muss das, was den Ländern zu regeln überlassen bleibt, von substanziellem Gewicht sein.[1405]

Wenn man diese Maßstäbe beachtet, dann könnte der Gesetzgeber durchaus die maximale Bewilligungsdauer von im Regelfall 30 Jahren (§ 8 V WHG) verkürzen, ggf. ergänzt um eine entsprechende Entschädigungsregelung[1406]. Er kann jedoch nicht den Ländern Vorgaben darüber machen, nach welchen Kriterien sie im Einzelfall die Bewilligungsdauer festsetzen. Ebenso wenig dürfte der Bund den Ländern vorschreiben, wie lange Bewilligungsverfahren im Einzelfall zu dauern haben. Bzgl. des Umgangs mit kollidierenden Rechten hat das WHG bislang keine Vorschriften enthalten. Dafür enthalten z.B. § 18 WG BW oder Art. 19 BayWG einen detaillierten Katalog von Kriterien, nach denen die Wasserbehörden derartige Fälle zu entscheiden haben. Würde der Bund einen

---

[1402] Regierungsbegründung zum WHG, BT-Drs. 2/2072, S. 19; von Münch/Kunig-*Kunig*, GG III, Art. 75 Rn. 35

[1403] siehe unter b)

[1404] Sachs-*Degenhart*, GG, Art. 75 Rn. 36

[1405] BVerfGE 4, 115, 129; 51, 43, 54; 67, 382, 387

[1406] siehe unter Teil D: II. 1. a) ee)

derartig detaillierten Katalog an wettbewerbstauglichen Entscheidungskriterien vorgeben, läge mit Sicherheit eine Überschreitung der Rahmenkompetenz vor. Wenn es jedoch bei den derzeitigen Kriterien bliebe, würde dies dem Wettbewerb schaden, weil die Wasserbehörden diesbzgl. faktisch die Funktion einer Regulierungsbehörde übernähmen und damit die Arbeit der bundeseinheitlichen Regulierungsbehörde behinderten[1407]. Ein zulässiger Kompromiss dürfte es insofern sein, wenn der Bund den Ländern zur Auflage machte, nur solche Kriterien zur Entscheidung bei kollidierenden Benutzungsbegehren anzuwenden, die keine ungerechtfertigte Bevorzugung eines Anbieters und damit keinen Eingriff in den Wettbewerb darstellen oder der Wasserbehörde einen Ermessensspielraum belassen.

Da in der Praxis ein wettbewerblich gerechtes Ergebnis nur über einen Preis erzielt werden kann, wäre es für den Bund sinnvoller, das gegenwärtige Bewilligungssystem in der vom Sachverständigenrat für Umweltfragen vorgeschlagenen Weise[1408] umzugestalten, wonach flächendeckend Wasserentnahmepreise erhoben werden, deren Höhe sich allein an der Wasserknappheit der Region orientiert, und wonach im Falle von Nutzungskonflikten ein Ausschreibungswettbewerb erfolgt. Die Kompetenz des Bundes zum Erlass einer solchen Regelung aus Art. 75 I Satz 1 Nr. 4, 3. Alt. GG lässt sich teilweise mit einem Urteil des Bundesverfassungsgerichtes[1409] begründen, welches die Erhebung von Wasserentnahmeentgelten der Regelungsmaterie des Wasserhaushalts zuordnet[1410]. Im Regierungsentwurf zum WHG war auch eine Vorschrift enthalten, die die Erhebung eines Wasserzinses verpflichtend vorsah[1411]. Die Festlegung der konkreten Höhe sollte den Ländern überlassen bleiben, wobei die wirtschaftliche Zumutbarkeit die obere, der Bereich einer bloßen Anerkennungsgebühr die untere Grenze bildete[1412]. Obwohl dieser Normvorschlag im Laufe des Gesetzgebungsverfahrens auf Druck der Länder gestrichen wurde[1413], hielt die damalige Bundesregierung eine derartige bundeseinheitliche Regelung für zulässig.

Eine den Vorschlägen des Sachverständigenrates für Umweltfragen entsprechende Regelung würde im Prinzip dem damaligen Vorschlag sehr ähneln. Lediglich die Maßstäbe für die Entgelthöhe würden dahingehend verändert,

---

[1407] siehe unter Teil D: II. 1. a) dd) u. ee)
[1408] siehe unter Teil D: II. 1. b) aa)
[1409] BVerfGE 93, 319, 338 ff.
[1410] zustimmend: Sachs/Degenhart, Art. 75 Rn. 36a; a.A.: Stellungnahme des Bundesrats zu § 19 WHG-Entwurf, BT-Drs. 2/2072, S. 41
[1411] § 19 WHG-Entwurf, BT-Drs. 2/2072, S. 8
[1412] Regierungsbegründung zu § 19 WHG-Entwurf, BT-Drs. 2/2072, S. 29
[1413] BVerfGE 93, 319, 341 f.

dass nicht mehr ein angemessener Beitrag an den Kosten, sondern ein möglichst kostendeckender Beitrag erhoben werden sollte. Auch das Ausschreibungsverfahren bei kollidierenden Benutzungsvorhaben würde neu hinzutreten. Jedoch dürften keine Zweifel bestehen, dass trotz dieser Modifikationen des Vorschlags aus dem Jahr 1956 dieselben Maßstäbe anzulegen wären, wie sie die damalige Bundesregierung angelegt hat. Denn die Maßnahmen dienten in erster Linie nicht dem Wettbewerb, sondern einem nachhaltigen Umgang mit der Ressource Wasser, gehörten somit eindeutig zum Bereich des Wasserhaushalts. Inhaltlich würden sie immer noch genügend Spielraum für konkretisierende Regelungen der Länder lassen. Insofern wäre der Bund an der Etablierung eines so beschriebenen neuen Bewilligungssystems von der Verfassung her nicht gehindert.

bb) Abschaffung des Prinzips ortsnaher Wassergewinnung

Der Bund hat das Prinzip der ortsnahen Wassergewinnung erst durch die WHG-Novelle im Jahre 2002 in § 1a III WHG verankert[1414]. Genauso, wie er sie eingeführt hat, könnte er diese Vorschrift wieder streichen. Das Problem ist jedoch, dass zahlreiche Länder schon vorher dieses Prinzip in ihren Landeswassergesetzen verankert hatten und vermutlich auch bei einer Abschaffung des § 1a III WHG dort belassen würden. Eine Vorschrift, die den Ländern dies verböte, würde mit Sicherheit nicht mehr als Rahmenvorschrift gelten. Sie ermöglichte keine Konkretisierung, sie verhinderte sie. Natürlich dürfen im Einzelfall gemäß Art. 75 II GG auch direkt anwendbare Vorschriften in Rahmenregelungen enthalten sein. Nach der Rechtsprechung des Bundesverfassungsgerichts musste jedoch ein besonders starkes und legitimes Interesse des Bundes eine einheitliche Regelung rechtfertigen[1415], ein Gebrauch machen von dieser Ausnahmevorschrift gleichsam unerlässlich sein[1416]. Im vorliegenden Fall müsste die direkt anwendbare Vorschrift dem Zweck des Gesetzes, nämlich der Regulierung des Wasserhaushaltes, dienen. Die Abschaffung des Prinzips der ortsnahen Wasserversorgung wäre jedoch nicht ökologisch, sondern wettbewerblich motiviert. Damit die direkte Anwendbarkeit einer Rahmenvorschrift rechtfertigen zu wollen, könnte nicht gelingen.

Allerdings könnte der Bundesgesetzgeber dieses Prinzip in seiner wettbewerblichen Bedeutung aushebeln, indem er – gestützt auf die Recht-der-Wirtschafts-Kompetenz – explizit anordnete, dass ein Berufen auf das Prinzip der ortsnahen Wassergewinnung die Verweigerung einer Durchleitung nicht rechtfertigte. Damit dann nicht die widersprüchliche Situation entstünde, dass ein lokales

---

[1414] BT-Drs. 14/8668, S. 6 und BT-Drs. 14/8621, S. 4

[1415] BVerfG 2 BVF 2/02 vom 27.7.2004, Rn. 89

[1416] BVerfG 2 BVF 2/02 vom 27.7.2004, Rn. 94

Versorgungsunternehmen einem Fernwasserversorgungsunternehmen die Durchleitung gewähren muss, jedoch selbst keinen Fernwasserversorger als Vorlieferanten auswählen kann[1417], könnte der Gesetzgeber zudem eine Wettbewerbsvorschrift erlassen, die es untersagt, dass lokale Unternehmen in ihren Wasserbeschaffungsmöglichkeiten eingeschränkt werden, weil anderenfalls der Wasserabsatz von Fernwasserversorgungsunternehmen unbillig behindert würde. Die Kompetenz hierzu dürfte dem Bund aus Art. 74 I Nr. 16 GG zukommen. Mit beiden Vorschriften würde der Bund das Prinzip der ortsnahen Wassergewinnung völlig aushebeln, weil die Länder dem Wirtschafts- und Wettbewerbsrecht nach Art. 31 GG Vorrang einzuräumen hätten.

cc) Verbot der Zuweisung der Wasserversorgung als kommunale Pflichtaufgabe

Die Zuweisung der Wasserversorgung als kommunale Pflichtaufgabe kann über das WHG ebenso nicht verboten werden. Dies liegt schon daran, dass der Begriff Wasserhaushalt nur eine „haushälterische Bewirtschaftung des in der Natur vorhandenen Wassers nach Menge und Güte"[1418] abdeckt. Nach Meinung von *Salzwedel*[1419] hat der Bund seine Gesetzgebungskompetenzen schon im Bereich der Abwasserentsorgung systemwidrig ausgedehnt, indem er den Ländern in § 18a II u. IIa WHG Vorschriften darüber macht, wer als Abwasserbeseitigungspflichtiger in Frage kommt. Allerdings ließe sich hier noch argumentieren, dass es zur Ressourcenerhaltung wichtig ist, einen zuverlässigen Abwasserbeseitigungspflichtigen zu benennen. Insofern besteht hier schon ein enger Bezug zur Materie „Wasserhaushalt". Eine Aufgabenzuweisung der Trinkwasserversorgung bzw. dessen Gegenteil, nämlich das Verbot einer Zuweisung als Pflichtaufgabe, weist hingegen allenfalls einen mittelbaren Bezug zum Wasserhaushalt auf, dafür aber einen direkten Bezug zum Kommunalrecht. Insofern sind dem Bundesgesetzgeber diesbzgl. die Hände gebunden.

d) Änderung des Wasser- und Bodenverbandsgesetzes

Die Gesetzgebungskompetenz des Bundes für den Erlass des Wasser- und Bodenverbandsgesetzes ergibt sich aus Art. 74 I Nr. 11, 17, 18 und 21 GG[1420]. Ebenso besitzt der Bund die auf Art. 84 I GG gestützte Annexkompetenz zum Erlass von Organisations- und Verfahrensregelungen[1421]. Ohne Zweifel kann

---

[1417] siehe unter Teil C: VII. 2. c) bb) α)
[1418] BVerfGE 15, 1, 14 f.
[1419] Salzwedel, in: Gesellschaft für Umweltrecht, Umweltrecht im Wandel, S. 613, 618 f.
[1420] Löwer, in: Achterberg/Püttner/Würtenberger, Besonderes Verwaltungsrecht I, § 12 Rn. 26
[1421] BVerfGE 58, 45, 62; Kaiser ZfW 1983, 65, 68 f.

der Bund damit die vorgeschlagenen Änderungen am Wasserverbandsrecht vornehmen.

e) Erforderlichkeit einer bundeseinheitlichen Regelung

Damit der Bund von der konkurrierenden Gesetzgebungs- oder auch von der Rahmengesetzgebungskompetenz (die nach h.M. einen Sonderfall der konkurrierenden Gesetzgebung bildet[1422]) Gebrauch machen kann, muss gem. Art. 72 II GG eine bundeseinheitliche Maßnahme zur Herstellung gleicher Lebensverhältnisse oder zur Wahrung der Rechts- und Wirtschaftseinheit im gesamtstaatlichen Interesse erforderlich sein. Diese Frage dürfte bei einer Veränderung des Wettbewerbsrechts weniger stellen, weil hier schon seit langem die Notwendigkeit einer bundeseinheitlichen Regelung anerkannt ist. Selbiges gilt auch für die vorgeschlagene Reform des Wasserverbandsgesetzes. Das WVWG würde jedoch ein völlig neues Gesetz darstellen, wo man prinzipiell durchaus zu dem Ergebnis gelangen könnte, dass jedes Bundesland selbst die Maßstäbe für eine Regulierung festlegt. Auch bei einer umfassenden Reform des Bewilligungssystems im WHG verbunden mit der Verpflichtung zur Verhängung eines knappheitsindizierenden Wasserentnahmeentgeltes stellt sich dieselbe Frage.

Für die genannten Gesetzesvorhaben käme die Wahrung der Rechts- und Wirtschaftseinheit als eine bundeseinheitliche Regelung rechtfertigender Zweck in Betracht. Ziel einer Liberalisierung wäre die Abschaffung geschlossener Versorgungsgebiete und die Einführung eines wirksamen Wettbewerbs bundesweit. Es geht somit um die Erhaltung eines funktionsfähigen des Wirtschaftsraums Bundesrepublik Deutschland[1423]. Diese Maßnahme müsste im gesamtstaatlichen Interesse liegen. Hierbei wird dem Gesetzgeber jedoch eine Einschätzungsprärogative zugestanden[1424]. Da die Einführung von Wettbewerb im Wassermarkt der Erzielung niedrigerer Wasserpreise sowie der Schaffung international wettbewerbsfähiger Wasserversorgungsunternehmen dienen soll und diese Ziele im gesamtstaatlichen Interesse liegen dürften, ist der Spielraum hier als eingehalten zu betrachten.

Einheitliche Rechtsregeln können dann erforderlich werden, wenn eine unterschiedliche rechtliche Behandlung desselben Lebenssachverhalts unter Umständen erhebliche Rechtsunsicherheiten und damit unzumutbare Behinderun-

---

[1422] von Münch/Kunig-*Kunig*, GG III, Art. 75 Rn. 2 m.w.N.

[1423] vgl. BVerfG 2 BvF 1/03 vom 26.1.2005, Rn. 80; BVerfG 2 BvF 2/02 vom 27.7.2004, Rn. 100; BVerfGE 106, 62, 146 f.

[1424] BVerfG 2 BvF 2/02 vom 27.7.2004, Rn. 102; Sachs/*Degenhart*, GG, Art. 72 Rn. 14; von Münch/Kunig-*Kunig*, GG III, Art. 72 Rn. 28

gen für den länderübergreifenden Rechtsverkehr erzeugen kann[1425]. Man könnte aufgrund der Tatsache, dass die Wasserversorgung nur in seltenen Fällen bundesländerübergreifend organisiert ist, annehmen, eine bundeseinheitliche Regelung sei nicht erforderlich. Man muss jedoch bedenken, dass mit einem Wegfall der geschlossenen Versorgungsgebiete sich die Notwendigkeit begleitender rechtlicher Regelungen ergibt. Es wurde schon darauf hingewiesen, dass nur eine effektive Regulierung in der Lage ist, die Monopole aufzulösen. Gerade wenn einige Länder eine weniger konsequente Regulierung als andere betrieben, würde ein Landesgrenzen überschreitender Wettbewerb eingeschränkt. Die Einführung von Wettbewerb auf dem Wasserversorgungssektor ist aufgrund der mangelnden Vernetzung ohnehin sehr schwierig. Wenn durch unterschiedliche landesgesetzliche Ausgestaltungen der Regulierung das landesgrenzenübergreifende Wettbewerbspotential nicht genutzt werden könnte, würde sich die Erreichung des Gesetzeszieles erheblich erschweren. Gerade in den kleineren Bundesländern dürfte sich alleine kein funktionierender Wettbewerb initiieren lassen. Deshalb ist eine bundesweit einheitliche Regulierung zwingend erforderlich. Somit fiele dem Bund die Gesetzgebungskompetenz zum Erlass eines WVWG in der vorgeschlagenen Weise zu.

Auch bzgl. der Veränderung des Bewilligungsregimes in der vom Sachverständigenrat für Umweltfragen vorgeschlagenen Weise besteht ein Einheitlichkeitserfordernis, und zwar nicht aus Wettbewerbsgründen, sondern aus wasserhaushaltsrechtlichen Motiven. Nach wie vor besteht durch die unterschiedlichen landesgesetzlichen Regelungen, die teils gar keine Entnahmegebühren, teils kaum spürbare und teils sehr hohe Entnahmegebühren verlangen, eine Rechtszersplitterung[1426]. Sollte es nicht zu einer einheitlichen, allein an der regionalen Wasserknappheit orientierten Festsetzung der Entnahmegebühr kommen, würde insbesondere bei gleichzeitigem Wegfall des Prinzips der ortsnahen Wassergewinnung ein Anreiz bestehen, Wasser in den Ländern zu gewinnen, die keine oder nur geringe Wasserentnahmegebühren verlangen. Dort bestünde die Gefahr einer Übernutzung, während in anderen Regionen sehr reichliche Kapazitäten ungenutzt blieben. Aus Sicht des Wasserhaushalts wäre dies keine wünschenswerte Entwicklung. Deshalb besteht auch bzgl. einer Veränderung des Bewilligungssystems das Erfordernis der bundeseinheitlichen Regelung.

2. Schaffung einer Bundesregulierungsbehörde

Des Weiteren stellt sich die Frage, inwiefern der Bund einer Bundesbehörde alleine die Aufgabe der Regulierung des Trinkwasserversorgungssektors

---

[1425] BVerfG 2 BvF 2/02 vom 27.7.2004, Rn. 99; BVerfGE 106, 62, 146
[1426] vgl. BT-Drs. 2/2072, S. 28 f.

übertragen dürfte[1427]. Anders als im Telekommunikations- und im Eisenbahnsektor, in denen ehemalige Monopole von Unternehmen des Bundes liberalisiert
wurden und in denen die hoheitlichen Aufgaben gemäß Art. 87f II 2 bzw.
87e I 1 GG in bundeseigener Verwaltung wahrgenommen werden, sind die
Wasserversorgungsmonopole weitgehend in kommunaler Hand. Von daher gilt
der Grundsatz des Art. 83 GG, dass die Verwaltung durch die Länder als eigene
Angelegenheit ausgeführt wird[1428]. Der Bund kann jedoch auf der Grundlage
des Art. 87 III 1 GG durchaus eine Bundesoberbehörde wie die Bundesnetzagentur auch mit Regulierungsaufgaben für den Bereich der Trinkwasserversorgung betrauen, da ihm für diese Gesetzesmaterie die notwendige Gesetzgebungskompetenz zusteht[1429]. Für die Schaffung oder Aufgabenerweiterung einer
solchen Bundesoberbehörde bedürfte es auch keiner besonderen Rechtfertigung[1430].

3. Modifikation der Trinkwasserverordnung

Mit Hilfe der gegenwärtigen Verordnungsermächtigungen aus dem LMBG und
dem IfSG lassen sich die vorgeschlagenen Modifikationen problemlos vornehmen. Allerdings muss sich der Verordnungsgeber im Rahmen der EU-
Trinkwasserrichtlinie[1431] halten.

4. Vereinbarkeit mit der Selbstverwaltungsgarantie der Kommu-nen aus Art. 28 II GG

Die Selbstverwaltungsgarantie der Kommunen ist wegen der Rolle der Kommunen als Normberechtigte sowie aufgrund der Stellung im Grundgesetz nicht
als Grundrecht, sondern als Staatsorganisationsnorm aufzufassen. Dennoch
verleiht Art. 28 II i.V.m. Art. 93 I Nr. 4b GG den Kommunen ein subjektives
Recht.[1432] In den Schutzbereich dieses Rechts darf nicht ohne Rechtfertigung
eingegriffen werden.

a) Schutzbereich

Nach dem Wortlaut der Vorschrift steht den Gemeinden das Recht zu, alle
Angelegenheiten der örtlichen Gemeinschaft in eigener Verantwortung zu
regeln. Dies gilt jedoch nur im Rahmen der Gesetze. Das BVerfG interpretiert

---

[1427] Vorschlag siehe unter Teil D: VI. 2. a) cc)
[1428] Büdenbender RdE 2004, 284, 299
[1429] siehe unter b)
[1430] BVerfGE 14, 197, 213; a.A.: Büdenbender RdE 2004, 284, 299
[1431] RL 98/83/EG des Rates vom 03.11.1998, ABl. 1998 L 330/32
[1432] Weiß, S. 135

diese Vorschrift so, dass die Kommunen die sog. „Allzuständigkeit" für Angelegenheiten der örtlichen Gemeinschaft besitzen, ohne dass es dafür einer expliziten gesetzlichen Zuweisung bedarf[1433]. Damit einher geht die Befugnis zu eigenverantwortlicher Führung der Geschäfte in diesen Angelegenheiten[1434]. Diese Selbstverwaltungskompetenz beruht auf der demokratischen Vorstellung, dass die örtliche Bürgerschaft an der Erledigung der öffentlichen Aufgaben zu beteiligen ist[1435]. Unter Angelegenheiten der örtlichen Gemeinschaft versteht man „diejenigen Bedürfnisse und Interessen, die in der örtlichen Gemeinschaft wurzeln oder auf sie einen spezifischen Bezug haben, die also den Gemeindeeinwohnern gerade als solchen gemeinsam sind, indem sie das Zusammenleben und -wohnen der Menschen in der politischen Gemeinde betreffen"[1436]. Hierzu gehört auch die wirtschaftliche Betätigung der Gemeinde, insbesondere die örtliche Daseinsvorsorge[1437]. Zu diesem klassischen Bereich der Daseinsvorsorge zählt insbesondere die Versorgung mit Trinkwasser[1438]. Im Gegensatz zu Strom, wo auch vor der Liberalisierung in der Regel nur Städte über eigene Elektrizitätsversorgungsunternehmen verfügten, der ländliche Raum dagegen in der Regel von privaten Regionalversorgern beliefert wurde, die Stromproduktion sogar beinahe ausschließlich durch die großen Stromkonzerne erfolgte, existieren in Deutschland ca. 6.600 Wasserversorgungsunternehmen, davon viele mit eigener Wasserproduktion[1439]. Etwa 4.500 davon versorgen nur zwischen 50 und 3.000 Einwohner[1440]. Außerdem werden 85 % der Betriebe in öffentlicher Rechtsform, dass heißt als Regiebetrieb, Eigenbetrieb, Zweckverband, Wasserverband oder ähnliches, betrieben[1441]. Daran lässt sich erkennen, dass auch gerade in vielen kleineren Gemeinden ein enger Bezug zu den örtlichen Angelegenheiten besteht, und zwar in viel stärkerem Maße als bei der Strom- oder Gasversorgung.

Weiß[1442] differenziert bei ihrer Untersuchung des Schutzbereichs nach vier Teilaspekten der kommunalen Selbstverwaltungsgarantie. Sie verweist zunächst auf die Planungshoheit, die allerdings durch Durchleitungsmaßnahmen wohl kaum tangiert sein dürfte. Ein weiterer Aspekt der örtlichen Angelegenheiten sei die Wegehoheit der Gemeinden. Über ihr Wegerecht kann die Gemeinde den

---

[1433] BVerfGE 79, 127, 146
[1434] BVerfGE 79, 127, 143
[1435] Moraing WiVerw 1998, 233, 251
[1436] BVerfGE 79, 127, 151 f.; 8, 122, 134; 50, 195, 201; 52, 95, 120
[1437] Moraing WiVerw 1998, 233, 249; Fischer/Zwetkow ZfW 2003, 129, 139
[1438] Moraing WiVerw 1998, 233, 249; Fischer/Zwetkow ZfW 2003, 129, 139
[1439] BMWi, S. 11 ff.
[1440] BMWi, S. 11
[1441] BMWi, S. 11
[1442] Weiß, S. 156 ff.

Bau von Ver- und Entsorgungsleitungen kontrollieren und verfügt damit zwangsläufig über die Möglichkeit, ein Monopol zu Gunsten ihres eigenen oder eines fremden Unternehmens zu schaffen.[1443] Ferner könne auch die kommunale Satzungsautonomie betroffen sein, wenn der Anschluss- und Benutzungszwang in der bisherigen Form wegfalle[1444]. Das BVerwG vertritt diesbzgl. die Auffassung, dass die Verhängung eines Anschluss- und Benutzungszwanges nicht zum Inhalt der gemeindlichen Satzungshoheit gehöre und damit nicht von der Selbstverwaltungsgarantie erfasst sei, weil dieses Instrument einer gesetzlichen Ermächtigung bedürfe. Dieser Schlussfolgerung ist jedoch insofern nicht beizupflichten, als sich aus Art. 28 II GG die Pflicht des Gesetzgebers ergibt, den Gemeinden und Gemeindeverbänden die notwendigen Mittel an die Hand zu geben, um ihre Selbstverwaltungsaufgaben erledigen zu können. Deshalb dürften die Landesgesetzgeber dazu verpflichtet sein, den Kommunen das Instrument des Anschluss- und Benutzungszwangs zur Verfügung zu stellen[1445]. Schließlich ist *Weiß*[1446] der Auffassung, dass die Leistungserbringung durch die Kommune selbst nicht von der Selbstverwaltungsgarantie umfasst sei, da es sich um eine rein wirtschaftliche Betätigung handele; Art. 28 II GG schütze dagegen nur hoheitliche, verwaltende Tätigkeiten. Damit widerspricht sie allerdings der absolut herrschenden Meinung, dass die kommunale Selbstverwaltung seit jeher die wirtschaftliche Betätigung zu Zwecken der örtlichen Daseinsvorsorge erfasst[1447]. Es liegt in der Entscheidung der Kommune, ob sie sich in bestimmter Weise wirtschaftlich betätigt; dabei ist es eindeutig, dass sie dabei Aufgaben übernimmt, die auch ein Privater durchzuführen in der Lage wäre[1448]. Insofern haben die Kommunen ein Zugriffsrecht. Dies bedeutet aber im Umkehrschluss, dass sie sich dann nicht mehr auf das Selbstverwaltungsrecht berufen können, wenn sie sich dieses Rechts durch vollständige materielle Privatisierung oder durch schlichte Konzessionsvergabe an einen Dritten entäußert haben[1449].

b) Eingriff

aa) Schutzrichtung

Bei einem möglichen Eingriff in das Selbstverwaltungsrecht der Gemeinden stellt sich zunächst die Frage nach der Schutzrichtung der Norm. Art. 28 II GG

[1443] Hellermann, in: Oldiges, Daseinsvorsorge durch Privatisierung – Wettbewerb oder staatliche Gewährleistung, S. 19, 24

[1444] Weiß, S. 158

[1445] Salzwedel, in: Gesellschaft für Umweltrecht, Umweltrecht im Wandel, S. 613, 629

[1446] Weiß, S. 163 ff.

[1447] Hellermann, Örtliche Daseinsvorsorge und gemeindliche Selbstverwaltung, S. 145 m.w.N.

[1448] Hellermann, Örtliche Daseinsvorsorge und gemeindliche Selbstverwaltung, S. 151 f.

[1449] Salzwedel, in: Gesellschaft für Umweltrecht, Umweltrecht im Wandel, S. 613, 624 f.

schützt die Gemeinden davor, dass der Staat Aufgaben von den Gemeinden auf Landes-/Bundesbehörden oder die Landkreise verlagert (sog. Hochzonung)[1450]. Ein unmittelbares Abwehrrecht gegenüber Privaten, die ebenfalls durch ihr Verhalten das Recht der kommunalen Selbstverwaltung einschränken könnten, verleiht Art. 28 II GG hingegen aufgrund seiner Stellung in den Staatsorganisationsnormen nicht[1451]. Einen solchen Eingriff durch Private könnte man aufgrund der Tatsache annehmen, dass bei der Einführung von Durchleitungswettbewerb zahlreiche Privatunternehmen vom Netznutzungsrecht Gebrauch machen würden. Man darf jedoch nicht übersehen, dass die Durchleitungspflicht für den Netzbetreiber auf einer gesetzlichen Normierung und damit auf einer staatlichen Maßnahme basiert[1452]. Allerdings ist es wiederum nicht unumstritten, ob der Gesetzgeber überhaupt darin beschränkt ist, Selbstverwaltungstätigkeiten der Kommunen der Privatwirtschaft zu übertragen. Zu diesem Thema gab es eine intensive Auseinandersetzung in der Literatur[1453]. Nach der einen Ansicht handelt es sich bei Art. 28 II GG allein um eine reine Staatsorganisationsnorm, die lediglich die Kompetenzverteilung von den Gemeinden hin zu anderen staatlichen Verwaltungsträgern einschränken soll. Diese enge Auffassung kann schon insofern nicht überzeugen, als diese Norm auch Schutzwirkungen zwischen verschiedenen Gemeinden, also derselben Stufe im Staatsaufbau, entfaltet, nicht nur gegenüber höherstufigen Verwaltungsebenen[1454]. Maßgeblich ist jedoch, dass Art. 28 II GG das Recht auf bürgerschaftliche Selbstverwaltung verleiht, und zwar nicht nur staatsintern, sondern mit Außenwirkung[1455]. Ob der Kommune eine Aufgabe zugunsten einer anderen staatlichen Ebene oder zugunsten Privater entzogen würde, ist im Ergebnis für sie nicht relevant[1456].

bb) Eingriff in die einzelnen Schutzbereichskomponenten

Zunächst einmal könnten die vorgeschlagenen gesetzlichen Maßnahmen einen Eingriff unter dem Aspekt der Hoheit der Gemeinde über ihre Wege darstellen. Durch den Wegfall der geschlossenen Versorgungsgebiete, die im Moment entweder durch die Aufgabenwahrnehmung durch die Gemeinde selbst oder

---

[1450] BVerfGE 79, 127, 147 ff.

[1451] UBA, S. 26; Fischer/Zwetkow ZfW 2003, 129, 139 f.

[1452] Hellerman, in: Oldiges, Daseinsvorsorge durch Privatisierung – Wettbewerb oder staatliche Gewährleistung, S. 19, 26; Moraing WiVerw 1998. 233, 250 f.

[1453] Eine ausführliche Darstellung der gegenläufigen Positionen findet sich sowohl bei Hellermann, Örtliche Daseinsvorsorge und gemeindliche Selbstverwaltung, S. 138 ff. als auch bei Weiß, S. 135 ff..

[1454] siehe unter Teil D: III. 2. b) bb)

[1455] Hellermann, Örtliche Daseinsvorsorge und gemeindliche Selbstverwaltung, S. 142 f.

[1456] Friauf, in: Baur/Friauf, Energierechtsreform zwischen Europarecht und kommunaler Selbstverwaltung, S. 55, 74; Weiß, S. 136 f.

durch Konzessionsverträge und Demarkationsabsprachen gesichert sind, ergeben sich bei der Durchleitung Auswirkungen auf das kommunale Wegerecht insofern, als die Kommune zwar noch beeinflussen kann, wer eine Leitung verlegt, nicht jedoch, wer sie aktuell benutzt[1457]. Da zudem zumindest zur Netzverknüpfung der freie Leitungsbau eingeführt werden müsste, werden die Kommunen zudem gezwungen werden müssen, diese zusätzlichen Leitungen in ihrem Gebiet zu dulden. Auch wenn dies gewisse Einschränkungen im Hinblick auf die Wegehoheit der Kommunen bedeutete, so muss man doch berücksichtigen, dass nach wie vor der Netzbetreiber, sofern es nicht die Kommune selbst ist, eine Wegenutzungsgebühr zu entrichten hätte. Ob nun ein Dritter durchleitet, macht für den Wegerechtsinhaber keinen Unterschied. Selbst bei dem zusätzlichen Bau von Wasserleitungen durch einen Konkurrenten, um die Netze miteinander zu verknüpfen, würde ein angemessener Ausgleich für die Gestattung der Wegenutzung gezahlt werden. Dementsprechend stellten diese Veränderungen keinen Aufgabenentzug dar, sondern vielmehr lediglich eine Beschränkung der kommunalen Wegehoheit, die hinnehmbar sein dürfte.[1458] Aus diesem Aspekt ergäbe sich damit kein Eingriff in die kommunale Selbstverwaltung.

Die kommunale Satzungsautonomie wird nur insofern tangiert, als mit der Schaffung von Rahmenbedingungen, die sicherstellen, dass auch bei gemeinsamer Netznutzung die gesundheitlichen Anforderungen an das Trinkwasser erfüllt werden, die tatsächlichen Voraussetzungen für die Verhängung eines Anschluss- und Benutzungszwanges, nämlich der erforderliche öffentliche Zweck der Erhaltung der Volksgesundheit, entfallen[1459]. Insofern fehlte es bereits an einem Eingriff. Den Gemeinden verbliebe zudem die Möglichkeit, zumindest zum Anschluss an das und zur Entnahme aus dem öffentlichen Versorgungsnetz zu verpflichten. Von daher wäre eine gesetzliche Anpassung als Reaktion der Landesgesetzgeber, die dieses normierte, lediglich eine Konkretisierung des Instruments des Anschluss- und Benutzungszwangs im Hinblick auf die Trinkwasserversorgung.

Schließlich käme allenfalls ein Eingriff in das Recht auf Leistungserbringung in Betracht. Das Recht auf kommunale Selbstverwaltung umfasst allerdings nicht das Recht zur Gestaltung der Wettbewerbsbedingungen vor Ort, geschweige denn das Recht auf Freiheit von Konkurrenz und Wettbewerb[1460]. Insofern stellt die Auflösung eines Monopols an sich keinen Eingriff in die kommunale

---

[1457] Salzwedel, in: Gesellschaft für Umweltrecht, Umweltrecht im Wandel, S. 613, 622

[1458] UBA, S. 27

[1459] siehe unter Teil D: III. 1.

[1460] Hellermann, in: Oldiges, Daseinsvorsorge durch Privatisierung – Wettbewerb oder staatliche Gewährleistung, S. 19, 23 f.

Selbstverwaltung dar. Die Gemeinden behielten schließlich nach wie vor die Zuständigkeit für die Wasserversorgung. Sie wären lediglich gezwungen, die Mitbenutzung des öffentlichen Netzes durch dritte Anbieter zu gestatten. Anders als bei Privatpersonen, bei denen die Pflicht zur Gestattung der Mitbenutzung durchaus einen Eingriff in das Eigentumsgrundrecht darstellt, ist bei Kommunen die Verpflichtung zur Gestattung der Mitbenutzung öffentlicher Einrichtungen keine Rechtsbeschränkung, sondern – wie man an § 22 NGO und den vergleichbaren Ansprüchen in den Kommunalverfassungen anderer Länder ablesen kann – fester Bestandteil der kommunalen Betätigung. Sie könnten nach wie vor die Bedingungen für eine Durchleitung festlegen, wären dabei nur an bestimmte Vorgaben des GWB und des neuen WVWG gebunden. Deshalb läge durch die Verpflichtung zur Gewährung der Mitbenutzung auch kein Eingriff in die kommunale Selbstverwaltung vor.

Ein Eingriff wäre allerdings dann gegeben, wenn die staatliche Einführung von Durchleitungswettbewerb dazu führen würde, dass einige Kommunen nicht mehr in der Lage wären, ihre Wasserversorgung aufrecht zu erhalten[1461]. Zwar wird aufgrund der Pflicht zur Zahlung eines angemessenen Netznutzungsentgelts ein rentabler Betrieb des Versorgungsnetzes möglich sein. Jedoch besteht die Gefahr, dass bei Auftritt eines günstigeren Konkurrenten am Markt viele Kunden zu diesem abwandern würden. Dadurch könnte sich der Betrieb des eigenen Wasserwerkes, welches dann überdimensioniert wäre, nicht mehr rentieren. Damit würde die Aufgabenerfüllung für die Kommune unmöglich. Die Beseitigung unrentabler Strukturen insbesondere in kleinen Kommunen als Folge der Liberalisierung wäre im Übrigen kein unerwünschter Nebeneffekt. Die Bildung neuer, größerer, effizienterer Strukturen auf dem Wassermarkt ist das Hauptziel, welches die Liberalisierungsbefürworter erreichen zu wollen vorgeben[1462]. Der Wettbewerb hätte insofern die in Teilen auch intendierte Wirkung einer Beschneidung eines kommunalen Aufgabenfeldes. Für die betroffene Kommune erfolgte dann faktisch eine Entkommunalisierung der Aufgabe der Wasserversorgung.[1463] Für sie läge ein mittelbarer, aber dennoch zielgerichteter Aufgabenentzug vor, der als Eingriff in die kommunale Selbstverwaltung zu werten wäre.

[1461] Kühling NJW 2001, 177, 179
[1462] BMWi, S. 35; Deutsche Bank Research, S. 8
[1463] vgl. Hellermann, Örtliche Daseinsvorsorge und gemeindliche Selbstverwaltung, S. 171

c) Rechtfertigung

Die Garantie der kommunalen Selbstverwaltung bedarf der Ausgestaltung und Formung durch den Gesetzgeber[1464]. Insofern dürfen Bund und Land die Art und Weise der Erfüllung der Aufgaben bestimmen sowie grundsätzlich auch den Gemeinden Aufgaben entziehen. Dieses Gesetzgebungsrecht besteht jedoch nicht unbegrenzt; der Wesensgehalt der gemeindlichen Selbstverwaltung darf nicht ausgehöhlt werden[1465]. In diesen Kernbereich wäre erst dann eingegriffen, wenn der den Gemeinden nach dem Aufgabenentzug verbleibende Aufgabenbestand einer Betätigung ihrer Selbstverwaltung keinen hinreichenden Raum mehr beließe[1466]. Auch bei Entzug der Aufgabe der Wasserversorgung verblieben der Gemeinde noch genügend andere Aufgaben, zumal man in diesem Bereich berücksichtigen muss, dass ohnehin viele Kommunen bereits diese Aufgabe im Wege der Privatisierung abgegeben haben.

Gleichwohl sind dem Landes- wie auch dem Bundesgesetzgeber auch bei solchen Eingriffen Grenzen gesetzt, die nur den Randbereich der Selbstverwaltungsgarantie betreffen. So darf eine Aufgabe mit relevantem örtlichem Charakter nur aus Gründen des Gemeininteresses entzogen werden. Hierfür reichen Argumente der Sparsamkeit und Wirtschaftlichkeit nicht aus. Ein Aufgabenentzug kommt vor allem dann in Betracht, wenn die ordnungsgemäße Aufgabenerfüllung anders nicht sicherzustellen ist. Dies wäre dann der Fall, wenn nach Abwägung mit der von der Verfassung gewollten Teilnahme der örtlichen Bürgerschaft an der Erledigung ihrer öffentlichen Aufgaben der Kostenanstieg, der durch ein Verbleiben der Aufgabe bei der Kommune entstünde, als unverhältnismäßig einzustufen wäre.[1467] Allerdings darf die Leistungsfähigkeit der einzelnen Gemeinden bei der Abwägung in Rechnung gestellt werden, da möglicherweise bei kleineren Gemeinden eine Überörtlichkeit der Aufgabe vorliegen könnte, wohingegen es sich in größeren Gemeinden noch um eine örtliche Angelegenheit handelte[1468]. Bei der Beurteilung dessen kommt dem Gesetzgeber bzgl. seiner Einschätzungen ein gewisser Spielraum zu[1469]. Allerdings dürfte es im Ergebnis nicht ausreichen, wenn lediglich Preissenkungen für alle oder einen Teil der Verbraucher zu erwarten sind[1470].

[1464] BVerGE 79, 127, 143

[1465] BVerGE 79, 127, 146

[1466] BVerGE 79, 127, 148

[1467] BVerGE 79, 127, 153; VerfGH NW NWVBl. 1991, 187, 188

[1468] BVerGE 79, 127, 153 f.

[1469] BVerGE 79, 127, 153 ff.; VerfGH NW NWVBl. 1991, 187, 188

[1470] Albrecht ZUR 1995, 233, 240; Hellermann, Örtliche Daseinsvorsorge und gemeindliche Selbstverwaltung, S. 306

Diese im Wesentlichen in der Rastede-Entscheidung des Bundesverfassungsgerichts[1471] formulierten Grundsätze sind jedoch für den Fall der Aufgabenübertragung von den Gemeinden auf die Landkreise entwickelt worden. Ob dieselben Maßstäbe auch für eine Aufgabenverlagerung auf Private gelten, ist zu bezweifeln[1472]. Da die Einführung von Durchleitungswettbewerb keine unmittelbare Aufgabenverlagerung darstellte, sondern der Aufgabenentzug erst durch die Reaktion von privaten oder anderen öffentlichen Unternehmen auf gesetzliche Rahmenbedingungen erfolgen könnte, unterläge die Rechtfertigung im konkreten Fall nicht ganz so strengen Maßstäben wie den oben definierten. Im Übrigen sind die Folgen einer derartigen Veränderung des Wettbewerbsrechts nicht so genau vorhersagbar, wie die an bestimmte Kriterien gekoppelte Aufgabenverlagerung auf eine andere staatliche Stelle. Deshalb muss hier dem Gesetzgeber eine weite Einschätzungsprärogative zukommen.

Eine sichere Prognose über die Folgen der Liberalisierung der Kommunen lässt sich also nicht erstellen. Allerdings ist zu erwarten, dass der Wettbewerb zumindest mittelfristig nicht so stark sein wird wie z.B. bei Strom. Dies liegt zum einen an der geringen Vernetzung der verschiedenen Versorgungssysteme, zum anderen an dem hohen Anteil der Transportkosten am Wasserpreis, weshalb selbst Befürworter der Liberalisierung das Kostensenkungspotential auf lediglich 10-15 % einschätzen[1473]. Außerdem ist u.U. die Durchleitung mit erheblichen technischen Problemen verbunden. Insofern ist ein massiver Anbieterwechsel nur dort wahrscheinlich, wo eine kostengünstige Fernwasserversorgung möglich ist, der bisherige lokale Anbieter hingegen hohe Kosten bei der Trinkwasserproduktion in den Wasserpreis einkalkulieren muss und deshalb nicht konkurrenzfähig sein kann. Demzufolge würde wahrscheinlich ein faktischer Aufgabenentzug differenziert nach der Leistungsfähigkeit der einzelnen Gemeinde im Hinblick auf die Wasserversorgung erfolgen. Die Überlassung der Beurteilung der Leistungsfähigkeit an die Kräfte des Marktes dürfte eine zulässige Form der Differenzierung sein, auch wenn sie nicht, wie in der Rastede-Entscheidung formuliert, von der Größe abhängen würde – schließlich hängt die Kostenstruktur einer kommunalen Wasserversorgung von vielen Faktoren und nur bedingt von der Größe ab. Es kommt hinzu, dass die Kommunen gegebenenfalls durch den Zusammenschluss mit Wasserversorgungsunternehmen anderer Gemeinden eine höhere Effizienz erreichen und somit dem Verlust der Aufgabe der Wasserversorgung entgehen könnten. Insofern dürfte trotz der traditionell engen kommunalen Bindung der Wasserversorgung die

---

[1471] BVerfGE 79, 127 ff.
[1472] Waechter, Kommunalrecht, 3. Auflage, Rn. 147; für die Anwendbarkeit derselben Kriterien: Hellermann, Örtliche Daseinsvorsorge und gemeindliche Selbstverwaltung, S. 179 f.
[1473] Deutsche Bank Research, S. 15

Einführung von Durchleitungswettbewerb durchaus verhältnismäßig sein in Anbetracht der zu erwartenden Effizienzsteigerungen, die durch den Wettbewerbsdruck entstehen könnten.

Man muss ferner berücksichtigen, dass viele kleinere Wasserversorgungsunternehmen die Mindestanforderungen an personellen Ressourcen und Know-how nicht erfüllen. Deswegen schlägt die Kommission der Niedersächsischen Landesregierung für eine „Zukunftsfähige Wasserversorgung in Niedersachsen" vor, dass das DVGW-Regelwerk W 1000, das nach Meinung der Kommission die minimalen Voraussetzungen an ein professionelles und zukunftsorientiertes Wasserversorgungsunternehmen festlegt, für alle Wasserversorger verbindlich gelten soll[1474]. Nach dem Urteil dieser Experten kann also die derzeitige Verantwortlichkeit der Gemeinden die Einhaltung dieser für erforderlich gehaltenen Standards nicht sicherstellen. Die Einführung von Durchleitungswettbewerb würde Druck zum Zusammenschluss zu größeren Einheiten erzeugen und dadurch die Schaffung wettbewerbsfähiger Unternehmen bewirken, die diesen Standard leichter erfüllen könnten. Wenn man diesen Aspekt im Rahmen der Einschätzungsprärogative des Gesetzgebers berücksichtigte, käme man zu dem Ergebnis, dass die Einführung von Durchleitungswettbewerb zur Sicherstellung einer professionellen und zukunftsorientierten Wasserversorgung erforderlich wäre. Damit wären sogar die strengen Anforderungen des Bundesverfassungsgerichts an die Abwägung erfüllt.

Aus diesen Gründen stellte die Einführung von Durchleitungswettbewerb einen gerechtfertigten Eingriff in den Schutzbereich des Art. 28 II GG dar. Dem Erlass eines entsprechenden Bundesgesetzes stünden damit keine materiellrechtlichen Hürden entgegen.

III. Verbleibende Kompetenzen der Länder

1. Umsetzungspflichten der Länder

Die Länder wären gemäß Art. 75 III GG verpflichtet, die im WHG als Rahmengesetz veränderten Vorgaben in Bezug auf das Bewilligungssystem umzusetzen und mit Detailregelungen zu konkretisieren[1475]. Ferner wären sie bei entsprechenden Regelungen des Bundes im WVWG und GWB[1476] daran gehindert, das Prinzip der ortsnahen Wassergewinnung zu exekutieren, weil nach Art. 31 GG Bundesrecht vor den entsprechenden landesrechtlichen Vorschriften Vorrang

---

[1474] Niedersächsisches Umweltministerium, Zukunftsfähige Wasserversorgung in Niedersachsen, Abschlussbericht der Regierungskommission, Hannover im April 2002, S. 48 und 51 f.
[1475] vgl. Sachs/*Lücke*, GG, Art. 75 Rn. 43 und 7
[1476] siehe unter II. 1. c) bb)

genösse. Im übrigen fehlte fortan für den Anschluss- und Benutzungszwang in der bisherigen Form die Rechtfertigung durch den öffentlichen Zweck[1477]. Die Länder wären insofern gut beraten, wenn sie ihre Kommunalverfassungen entsprechend konkretisieren würden, um sicherzustellen, dass zumindest der Anschluss an die öffentliche Wasserversorgung, unabhängig davon, wer jeweils der Lieferant ist, gewährleistet wird.

2. Eigene Gesetzgebungskompetenzen der Länder

Den Ländern steht grundsätzlich gemäß Art. 70 I GG eine umfassende Gesetzgebungsbefugnis zu, soweit der Bund nicht von seiner konkurrierenden Gesetzgebungsbefugnis Gebrauch macht[1478]. Damit scheiden Ergänzungen des GWB oder des WVWG aus. Die Länder bestimmen jedoch alleine über das Kommunalrecht. Sie legen die zulässigen Organisationsformen kommunaler Wirtschaftsbetriebe fest[1479] und regeln die Möglichkeit zur Bildung von Zweckverbänden. Sie entscheiden darüber, ob das Örtlichkeitsprinzip in der bisherigen Form beibehalten wird, oder ob man ähnlich den Regelungen in Nordrhein-Westfalen, Thüringen und Bayern für den Energiesektor[1480] eine Beteiligung der Kommunen am Durchleitungswettbewerb im Wassermarkt über die eigenen Grenzen und den soziökonomischen Bezugsrahmen hinaus ermöglichen möchte. Ferner haben die Länder gemäß § 80 Wasserverbandsgesetz das Recht, für besondere Fälle auf eigenem Recht Wasserverbände zu gründen, also für bestimmte Einzelfälle eigene Wasserverbandsgesetze zu erlassen[1481]. Diese Möglichkeit böte sich dann an, wenn der Bund sein Wasserverbandsgesetz nicht in der vorgeschlagenen Weise anpasste.

[1477] siehe unter Teil D: III. 1.
[1478] von Münch/Kunig-*Kunig*, GG III, Art. 70 Rn. 5 ff. u. Art. 72 Rn. 9
[1479] Salzwedel, in: Oldiges, Daseinsvorsorge durch Privatisierung – Wettbewerb oder staatliche Gewährleistung, S. 145, 147
[1480] siehe unter Teil D: III. 2. a) aa)
[1481] Löwer, in: Achterberg/Püttner/Würtenberger, Besonderes Verwaltungsrecht I, § 12 Rn. 25 ff.

Teil F: Resümee

I. Zusammenfassung Teil A

Wie bei der Reform des Energierechts Ende der neunziger Jahre ist ebenso im Wassermarkt die Schaffung von Wettbewerb über eine gemeinsame Netznutzung denkbar. Die Realisierung erfolgt auch in diesem Sektor mit Hilfe der juristischen Fiktion der Durchleitung. Durchleitung wird definiert als die Einspeisung von Wasser an einem Punkt des Netzes und die mengengleiche Entnahme an einem anderen Punkt des Netzes, wobei eine Synchronisierung beider Vorgänge lediglich statistisch angenähert erfolgen kann. Die Strukturen auf dem deutschen Wassermarkt unterscheiden sich allerdings in eklatanter Weise von denen in der Strom- und Gaswirtschaft vor der Liberalisierung, aber auch beispielsweise von den Strukturen auf dem englisch-walisischen Wassermarkt. Dies gilt sowohl in Bezug auf die Unternehmens- als auch auf die Netzstruktur. Während es in der deutschen Energiewirtschaft vor der Liberalisierung etwa 1.600 Netzbetreiber gab, sind es in der Wasserwirtschaft mehr als viermal so viele. Davon ist der überwiegende Teil Versorger von kleinen Kommunen. Rein private Unternehmen gibt es wenige. Im Zuge der Energiemarktliberalisierung wurden lediglich mitunter Anteile an der Wasserversorgung mitprivatisiert, allerdings im Regelfall nur mit dem Ergebnis von Minderheitsbeteiligungen. Zum Vergleich: In England und Wales gibt es aktuell 22 Wasserversorgungsunternehmen, die sich alle in privater Hand befinden. Anders als im Strom- und Gasbereich existiert im Wasserversorgungssektor auch kein deutschlandweit zusammenhängendes Netz. Neben den lokalen Systemen gibt es lediglich Fernwasserleitungen zur Versorgung von Ballungsräumen aus wasserreichen Gebieten. Im Ergebnis findet man bezogen auf die vorhandenen Anlagen deutlich schlechtere Rahmenbedingungen für die Etablierung eines flächendeckenden Durchleitungswettbewerbs vor als im Energiesektor. Eine bessere Ausgangslage besteht dafür im Hinblick darauf, dass der Markt – anders als im Strombereich – nicht von vier Großunternehmen dominiert wird, von deren Stromlieferungen die kleineren Unternehmen fast vollständig abhängig sind. Stattdessen existiert im Wasserversorgungssektor eine Vielzahl von Unternehmen unterschiedlicher Größe. Die meisten von ihnen verfügen auch über eigene Wasserressourcen, mit denen sie zumindest einen nicht unerheblichen Teil ihres Bedarfes – wenn nicht gar ihren Gesamtbedarf – decken können. Allerdings handelt es sich größtenteils um staatliche Unternehmen, die allein von ihrer zu geringen Größe her vielfach nicht wettbewerbsfähig sein dürften, zumal ihr primärer Auftrag die Wasserversorgung der ortsansässigen Bevölkerung mit Trinkwasser ist und nicht die Profitmaximierung.

II. Zusammenfassung Teil B

Die *essential-facilities-doctrine* wurde zunächst im europäischen Wettbewerbsrecht anerkannt, bevor man sie auch im deutschen Recht rezipiert hat. Diese Lehre verleiht einem dritten Trinkwasseranbieter gegenüber einem Wasserversorgungsnetzbetreiber grundsätzlich einen Netzzugangsanspruch. Allerdings ist der sachlich relevante Markt, auf dem die marktbeherrschende Stellung vorliegen muss, der Wassertransportmarkt zwischen dem Punkt der Einspeisung und der Entnahmestelle. Um hier Art. 82 EG anwenden zu können, müsste sich die Marktbeherrschung auf einen wesentlichen Teil des gemeinsamen Marktes beziehen, der mindestens die Größe eines kleineren Mitgliedsstaates oder eines beachtlichen Teiles eines größeren Mitgliedsstaates erfassen müsste. In keinem europäischen Land gibt es ein so weit zusammenhängendes Wasserversorgungsnetz, das ein derart großes Gebiet abdeckt, sondern nur lokale und regionale Systeme. Selbst wenn ein Unternehmen in über einen Großteil dieser räumlich begrenzten Netze in einem Mitgliedsstaat verfügte, eröffnete sich für den Petenten mit dem Netzzugang an einem Punkt nicht die Möglichkeit, das eingespeiste Wasser zu jeder beliebigen Entnahmestelle befördern zu lassen, sondern nur innerhalb des lokalen oder regionalen Netzes. Deshalb verfügte dieser Netzbetreiber nur über zahlreiche räumlich begrenzte marktbeherrschende Stellungen auf dem Wassertransportmarkt, aber nicht über eine marktbeherrschende Stellung innerhalb eines wesentlichen Teils des gemeinsamen Marktes.

III. Zusammenfassung Teil C

§ 19 IV Nr. 4 GWB findet auch heute schon auf die Wasserversorgung Anwendung. Zwar hat der Gesetzgeber bewusst durch die Fortgeltung des § 103 GWB a.F. auch weiterhin den Schutz der bestehenden Monopole mit Hilfe von Konzessions- und Demarkationsverträgen ermöglicht. Er hat allerdings nicht bedacht, welche Konsequenzen sich durch die Normierung eines allgemein gültigen Netzzugangtatbestandes in § 19 IV Nr. 4 GWB ergeben, der nicht nur den Kartellbehörden Eingriffsmöglichkeiten bei ungerechtfertigter Verweigerung einer gemeinsamen Netznutzung eröffnet, sondern auch Konkurrenten einen zivilrechtlichen Durchleitungsanspruch verleiht. Im Ergebnis wird man dies so auslegen müssen, dass damit auch ein Netzzugangsanspruch auf dem Wasserversorgungssektor besteht, weil sowohl Konzessions- als auch Demarkationsverträge nur zwischen den jeweiligen Vertragsparteien wirken, nicht jedoch gegenüber Dritten. Jedoch gebietet der Sinn und Zweck der Fortgeltung des § 103 GWB a.F. eine einschränkende Auslegung dahingehend, dass die Gewährung einer gemeinsamen Netznutzung keinen prinzipiellen Vorrang vor der Verweigerung genießt, sondern stets eine Abwägung zwischen den Interessen des Netzbetreibers einerseits und denen des Konkurrenten andererseits erfolgen muss.

Diese Erkenntnis dürfte im Ergebnis jedoch keine praktische Bedeutung haben, da dem Netzbetreiber durch die Gestaltung der Vertragsbedingungen, die Berechnung der Netznutzungsentgelte sowie eine Vielzahl von Verweigerungsgründen zahlreiche Instrumente an die Hand gegeben werden, die Aufnahme von Durchleitungswettbewerb wesentlich zu erschweren, wenn nicht gar unmöglich zu machen.

Es sind nicht nur die technischen Probleme, die insbesondere dann entstehen können, wenn der Petent ein Wasser durchleiten will, das nicht frei mit dem Wasser des Netzbetreibers gemischt werden kann. In diesen Fällen werden vermutlich schon die notwendigen Maßnahmen wie die Wassermischung oder die Angleichung derartige Kosten für die Schaffung von neuer Infrastruktur verursachen, dass sich die entsprechenden Investitionen nur dann rentieren, wenn der Petent eine gewisse Sicherheit über den künftigen Absatz durch langfristige Verträge über eine größere Abnahmemenge vorweisen kann. Diese Probleme ließen sich allerdings auch dann nicht lösen, wenn man § 103 GWB a.F. für die Wasserversorgung streichen würde.

Jedoch verhindert die Fortgeltung dieser Norm auf der anderen Seite einen grundsätzlichen Vorrang der Durchleitungsgestattung vor der Verweigerung. Das hat u.a. zur Folge, dass bereits qualitative Veränderungen zum Nachteil von Kunden, die auf eine ganz bestimmte Wasserbeschaffenheit angewiesen sind, eine Zugangsverweigerung rechtfertigen würden. Des Weiteren muss der Netzbetreiber eine Konkurrenz durch einen ihn zu wesentlichen Teilen beliefernden Versorger nicht dulden. Jedoch gerade die Gruppe der nur zuliefernden Fernwasserversorger wäre aufgrund der bestehenden Netzverbindungen vermutlich als einzige in der Lage, gegenüber ihren abnehmenden Weiterverteilern tatsächlich in Wettbewerb zu treten. Ob sie es auch tatsächlich täten, ist eine andere Frage. Schließlich kann ein Netzbetreiber einer Durchleitung auch dadurch entgehen, dass er einfach seine Preise entsprechend den Angeboten des Konkurrenten absenkt. Eine weitere Möglichkeit, die Fernwasserversorgungsunternehmen daran zu hindern, neue Märkte zu erobern, bietet das Berufen auf das Prinzip ortsnaher Wassergewinnung, zumindest für die Unternehmen, die nicht ebenfalls Wasser aus entfernten Quellen beziehen. Das „schärfste Schwert" halten allerdings Kommunen in der Hand: den Anschluss- und Benutzungszwang. Dieser kann sowohl zugunsten von staatlichen als auch zugunsten von privaten Unternehmen, die in bestimmter Weise dem Einfluss der Kommune unterliegen, verhängt werden und damit jeglichen Wettbewerb durch Dritte ausschließen.

Schließlich darf man die Möglichkeiten der Netzbetreiber zur Gestaltung der Netznutzungsentgelte nicht außer Acht lassen, mit denen jegliche Aufnahme von Konkurrenz wirksam unterbunden werden kann, wenn keine wirksamen Kontrollmöglichkeiten gegeben sind. Ohne dezidierte Vorschriften fehlen den Kartellbehörden in der Regel die praktischen Mittel, an dieser Stelle einen Missbrauch tatsächlich festzustellen. Es verwundert also nicht, dass bei der gegenwärtigen Rechtslage keinerlei Durchleitungswettbewerb existiert.

IV. Zusammenfassung Teil D

Um das gegenwärtige deutsche Recht „fit für den Wettbewerb" zu machen, sind erhebliche gesetzgeberische Änderungen notwendig. Neben Verbesserungen im Kartellrecht wie insbesondere der Wegfall des § 103 GWB a.f. dürfte das wesentliche Element jedoch die Schaffung eines Wasserversorgungswirtschaftsgesetzes sein. Neben einer genauen Normierung des Netzzugangstatbestandes, wobei gleichzeitig mitzuregeln wäre, auf welche Nebenleistungen (z.B. die Wasseraufbereitung oder die Bereitstellung von Ausgleichsmengen für betriebsbedingte Wasserverluste) ebenfalls ein Anspruch besteht, ist insbesondere eine staatliche Regulierung erforderlich. Als Behörde empfiehlt sich hier die gerade neu geschaffene Bundesnetzagentur. Ihr käme die Aufgabe zu, die Netznutzungsbedingungen und die Netznutzungsentgelte auf etwaigen Missbrauch hin zu überprüfen und den Unternehmen die notwendigen Vorgaben zu machen. Gleichwohl dürfte sich aufgrund der Vielzahl der Anbieter einerseits und der unterschiedlichen Wettbewerbsbedingungen in den verschiedenen Regionen andererseits eine *ex ante*-Regulierung nicht anbieten. Auch wenn zweifelsohne eine Genehmigung von Bedingungen und Entgelten im Vorhinein die Etablierung von Wettbewerb befördern würde, so steht der Aufwand, ca. 6.600 Wasserversorgungsunternehmen zu regulieren, in keinem Verhältnis zum Nutzen, wenn bzgl. der meisten Netze überhaupt keine konkreten Netzzugangsabsichten bestehen. Daneben sind einige zusätzliche Vorgaben erforderlich wie Entflechtungsvorschriften, Entgeltregelungen, Anschluss- und Versorgungspflichten etc., um dem Regulierer eine gesetzliche Basis für sein Handeln zu geben.

Ferner sind weit reichende Änderungen in bestehenden öffentlich-rechtlichen Vorschriften erforderlich. Im Wasserrecht besteht die Kernaufgabe darin, ein neues System der Benutzungsrechte zu installieren, das neuen Anbietern den Zugang zu den notwendigen Ressourcen ermöglicht. Insbesondere muss dem Problem vorgebeugt werden, dass die langen Laufzeiten für die bisherigen Benutzer einen Einstieg von Dritten in den Markt verhindern. Hier bietet sich ein System an, das einerseits eine adäquate Wasserentnahmegebühr vorsieht, die sich an der Knappheit des Wassers in der betreffenden Region orientiert, und andererseits kollidierende Begehren durch einen Ausschreibungswettbewerb löst. Dadurch ergäben sich gleichzeitig Vorteile in ökologischer Hinsicht.

Zudem sollte man es den einzelnen Benutzern in gewissem Rahmen erlauben, ihre Benutzungsrechte an andere Anbieter zu verkaufen. Ein weiteres wesentliches Problem besteht in dem Prinzip der ortsnahen Wassergewinnung. Dieses Instrument mag aus ökologischer Sicht durchaus sinnvoll sein. Wenn man jedoch mit einer Liberalisierung schwerpunktmäßig das Ziel verfolgt, die Wasserpreise zu senken, also den ökonomischen Aspekten stärkeres Gewicht beimisst, darf man dies nicht dadurch konterkarieren, dass man den gewollten Wettbewerb durch solche Vorgaben massiv einschränkt. Schließlich werden die Ressourcen der möglichen Konkurrenten im Regelfall weiter vom Versorgungsgebiet entfernt liegen, als die der etablierten Versorger. Ebenso besteht die Notwendigkeit, in den Bundesländern, die noch die Wasserversorgung als kommunale Pflichtaufgabe verankert haben, diese abzuschaffen, um es den kommunalen Betrieben zu ermöglichen, sich im Wettbewerb zu positionieren.

Veränderungen müssen auch im Kommunalrecht vorgenommen werden. Zwar ist es nicht zwingend erforderlich, den Anschluss- und Benutzungszwang für die Trinkwasserversorgung abzuschaffen. Mit der Einführung begleitender technischer Regelungen erfüllt auch eine gemeinsame Netnutzung die hygienischen Anforderungen zur Aufrechterhaltung der Volksgesundheit. Damit entfällt das dringende öffentliche Interesse an der Verhängung eines Anschluss- und Benutzungszwangs in der bisherigen Form. Die Länder sollten allerdings das Örtlichkeitsprinzip dahingehend aufweichen, dass kommunale Betriebe auch jenseits ihrer Gebietsgrenzen in Konkurrenz zu anderen Unternehmen treten können. Nach der geltenden Rechtslage wäre Wettbewerb nur auf dem Gebiet von Kommunen möglich, die in unmittelbarer Nähe liegen. Der Fortfall dieser Beschränkung würde die kommunalen Betriebe in die Lage versetzen, etwaige Abwerbungen eigener Kunden durch die Akquisition neuer Abnehmer in fremden Netzen auszugleichen. Da die allermeisten Wasserversorger sich zumindest mehrheitlich in kommunalem Eigentum befinden, würde diese Maßnahme zugleich die Grundlage für flächendeckenden Wettbewerb schaffen, denn es gibt zur Zeit zu wenige private Versorgungsunternehmen.

Für Zweckverbände gelten im Prinzip dieselben Beschränkungen wie für Kommunen. Allerdings bedarf es in dem Fall, in dem ein Zweckverband jenseits seines sozioökonomischen Raumes in Konkurrenz zu anderen Versorgungsunternehmen treten will, einer entsprechenden Anpassung der Zweckverbandssatzung, da ein Zweckverband nicht selbständig seine Aufgaben erweitern darf. Dies gilt in ähnlicher Weise für den Wasserverband, der ebenfalls für eine Ausweitung seiner Tätigkeit über die Verbandsgrenzen hinaus einer Legitimation durch die Satzung bedarf. Darüber hinaus gibt es im Wasserverbandsrecht einige Regelungen, die auf eine Tätigkeit ausschließlich innerhalb des Verbandsgebietes abstellen, wie z.B. die Finanzierung über Mitgliedsbeiträge oder die Vorschrift, dass jeder von der Tätigkeit des Wasserverbandes Betroffene ein Recht auf Aufnahme in den Verband hat, also auch derjenige, zu dessen Netz der Wasserverband Zugang begehrt. Die entsprechenden Normen im Wasserverbandsgesetz müssten insoweit modifiziert werden.

Auch die Trinkwasserhygienevorschriften müssten bei einem Durchleitungswettbewerb angepasst werden. Da bei gemeinsamer Netznutzung die Verursachung einer etwaigen Qualitätsbeeinträchtigung wesentlich schwerer zu ermitteln sein wird, dürfte eine höhere Kontrolldichte ein adäquates Mittel sein, die Zuordnung zu erleichtern und zudem das Vertrauen der Verbraucher in die Trinkwasserqualität zu erhalten. Gleichzeitig obliegt es dem Verordnungsgeber, in der Trinkwasserverordnung Maßstäbe dafür festzusetzen, bei welchen prognostizierten qualitativen Veränderungen eine gemeinsame Netznutzung vom Netzbetreiber verweigert werden kann bzw. werden muss. Diese Maßnahme diente der Rechtssicherheit. Außerdem wären die Regulierungsbehörde bzw. die Kartellbehörden sowie die Gerichte mit dieser Aufgabe schlichtweg überfordert. Zur Festlegung technischer Standards haben sich die Arbeitsblätter des DVGW durchaus bewährt. Hier sollte insbesondere das Arbeitsblatt W 216 für die gemeinsame Netznutzung fortentwickelt werden. Allerdings dürften sich in der Praxis ständig neue Erkenntnisse ergeben, so dass eine regelmäßige Anpassung notwendig sein wird.

Letztendlich wäre es weiterhin sinnvoll, den Durchleitungswettbewerb durch weitere Formen des Wettbewerbs zu ergänzen, insbesondere den freien Leitungsbau sowie Lieferverpflichtungen an Zwischenhändler, da aufgrund der genannten technischen Schwierigkeiten die Durchleitung alleine nicht ausreichen wird, um auch nur annähernd flächendeckenden Wettbewerb zu etablieren.

V. Zusammenfassung Teil E

Die Einführung von Durchleitungswettbewerb durch europäische Richtlinien wie im Telekommunikations- und im Energiesektor kommt für den Wassersektor nicht in Betracht. Aufgrund der kleinräumigen Struktur und der damit einhergehenden fehlenden Relevanz eines potentiellen grenzüberschreitenden Wettbewerbs gebietet das Subsidiaritätsprinzip hier eine gesetzgeberische Zurückhaltung der EU und einen Vorrang nationalstaatlicher Regelungen. Gleichwohl existieren bereits einige europäische Vorschriften, die einen möglichen grenzüberschreitenden Wettbewerb beeinflussen würden. So ist die europäische Trinkwasserrichtlinie[1482] die Grundvoraussetzung dafür, dass in allen Mitgliedsstaaten ein gewisser Mindestqualitätsstandard herrscht und somit

---

[1482] RL 98/83/EG des Rates vom 03.11.1998, ABl. 1998 L 330/32

auch grenzüberschreitender Wettbewerb denkbar ist. Diese Qualität wiederum kann nur bei flächendeckendem Schutz des Grund- und Oberflächenwassers gewährleistet werden, den die Wasserrahmenrichtlinie[1483] und die noch zu schaffende neue Grundwasserrichtlinie vorsehen. Art. 9 WRRL sieht zudem die Einführung des Kostendeckungsprinzips vor. Hiermit soll einer Subventionierung des Wasserpreises vorgebeugt werden. Dies ist ebenfalls eine Grundbedingung für einen fairen internationalen Wettbewerb.

In Deutschland ergibt sich aufgrund der föderalen Struktur ein Kompetenzproblem. Zwar könnte der Bundesgesetzgeber die entsprechenden kartellrechtlichen Vorschriften ändern und ein Wasserversorgungswirtschaftsgesetz erlassen, das die Übertragung der Regulierungskompetenzen auf die Netzagentur einschließt. Ebenfalls darf der Bund die Trinkwasserverordnung sowie auch das Wasser- und Bodenverbandsgesetz modifizieren. In Bezug auf die wasserrechtlichen Vorschriften sind ihm durch die Rahmenkompetenz für den Wasserhaushalt bereits Grenzen gesetzt. So darf er nicht bis ins letzte Detail das Bewilligungsregime normieren. Er muss den Ländern Spielraum zur Ausfüllung der Vorschriften lassen, in diesem Fall die Länder die Kriterien bestimmen lassen, anhand derer sie bei kollidierenden Wasserbenutzungsbegehren entscheidet. Auch bei der Neueinführung eines an der Wasserknappheit orientierten Wasserentnahmeentgeltes muss den Ländern die Festlegung der genauen Entgelte obliegen. Das Prinzip der ortsnahen Wassergewinnung könnte der Bund zwar aus dem WHG streichen, nicht jedoch entsprechende landesgesetzliche Regelungen abschaffen. Hier könnte er möglicherweise über Vorschriften im Kartellrecht oder im WVWG verhindern, dass diese Normen als Verweigerungsgrund angeführt werden könnten. Die Kompetenz zur Abschaffung der Wasserversorgung als kommunale Pflichtaufgabe hat nichts mit dem Wasserhaushalt zu tun, sondern ist eindeutig eine den Ländern obliegende organisatorische Regelung.

Das Kommunalrecht kann der Bund keinesfalls modifizieren. Hier könnte dann im Prinzip jedes Land selbst entscheiden, inwieweit es den Kommunen die Teilnahme am Wettbewerb außerhalb ihres Gemeindegebietes ermöglicht. Dies hängt faktisch nicht nur von der tatsächlichen Rechtslage ab, sondern insbesondere von der Praxis der jeweiligen Kommunalaufsicht. Es läge somit in der Macht des jeweiligen Landes, einen flächendeckenden Wettbewerb zu ermöglichen oder zu behindern, da die meisten potentiellen Wettbewerber reine oder zumindest mehrheitlich kommunale Unternehmen sind, die damit den gesetzlichen Vorgaben und der Aufsicht des Landes unterliegen.

[1483] RL 2000/60/EG des Europäischen Parlaments und des Rates vom 23.10.2000, ABl. 2000 L 327/1

360

Die Einführung von Durchleitungswettbewerb verstößt jedoch nicht gegen Art. 28 II GG. Dies liegt zum einen daran, dass der Gesetzgeber nicht direkt in Rechte der Gemeinden eingreift, sondern allenfalls mittelbar, indem er Konkurrenz durch dritte Unternehmen ermöglicht. Sofern dadurch überhaupt in die kommunale Selbstverwaltung eingegriffen wird, ist dieser Eingriff gerechtfertigt, weil die Erhaltung des jeweiligen kommunalen Betriebes von der wirtschaftlichen Leistungsfähigkeit abhängt. Ein kommunales Unternehmen, das nicht leistungsfähig genug ist, um im Wettbewerb zu bestehen, verdient nicht den Schutz des kommunalen Selbstverwaltungsrechts. Die Kommunalaufsicht müsste die Gemeinde, die ein derart unwirtschaftliches Unternehmen betreibt, ebenfalls mit Maßnahmen belegen.

VI. Gesamtbetrachtung

Die Ziele des Wettbewerbs sind klar: einerseits sinkende Preise und dadurch größere Wettbewerbsfähigkeit der Abnehmer[1484], andererseits aber auch die Initialisierung von Konzentrationsprozessen auf dem Anbietermarkt zur Steigerung der internationalen Wettbewerbsfähigkeit der deutschen Wasserversorgungswirtschaft[1485]. Auch wenn der Bundes- und die Landesgesetzgeber die skizzierten Rahmenbedingungen schaffen würden, so sind die Chancen für die tatsächliche Einführung von Wettbewerb ungewiss[1486]. Dass es etwa gelingen könnte, jedem Konsumenten praktisch ein Wahlrecht zwischen mehreren Anbietern zu gewähren, scheint gar illusorisch[1487]. Dies belegen die Erfahrungen, die man bislang mit der Einführung von Wettbewerb in England und Wales gemacht hat, wenn auch man dort erst einmal abwarten muss, wie sich die Einführung des Water Act 2003 auswirken wird. Die Gründe dafür sind vielfältig.

Zunächst einmal lässt sich mit Durchleitung kein Geld verdienen[1488]. Man muss den Netzbetreiber beim Basiswasserpreis unterbieten. Das ist insofern schwierig, als der wettbewerblich relevante Teil, nämlich die Wasserproduktion und der Vertrieb, nur etwa 30 % des Wasserpreises ausmacht[1489], im Gegensatz zu etwa 60 % bei Strom und Gas[1490]. Dazu kommen die Kosten für den Transport und für die Netznutzung beim Konkurrenten. Insbesondere wird in den meisten Fällen erst einmal überhaupt eine Netzverknüpfung hergestellt werden müssen.

[1484] Hewett, Testing the waters – The potential for competition in the Water Industry, p. 19
[1485] Deutsche Bank Research, S. 4 u. 8
[1486] Hewett, Testing the waters – The potential for competition in the Water Industry, p. 19
[1487] Hewett, Testing the waters – The potential for competition in the Water Industry, p. 20
[1488] Tupper, Water Law 13 [2002], p. 191, 192; Mellor, Water Law 14 [2003], p. 194, 204
[1489] UBA, S. 69
[1490] Rowson, The Design of Competition in Water, p.1 and 10 f.

Für die mitunter sehr komplizierten Netznutzungsvereinbarungen ist ebenfalls ein erheblicher Aufwand erforderlich.

Ein weiteres Problem dürfte in dem konservativen Verhalten sowohl der Anbieter als auch der Kunden liegen. Die Versorgungsunternehmen haben sich über Jahrzehnte an feste Gebietsgrenzen und damit an Monopolrenditen gewöhnt. Warum sollten sie nunmehr in Wettbewerb zueinander treten und versuchen, sich gegenseitig Kunden abzuwerben?[1491] Dies gilt insbesondere für Fernwasserversorger, die technisch ohne Probleme bisherige Kunden von den ihr Wasser abnehmenden Weiterverteilunternehmen direkt über Durchleitung versorgen könnten. Warum sollten sie so handeln? Sie müssten möglicherweise dazu den Preis, zu dem sie den Weiterverteiler beliefern, unterbieten, um ein attraktives Wechselangebot unterbreiten zu können. Auf der anderen Seite darf man auch die Wechselbereitschaft der Kunden nicht überschätzen. Für Unternehmen mit erheblichem Wasserverbrauch käme ein solcher Wechsel sicherlich in Betracht. Privatleute und Kleingewerbetreibende würden vermutlich aufgrund von Informationsdefiziten kaum den Anbieter wechseln.

Es kommt die gegenwärtige vertikale Integration hinzu[1492]. Die etablierten Netzbetreiber verfügen in der Regel über ortsnahe Quellen oder eine ausreichende Belieferung mit Fernwasser. Neue Anbieter benötigen neue Ressourcen, aus Kostengründen möglichst in der Nähe. Selbst wenn Netzbetreiber ihre Wasserentnahmerechte nicht voll ausschöpfen, besteht für sie kein Anreiz, diese Rechte an potentielle Konkurrenten abzutreten oder sie zu wettbewerbsfähigen Preisen zu beliefern, weil sie damit ihre Monopole gefährdeten.

Schließlich können die Netzbetreiber für solche Kunden, die auch für dritte Versorgungsunternehmen interessant sind, gezielt die Preise senken, um einen Anbieterwechsel wirtschaftlich unattraktiv zu machen[1493]. Zwar hätte man auf diese Weise das Ziel von Preissenkungen erreicht. Es bliebe jedoch bei potentiellem Wettbewerb.

Aus diesen Gründen sind in Deutschland[1494] wie auch in England und Wales[1495] die Wettbewerbschancen als relativ gering anzusehen. Wahrscheinlich sind gemeinsame Netznutzungen nur im regionalen Bereich über relativ kurze

---

[1491] Tupper, Water Law 13 [2002], p. 191, 192; Mellor, Water Law 14 [2003], p. 194, 204
[1492] Mellor, Water Law 14 [2003], p. 194, 209 f.
[1493] Tupper, Water Law 13 [2002], p. 191, 192; Mellor, Water Law 14 [2003], p. 194, 204
[1494] BMWi, S. 43
[1495] Mellor, Water Law 14 [2003], p. 194, 212

Distanzen[1496], insbesondere in wegen der großen Abnahmemengen interessanten Märkten wie Ballungsräumen[1497]. Dass der Kunde in Zukunft seinen Anbieter frei wählen kann, ist dagegen nicht zu erwarten[1498]. Insofern ist mit Preissenkungen für eine breite Masse der Abnehmer nicht zu rechnen. Allerdings kann ein solcher Liberalisierungsprozess durchaus zu einer stärkeren Konzentration der Versorgungsunternehmen führen[1499], die ein effizienteres Wirtschaften ermöglicht. Gleichzeitig stiege die internationale Wettbewerbsfähigkeit deutscher Unternehmen. Man darf sich jedoch auch hier keinen Illusionen hingeben. Am internationalen Wettbewerb um Großprojekte werden nur einige wenige größere Unternehmen teilnehmen können. Die breite Masse der Wasserversorger wird davon nicht profitieren.[1500] Man muss sich auf der anderen Seite aber auch verdeutlichen, dass in Anbetracht der aktuellen Finanznot der Kommunen eine Liberalisierung zu erheblichen Privatisierungen führen wird[1501]. Dies mag politisch gewollt sein. Wenn es jedoch gleichzeitig nicht gelingt, effektiven Wettbewerb zu etablieren, schafft man sich auf diese Art und Weise eine Vielzahl lokaler privater Monopole, die mit den gegenwärtigen kartellrechtlichen Instrumenten nur schwer zu kontrollieren sein werden. Insofern ist die Motivation, die zu einer Liberalisierung über die Einführung gemeinsamer Netznutzung in England und Wales geführt hat, eine ganz andere als in Deutschland. Die Konzentration auf der britischen Insel wurde schon durch die Schaffung öffentlich-rechtlicher *water agencies* in den 70er Jahren erreicht. Die Privatisierung Ende der 80er Jahre führte zu einem enormen Preisanstieg. Die eingeführten Price-Cap-Verfahren sorgten nicht für eine ausreichende Kontrolle der nunmehr privaten Monopole, so dass man zur Begrenzung der Marktmacht der privaten Unternehmen versucht, Wettbewerb u.a. durch gemeinsame Netznutzung zu etablieren. In Deutschland ist die Situation eine ganz andere. Die kommunalen Versorgungsunternehmen werden durch demokratisch legitimierte Organe kontrolliert. Dies mag nicht unbedingt zu einer effizienten Wirtschaftsweise beitragen. Die Volksvertreter in den Aufsichtsgremien verhindern in der Regel aber einen Missbrauch des örtlichen Monopols zu Lasten der Verbraucher. Der Wettbewerb würde hierzulande faktisch nicht zur Beschränkung privater Monopole eingeführt werden, sondern zu deren Entstehen beitragen.

[1496] Hewett, Testing the waters – The potential for competition in the Water Industry, p. 19; Deutsche Bank Research, S. 9
[1497] BMWi, S. 43
[1498] Mellor, Water Law 14 [2003], p. 194, 212; BMWi, S. 45
[1499] BMWi, S. 45
[1500] Deutsche Bank Research, S. 8
[1501] BMWi, S. 45

Letztendlich handelt es sich um eine politische Entscheidung, ob man das gegenwärtige, kommunal geprägte System mit seinen sehr kleinräumigen Strukturen und daraus resultierenden Ineffizienzen grundsätzlich beibehalten und fortentwickeln will, oder ob man zur Stärkung von Effizienz und internationaler Wettbewerbsfähigkeit den Weg von Liberalisierung und Privatisierung beschreitet. Der erstgenannte Weg ist aufgrund der zahlreichen rechtlichen Beschränkungen staatlicher Unternehmen mit Wettbewerb über gemeinsame Netznutzung zwar theoretisch kombinierbar; praktisch passen jedoch Wirtschaftstätigkeit durch einen Hoheitsträger und Konkurrenz zwischen Gebietskörperschaften nicht wirklich zueinander. Will der Gesetzgeber hingegen den Weg zu mehr Privatisierung beschreiten, ist möglicherweise die Einführung von Durchleitungswettbewerb nur einer von mehreren Bausteinen. Sinnvoll wären zunächst Strukturreformen, möglicherweise über die Verpflichtung zur Bildung größerer Einheiten oder über eine Verschärfung des kommunalen Vergaberechts in dem Sinne, dass die Gemeinden verpflichtet werden, die Aufgabe der Wasserversorgung oder die Konzessionsvergabe auszuschreiben. In einem solchem Umfeld dürfte die Schaffung direkter Konkurrenz über die Ermöglichung gemeinsamer Netznutzung als Ergänzung durchaus Sinn haben.

Auch ohne Strukturreformen kann es passieren, dass es aufgrund der aktuellen Finanznot der Kommunen zu einer „schleichenden" Privatisierung in diesem Sektor kommt. In diesem Fall wird der Gesetzgeber gezwungen sein, den Verlust an Kontrollmöglichkeiten durch staatliche Regulierung und den Versuch der Implementierung von Wettbewerbselementen auszugleichen, um die nunmehr privaten Monopole wirksamer kontrollieren zu können. Aber so weit, dass dies unbedingt erforderlich wird, ist die deutsche Wasserversorgungswirtschaft aktuell noch nicht.

Literaturverzeichnis

Achterberg, Norbert/ Püttner, Günter/ Würtenberger, Thomas (Hrsg.)	Besonderes Verwaltungsrecht, Band I, Wirtschafts-, Umwelt-, Bau-, Kultusrecht, 2. Auflage, Heidelberg 2000
Albrecht, Matthias	Die Stellung der Gemeinden in der Energieversorgung, ZUR 1995, S. 233-241
Arbeitsgruppe Netznutzung	Bericht der Arbeitsgruppe Netznutzung Strom der Kartellbehörden des Bundes und der Länder, Bonn 2001
Bachmann, Walter	Aufbau und Funktion des Öffentlichen Gesundheitswesens, in: Walter Bachmann (u.a.), Das Grüne Gehirn – Der Arzt des öffentlichen Gesundheitswesens, Starnberg 1988 ff., A 4
Bailey, Peter	Regulation of the UK Water Industry 2002, CRI Industry Brief, Bath 2002
Bailey, Peter	The business and financial structure of the Water Industry in England and Wales, CRI Research Report 14, Bath 2003
Barraqué, Bernard/ Berland, Jean-Marc/ Cambon, Sophie	Länderbericht Frankreich, in: Francisco Nunes Correia/R. Andreas Kraemer, Eurowater, Band 1, Institutionen der Wasserwirtschaft in Europa – Länderberichte, Berlin (u.a.) 1997, S. 189-328
Baur, Jürgen F.	Zur künftigen Rolle der Kartellbehörden in der Energiewirtschaft, RdE 2004, S. 277-284
Baur, Jürgen F./ Stürner, Rolf	Sachenrecht, 17. Auflage, München 1999
BDI/ VIK/VDEW/ ARE/VKU	Verbändevereinbarung über Kriterien zur Bestimmung von Netznutzungsentgelten für elektrische Energie und über Prinzipien der Netznutzung vom 13.12.2001 (VV Strom II plus)

BDI/
VIK/VDEW/
ARE/VKU
Verbändevereinbarung über Kriterien zur Bestimmung von Netznutzungsentgelten für elektrische Energie und über Prinzipien der Netznutzung vom 22.5.1998 (VV Strom I)

BDI/VIK/BGW/
VKU
Verbändevereinbarung zum Netzzugang bei Erdgas (VV Erdgas II) vom 03.05.2002

Bechtold, Rainer GWB – Kartellgesetz – Gesetz gegen Wettbewerbsbeschränkungen, 3. Auflage, München 2002

Bechtold, Rainer Pflicht zur Übernahme der Bruttopreise des Vorlieferanten?, WuW 1996, S. 14-20

Beck, Bernhard Stromdurchleitung – Der Schlüssel zum Wettbewerb – Erste Erfahrungen, in: Jürgen Schwarze, Der Netzzugang für Dritte im Wirtschaftsrecht, Baden-Baden 1999, S. 209-214

Becker, Heinrich Erläuterungen zum Hessischen Wassergesetz, seit 1994, in: H. Frhr. von Lersner/Konrad Berendes, Handbuch des Deutschen Wasserrechts, Berlin 1949 ff.

Becker, Peter Zum Rechtsweg gegen die Entscheidungen der REGTP: Ab ins Desaster?, ZNER 2004, S. 130-133

Bender, Bernd/
Sparwasser,
Reinhard/
Engel, Rüdiger
Umwelt – Grundzüge des öffentlichen Umweltschutzrechts, 4. Auflage, Heidelberg 2000

Billig, Uta-
Sophie
Die Novellierung des sächsischen Gemeindewirtschaftsrechts unter besonderer Berücksichtigung der Auswirkungen auf kommunale Beteiligungsgesellschaften, ZNER 2003, S. 100-108

Blankart, Charles
B./
Knieps, Günter
Netzökonomik, in: Jahrbuch für Neue Politische Ökonomie, 11. Band, Tübingen 1992, S. 73-87

Blum, Peter (u.a.) Niedersächsische Gemeindeordnung – Kommentar, in: Praxis der Kommunalverwaltung: Landesausgabe Niedersachsen, Band B1, Wiesbaden 1997-2003 (zitiert: Blum/Bearbeiter)

Board, Meirion (u.a.) Common carriage and access pricing – A comparitive review, CRI Research Report 10, Bath 2001

Böckels, Lothar Kritische Betrachtungen zur Privatisierung der Wasserwirtschaft in Deutschland und Europa, GWF – Wasser/Abwasser 142 (2001), Nr. 2, S. 133-135

Börner, Bodo Mißbrauchsaufsicht und „Durchleitung" in der Gaswirtschaft, in: Börner (u.a.), Probleme der 4. Novelle zum GWB, VEnergR Bd. 48, Baden-Baden 1981, S. 77-128

Böwing, Andreas Rechtsfragen des Netzzugangs und der Netzbenutzung im Energiebereich, insbesondere bei Stromnetzen, in: Jürgen Schwarze, Der Netzzugang für Dritte im Wirtschaftsrecht, Baden-Baden 1999, S. 181-189

Brandt, Edmund/ Reshöft, Jan/ Steiner, Sascha Erneuerbare-Energien-Gesetz – Handkommentar, Baden-Baden 2001

Bräuer, Wolfgang/ Egeln, Jürgen/ Werner, Andreas Wettbewerb in der Versorgungswirtschaft und seine Auswirkungen auf kommunale Querverbundunternehmen, Baden-Baden 1997

Breuer, Rüdiger Öffentliches und privates Wasserrecht, 3. Auflage, München 2004

Britz, Gabriele Funktion und Funktionsweise öffentlicher Unternehmen im Wandel: Zu den jüngeren Entwicklungen im Recht der kommunalen Wirtschaftsunternehmen, NVwZ 2001, S. 380-387

Britz, Gabriele Örtliche Energieversorgung nach nationalem und europäischem Recht, Baden-Baden 1994

368

Broschei, Gisela Erläuterungen Wassergesetz für das Land Nordrhein-Westfalen, in: H. Frhr. von Lersner/Konrad Berendes, Handbuch des Deutschen Wasserrechts, Berlin 1949 ff. (zitiert: Broschei, LWG NW)

Brüning, Chris- Die Selbstverwaltung der Wasser- und Bodenverbände vor
toph Herausforderungen an Aufgabenbestand und Organisationsstruktur, ZfW 2004, S. 129-143

Büchner, Wolf- Bech´scher TKG-Kommentar, München 1997 (zitiert:
gang (u.a.) Beck´scher TKG-Kommentar/Bearbeiter)

Buckland, Jon/ Ökonomische Instrumente in der Wasserwirtschaft, in:
Zabel, Thomas F. Francisco Nunes Correia/R. Andreas Kraemer, Eurowater, Band 2, Dimensionen Europäischer Wasserpolitik – Themenberichte, Berlin (u.a.) 1997, S. 175-265

Büdenbender, Die Ausgestaltung des Regulierungskonzeptes für die
Ulrich Elektrizitäts- und Gaswirtschaft, RdE 2004, S. 284-300

Büdenbender, Die Kontrolle von Durchleitungsentgelten in der leitungsge-
Ulrich bundenen Energiewirtschaft, ZIP 2000, S. 2225-2238

Büdenbender, Durchleitung elektrischer Energie nach der Energierechtsre-
Ulrich form, RdE 1999, S. 1-11

Büdenbender, Energierecht, Köln 1982
Ulrich
Büdenbender, EnWG – Kommentar zum Energiewirtschaftsgesetz, Köln
Ulrich 2003

Büdenbender, Schwerpunkte der Energierechtsreform 1998, Köln 1999
Ulrich

Bundeskartellamt Bericht des Bundeskartellamtes über seine Tätigkeit in den Jahren 1995/96 sowie über die Lage und Entwicklung auf seinem Aufgabengebiet, BT-Drs. 13/7900 (zitiert: BKartA, Tätigkeitsbericht 1995/96, BT-Drs. 13/7900)

Bundeskartellamt	Bericht des Bundeskartellamtes über seine Tätigkeit in den Jahren 1987/88 sowie über die Lage und Entwicklung auf seinem Aufgabengebiet, BT-Drs. 11/4611 (zitiert: BKartA, Tätigkeitsbericht 1987/88, BT-Drs. 11/4611)
Bundeskartellamt	Marktöffnung und Gewährleistung von Wettbewerb in der leitungsgebundenen Energiewirtschaft – Diskussionspapier, Bonn 2002
Bundesministerium für Wirtschaft und Technologie (Hrsg.)	Optionen, Chancen und Rahmenbedingungen einer Marktöffnung für eine nachhaltige Wasserversorgung, Juli 2001
Bunte, Hermann-Josef	6. GWB-Novelle und Missbrauch wegen Verweigerung des Zugangs zu einer „wesentlichen Einrichtung", WuW 1997, S. 302-318
Bunter, Hermann-Josef	Kartellrecht, München 2003
Calliess, Christian/ Ruffert, Matthias	Kommentar des Vertrages über die Europäische Union und des Vertrages zur Gründung der Europäischen Gemeinschaft – EUV/EGV, 2. Auflage, Neuwied (u.a.) 2002 (zitiert: Calliess/Ruffert-Bearbeiter, EUV/EGV)
Carty, Peter	Trading water rights – a consultation document, Water Law 14 [2003], p. 213-216
Cox, Helmut	Dienstleistungen von allgemeinem wirtschaftlichem Interesse in Europa – Regulierung, Finanzierung, Evaluierung, gute Praktiken, ZögU 2002, S. 331-339
Czychowski, Manfred/ Reinhardt, Michael	Wasserhaushaltsgesetz, 8. Auflage, München 2003

Dallhammer, Wolf-Dieter	Ziele und Rechtsfragen der sächsischen „Privatisierungsverordnung", in: Martin Oldiges [Hrsg.], Daseinsvorsorge durch Privatisierung – Wettbewerb oder staatliche Gewährleistung, Baden-Baden 2001, S. 83-91
Damm, Reinhard	Verfassungsrechtliche und kartellrechtliche Aspekte kommunaler Energiepolitik, JZ 1988, S. 840-847
Damrath, Helmut/ Cord-Landwehr, Klaus	Wasserversorgung, 11. Auflage, Stuttgart 1998
Dauses, Manfred A.	Handbuch des EU-Wirtschaftsrechts, Band 1, München 1998 ff.
Decker, Eric	Preismissbrauchskontrolle über Wasserversorgungsunternehmen, WuW 1999, S. 967-976
Denninger, Erhard (u.a.)	Kommentar zum Grundgesetz für die Bundesrepublik Deutschland, Reihe Alternativkommentare, Band 2, Art. 18-80a, 3. Auflage, Neuwied (u.a.) 2001 ff. (zitiert: AK-GG/Bearbeiter)
Department for Environment, Food and Rural Affairs (DEFRA)	Water Bill – Regulatory Impact Assessment, Environmental and Equal Treatment Appraisals, London Juli 2003
Department of the Environment, Transport and the Regions and the Welsh Office (DETR)	Competition in the Water Industry in England and Wales – Consultation paper, London 2000

Department of the Environment, Transport and the Regions and the Welsh Office (DETR)	The Review of the Water Abstraction Licensing System in England and Wales, London June 1998
Deutsche Bank Research	Aktuelle Themen – Wasserwirtschaft im Zeichen von Liberalisierung und Privatisierung, Deutsche Bank Research Nr. 176, Frankfurt am Main, den 25.8.2000 (zitiert: Deutsche Bank Research)
Doll, Roland/ Rommel, Wolrad/ Wehmeier, Axel	Der Referentenentwurf für ein neues TKG – Einstieg in den Ausstieg aus der Regulierung?, MMR 2003, S. 522-526
Dreher, Meinrad	Die Verweigerung des Zugangs zu einer wesentlichen Einrichtung als Missbrauch der Marktbeherrschung, DB 1999, S. 833-839
Dreier, Horst	Grundgesetz – Kommentar, Band II, Art. 20-82, Tübingen 1998
Drinking Water Inspectorate (DWI)	Guidance on drinking water quality aspects of common carriage, Information Letter 6/2000, London 11 February 2000
DVGW	Grundsätze einer Gemeinsamen Netznutzung in der Trinkwasserversorgung, Sonderdruck, Energie Wasser Praxis 9/2001
Eckert, Lutz	Die Gesetzgebungsvorschläge der EG-Kommission vom Juli 1989 für den Gassektor, in: Jürgen F. Baur, Leitungsgebundene Energie und der gemeinsame Markt, Baden-Baden 1990, S. 11-37
Eder, Jost/ de Wyl, Christian/ Becker, Peter	Der Entwurf eines neuen EnWG, ZNER 2004, S. 3-10

Ehlermann, Claus-Dieter	EG-Binnenmarkt für die Energiewirtschaft, EuZW 1992, S. 689-693
Ehlers, Dirk	Das neue Kommunalwirtschaftsrecht in Nordrhein-Westfalen, NWVBl. 2000, S. 1-7
Ehlers, Dirk	Die Entscheidung der Kommunen für eine öffentlich-rechtliche oder privat-rechtliche Organisation ihrer Einrichtungen und Unternehmen, DÖV 1986, S. 897-905
Ehlers, Dirk	Rechtsprobleme der Kommunalwirtschaft, DVBl. 1998, S. 497-508
Emmerich, Volker	Kartellrecht, 7. Auflage, München 1994
Emmerich, Volker	Kartellrecht, 9. Auflage, München 2001
Engel, Wolfgang/ Fey, Lutz	Niedersächsische Landkreisordnung – Kommentar, in: Praxis der Kommunalverwaltung: Landesausgabe Niedersachsen, Band B2, Wiesbaden 1997-2001
Enkler, Claus	Wirtschaftliche Betätigung der Kommunen in neuen Geschäftsfeldern, ZG 1998, S. 328-351
Esser, Josef/ Schmidt, Eike	Schuldrecht, Band 1: Allgemeiner Teil, Teilband 2, 8. Auflage, Heidelberg 2000
EU-Kommission	Grünbuch zu Dienstleistungen von allgemeinem Interesse, vorgelegt am 21.5.2003, KOM(2003) 270
Europäische Union	SCADPlus: Die Preisgestaltung als politisches Instrument zur Förderung eines nachhaltigen Umgangs mit Wasser, http://europa.eu.int/scadplus/leg/de/lvb/l28112.htm
Evers, Hans-Ulrich	Das Recht der Energieversorgung, 2. Auflage, Baden-Baden 1983

Faber, Markus	Der kommunale Anschluss- und Benutzungszwang – Zukunftsperspektiven trotz Privatisierung und Deregulierung?, Baden-Baden 2005
Fischer, Martin/ Zwetkow, Katrin	Privatisierungsoptionen für den deutschen Wasserversorgungsmarkt im internationalen Vergleich, ZfW 2003, S. 129-156
Flemming, Hans-Curt	Biofilme in Trinkwassersystemen – Teil I: Übersicht, GWF – Wasser Spezial 139 (1998), Nr. 13, Seite S 65-S 72
Frenz, Walter	Liberalisierung und Privatisierung der Wasserwirtschaft, ZHR 166 (2002), S. 307-334
Friauf, Karl-Heinrich	Energierechtsreform und kommunale Energieversorgung, in: Jürgen F. Baur/Karl-Heinrich Friauf, Energierechtsreform zwischen Europarecht und kommunaler Selbstverwaltung, Baden-Baden 1997, S. 55-107
Fries, Susanne	Optionen für den deutschen Wassermarkt – überholt die europäische Entwicklung die deutsche Modernisierungsstrategie?, NWVBl. 2004, S. 341-345
Frimmel, F.H.	Aufbereitungsstoffe für die Desinfektion von Trinkwasser, in: A. Grohmann/U. Hässelbarth/W. Schwerdtfeger, Die Trinkwasserverordnung, 4. Auflage, Berlin 2003, S. 577-590
Fritsch, Michael/ Wein, Thomas/ Ewers, Hans-Jürgen	Marktversagen und Wirtschaftspolitik: mikroökonomische Grundlagen staatlichen Handelns, 6. Auflage, München 2005
Gee, Alexander	Competition and the water sector, Competition Policy Newsletter 2/2004, p. 38-40
Geiger, Andreas/ Freund, Andrea	Europäische Liberalisierung des Wassermarktes, EuZW 2003, S. 490-493
Geiger, Rudolf	EUV/EGV, 4. Auflage, München 2004

Gersdorf, Hubertus	Marktöffnung im Eisenbahnsektor, ZHR 168 (2004), S. 576-612
Giermann, Heiko A.	Der diskriminierungsfreie Durchleitungsanspruch gemäß § 6 Abs. 1 EnWG und die Verweigerung der Durchleitung in der Praxis, RdE 2000, S. 222-231
Gimbel, Rolf	Liberalisierung der Wasserversorgung – Naturwissenschaftlich-technische Aspekte bei Durchleitungsmaßnahmen, GWF – Wasser/Abwasser 142 (2001), Nr. 2, S. 114-121
Glassen, Helmuth/ Hahn, Helmut von/ Kersten, Hans-Christian/ Rieger, Harald	Frankfurter Kommentar zum Kartellrecht, Köln 1982 ff. (zitiert: Frankfurter Kommentar zum Kartellrecht-Bearbeiter)
Gleiss, Alfred/ Hirsch, Martin	Kommentar zum EWG-Kartellrecht, 3. Auflage, Heidelberg 1978
Glötzl, Erhard	Wasserwirtschaft im Umbruch – Perspektiven und Ausblicke für die Trinkwasserversorgung, GWF – Wasser/Abwasser 142 (2001), Nr. 2, S. 140-142
Gönnenwein, Otto	Gemeinderecht, Tübingen 1963
Götz, Volkmar	Der Netzzugang für Dritte als grundsätzliches rechtliches Problem, in: Jürgen Schwarze, Der Netzzugang für Dritte im Wirtschaftsrecht, Baden-Baden 1999, S. 129-136
Grabitz, Eberhard/ Hilf, Meinhard	Das Recht der Europäischen Union, Band 2, EUV/EGV, München 1999 ff. (zitiert: Grabitz/Hilf-Bearbeiter, Das Recht der Europäischen Union II)
Grave, Carsten	Zusammenschlusskontrolle in der Wasserversorgung, RdE 2004, S.92-97

Groeben, Hans von der/ Schwarze, Jürgen	Kommentar zum Vertrag über die Europäische Union und zur Gründung der Europäischen Gemeinschaft, Band 1, 6. Auflage, Baden-Baden 2003, Band 2, 6. Auflage, Baden-Baden 2003 (zitiert: von der Groeben/Schwarze-Bearbeiter)
Grombach, Peter/ Haberer, Klaus/ Merkl, Gerhard/ Trüeb, Ernst U.	Handbuch der Wasserversorgungstechnik, 3. Auflage, München (u.a.) 2000
Günther, Jörg-Michael	Rechtsfragen bei Staatsgrenzen überschreitender Wasserversorgung, UPR 1998, S. 425-430
Haag, Marcel	Der Netzzugang Dritter aus der Sicht des Europäischen Wettbewerbsrechts, in: Jürgen Schwarze, Der Netzzugang für Dritte im Wirtschaftsrecht, Baden-Baden 1999, S. 57-68
Hagen, Horst	Die Drittschadensliquidation im Wandel der Rechtsdogmatik, Frankfurt am Main 1971
Hansjürgens, Bernd/ Messner, Frank	Die Erhebung kostendeckender Preise in der EU-Wasserrahmenrichtlinie, in: Stephan von Keitz/Michael Schmalholz, Handbuch der EU-Wasserrahmenrichtlinie, Berlin 2002, S. 293-319
Harzwasserwerke	Speichern – Aufbereiten – Transportieren, Hildesheim 2000
Heberlein, Horst	Grenznachbarschaftliche Zusammenarbeit auf kommunaler Basis, DÖV 1996, S. 100-109
Hein, Andreas/ Neumann, Frank	Wasserwirtschaft als Zukunfts- und internationaler Wachstumsmarkt – Steht Deutschland mit regionalen Monopolen im Abseits?, GWF – Wasser/Abwasser 142 (2001), Nr. 4, S. 279-286
Heitmann, Jens	Große Gasversorger öffnen Netze dem Wettbewerb, Hannoversche Allgemeine vom 2.11.2004, S. 7
Held, Friedrich Wilhelm	Die Zukunft der Kommunalwirtschaft im Wettbewerb mit der privaten Wirtschaft, NWVBl. 2000, S. 201-206

Held, Friedrich Wilhelm	Ist das kommunale Wirtschaftsrecht noch zeitgemäß?, WiVerw 1998, S. 264-294
Held, Friedrich Wilhelm	Kommunalwirtschaftliche Betätigung – begrenzt auf das Örtlichkeitsprinzip?, in: Hans-Günter Henneke, Optimale Aufgabenerfüllung im Kreisgebiet?, Stuttgart (u.a.) 1999, S. 181-191
Hellermann, Johannes	Örtliche Daseinsvorsorge und kommunale Selbstverwaltung, Tübingen 2000
Hellermann, Johannes	Privatisierung und Kommunale Selbstverwaltung, in: Martin Oldiges, Daseinsvorsorge durch Privatisierung – Wettbewerb oder staatliche Gewährleistung, S. 19-31
Hendler, Reinhard	Zur „Verlängerung" wasserrechtlicher Gestattungen bei der Wasserkraftnutzung, ZfW 2000, S. 149-164
Hendler, Reinhard/ Grewing, Cornelia	Der Grundsatz der ortsnahen Versorgung im Wasserrecht, ZUR Sonderheft 2001, S. 146-152
Henneke, Hans-Günter	Das Recht der Kommunalwirtschaft in Gegenwart und Zukunft, NdsVBl 1999, S. 1-10
Henneke, Hans-Günter	Gewinnerzielung und Arbeitsplatzsicherung als Legitimation kommunalwirtschaftlicher Betätigung?, NdsVBl. 1998, S. 273-283
Hermann, Hans Peter/ Recknagel, Henning/ Schmidt-Salzer, Joachim	Kommentar zu den Allgemeinen Versorgungsbedingungen, Band II, Heidelberg 1984
Hesse, Konrad	Grundzüge des Verfassungsrechts der Bundesrepublik Deutschland, 20. Auflage, Heidelberg 1999

| Hewett, Chris | Testing the waters – The potential for competition in the Water Industry, London 1999 |

Hill, Hermann — In welchen Grenzen ist kommunalwirtschaftliche Betätigung Daseinsvorsorge?, BB 1997, S. 425-431

Hofmann, Frank/ Kollmann, Manfred — Erläuterungen zum Wasserhaushaltsgesetz, in: H. Frhr. von Lersner/Konrad Berendes, Handbuch des Deutschen Wasserrechts, Berlin 1949 ff.

Hohmann, Holger — Die essential facility doctrine im Recht der Wettbewerbsbeschränkungen, Baden-Baden 2001

Holznagel, Bernd — Rechtsschutz und TK-Regulierung im Referentenentwurf zum TKG, MMR 2003, S. 513-517

Holznagel, Bernd/ Werthmann, Christoph — Rechtswegfragen im Rahmen der Reform des Energiewirtschaftsrechts, ZNER 2004, S. 17-20

Holznagel, Berndt/ Enaux, Christoph/ Nienhaus, Christian — Grundzüge des Telekommunikationsrechts, München 2001

Hope, Paul — Competition in Water, in: Richard Budd (u.a.), Access pricing – Comparitive experience and current developments, CRI Proceedings 26, Bath 2001, p. 17-25

Horstmann, Karl-Peter — Netzzugang in der Energiewirtschaft, Köln (u.a.) 2001

Hösch, Ulrich — Öffentlicher Zweck und wirtschaftliche Betätigung von Kommunen, DÖV 2000, S. 393-406

Hösch, Ulrich — Wirtschaftliche Betätigung von gemeindlichen Unternehmen und von Privaten – ein Vergleich, WiVerw 2000, S. 159-183

378

Hüffer, Uwe/ Ipsen, Knut/ Tettinger, Peter J.	Die Transitrichtlinien für Gas und Elektrizität, Stuttgart (u.a.) 1991
Immenga, Ulrich/ Mestmäcker, Ernst-Joachim	EG-Wettbewerbsrecht: Kommentar, Band 1, München 1997 (zitiert: Immenga/Mestmäcker-Bearbeiter, Europäisches Wettbewerbsrecht I)
Immenga, Ulrich/ Mestmäcker, Ernst-Joachim	EG-Wettbewerbsrecht: Kommentar, Band 2, München 1997 (zitiert: Immenga/Mestmäcker-Bearbeiter, Europäisches Wettbewerbsrecht II)
Immenga, Ulrich/ Mestmäcker, Ernst-Joachim	Gesetz gegen Wettbewerbsbeschränkungen – Kommentar, 2. Auflage, München 1992 (zitiert: Immenga/Mestmäcker-Bearbeiter, GWB, 2. Auflage)
Immenga, Ulrich/ Mestmäcker, Ernst-Joachim	Gesetz gegen Wettbewerbsbeschränkungen – Kommentar, 3. Auflage, München 2001 (zitiert: Immenga/Mestmäcker-Bearbeiter, GWB)
Jarass, Hans D.	Europäisches Energierecht, Berlin 1996
Jarass, Hans D./ Pieroth, Bodo	Grundgesetz für die Bundesrepublik Deutschland – Kommentar, 7. Auflage, München 2004
Kaiser, Paul	Heutige Rechtslage bei der Anwendung der Wasserverbandverordnung, ZfW 1983, S. 65-83
Kaltenborn, Markus	Gemeinden im Wettbewerb mit Privaten, WuW 2000, S. 488-495
Kibele, Karlheinz	Paradigmenwechsel in der Wasserwirtschaft: Das Recht der Wasserversorgung nach der Wassergesetz-Novelle von 1995, VBlBW 1997, S. 121-126
Klafka, P./ Ritzau, M./ Zander, W./ Held, Ch.	Ein gerechtes Durchleitungs-Tarifmodell für elektrischen Strom, ZNER 1/1997, S. 40-54 (zitiert: Klafka (u.a.) ZNER 1/1997)

Klees, Andreas	Der Direktleitungsbau im deutschen und europäischen Energie- und Wettbewerbsrecht, Stuttgart 2001 (zitiert: Klees, Direktleitungsbau)
Klimisch, Annette/ Lange, Markus	Zugang zu Netzen und anderen wesentlichen Einrichtungen als Bestandteil der kartellrechtlichen Missbrauchsaufsicht, WuW 1998, S. 15-26
Kloepfer, Michael	Umweltrecht, 3. Auflage, München 2004
Kluge, Thomas (u.a.)	netWORKS-Papers, Heft 2: Netzgebundene Infrastrukturen unter Veränderungsdruck – Sektoranalyse Wasser, Berlin 2003
Kluth, Winfried	Eingriff durch Konkurrenz, WiVerw 2000, S. 184-207
Kluth, Winfried	Grenzen kommunaler Wettbewerbsteilnahme, Köln (u.a.) 1988
Kluth, Winfried	Rechtsfragen der Beteiligung von Kommunen an Großkonzernen – Das Beispiel RWE, in: Jörg Peter/Kay-Uwe Rhein, Wirtschaft und Recht, Osnabrück 1989, S. 117-149
Knemeyer, Franz-Ludwig	Der durch Zweckvereinbarungen „angereicherte" Zweckverband, BayVBl. 2003, S. 257-261
Koch, Thorsten	Das neue niedersächsische Recht der kommunalen Zusammenarbeit, NdsVBl. 2004, S. 150-156
Koenig, Christian/ Haratsch, Andreas	Die Ausschreibung von Versorgungsgebieten in der Wasserwirtschaft, DVBl. 2004, S. 1387-1392
Koenig, Christian/ Rasbach, Winfried	Trilogie komplementärer Regulierungsinstrumente: Netzzugang, Unbundling, Sofortvollzug, DÖV 2004, S. 733-739

König, Klaus	Entwicklung der Privatisierung in der Bundesrepublik Deutschland – Probleme, Stand, Ausblick –, VerwArch 1988, S. 243-271
Korda, Martin	Städtebau – Technische Grundlagen, 5. Auflage, Stuttgart (u.a.) 2005
Körner, Hans	Gemeindeordnung Nordrhein-Westfalen, 5. Auflage, Köln 1990 (zitiert: Körner, GO NW)
Kotulla, Michael	Wasserhaushaltsgesetz, Stuttgart 2003
Kraemer, R. Andreas/ Jäger, Frank	Länderbericht Deutschland, in: Francisco Nunes Correia/R. Andreas Kraemer, Eurowater, Band 1, Institutionen der Wasserwirtschaft in Europa – Länderberichte, Berlin (u.a.) 1997, S. 13-187
Krüger, Hans-Werner	Strukturentwicklung der Wasserversorgung zwischen Taten und Worten, GWF – Wasser/Abwasser 142 (2001), Nr. 2, S. 143-148
Kühling, Jürgen	Verfassungs- und kommunalrechtliche Probleme grenzüberschreitender Wirtschaftsbetätigung der Gemeinden, NJW 2001, S. 177-182
Kühne, Gunther	Der Netzzugang und seine Verweigerung im Spannungsfeld zwischen Zivilrecht, Energierecht und Kartellrecht, RdE 2000, S. 1-7
Langen, Eugen/ Bunte, Hermann-Josef	Kommentar zum deutschen und europäischen Kartellrecht, Band 1, 8. Auflage, Neuwied (u.a.) 1998 (zitiert: Langen/Bunte-Bearbeiter, Kartellrecht, 8. Auflage)
Langen, Eugen/ Bunte, Hermann-Josef	Kommentar zum deutschen und europäischen Kartellrecht, Band 1, 9. Auflage, Neuwied (u.a.) 2001 (zitiert: Langen/Bunte-Bearbeiter)

Lapuerta, Carlos/ Pfeifenberger, Johannes/ Weiss, Jürgen/ Pfaffenberger, Wolfgang	Netzzugang in Deutschland im internationalen Vergleich, ET 1999, S. 446-451
Larenz, Karl	Lehrbuch des Schuldrechts, Band I: Allgemeiner Teil, 14. Auflage, München 1987
Larenz, Karl/ Wolf, Manfred	Allgemeiner Teil des Bürgerlichen Rechts, 9. Auflage, München 2004
Laskowski, Silke R.	Die deutsche Wasserwirtschaft im Kontext von Privatisierung und Liberalisierung, ZUR 2003, S. 1-10
Lattmann, Jens	Trinkwasserversorgung als öffentliche Aufgabe, GWF – Wasser/Abwasser 142 (2001), Nr. 2, S. 98-102
Lersner, H. Frhr. von/ Berendes, Konrad	Handbuch des deutschen Wasserrechts, 7 Bände, Berlin 1958-2003 (Loseblatt-Ausgabe)
Leymann, Günther	Die Liberalisierung des Wassermarktes aus landespolitischer Sicht, GWF – Wasser/Abwasser 142 (2001), Nr. 8, S. 551-557
Lippert, Michael	Energiewirtschaftsrecht, Köln 2002
Löwer, Wolfgang	Die Stellung der Kommunen im liberalisierten Strommarkt, NWVBl. 2000, S. 241-245
Löwer, Wolfgang	Energieversorgung zwischen Staat, Gemeinde und Wirtschaft, Köln (u.a.) 1989
Löwer, Wolfgang	Rechtsverhältnisse in der Leistungsverwaltung, NVwZ 1986, S. 793-800

Ludwig, Wolf-gang/ Odenthal, Hans	Die Verordnung über Allgemeine Bedingungen für die Versorgung mit Wasser (AVBWasserV) vom 20. Juni 1980 mit Erläuterungen, Köln 1981 (zitiert: Ludwig/Odenthal, AVBWasserV, Köln 1981)
Ludwig, Wolf-gang/ Odenthal, Hans/ Hempel, Dietmar/ Franke, Peter	Recht der Elektrizitäts- Gas- und Wasserversorgung, Neuwied (u.a.) 1977 ff. (zitiert: Ludwig/Odenthal/Hempel/ Franke-Bearbeiter, Recht der Elektrizitäts- Gas- und Wasserversorgung)
Lutz, Helmut	Durchleitung von Gas nach Inkrafttreten des Gesetzes zur Neuregelung des Energiewirtschaftsrechts und der Sechsten GWB-Novelle, RdE 1999, S. 102-112
Lux, Christina	Das neue kommunale Wirtschaftsrecht in Nordrhein-Westfalen, NWVBl. 2000, S. 7-14
Majer, Peter	Liberalisierung des Wassermarktes – Mögliche Auswirkungen auf die Organisations- und Produktstrukturen von Wasserversorgern und Abwasserentsorgern, Uttenweiler 2001
Mangoldt, Hermann von/ Klein, Friedrich/ Starck, Christian	Das Bonner Grundgesetz – Kommentar, Band 2: Art. 20-78, 4. Auflage, München 2000
Mankel, Bettina/ Schwarze, Reimund	Wettbewerb in der Wasserversorgung – Konzepte, Modelle, Effekte, ZögU 2000, S. 419-427
Markert, Kurt	Bestehende Lieferverträge als Grund für die Unzumutbarkeit von Stromdurchleitungen?, ZNER 4/1998, S. 3-8
Markert, Kurt	Die Anwendung des US-amerikanischen Monopolisierungs-verbots auf Verweigerung des Zugangs zu „wesentlichen Einrichtungen", in: Ulrich Immenga/Werner Möschel/Dieter Reuter [Hrsg.], Festschrift für Ernst-Joachim Mestmäcker, Baden-Baden 1996, S. 661-671

Martenczuk,Bernd/ Thomaschki, Kathrin	Der Zugang zu Netzen zwischen allgemeinem Kartellrecht und sektorieller Regulierung, RTkom 1999, S. 15-25
Maunz, Theodor/ Dürig, Günther	Grundgesetz, Band II, Art. 6-Art. 16a, München 1958 ff. Band V, Art. 70- Art. 99, München 1958 ff.
Medicus, Dieter	Bürgerliches Recht, 20. Auflage, Köln (u.a.) 2004
Mehlhorn, Hans	Die Pflichten des Wasserversorgungsunternehmens nach der Trinkwasserverordnung, in: A. Grohmann/U. Hässelbarth/W. Schwerdtfeger, Die Trinkwasserverordnung, 4. Auflage, Berlin 2003, S. 59-73
Mehlhorn, Hans	Liberalisierung der Wasserversorgung – Infrastrukturelle und technische Voraussetzungen der Wasserdurchleitung, GWF – Wasser/Abwasser 142 (2001), Nr. 2, S. 103-113
Meier, Hermann	Verordneter oder freier Netzzugang?, ET 1998, S. 41-45
Mellor, Charlotte	The Water Bill (England and Wales): Will it really make competition effective in water?, Water Law 14 [2003], p. 194-212
Merkel, Wolfgang	Liberalisierung des Wassermarktes: Brauchen wir wirklich ein Bundesgesetz?, GWF – Wasser/Abwasser 142 (2001), Nr. 10, S. 684-688
Merkel, Wolfgang	Risiken für eine Wasserwirtschaft im Wettbewerb – Kriterien nachhaltiger Organisation in der Wasserversorgung, GWF – Wasser/Abwasser 143 (2002), Nr. 11, S. 801-811
Mestmäcker, Ernst-Joachim	Die Beurteilung von Unternehmenszusammenschlüssen nach Art. 86 des Vertrages über die Europäische Wirtschaftsgemeinschaft, in: Ernst von Caemmerer/Hans-Jürgen Schlochauer/Ernst Steindorf [Hrsg.], Festschrift für Walter Hallstein, Frankfurt am Main 1966, S. 322-354

Mestmäcker, Ernst-Joachim	Durchleitungspflichten auf dem Binnenmarkt für Erdgas, in: Jürgen F. Baur, Leitungsgebundene Energie und der Gemeinsame Markt, VEnergR Bd. 61, Baden-Baden 1990, S. 39-52
Michaelis, Peter	Liberalisierung der deutschen Wasserversorgung? – Eine kritische Bestandsaufnahme, GWF – Wasser/Abwasser 143 (2002), Nr. 5, S. 399-405
Michaelis, Peter	Wasserwirtschaft zwischen Markt und Staat – Zur Diskussion um die Liberalisierung der deutschen Wasserversorgung, ZögU 2001, S. 432-450
Monopolkommission	Mehr Wettbewerb ist möglich, I. Hauptgutachten 1973/1975, Baden-Baden 1976
Monopolkommission	Netzwettbewerb durch Regulierung, XIV. Hauptgutachten 2000/2001, Baden-Baden 2003
Monopolkommission	Wettbewerbspolitik in Netzstrukturen, XIII. Hauptgutachten 1998/1999, Baden-Baden 2000
Monopolkommission	Wettbewerbspolitik in Zeiten des Umbruchs, XI. Hauptgutachten 1994/1995, Baden-Baden 1996
Monopolkommission	Wettbewerbspolitik vor neuen Herausforderungen, VIII. Hauptgutachten 1988/1989, Baden-Baden 1990
Moraing, Markus	Kommunales Wirtschaftsrecht vor dem Hintergrund der Liberalisierung der Märkte, WiVerw 1998, S. 233-263
Möschel, Wernhard/ Haug, Jochen	Der Referentenentwurf zur Novellierung des TKG aus wettbewerbsrechtlicher Sicht, MMR 2003, S. 505-508
Müller, Udo	Wettbewerbstheorie, in: Werner Glastetter (u.a.), Handwörterbuch der Volkswirtschaft, Wiesbaden 1978
Müller, Wolf/ Schulz, Paul-Martin	Handbuch: Recht der Bodenschätzegewinnung, Baden-Baden 2000

Münch, Ingo von/ Kunig, Philip	Grundgesetz-Kommentar, Band 2, 5. Auflage, München 2001, Band 3, 5. Auflage, München 2003 (zitiert: von Münch/Kunig-Bearbeiter, GG Bandnummer)
Mutschmann, Johann/ Stimmelmayr, Fritz	Taschenbuch der Wasserversorgung, 13. Auflage, Braunschweig (u.a.) 2002
Nagel, Bernhard	Die öffentlichen Unternehmen im Wettbewerb – Kommunalrecht und europäisches Gemeinschaftsrecht, ZögU 2000, S. 429-442
Niedersächsisches Umweltministerium	Zukunftsfähige Wasserversorgung in Niedersachsen, Abschlussbericht der Regierungskommission, Hannover im April 2002
Nill-Theobald, Christiane/ Theobald, Christian	Grundzüge des Energiewirtschaftsrechts, München 2001
Nill-Theobald, Christiane/ Theobald, Christian	Grundzüge des Energiewirtschaftsrechts, München 2001 (zitiert: Theobald/Theobald)
Nissing, W./ Johannsen, K.	pH-Wert und Calcitsättigung, in: A. Grohmann/U. Hässelbarth/W. Schwerdtfeger, Die Trinkwasserverordnung, 4. Auflage, Berlin 2003, S. 473-482
Nüßgens, Karl/ Boujong, Karlheinz	Eigentum, Sozialbindung, Enteignung, München 1987
Obernolte, Wolfgang/ Danner, Wolfgang	Energiewirtschaftsrecht, 5. Auflage, München 1992 ff.

Office of Water Services (OFWAT)	Access Codes for Common Carriage – Guidance, London March 2002
Office of Water Services (OFWAT)	Complaints considered under the Competition Act 1998: 1 March 2000 to 31 March 2002 (London April 2002); 1 April 2002 to 31 March 2003 (London April 2003); 1 April 2003 to 31 March 2004, (London April 2004) (zitiert: OFWAT, Complaints considered under the Competition Act 1998, April 2002, April 2003 and April 2004)
Office of Water Services (OFWAT)	Consultation on Access Code Guidance, London October 2004
Office of Water Services (OFWAT)	Guidance on Access Codes, London June 2005
Office of Water Services (OFWAT)	Letter to managing directors of Water and Sewerage Companies and Water Only Companies, MD 154, Development of common carriage, London 12 November 1999 (zitiert: OFWAT, MD 154, 12 November 1999, Development of Common Carriage)
Office of Water Services (OFWAT)	Letter to managing directors of Water and Sewerage Companies and Water Only Companies, MD 158, Common Carriage, London 28 January 2000 (zitiert: OFWAT, MD 158, 28 January 2000, Common Carriage)
Office of Water Services (OFWAT)	Letter to managing directors of Water and Sewerage Companies and Water Only Companies, MD 162, Common Carriage – Statement of Principles, London 12 April 2000 (zitiert: OFWAT, MD 162, 12 April 2000, Common Carriage – Statement of Principles)
Office of Water Services (OFWAT)	Letter to managing directors of Water and Sewerage Companies and Water Only Companies, MD 163, Pricing Issues for Common Carriage, London 30 June 2000 (zitiert: OFWAT, MD 163, 30 June 2000, Pricing Issues for Common Carriage)

Office of Water Services (OFWAT)	Letter to managing directors of Water and Sewerage Companies and Water Only Companies, MD 159, LRMC and the regulatory framework, London 11 February 2000 (zitiert: OFWAT, MD 159, 11 February 2000, LRMC and the regulatory framework)
Office of Water Services (OFWAT)	Letter to managing directors of Water and Sewerage Companies and Water Only Companies, MD 170, The role of LRMC in the provision and regulation of water services, London 8 May 2001 (zitiert: MD 170, 8 May 2001, The role of LRMC in the provision and regulation of water services)
Office of Water Services (OFWAT)	Response to: DETR, Competition in the Water Industry in England and Wales – Consultation paper, London 2000
Office of Water Services (OFWAT) and Office of Fair Trading (OFT)	Competition Act 1998 – Application in the Water and Sewerage Sectors, London 31 January 2000
Oppermann, Thomas	Europarecht, 3. Auflage, München 2005
Palandt, Otto	Bürgerliches Gesetzbuch, 64. Auflage, München 2005
Papier, Hans-Jürgen	Die Regelung von Durchleitungsrechten, Köln (u.a.) 1997
Perner, Jens/ Riechmann, Christoph	Netzzugang oder Durchleitung?, ZfE 1998, S. 41-57
Pöcherstorfer, Winfried	Daseinsvorsorge und Marktöffnung durch Gemeinschaftsrecht – auch in der Wasserwirtschaft?, ZUR Sonderheft 2003, S. 184-190
Rapsch, Arnulf	Wasserverbandsrecht, München 1993

Rebmann, Kurt/ Säcker, Franz Jürgen/ Rixecker, Roland	Münchener Kommentar zum Bürgerlichen Gesetzbuch, Band 2a, Schuldrecht Allgemeiner Teil, 4. Auflage, München 2003; Band 6, Sachenrecht, 4.Auflage, München 2004
Rengeling, Hans-Werner	Formen interkommunaler Zusammenarbeit, in: Günter Püttner, Handbuch der kommunalen Wissenschaft und Praxis, Band 2, Berlin (u.a.) 1982, § 38, S. 385-412
Robinson, Colin	Moving to a competitive market in water, in: Colin Robinson, Utility Regulation and Competition Policy, Cheltenham 2002, p. 44-65
Rowson, Ian	The Design of Competition in Water, CRI Occasional Paper 15, Bath 2000
Rumpf, Matthias	Wassermarkt – Tröpfelnde Liberalisierung, EU-Magazin 7-8/2002, S. 24-25
Sachs, Michael	Grundgesetz – Kommentar, 2. Auflage, München 1999
Sachverständigenrat für Umweltfragen	Sondergutachten: Flächendeckend wirksamer Grundwasserschutz, 3.3.1998, BT-Drs. 13/10196
Sachverständigenrat für Umweltfragen	Umweltgutachten 2002, BT-Drs. 14/8792
Säcker, Franz Jürgen	Berliner Kommentar zum Energierecht, München 2004 (zitiert: Berliner Kommentar zum Energierecht-Bearbeiter)
Säcker, Franz Jürgen (Hrsg.)	Reform des Energierechts, Heidelberg 2003
Salje, Peter	Der Durchleitungsvertrag, RdE 1998, S. 169-177
Salje, Peter	Erneuerbare-Energien-Gesetz, 3. Auflage, Köln (u.a.) 2005
Salje, Peter	Stromlieferverträge nach Wegfall der kartellrechtlichen Freistellung, ET 1999, S. 768-773

Salzwedel, Jürgen	Ausweisung von Wasserschutzgebieten und verwaltungsgerichtliche Nachprüfung – Zur Funktion besonderer Schutzanordnungen vor dem Hintergrund verschärfter flächendeckender Anforderungen an den Gewässerschutz –, ZfW 1992, S. 397-411
Salzwedel, Jürgen	Die Wasserwirtschaft im Spannungsfeld zwischen water industry und Daseinsvorsorge, in: Gesellschaft für Umweltrecht [Hrsg.], Umweltrecht im Wandel, Berlin 2001, S. 613-641
Salzwedel, Jürgen	Netzwirtschaft und Regulierung in der Wasserversorgung und Abwasserwirtschaft, N&R 2004, S. 36-42
Salzwedel, Jürgen	Optionen, Chancen und Rahmenbedingungen einer Marktöffnung für eine nachhaltige Wasserversorgung – Rechtsfragen, in: Martin Oldiges [Hrsg.], Daseinsvorsorge durch Privatisierung – Wettbewerb oder staatliche Gewährleistung, Baden-Baden 2001, S. 145-150
Scheele, Ulrich	Aktuelle Entwicklungen in der englischen Wasserwirtschaft, Ergebnisse der Privatisierung und Probleme der Regulierung, ZögU 1997, S. 35-57
Scheele, Ulrich	Auf dem Weg zu neuen Ufern? Wasserversorgung im Wettbewerb, Wirtschaftswissenschaftliche Diskussionsbeiträge, Oldenburg 2000
Scherer, Joachim	Die Umgestaltung des europäischen und deutschen Telekommunikationsrechts durch das EU-Richtlinienpaket, Teil II: K&R 2002, S. 329-346, Teil III: K&R 2002, S. 385-398
Scheurle, Klaus-Dieter/ Mayen, Thomas	Telekommunikationsgesetz (TKG) – Kommentar, München 2002
Schlack, Ulrich	Preiserhöhungskontrolle bei Netzentgelten – Konkurrenzen im Rahmen der Missbrauchsaufsicht gem. § 19 GWB, ZNER 2001, S. 129-134

390

Schmidt, Fritz W./ Kneip, Hans-Otto | Hessische Gemeindeordnung (HGO), München 1995

Schmidt-Preuß, Matthias | Verfassungskonflikt um die Durchleitung?, RdE 1996, S. 1-9

Schneider, Jens-Peter/ Theobald, Christian | Handbuch zum Recht der Energiewirtschaft, München 2003 (zitiert: Schneider/Theobald-Bearbeiter, Handbuch zum Recht der Energiewirtschaft)

Scholz, Rupert/ Langer, Stefan | Europäischer Binnenmarkt und Energiepolitik, Berlin 1992

Schultz, Klaus-Peter | Netzzugang und Kartellrecht, ET 1999, S. 750-754

Schulz, Norbert | Anmerkungen zur Tätigkeit gemeindlicher Unternehmen außerhalb des Gemeindegebiets, BayVBl. 1998, S. 449-452

Schulz, Norbert | Gibt es den durch Zweckvereinbarung „angereicherten" Zweckverband wirklich?, BayVBl. 2003, S. 520-522

Schumacher, Malte/ Grieger, Manfred | Wasser, Boden, Luft – Beiträge zur Umweltgeschichte des Volkswagenwerks Wolfsburg, Wolfsburg 2002

Schumacher, Paul Gerhard | Kontrollierte Mischung zweier Wässer – Erste Erfahrungen im Versorgungsbereich der Stadtwerke Göttingen –, Neue DELIWA-Zeitschrift, Heft 8/81

Schumacher, Paul Gerhard/ Wagner, I./ Kuch, A. | Die Trinkwasserversorgung von Göttingen mit Mischwasser, GWF – Wasser/Abwasser 129 (1988) Nr. 3, S. 146-152

Schwartz, Ivo E. | Subsidiarität und EG-Kompetenzen – Der neue Titel „Kultur" – Medienvielfalt und Binnenmarkt, AfP 1993, S. 409-421

391

Schwarze, Jürgen — Der Netzzugang für Dritte im Wirtschaftsrecht, in: Jürgen Schwarze, Der Netzzugang für Dritte im Wirtschaftsrecht, Baden-Baden 1999, S. 11-27

Schwede, Jörg — Betriebliche Kooperation – Mittel der notwendigen Modernisierung der Wasserwirtschaft?, GWF – Wasser/Abwasser 143 (2002), Nr. 11, S. 819-822

Schwerdtfeger, W.K. — Die Entwicklung der Rechtsnormen für Trinkwasser und ihre Verbindung mit den Regeln der Technik, in: A. Grohmann/U. Hässelbarth/W. Schwerdtfeger, Die Trinkwasserverordnung, 4. Auflage, Berlin 2003, S. 15-24

Schwintowski, Hans Peter — Der Zugang zu wesentlichen Einrichtungen, WuW 1999, S. 842-853

Schwintowski, Hans-Peter — Überwindung des Örtlichkeitsprinzips auf Energiemärkten, in: Ulrich Büdenbender/Gunther Kühne [Hrsg.], Festschrift für Baur, Baden-Baden 2002, S. 339-349

Scott, Peter — Competition in water supply, CRI Occasional Paper 18, Bath 2003

Seeger, Bernhard Johannes — Die Durchleitung elektrischer Energie nach neuem Recht, Baden-Baden 2002

Seeliger, Per/ Castell-Exner, Claudia — Die neue Trinkwasserverordnung, wwt awt 5/2001, S. 29-34

Seidewinkel, Gregor — Ist Durchleitung unter derzeit geltendem Recht im Bereich der Wasserversorgung möglich?, GWF – Wasser/Abwasser 142 (2001), Nr. 2, S. 129-132

Sieder, Frank/ Zeitler, Herbert/ Dahme, Heinz — Wasserhaushaltsgesetz und Abwasserabgabengesetz, Band 1, München 1994 ff.

Smith, Adam — Der Wohlstand der Nationen – Eine Untersuchung seiner Natur und seiner Ursachen, aus dem Englischen übertragen von Horst Claus Recktenwald, 5. Auflage, München 1990

Smith, Tony — Current developments in water supply access pricing for England and Wales, in: Newbery, David (u.a.), Access pricing, investment and efficient use of capacity in network industries, Bath 2005 (Entwurf), p. 65-76

Spannowsky, Willy — Die Stellung der Kommunen im Wettbewerb der Energieversorgungsträger, RdE 1995, S. 135-140

Spauschuss, Philipp — Die wettbewerbliche Öffnung von Märkten mit Netzstrukturen am Beispiel von Telekommunikation und Elektrizitätswirtschaft, Frankfurt am Main 2004

Stadtwerke Ulm — Fakten: Trinkwasser aus dem Wasserhahn...natürlich!, http://www.swu-fakten.de

Steiberg, Rudolf/ Britz, Gabriele — Der Energieliefer- und -erzeugungsmarkt nach nationalem und europäischem Recht, Baden-Baden 1995

Steinberg, Rudolf/ Britz, Gabriele — Die Energiepolitik im Spannungsfeld nationaler und europäische Regelungskompetenzen, DÖV 1993, S. 313-323

Steinwärder, Philipp — Standardangebot für Zugangsleistungen – Ein neues Instrument zur Regulierung von Unternehmen mit beträchtlicher Marktmacht, MMR 2005, S. 84-88

Stewing, Clemens — Gasdurchleitung nach europäischem Recht, Köln (u.a.) 1989

Streinz, Rudolf — EUV/EGV, München 2003

Szewzyk, U./ Chorus, I./ Schreiber, H./ Westphal, B. — Biofilme, Algen, Cyanobakterien und tierische Organismen, in: A. Grohmann/U. Hässelbarth/W. Schwerdtfeger, Die Trinkwasserverordnung, 4. Auflage, Berlin 2003, S. 243-254

Theobald, Christian/ Zenke, Ines — Grundlagen der Strom- und Gasdurchleitung, München 2001

Theobald,
Christian/
Zenke, Ines

Wettbewerb in Stromnetzen: Eine Rechtsprechungsübersicht, NJW 2001, S. 797-799

Thiele, Robert

Niedersächsische Gemeindeordnung, 7. Auflage, Kiel 2004

Tilch, Horst/
Arloth, Frank

Deutsches Rechtslexikon, Band II (G-P), 3. Auflage, München 2001, S. 3118

Tödtmann, Ulrich

Kommunale Energieversorgungsunternehmen zwischen Gemeinderecht und Wettbewerb, RdE 2002, S. 6-15

Tönnies, Jan G.

Zur Bestimmung der Durchleitungsentgelte nach dem Verbändeübereinkommen vom 22.5.98, ZNER 3/1998, S. 33-36

Tüngler, Stefan

Zur Einführung: Das Recht der Energiewirtschaft, JuS 2001, S. 739-745

Tupper, Stephen

Competition in the Water Industry – A busted flush?, Water Law 13 [2002], p. 191-192

Umweltbundes-
amt (Hrsg.)

Liberalisierung der deutschen Wasserversorgung – Auswirkungen auf den Gesundheits- und Umweltschutz, Skizzierung eines Ordnungsrahmens für eine wettbewerbliche Wasserwirtschaft, November 2000

Ungemach,
Manfred/
Weber, Thomas

Verfahrensfragen des Netzzugangs bei Elektrizität und Gas – Teil 2: Zivilklage und einstweilige Verfügung, RdE 1999, S. 131-138

Vorholz, Fritz

Grüne Hoffnung, Blaues Wunder, Die Zeit vom 21.10.04, S. 30-31

Waechter, Kay

Kommunalrecht, 3. Auflage, Köln (u.a.) 1997

Wallenberg,
Gabriela von

Diskriminierungsfreier Zugang zu Netzen und anderen Infrastruktureinrichtungen, K&R 1999, S. 152-157

Walter, Karl Maria/ Keussler, Julia von   Der diskriminierungsfreie Zugang zum Netz: Reichweite des Anspruchs auf Durchleitung (Teil 2), RdE 1999, S. 223-227

Walter, Karl Maria/ Keussler, Julia von   Der diskriminierungsfreie Zugang zum Netz: Reichweite des Anspruchs auf Durchleitung (Teil 1), RdE 1999, S. 190-194

Weiß, Nicole   Liberalisierung der Wasserversorgung, Frankfurt am Main 2004

Weiß, Wolfgang   Öffentliche Monopole, kommunaler Anschluss- und Benutzungszwang und Art. 12 GG, VerwArch 90 (1999), S. 415-441

Westermann, Harry   Sachenrecht, 7. Auflage, Heidelberg 1998

Weyer, Hartmut   Neue Fragen des Missbrauchs marktbeherrschender Stellungen nach § 19 GWB, AG 1999, S. 257-263

Widtmann, Julius/ Grasser, Walter/ Glaser, Erhard   Bayerische Gemeindeordnung, München 1986 ff. (zitiert: Widtmann/Grasser, BayGO)

Wiedemann, Gerhard   Handbuch des Kartellrechts, München 1999

Wieland, Joachim   Kommunalwirtschaftliche Betätigung unter veränderten Wettbewerbsbedingungen, in: Hans-Günter Henneke, Optimale Aufgabenerfüllung im Kreisgebiet?, Stuttgart (u.a.) 1999, S. 193-198

WRc/ Ecologic   Study on the application of the competition rules to the water sector in the European Community, December 2002, prepared by WRc and ecologic fort he European Commission – Competition Director General

Wummel, Jürgen   Glaubensstreit in der deutschen Wasserwirtschaft – Liberalisierung, Privatisierung, Effizienzsteigerung, GWF – Wasser/Abwasser 142 (2001), Nr. 2, S. 136-139

Zinow, Bernd-Michael   Rechtsprobleme der grenzüberschreitenden Durchleitung von Strom in einem EG-Binnenmarkt, Frankfurt am Main 1991 (zitiert: Zinow, Rechtsprobleme)

Abkürzungen

Für die einzelnen Abkürzungen wird verwiesen auf:

Kirchner, Hildebert/	Abkürzungsverzeichnis der Rechtssprache, 5. Auflage,
Butz, Cornelie	Berlin (u.a.) 2003

Peter Lang · Europäischer Verlag der Wissenschaften

Aktuelle Rechtsfragen im Spannungsfeld von Staat, Wirtschaft und Europa

**Beiträge zum 60. Geburtstag von Armin Dittmann
Herausgegeben von Gerald G. Sander, Tobias Scheel
und Konrad Scorl**

Frankfurt am Main, Berlin, Bern, Bruxelles, New York, Oxford, Wien, 2005.
224 S., 1 Abb.
ISBN 3-631-54324-7 · br. € 42.50*

Dieser Sammelband vereinigt Beiträge zu Rechtsfragen im Spannungsfeld von Staat, Ökonomie und europäischer Integration. Die Aufsätze behandeln aktuelle Probleme der staatlichen Aufsicht über die Wirtschaft bei der Konzessionierung von Spielbanken und die ambivalente Rolle des Staates im Rundfunkwesen. Hinzu kommen Beiträge zu Liberalisierungs- und Privatisierungsentwicklungen im Verkehrssektor, insbesondere im Eisenbahnwesen, sowie in der Trinkwasserversorgung als Bereich der Daseinsvorsorge. Abschließende Artikel befassen sich mit dem Europarecht und gehen Fragen in Bezug auf die Niederlassungsfreiheit von Unternehmen im EG-Binnenmarkt, der Verordnung im EU-Verfassungsvertrag sowie der Erweiterungsfähigkeit der EU nach.

Aus dem Inhalt: C. Nesch: Spielbanken und Spielbankenerlaubnisverfahren in Baden-Württemberg · T. Scheel: Zur Staatsfreiheit des Rundfunks: die Aufsichtsgremienbesetzung öffentlich-rechtlicher Rundfunkanstalten · A. Rösler/S. Fukuda: Vertrags- und Geschäftsbeziehungen des Staatlichen Hörfunks und Fernsehens der ehemaligen DDR mit der Nippon Hôsô Kyôkai (NHK) und japanischen Privatsendern · T. A. Lägeler: Die Dritte Novelle des Allgemeinen Eisenbahngesetzes · G. G. Sander: Trinkwasserversorgung unter weltweitem Liberalisierungs- und Privatisierungsdruck · S. M. Schenk: Gesellschaften auf Europareise: verbleibende Grenzen der faktischen Rechtswahlfreiheit · C. Arnold: Die Europäische Verordnung nach dem EU-Verfassungsvertrag · K. Scorl: Immanente Grenzen der Aufnahmefähigkeit der Europäischen Union

Frankfurt am Main · Berlin · Bern · Bruxelles · New York · Oxford · Wien
Auslieferung: Verlag Peter Lang AG
Moosstr. 1, CH-2542 Pieterlen
Telefax 00 41 (0) 32 / 376 17 27

*inklusive der in Deutschland gültigen Mehrwertsteuer
Preisänderungen vorbehalten
Homepage http://www.peterlang.de